高等院校土建类专业"互联网＋"创新规划教材

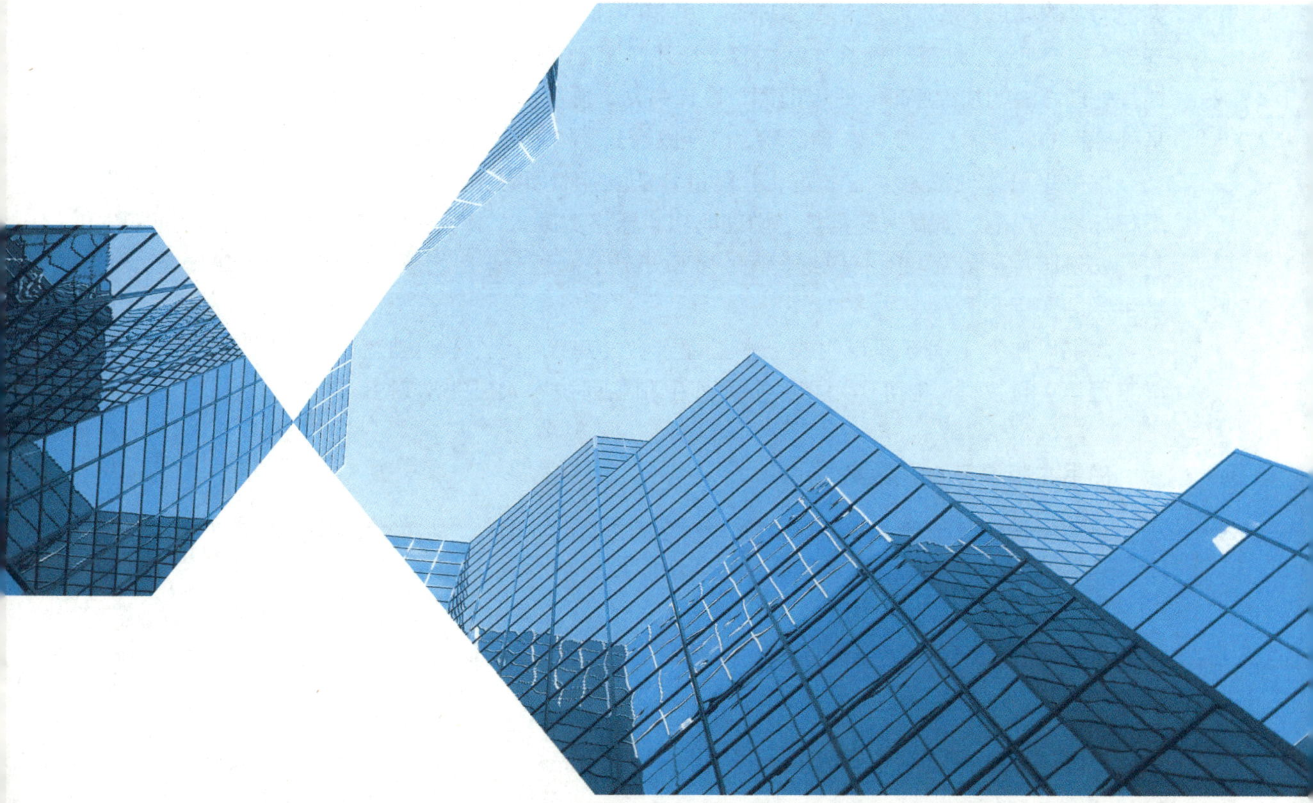

土力学与地基基础

主　编　高向阳　宗德媛　赵　静

内 容 简 介

本书包括土力学、地基基础两部分。土力学部分包括土的物理性质及工程分类、土的应力、土的压缩变形、土的抗剪强度与地基承载力、土压力和土坡稳定共 5 章内容，介绍了有关土力学的要点、基本概念和基本原理、重要的计算方法等。基础工程部分包括浅基础、桩基础、基坑工程、地基处理共 4 章内容，阐述了基础工程的基本理论和实用设计方法，常用地基处理方法的加固原理、适用范围、设计方法、施工工艺和质量检验方法，介绍了国内外基础工程的新技术、新工艺、新经验，以及既有建（构）筑物地基加固技术。

本书尽量体现土力学的本质、工程设计的实用性要求，同时注重理论联系实际，引用现行标准、规范，强调内容精炼、说理明白、脉络清晰。本书提供了丰富的工程示意图和工程实例照片，每章均附有思维导图、本章小结、例题、课后习题（思考题和计算题），供学生学习使用。

本书可作为工程管理专业或土木工程专业（建筑工程、岩土工程、水利工程、道路桥梁工程等）的教材，也可作为相关专业师生和工程技术人员的学习参考书。

图书在版编目(CIP)数据

土力学与地基基础/高向阳，宗德媛，赵静主编．—北京：北京大学出版社，2023.7
高等院校土建类专业"互联网＋"创新规划教材
ISBN 978-7-301-34188-9

Ⅰ.①土…　Ⅱ.①高…②宗…③赵…　Ⅲ.①土力学—高等学校—教材 ②地基—基础（工程）—高等学校—教材　Ⅳ.①TU4

中国国家版本馆 CIP 数据核字(2023)第 122467 号

书　　　名	土力学与地基基础 TULIXUE YU DIJI JICHU
著作责任者	高向阳　宗德媛　赵　静　主编
策划编辑	卢　东　吴　迪
责任编辑	林秀丽
数字编辑	蒙俞材
标准书号	ISBN 978-7-301-34188-9
出版发行	北京大学出版社
地　　　址	北京市海淀区成府路 205 号　100871
网　　　址	http://www.pup.cn　新浪微博：@北京大学出版社
电子邮箱	编辑部 pup6@pup.cn　总编室 zpup@pup.cn
电　　　话	邮购部 010-62752015　发行部 010-62750672　编辑部 010-62750667
印　刷　者	河北文福旺印刷有限公司
经　销　者	新华书店
	787 毫米×1092 毫米　16 开本　19.75 印张　493 千字 2023 年 7 月第 1 版　2025 年 6 月第 2 次印刷
定　　　价	59.00 元

未经许可，不得以任何方式复制或抄袭本书之部分或全部内容。
版权所有，侵权必究
举报电话：010-62752024　电子邮箱：fd@pup.cn
图书如有印装质量问题，请与出版部联系，电话：010-62756370

前言

本书是根据教育部颁布的专业目录，培养创新型、应用型本科人才的特点和需要编写的。本书包括土力学、地基基础两部分内容。

"土力学"是土木工程专业的核心课程，要求阐明基本概念和主要原理，提供基本的力学分析方法和计算手段。本书结合专业培养目标和编者多年从事本学科教学经验，竭力做到理论知识够用为度的同时保持知识体系的连续性，以学生就业所需的专业知识和操作技能为着眼点，在适度的基础知识与理论体系覆盖下，着重讲解应用型人才培养所需的内容和关键点，突出实用性和可操作性；将理论知识讲解简单化，注重讲解理论知识的来源、出处以及用处，不去进行过多的烦琐的推导。书中附有针对性较强的例题和具有启发性的思考题和计算题。

"土力学"是一门理论性和实践性都很强的应用力学，我们在编写时注意了两者的结合，通过对工程问题的分析，有助于提高学生分析、解决实际问题的能力。

"地基基础"涉及的范围相当广泛，包括土力学应用、工程设计与施工等方面。加之我国土地辽阔、幅员广大、土质各异，使得这门工程技术更加复杂。本书编写时力求尽量多地搜集各方面的资料，较系统地介绍基础工程方面的基本理论、实用设计方法和施工要点。另外，随着基础工程领域取得许多新的成就，在设计和施工领域也涌现出许多新概念、新方法、新技术，本书力图考虑学科发展的新水平，反映基础工程的成熟成果与观点。

"地基基础"依据现行工程标准、规范，根据多年的教学实践和设计施工方面的经验，本着"讲清基本概念、讲透基本计算、教好基本功、方便教学和自学"的原则编写。既不包罗万象，也不拘泥于细节，力求深入浅出，与相关工程标准、规范的精神保持一致，取材方面以建筑工程为主，同时兼顾水利、交通等方面的工程问题。

本书编写分工：第1、5章由徐州工程学院高向阳编写；第2、3、4、6章由徐州工程学院宗德媛编写；第7~9章由大理大学赵静编写；全书由高向阳统稿。

由于编者的学识有限，书中难免有不足之处，恳请广大读者批评指正。

资源索引

编　者

目 录

第1章　土的物理性质及工程分类 ……… 1
1.1　土的物理性质 …………………………… 2
- 1.1.1　土的形成 ………………………… 2
- 1.1.2　土的三相组成 …………………… 5
- 1.1.3　土的结构和构造 ………………… 17

1.2　土的三相比例指标 …………………… 20
- 1.2.1　土的质量特征指标 ……………… 21
- 1.2.2　土的含水特征指标 ……………… 23
- 1.2.3　土的孔隙特征指标 ……………… 24
- 1.2.4　土的物理性质指标间的相互关系 ………………………………… 26

1.3　土的水理性质 …………………………… 26
- 1.3.1　稠度与液性指数 ………………… 26
- 1.3.2　塑性 ……………………………… 30

1.4　土的击实性 …………………………… 31
- 1.4.1　土的击实性的概念及试验 ……… 31
- 1.4.2　影响土的击实性的主要因素 …… 33

1.5　土的工程地质分类 …………………… 34
本章小结 ……………………………………… 40
课后习题 ……………………………………… 40

第2章　土的应力 ………………………… 42
2.1　土体的自重应力 ……………………… 43
- 2.1.1　均质土体的竖向自重应力 ……… 43
- 2.1.2　成层土的竖向自重应力 ………… 43
- 2.1.3　地下水位以下土体的竖向自重应力 ………………………………… 44

2.2　基底压力计算 ………………………… 45
- 2.2.1　基底压力的分布 ………………… 45
- 2.2.2　基底压力的简化计算 …………… 47
- 2.2.3　基底附加压力计算 ……………… 49

2.3　土的有效应力原理 …………………… 49
2.4　地基附加应力 ………………………… 50
- 2.4.1　竖向集中力作用下的地基附加应力计算 ………………………… 51
- 2.4.2　矩形荷载和圆形荷载作用下的地基附加应力计算 ……………… 52
- 2.4.3　线荷载和条形荷载作用下的地基附加应力 ……………………… 60
- 2.4.4　非均质和各向异性地基中的附加应力 …………………………… 64

本章小结 ……………………………………… 67
课后习题 ……………………………………… 67

第3章　土的压缩变形 …………………… 69
3.1　土的压缩性及其指标 ………………… 70
- 3.1.1　概述 ……………………………… 70
- 3.1.2　压缩曲线和压缩性指标 ………… 70
- 3.1.3　荷载试验及变形模量 …………… 74
- 3.1.4　弹性模量 ………………………… 75

3.2　地基最终沉降量计算 ………………… 76
- 3.2.1　单向压缩分层总和法 …………… 76
- 3.2.2　规范法计算地基沉降 …………… 80

3.3　应力历史对地基变形的影响 ………… 86
- 3.3.1　地层应力历史 …………………… 86
- 3.3.2　先期固结压力 …………………… 86
- 3.3.3　考虑应力历史的地基沉降计算 … 87

3.4　建筑物沉降观测与地基容许变形值 ………………………………… 88
- 3.4.1　建筑物沉降观测 ………………… 88
- 3.4.2　地基变形验算 …………………… 89
- 3.4.3　地基变形特征 …………………… 90
- 3.4.4　地基容许变形值 ………………… 92

本章小结 ……………………………………… 93
课后习题 ……………………………………… 93

第4章 土的抗剪强度与地基承载力 95

- 4.1 概述 96
- 4.2 土的抗剪强度理论及测定方法 96
  - 4.2.1 库仑定律 97
  - 4.2.2 抗剪强度指标 98
  - 4.2.3 直剪试验 98
- 4.3 土的极限平衡理论 99
- 4.4 不同固结和排水条件下土的抗剪强度 102
  - 4.4.1 直接剪切试验 102
  - 4.4.2 三轴压缩试验 103
  - 4.4.3 无侧限抗压强度试验 105
  - 4.4.4 十字板剪切试验 106
  - 4.4.5 强度试验方法与强度指标的选用 107
- 4.5 浅基础地基的临塑荷载和塑性荷载 108
  - 4.5.1 地基破坏模式 108
  - 4.5.2 临塑荷载与塑性荷载 110
- 4.6 地基极限承载力 113
  - 4.6.1 普朗特尔地基极限承载力公式 113
  - 4.6.2 雷斯诺对普朗特尔公式的补充 114
  - 4.6.3 泰勒对普朗特尔公式的补充 115
  - 4.6.4 太沙基地基极限承载力公式 115
  - 4.6.5 汉森地基极限承载力公式 118
  - 4.6.6 静载荷试验确定地基承载力 119
- 本章小结 120
- 课后习题 121

第5章 土压力和土坡稳定 122

- 5.1 挡土墙及土压力的类型 124
  - 5.1.1 挡土结构类型 124
  - 5.1.2 土压力类型与墙体位移 125
  - 5.1.3 影响土压力的因素 127
- 5.2 静止土压力 127
  - 5.2.1 假设条件 127
  - 5.2.2 计算公式 127
- 5.3 朗肯土压力理论 129
  - 5.3.1 基本原理 129
  - 5.3.2 水平填土面的朗肯土压力计算 130
  - 5.3.3 特殊条件下的土压力 135
- 5.4 库仑土压力理论 136
  - 5.4.1 方法要点 137
  - 5.4.2 数解法 138
  - 5.4.3 黏性土应用库仑土压力公式 142
- 5.5 土坡稳定分析 142
  - 5.5.1 无黏性土土坡稳定分析 143
  - 5.5.2 黏性土土坡稳定分析 144
- 本章小结 154
- 课后习题 155

第6章 浅基础 157

- 6.1 概述 158
  - 6.1.1 无筋扩展基础 158
  - 6.1.2 钢筋混凝土扩展基础 160
- 6.2 基础埋深的选择 162
  - 6.2.1 与建筑物有关的条件 162
  - 6.2.2 工程地质条件 163
  - 6.2.3 水文地质条件 163
  - 6.2.4 相邻建筑物基础埋深的影响 164
  - 6.2.5 地基冻融条件 165
- 6.3 浅基础的地基承载力 166
  - 6.3.1 地基承载力特征值的确定方法 166
  - 6.3.2 地基变形限值 170
- 6.4 基底尺寸的确定 172
  - 6.4.1 按地基持力层承载力特征值计算基底尺寸 173
  - 6.4.2 地基软弱下卧层承载力验算 176
  - 6.4.3 基础和地基的稳定性验算 178
- 6.5 钢筋混凝土扩展基础设计 179
  - 6.5.1 墙下钢筋混凝土条形基础设计 179
  - 6.5.2 柱下独立基础设计 181
- 6.6 减轻不均匀沉降危害的措施 185
  - 6.6.1 建筑措施 185

  6.6.2 结构措施 ·················· 189
  6.6.3 施工措施 ·················· 191
 本章小结 ························ 192
 课后习题 ························ 192

第7章 桩基础 ························ 194

 7.1 概述 ·························· 195
  7.1.1 桩基础的特点与应用 ········ 195
  7.1.2 基本设计规定 ·············· 196
 7.2 桩基的类型 ···················· 197
  7.2.1 按基桩的承载性状分类 ······ 197
  7.2.2 按成桩方法分类 ············ 198
  7.2.3 按桩径 d 大小分类 ·········· 199
 7.3 单桩竖向承载力的确定 ·········· 200
  7.3.1 竖向荷载作用下单桩的工作
     性能 ······················ 200
  7.3.2 单桩竖向承载力特征值的
     确定 ······················ 201
  7.3.3 桩侧负摩阻力 ·············· 205
  7.3.4 桩的抗拔承载力确定 ········ 207
 7.4 桩身结构设计 ·················· 208
  7.4.1 构造要求 ·················· 208
  7.4.2 桩身承载力验算 ············ 209
 7.5 群桩基础设计 ·················· 211
  7.5.1 收集设计资料 ·············· 211
  7.5.2 桩型的选择 ················ 212
  7.5.3 桩长和截面尺寸的选择 ······ 213
  7.5.4 桩数的确定及桩位布置 ······ 214
  7.5.5 承台设计 ·················· 216
  7.5.6 桩基础承载力验算 ·········· 218
  7.5.7 桩基沉降验算 ·············· 222
 本章小结 ························ 224
 课后习题 ························ 224

第8章 基坑工程 ···················· 226

 8.1 概述 ·························· 227
  8.1.1 基坑工程的概念及现状 ······ 227
  8.1.2 基坑工程的特点 ············ 227
  8.1.3 基坑工程的设计原则 ········ 228
  8.1.4 基坑工程设计内容 ·········· 230

  8.1.5 支护结构的类型 ············ 230
 8.2 支护结构的荷载 ················ 234
 8.3 土钉墙支护结构设计计算 ········ 234
  8.3.1 土钉墙的组成及设计内容 ···· 234
  8.3.2 土钉墙支护结构参数的确定 ·· 235
  8.3.3 土钉的设计计算 ············ 236
  8.3.4 土钉墙整体稳定性验算 ······ 238
 8.4 桩、墙式支护结构的设计计算 ···· 241
  8.4.1 概述 ······················ 241
  8.4.2 桩、墙式支护结构的构造要求 ·· 242
  8.4.3 嵌固深度和桩、墙式支护结构
     内力计算 ·················· 244
  8.4.4 内支撑结构设计计算 ········ 247
  8.4.5 锚杆设计 ·················· 251
  8.4.6 稳定性验算 ················ 255
 8.5 地下水控制方法 ················ 259
  8.5.1 截水法 ···················· 259
  8.5.2 集水明排法 ················ 260
  8.5.3 降水法 ···················· 260
  8.5.4 回灌法 ···················· 261
 本章小结 ························ 261
 课后习题 ························ 262

第9章 地基处理 ···················· 263

 9.1 概述 ·························· 264
  9.1.1 地基处理的土类特性 ········ 264
  9.1.2 常用地基处理方法分类 ······ 265
 9.2 换填垫层法 ···················· 266
  9.2.1 垫层的主要作用 ············ 266
  9.2.2 垫层设计 ·················· 267
  9.2.3 垫层的施工 ················ 271
 9.3 排水固结法 ···················· 273
  9.3.1 排水固结法原理与应用 ······ 274
  9.3.2 砂井堆载预压法 ············ 277
  9.3.3 真空-堆载联合预压法 ······ 278
  9.3.4 排水固结法施工与现场观测 ·· 280
 9.4 水泥土搅拌法 ·················· 280
  9.4.1 概述 ······················ 280
  9.4.2 水泥土形成的机理及其性质 ·· 282
  9.4.3 水泥土搅拌桩复合地基 ······ 284

9.4.4 水泥土搅拌桩的施工和质量检验 …… 285
9.5 高压喷射注浆法 …………… 286
  9.5.1 基本原理 ………………… 286
  9.5.2 工程应用 ………………… 290
  9.5.3 施工机具与质量检验 …… 291
9.6 强夯法与强夯置换法 ……… 292
  9.6.1 强夯法和强夯置换法的加固机理 …………………… 292
  9.6.2 强夯法和强夯置换法的施工和质量检验 …………… 294
9.7 振冲法 ……………………… 297
  9.7.1 振冲密实 ………………… 298
  9.7.2 振冲置换 ………………… 300
9.8 基础托换 …………………… 302
  9.8.1 基础托换原理 …………… 302
  9.8.2 建筑物纠偏 ……………… 305
本章小结 ………………………… 306
课后习题 ………………………… 306

参考文献 ……………………… 308

第1章
土的物理性质及工程分类

思维导图

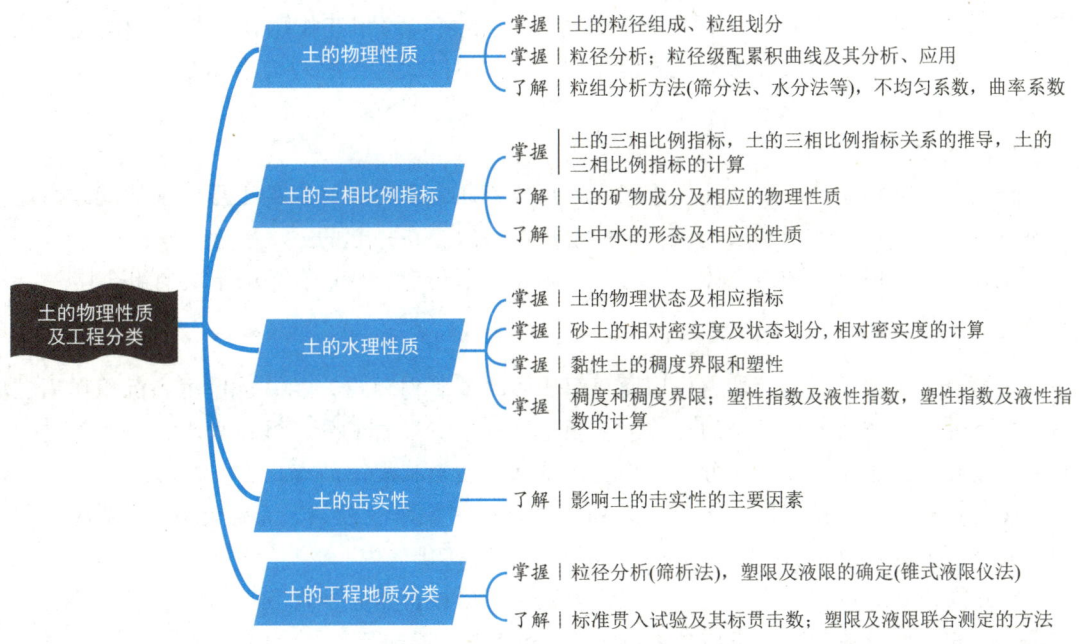

1.1 土的物理性质

1.1.1 土的形成

1. 土和土体的概念

（1）土。

地球外壳中整体坚硬的岩石，经风化、剥蚀、搬运、沉积，形成固体矿物、水和气体的集合体称为土。它是第四纪以来地壳表层最新的、未胶结成岩的松散堆积物。

土是由固体颗粒以及颗粒间孔隙中的水和气体组成的，是一个多相、分散、多孔的体系，由固相、液相、气相三相物质组成；考虑有机质相如果存在量大，也可看作由四相物质组成。

三相物质中，固体部分（土颗粒）一般由矿物质组成，有时含有少量有机质，其构成土的骨架主体，是最稳定、变化最小的部分。从本质上讲，土的工程地质特性主要取决于组成的土颗粒大小和矿物类型，即土的颗粒级配与矿物成分，水和气体一般是通过其起作用的。液体部分实际上是化学溶液而不是纯水，土中液体部分对土的性质影响也较大，尤其是细粒土，土颗粒与水相互作用可形成一系列特殊的物理性质。气体部分充斥在孔隙中除水占据之外的空间，对土的性质影响较小。三相之间的相互作用，固相一般居主导地位，而且还不同程度地限制水和气体的作用，例如不同大小土颗粒与水相互作用，水可呈不同类型。

（2）土体。

土经过长期搬运、沉积等地质作用后，形成不同地质历史时期的土层。土体就是由厚薄不等、性质各异的若干土层，以特定的上下次序组合在一起的。

土体不是一般土层的组合体，而是与工程建筑的稳定、变形有关的土层的组合体。

2. 土和土体的形成和演变

岩石经过风化、剥蚀等外力作用而瓦解成碎块或矿物颗粒，经搬运作用和沉积作用在适当的条件下沉积成各种类型的土体。在搬运过程中，母岩成分、颗粒大小、形态等进一步发生变化，使土层形成在成分、结构、构造和性质上有规律的变化。

土经过搬运和沉积作用，历经一系列变化（压固脱水、胶结、重结晶），固结成坚硬的岩石（沉积岩）。可以说土与岩石处在不断的相互转化之中。

土主要由岩石风化而来，我们称之为无机土。但在自然界中常有动植物腐烂后的有机质混入土中，因此我们把有机质含量超过5%的土称为有机土。

3. 土的基本特征及主要成因类型

（1）土的基本特征。

从工程地质观点分析，土有以下共同的基本特征。

① 土是自然历史的产物。土是由许多矿物自然结合而成的。它是在一定的地质历史时

期内，经过各种复杂的自然因素作用后形成的。各类土的形成时间、地点、环境以及方式不同，各种矿物在质量、数量和空间排列上都有一定的差异，其工程地质性质也就有所不同。

② 土是相系组合体。土是由三相（固相、液相、气相，见图1.1）或四相（固相、液相、气相、有机质）所组成的体系。相系组成之间的变化，将导致土的性质的改变。土的相系之间的质和量的变化是鉴别其工程地质性质的一个重要依据。

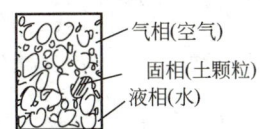

图 1.1 土的三相体系示意图

按三相的相对体积含量比例不同，土可分为：干土（孔隙中只被空气充满、无水）、饱和土（孔隙中只被水充满、无空气）、湿土（孔隙中有水、有空气）。

③ 土是分散体系。土是三相构成的体系，其中一相或两相分散在另一相中，称为分散体系。土的这三种不同相系相互分散存在，称为三相分散体系。根据固相土颗粒的粒径大小（分散程度），土可分为粗分散体系（粒径大于 $2\mu m$）；细分散体系（粒径为 $2\sim0.1\mu m$）；胶体体系（粒径为 $0.1\sim0.01\mu m$）；分散体系（粒径小于 $0.01\mu m$）。分散体系的性质随着分散程度的变化而改变。

粗分散体系、细分散体系和胶体体系的差别很大。细分散体系与胶体体系具有许多共性，可将它们合在一起看成土的细分散部分。土的细分散部分有特殊的矿物成分，具有很高的分散性和比表面积，因而具有较大的表面能。

④ 土是多矿物组合体。在一般情况下，土含有 5~10 种或更多种矿物，其中除原生矿物外，次生黏土矿物是主要成分。黏土矿物的粒径很小（小于 0.002mm），遇水呈现出胶体化学特性。

（2）土的成因类型。

按形成土的地质营力和沉积条件（沉积环境），可将土划分为若干成因类型（图1.2）：残积土、坡积土、洪积土、湖积土、冲积土等。

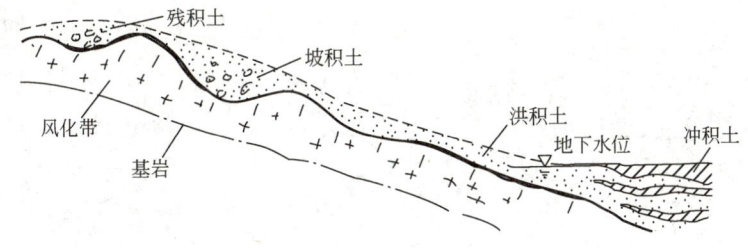

注：图中未标注湖积土。

图 1.2 土的成因类型

① 残积土的工程地质特征。

残积土是由基岩风化而成，未经搬运作用而留于原地的岩石碎屑物（土体）。它处于岩石风化壳的上部，是风化壳中的剧风化带。残积土一般形成剥蚀平原。

残积土由于未经搬运、沉积，故无层理构造，其物质组成不均，厚度在垂直方向和水平方向变化较大;这主要与沉积环境、残积条件有关(山丘顶部因侵蚀而厚度较小;山谷低洼处则厚度较大)。残积土一般透水性强,以致残积土中一般无地下水。残积土易发生不均匀沉降,应注意边坡稳定性。

②坡积土的工程地质特征。

坡积土是残积物经雨水或融化了的雪水的片流搬运作用,顺坡移动沉积在平缓的坡上堆积而成的,所以其物质成分与斜坡上的残积物一致。坡积土与残积土往往呈过渡状态,其工程地质特征很相似。

③洪积土的工程地质特征。

洪积土分为三个工程地质区,它们有不同的特点。

靠山区地带:粒粗、成分均匀、地下水埋得较深。其承载力高,属良好天然地基。

远离山区地带:粒细、成分均匀。土质较密实(由于周期性干燥的影响,土颗粒会出现析出可溶性盐和凝聚作用),属良好天然地基。

中间过渡地带:土质软弱、承载力低、地质条件复杂。

洪积土是暂时性、周期性地面水流——山洪急流带来的碎屑物质,在山沟的出口、山谷或山麓平原上堆积而成的。在冲沟中,水流流速大、搬运能力强则沉积少。沟谷口处由于水流流速骤减、被搬的粗粒物(如块石、砾石、粗砂)首先大量堆积、渐远渐细。距山口越近颗粒越粗,多为块石、砾石和粗砂,分选差,磨圆度低,强度高,压缩性小,但孔隙大,透水性强。距山口越远颗粒越细,分选好,磨圆度高,强度低,压缩性高,具有比较明显的层理(交替层理、夹层、透镜体等)。由于山洪的不规则周期性,其每次的规模及形成的堆积物不一样。同时在山洪间歇期,水分蒸发,土表面形成一层硬壳,后期再沉积碎屑物质,就形成软硬交变现象。洪积土中地下水一般属于潜水。

④湖积土在内陆分布广泛,一般分为淡水湖积土和咸水湖积土。

湖积土具有以下工程地质特征:分布面积有限,且厚度不大;具独特的产状条件;黏土类湖积物常含有机质、各种盐类及其他混合物;具层理性;具各向异性。

⑤冲积土的工程地质特征。

冲积土是由于河流的流水作用,将两岸基岩及其上的坡积、洪积碎屑物搬运堆积在河谷内河流坡降平缓地带而形成的(图1.3)。

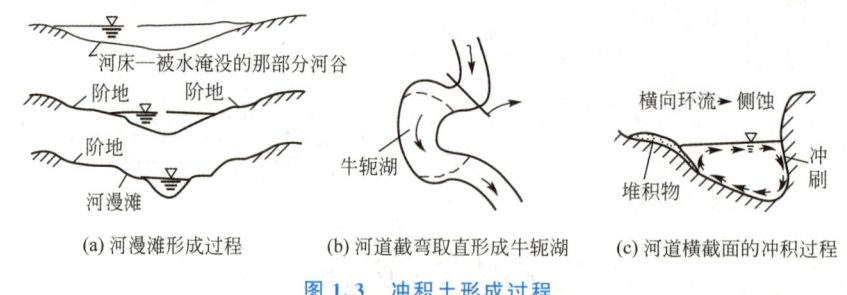

(a) 河漫滩形成过程　　(b) 河道截弯取直形成牛轭湖　　(c) 河道横截面的冲积过程

图1.3　冲积土形成过程

冲积土主要发育在河谷内以及山区外的冲积平原中,一般可分为三个相:河床相、河漫滩相、牛轭湖相。

河床相:主要分布在河床地带,冲积土一般为砂土及砾石类土,有时也夹有黏土透镜体,在垂直剖面上,由下到上,土颗粒由粗到细,成分较复杂,但磨圆度较好。山区河床冲积土厚度不大，一般为 10m 左右；而平原地区河床冲积土则厚度很大，一般超过几十米，其沉积物也较细。河床相沉积物多为中密的砂砾，其承载力高而压缩性低，为水工结构物的良好天然地基。应注意河流冲刷会使地基毁坏，从而影响岸坡的稳定性。

河漫滩相：洪水期河水将细粒悬浮物质带到河漫滩上沉积而成。一般为细砂土或黏土，覆盖于河床相冲积土之上。常为上下两层结构，下层为粗颗粒土，上层为泛滥的细颗粒土。河漫滩地质构造分为上下两层。上层为河流泛滥的沉积物，颗粒细小，有淤泥，其压缩性高、强度低，处理后可用。下层为原河床沉积物，多为砂石类土，其承载力高。注意：在河漫滩开挖基坑时可能出现流砂现象。

牛轭湖相：冲积土是在旧河道形成的牛轭湖中沉积下来的松软土。由含有大量有机质的粉质黏土、粉质砂土、细砂土组成，没有层理。牛轭湖是河流改道的一个产物[图 1.3（b）]。河道中侧蚀作用不断发展，河湾曲率越来越大，河流长度越来越长，河床比降减小，流速降低，直至常水位时已无能量发生侧蚀作用为止，一旦河流流量增大，水流运动遵照截弯取直、顺捷径而流的原则（侧向冲刷凹岸、堆填凸岸，水流使弯曲发展，最终淤弯通直）[图 1.3（b）、（c）]。

1.1.2 土的三相组成

土是由固相、液相和气相组成的，称为土的三相组成。土中的固体颗粒构成骨架，骨架之间贯穿着孔隙，孔隙中充填着水和空气，土的三相组成的比例并不是恒定的，它随着环境的变化而变化。三相比例不同，土的状态和工程性质也不相同。

1. 土的固体颗粒

固体颗粒是土的三相组成中的主体，是决定土的工程性质的主要成分。研究土的固体颗粒（以下简称土颗粒）就要分析其粒径的大小及在土中所占的质量百分数，称为土的颗粒级配（粒度成分）。

（1）颗粒级配（粒度成分）。

① 土颗粒的大小与形状。

自然界中土颗粒大小十分不均匀，工程性质各异。土颗粒大小，通常以其直径大小表示，简称粒径，单位为 mm。土颗粒大小变化范围极大，大者可达数千毫米，小者可小于万分之一毫米，随着粒径的变化，土颗粒的成分和工程性质也逐渐发生变化。土一般是由大小不等的土颗粒混合而组成的，不同大小的土颗粒的比例搭配（级配）不一样，则土的性质各异。

工程上将土颗粒按其大小分为若干粒径范围，每一区段范围为一组，称为粒组，即某一级粒径的变化范围，以 mm 表示。每个粒组都以粒径的两个数值作为其上下限，并给以适当的名称，粒组与粒组之间的分界尺寸称界限粒径（不同国家、部门中，界限粒径不尽相同）。

每个粒组之内的土的工程性质相似。通常粗粒土的压缩性低、强度高、渗透性大。有的土颗粒带棱角，表面粗糙、不易滑动，因此其强度比表面圆滑的土颗粒高。

目前，我国广泛应用的粒组划分方案见表 1-1。将粒径由大至小划分为六个粒组：漂石（块石）组、卵石（碎石）组、砾粒组、砂粒组、粉粒组、黏粒组。

表 1-1　土的粒组划分方案

粒组统称	粒组名称		粒径 d 范围/mm	分析方法	主要特征
巨粒	漂石(块石)组		$d>200$	直接测定法	透水性很大,压缩性极小,颗粒间无黏结,无毛细性
	卵石(碎石)组		$60<d\leqslant200$		
粗粒	砾粒组	粗砾	$20<d\leqslant60$	筛析法	孔隙大,透水性大,压缩性小,无黏性,有一定毛细性(毛细上升高度很小),既无可塑造性和黏性,也无胀缩性,压缩性极弱,强度较高
		细砾	$2<d\leqslant20$		
	砂粒组	粗砂	$0.5<d\leqslant2$		
		中砂	$0.25<d\leqslant0.5$		
		细砂	$0.075<d\leqslant0.25$		
细粒	粉粒组		$0.005<d\leqslant0.075$	水分法(比重计法)	透水性小,压缩性中等,毛细上升高度大,易出现冻胀,湿时微黏性,遇水不膨胀,稍有收缩
	黏粒组		$d\leqslant0.005$		透水性极弱,压缩性变化大,具有黏性、可塑性、胀缩性,强度较低,毛细上升高度大且速度慢

为形象表现,把土的粒径及粒组名称按坐标表示如图 1.4 所示。

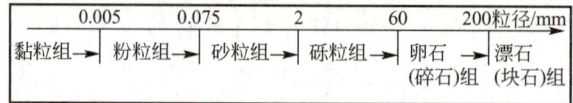

图 1.4　土的粒径及粒组名称按坐标表示

② 颗粒级配分析方法。

工程中常用土中各粒组的相对含量,通常是各粒组质量占土颗粒总质量(干土质量)的百分数表示,称为土的颗粒级配。表示土中各个粒组的相对含量,这是决定无黏性土工程性质的主要因素,以此作为土的分类定名标准。

在土的分类和评价土的工程性质时,常需通过土的颗粒分析试验测定土的颗粒级配。工程上,使用的颗粒级配的分析方法有筛析法和水分法两种,互相配合使用。

a. 筛析法。

用于粒径大于 0.1mm(或 0.075mm,按筛的规格而言)的土,砾组土与砂粒组土采用筛析法。它是利用一套孔径大小不同,孔径与土中各粒组界限值相等的试验筛,将事先称过质量的风干、分散的代表性试样充分过筛,称留在各筛盘上的土颗粒质量,然后计算相应各粒组的质量百分数。目前我国采用的试验筛的孔径分 11 级,分别为 60mm、40mm、20mm、10mm、5mm、2.0mm、1.0mm、0.5mm、0.25mm、0.1mm、0.075mm。

将风干试样倒入试验筛中,盖严上盖,置于筛析机上震动 10～15min。由上而下的顺序称各级筛盘上试样的质量。少量试验可用人工筛。筛析试验结果和颗粒级配曲线分别如图 1.5、图 1.6 所示。

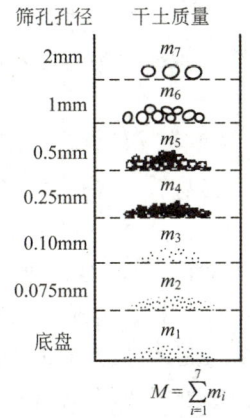

图 1.5　细筛筛析试验结果

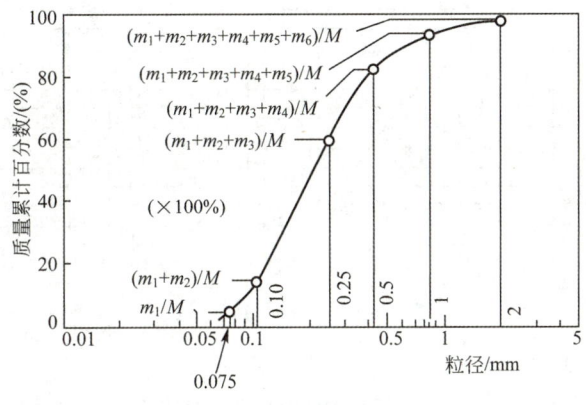

图 1.6　颗粒级配曲线

b. 水分法。

适用于分析粒径小于 0.1mm 的土样。利用粗颗粒下沉速度快、细颗粒下沉速度慢的原理,把土颗粒按下沉速度进行粗细分组。试验室常用比重计进行颗粒分析,也称为比重计法（图 1.7）,可以得到在同一深度悬浮着的土颗粒质量对试样干质重的百分比。

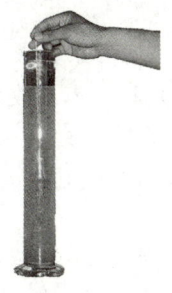

图 1.7　比重计法

粗细分组是将制备好的悬液（土颗粒与水）经充分搅拌、停止搅拌后,可测得经某一时间,土颗粒从悬液表面下沉至某一深度处所对应的颗粒直径,这样就可以将大小不同的土颗粒分离开来或求得小于某粒径 d 的颗粒在土中的质量百分数。虽然在试验技术上采取了相应的措施，仍不免存在一些误差，但一般均能满足生产实际的精度要求。

此外还有移液管法、比重瓶法等，各种方法的仪器设备有其自身特点，但它们的测试原理均是建立在斯托克斯定律基础上的。

③ 粒径级配累积曲线。

为了使颗粒分析成果便于利用和容易看出规律性，需要把颗粒分析资料加以整理并用较好的方法表示出来。

目前在生产实际中应用最广泛的是粒径级配累积曲线图。该方法是以土颗粒粒径为横坐标，以粒组的累积质量百分数（小于某粒径的所有土颗粒的质量百分数）为纵坐标，将筛析法和水分法（比重计法）的数据点连线（光滑的曲线），得到的曲线称粒径级配累积曲线（图1.8）。绘制粒径级配累积曲线的坐标系有自然数坐标系和半对数坐标系（横坐标为对数）两种，实际中一般常用半对数坐标系（图1.8）。

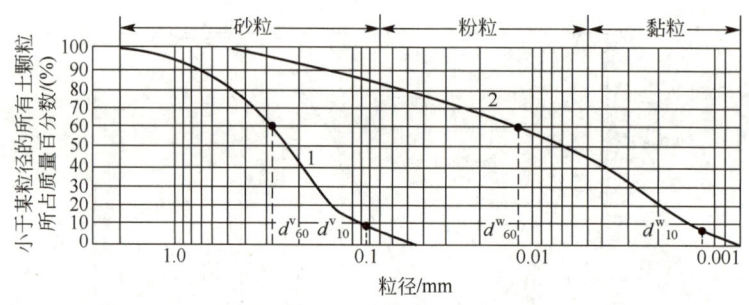

图 1.8 粒径级配累积曲线

④ 粒径级配累积曲线的应用。

土的粒径级配累积曲线是土工上最常用的曲线，从曲线上可以直接了解土的粗细、粒径分布的均匀程度和级配的优劣。

a. 粒径级配累积曲线的作用。

根据粒径级配累积曲线，可求出粒组范围（对土分类有指导作用）及各粒组的质量含量和颗粒分布情况。从曲线的坡度可大致判断出土的均匀程度，曲线陡表示粒径大小相差不多，土颗粒均匀，土的级配不良；曲线缓表示粒径大小相差悬殊，土颗粒不均匀，土的级配良好。

另外，我们还可以从不均匀系数来判断均匀程度。利用土的有效粒径和限定粒径可以计算土的不均匀系数（C_u）和曲率系数（C_c）。

b. 不均匀系数。

不均匀系数 C_u 表示土颗粒组成的重要特征，反映大小不同粒组的分布情况。不均匀系数 C_u 计算见式(1-1)。

$$C_u = \frac{d_{60}}{d_{10}} \tag{1-1}$$

式中 C_u——不均匀系数；

d_{10}——有效粒径；

d_{60}——限制粒径。

有效粒径（d_{10}）：当小于某粒径的土颗粒累计质量百分数为10%时，相应的粒径称为有效粒径，如图 1.9 所示。通过该指标可知固结至某种程度的土的孔隙中，比土颗粒平均粒径小的细粒土的大小程度。

限制粒径（d_{60}）：当小于某粒径的土颗粒累计质量百分数为 60% 时，相应的粒径称为限制粒径，如图 1.9 所示。

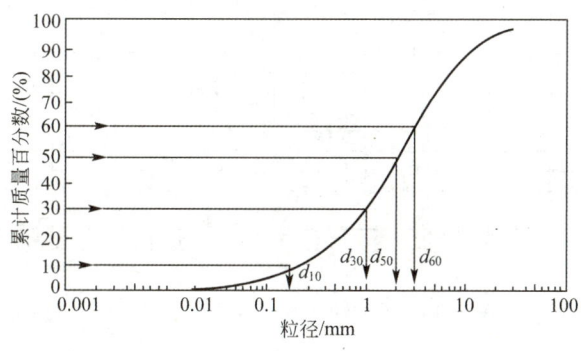

图 1.9　各种粒径

C_u 越大表示土颗粒大小的分布范围越大，粒径级配累积曲线越平缓，土颗粒大小越不均匀，其级配越良好，作为填方工程的土料时，则比较容易获得较大的密实度。反之，C_u 值越小，则土颗粒越均匀，粒径级配累积曲线越陡。

在一般情况下，工程上把 $C_u \leqslant 5$ 的土看作均粒土，级配不良；$C_u > 5$ 的土为不均匀粒土；$C_u > 10$ 的土级配良好。

c. 曲率系数。

曲率系数 C_c 为表示土颗粒组成的特征，曲率系数 C_c 计算见式(1-2)。

$$C_c = \frac{d_{30}^2}{d_{60} \times d_{10}} \tag{1-2}$$

式中　d_{30}——小于某粒径的土颗粒累计质量百分数为 30% 时的粒径。

曲率系数 C_c 描写的是粒径级配累积曲线的分布范围，反映曲线的整体形状以及曲线的斜率是否连续。工程中常采用 C_c 值来说明粒径级配累积曲线的弯曲情况或斜率是否连续，斜率很大，即急倾斜状，表明某一粒组含量过于集中，其他粒组含量相对较少。

经验表明，当级配连续时，$C_c = 1 \sim 3$；当 $C_c < 1$ 或 $C_c > 3$ 时，均表示粒径级配累积曲线不连续，这种土一般是级配不良的土。

d. 工程上判断土的级配。

级配良好的土，粒径级配累积曲线主段呈光滑凹面向上的形状，坡度较缓，土颗粒大小连续，曲线平顺且粒径之间有一定的变化规律，能同时满足 $C_u \geqslant 5$ 且 $C_c = 1 \sim 3$ 的条件，如图 1.10 中 B 曲线所示。工程中用级配良好的土作为填土用料时，比较容易获得较大的密实度。

级配不良的土，粒径级配累积曲线坡度较陡；或者土颗粒大小虽然较不均匀，但不连续，其粒径级配累积曲线呈阶梯状（有缺粒段）。它们不能同时满足 $C_u \geqslant 5$ 且 $C_c = 1 \sim 3$ 两个条件，如图 1.10 中 A、C 曲线所示。

⑤ 土颗粒的比表面积。

土颗粒大小变化对土体的性质有影响，这种影响与土颗粒的表面积有关，表面积的大

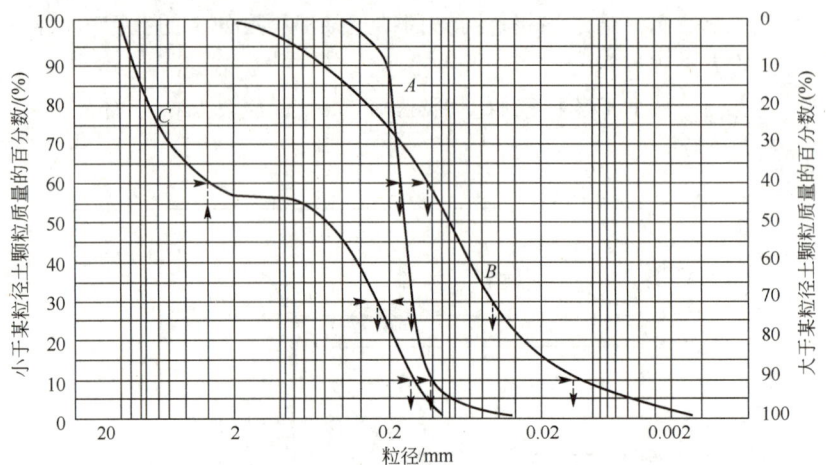

图1.10 不同粒径级配累积曲线的对比

小常用比表面积表示。

不同大小土颗粒在分散体系中的分散程度通常用比表面积来表示,比表面积就是每立方厘米或每克的分散相所具有的表面积(平方厘米),即单位体积或单位质量固体颗粒表面积的总和。假设土颗粒呈球形,d 为其直径,则比表面积 S 见式(1-3)。

$$S = \frac{土颗粒表面积}{土颗粒的体积} = \frac{\pi d^2}{\frac{1}{6}\pi d^3} = \frac{6}{d} \tag{1-3}$$

式(1-3)表明土颗粒比表面积与粒径 d 成反比,土颗粒愈小,比表面积愈大,反之亦然。如图1.11所示,正方体体积为 $1m^3$,假定体积不变即1块整体时表面积 $6m^2$,分成8块时表面积 $12m^2$,分成64块时表面积 $24m^2$。

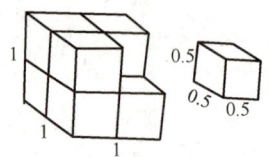

图1.11 表面积与粒径关系示意

总体积不变时,土颗粒越大、比表面积越小。对于土体来说,比表面积增大,表面能加强,土颗粒与周围介质(液体、气体)之间的作用(物理、化学)增强,从而使得土体的性质变化很大。

(2)土颗粒成分。

土颗粒的成分,绝大部分是各种矿物颗粒或矿物集合体组成的,另外或多或少有一些有机质,土颗粒的矿物成分主要取决于母岩的成分及其所经受的风化作用。不同的矿物成分对土的性质有着不同的影响,其中以细粒组的矿物成分尤为重要。

土中的矿物成分,如图1.12所示。

① 原生矿物。

由岩石经物理风化破碎而成,其成分没有发生变化,与母岩相同。

a. 单矿物颗粒:一个颗粒为单一的矿物,如常见的石英、长石、云母、角闪石与辉石

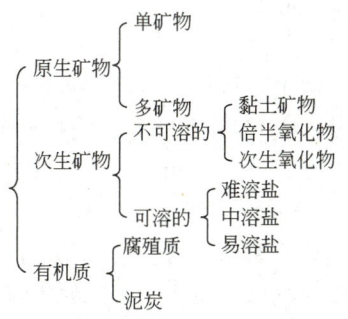

图 1.12 土的矿物成分

等为单矿物颗粒。

b. 多矿物颗粒：一个颗粒中包含多种矿物的母岩碎屑，如漂石、卵石与砾石等颗粒为多矿物颗粒。

原生矿物颗粒一般都较粗大，它们主要存在于卵石、砾粒、砂粒、粉粒各粒组中。

② 次生矿物。

次生矿物是原生矿物在一定气候条件下经化学风化，进一步分解而形成一些颗粒更细小的新矿物，其成分与母岩不同。当土中含水较少时，次生矿物结晶沉淀，在土中起胶结作用，可暂时提高土的力学强度；当土中含水较多且盐分遇水溶解后，土的连结随之破坏，可使土的工程性质急剧变差。次生矿物主要是黏土矿物，粒径 $d<0.005$mm，为鳞片状。

分布较广且对土性质影响较大的三种黏土矿物。

a. 蒙脱石的晶体是由很多互相平行的晶层构成［图 1.13（a）］，每个晶层都是由顶、底的硅氧四面体和中间的铝氧八面体层构成，相邻晶层间能吸收水分子。含有蒙脱石矿物的黏粒具有较强的亲水性，较大的胀缩性。

b. 高岭石的晶体也是由互相平行的晶层构成，每个晶层由一个硅氧四面体和一个铝氧八面体层构成［图 1.13（b）］。含有高岭石矿物的黏粒的亲水性较弱，可塑性低，胀缩性较小。

c. 伊利石（又称水云母）的晶体构成与蒙脱石相似，每个晶层也是由顶、底硅氧四面体和中间铝氧八面体层构成［图 1.13（c）］，相邻晶层间也能吸收水分子。其颗粒大小与特性介于蒙脱石与高岭石之间，亲水性低于蒙脱石。

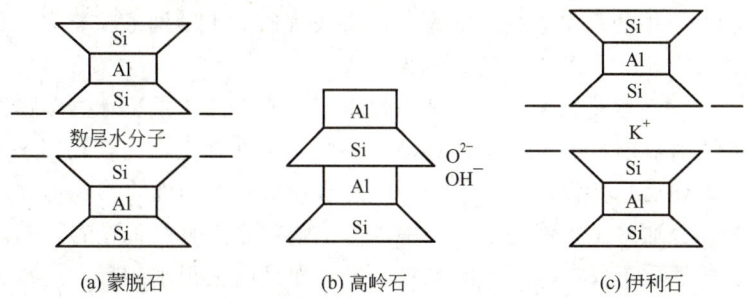

图 1.13 黏土矿物结构示意图

三大类黏土矿物中，高岭石晶层之间连结牢固，水分子不能自由渗入，故其亲水性差，可塑性低，胀缩性弱；蒙脱石则反之，晶层间连结微弱，活动自由，亲水性强，胀缩性亦强；伊利石的性质介于二者之间。

③ 有机质。

有机质是土中动植物残骸在微生物作用下分解形成的产物，分有机残余物和腐殖质两种。有机残余物在土的湿度大时，空气难以透入的条件下形成泥炭，亲水性很差。完全分解的腐殖质，呈胶粒，亲水性极强，与水的相互作用比黏粒更强，据研究，土体中含量为1%的腐殖质相当于含量为1.5%的黏粒作用。

有机质是土中有害的矿物成分。腐殖质含量在1.5%以上的土称为淤泥类土，压缩性极高，强度很低，属特殊土类。有机质含量大于5%的土称为有机质土。土中腐殖质含量多，会使土的压缩性增大。对有机质含量超过3%的土应予注明，不宜作为填筑材料。

④ 黏粒双电层。

黏粒具有较大的比表面积，与孔隙水相互作用时，在其表面形成双电层，黏粒双电层是黏粒表面所带电荷与其吸附的反离子所构成。电位离子层与反离子层电性相反，共同构成双电层，其结构示意图如图1.14所示。

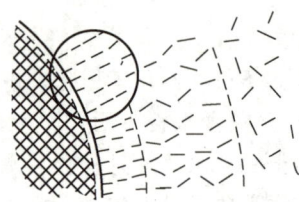

图1.14 双电层结构示意图

由于黏粒表面带电荷，在其静电引力的作用下，可吸附水中与相反电荷符号的离子聚集在其周围形成反离子层。反离子层中的离子实际上是水化离子。自然界中不存在纯水，都是含有离子成分的水溶液，故黏粒周围的水化膜包含着起主导作用的离子和作为主体的水分子。从起主导作用的离子着眼，称水化膜为反离子层；如果从作为主体的水分子着眼，则称水化膜为结合水层。

双电层厚度及其性质的变化将导致黏性土工程性质的变化。

结合水拓展知识

2. 土中的水

组成土的第二种主要成分是土中的水。在自然条件下，土中总是含水的。土中的水可以处于液态、固态或气态。土中细颗粒越多，即土的分散度越大，水对土的性质的影响也越大。

固态水是土中温度在冰点以下时，水以冰夹层、冰透镜体或粒状冰晶的形态存在。固态水对土的性质有影响，例如冻土，当存在固态水时，其强度增大；当固态水融化后，其强度急剧下降。气态水一般对土的性质影响不大。

土中的液相部分通常是指液态水。土中水与土颗粒之间有机地结合，对土的性质起到巨大的影响。土的性质不仅取决于水的绝对含量，而且取决于水的形态、结构以及物理条件、化学成分。

水分子是极性分子，如图1.15所示。氢原子端显示正电荷，氧原子端显示负电荷。因此，水分子在电场作用下具有定向排列的特性且极易与被溶解的物质（阳离子）结合而成水化离子。

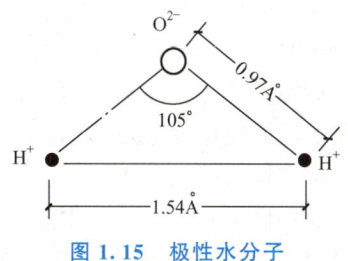

图 1.15　极性水分子

土中除液态水外,还有结晶水。结晶水存在于矿物晶格中,105℃高温下失去,与矿物颗粒有关,通常不参加土中水体力学性质的作用。

研究土中水,必须考虑到水的存在状态及其与土颗粒的相互作用。按土中水的存在形式、状态、活动性及其与土颗粒的相互作用,将土中水划分为矿物成分水、结合水、自由水等。

(1) 矿物成分水。存在于矿物结晶格架的内部或参与矿物构造的水,又称矿物内部结合水。

在常温条件下,矿物成分水不能以分子形式析出,属于固体部分,它们对土的性质影响不明显。在比较高的温度(80~680℃,随土颗粒的矿物成分不同而异)下,矿物成分水才能化为气态水而从土颗粒中分离析出,形成新矿物,此时土的性质随之发生变化。从土的工程性质上分析,可以把矿物成分水当作土颗粒的一部分。

(2) 结合水。土颗粒表面大多带有负电荷,围绕土颗粒形成电场,土中极性水分子受电分子吸引力(这种电分子吸引力高达几千个到几万个大气压)吸附于土颗粒表面,在电场中定向排列,水分子和土颗粒表面牢固地黏结在一起,形成结合水膜,根据与土颗粒表面的距离远近,水膜分为固定层、扩散层,这种水称为结合水(图 1.16)。

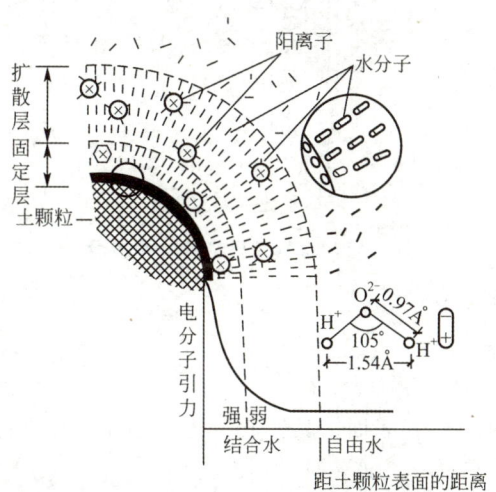

图 1.16　土颗粒与孔隙水的相互作用

黏粒与水相互作用后,水中只有一部分紧靠黏粒的反离子被牢固地吸附排列在黏粒的表面,电泳时和黏粒一起移动称为固定层;另一部分距颗粒表面较远的反离子分布在土颗粒周围,具有扩散到自由水中的趋势,称为扩散层。

固定层和扩散层与土颗粒表面负电荷一起构成双电层。一般来说，黏粒与水相互作用后，双电层中的固定层紧靠土颗粒表面，排列紧密，连结牢固，厚度较小且较固定，性质类似于土颗粒本身，其对土的性质影响较小。而反离子层中的扩散层因远离土颗粒表面，连结力减弱，在不大的外力作用下就能发生变形或移动，是活动的部分，可引起土的一系列工程性质的变化，如黏性土的可塑性与胀缩性等。

扩散层水膜的厚度对黏性土的特性影响很大。其水膜厚度大，黏性土的塑性高，易胀缩；土颗粒之间距离大，土的强度低，压缩性大。在工程实践中可利用这一原理来改良土质，增强土的稳定性。

距离土颗粒表面愈远，电分子引力愈小，结合水因离土颗粒表面远近不同，极性水分子随电分子引力减小，活动性增大。可分为强结合水和弱结合水。结合水不受重力影响，密度较大（强结合水密度为 $1.6\sim2.4\text{g/cm}^3$，弱结合水密度为 $1.3\sim1.74\text{g/cm}^3$），有黏滞性和一定的抗剪强度。

① 强结合水。

土颗粒的电分子引力强度是随着与土颗粒表面的距离增大而逐渐减弱，靠近土颗粒表面的水分子，受到土颗粒的强烈吸引（吸引力可达 $1000\sim2000\text{MPa}$），如图 1.17 所示。水分子整齐地排列起来，失去活动能力，几乎具有固体性质，不能传递静水压力，这部分水称为强结合水，又称物理结合水。由于土颗粒可从湿空气中吸附这种水，故而又称吸着水。强结合水层又称为吸附层或固定层。

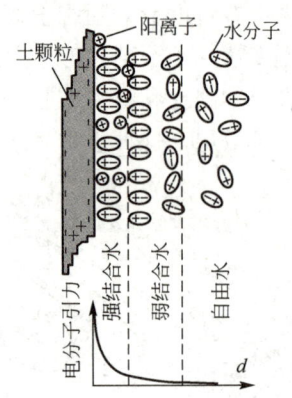

图 1.17　土颗粒中水的分布形态

强结合水的主要特征如下。

a. 没有溶解盐类的能力。

b. 不冻结、不能传递静水压力。

c. 极其牢固地结合在土颗粒表面，其性质接近于固体，在常温下不能移动，只有吸热变成水蒸气时才能移动（略高于100℃时可蒸发）。

d. 有极大的黏滞性、弹性和抗剪强度。

当黏土只含有强结合水时，呈固体坚硬风干状态，磨碎后呈粉末状；当砂土只含强结合水时，呈散粒状态。如果将干燥的土移到天然湿度的空气中，则土的质量将增加，直到土中吸着的强结合水达到最大吸着容量为止。土颗粒越细，土的比表面积越大，则最大吸着容量就越大。

② 弱结合水。

距离土颗粒表面稍远的水分子（强结合水的外缘），受到土颗粒表面的电分子引力减弱，排列疏松不整齐，有活动能力，这部分水称为弱结合水，又称薄膜水。弱结合水紧靠于强结合水层的外围形成一层结合水膜，这层水膜是可以扩散的，称为扩散层。扩散层的水分子总量保持不变，但它们是运动交换着的，即扩散的。扩散层的弱结合水仍然不能自由流动，不能传递静水压力，呈黏滞体状态，黏滞性从内到外逐渐降低。但水膜较厚的弱结合水能向临近的较薄的水膜缓慢移动。

弱结合水是一种黏滞水，是黏性土在一定含水量范围内具有可塑性的原因。当土中含有较多的弱结合水时，土则具有一定的可塑性，抗剪强度减小。砂土比表面积较小，几乎不具可塑性；而黏土的比表面积较大，其可塑性范围较大。

弱结合水离土颗粒表面愈远，其受到的电分子吸引力愈弱，逐渐过渡为自由水。

③ 自由水。

自由水存在于土颗粒表面电分子引力影响范围以外，服从重力规律（能在重力作用下，在孔隙中自高处向低处自由流动）的孔隙中的水，在土颗粒表面的电分子引力作用以外的水分子自由散乱地排列。它的性质和普通水一样，能传递静水压力，冰点为0℃，有溶解能力。按其移动所受作用力的不同，可以分为重力水和毛细水。

a. 重力水。

重力水是存在于地下水位以下的透水层中的地下水，是在重力或压力差作用下运动的自由水，存在于较大孔隙中，具有自由活动的能力。

重力水在重力作用下，由高处向低处流动，为普通液态水。重力水流动时，产生动水压力，能冲刷带走土中的细小土颗粒，这种作用常称为机械潜蚀作用，如管涌、流砂等；重力水能溶滤土中的水溶盐，这种作用称为化学潜蚀作用。潜蚀作用都将使土的孔隙增大，增大压缩性，降低土的抗剪强度；同时，地下水位以下的饱和土，受重力水的浮力作用，土颗粒及土的重量相对减小。

重力水对开挖基槽、基坑以及修筑地下构筑物时所应采取的排水、防水措施有重要的影响。

b. 毛细水。

毛细水是受到水与空气交界面处表面张力作用，位于地下水位以上，保持在土的毛细孔隙中的水。受毛细作用上升，分布在结合水的外围土颗粒周围相互贯通的孔隙中。土颗粒的分子引力（浸湿力）和水与空气交界面的表面张力（毛细力）共同作用而形成毛细水。

在毛细管内的水柱，由于管壁与水分子之间的引力很大，形成上举力，使液面呈内凹状，增加了表面积；为降低表面自由能，缩小表面积，管内水柱升高；周而复始，湿润现象和水柱升高现象不断交替；直到升高的水柱重力和管壁与水分子之间的吸引力所产生的上举力平衡为止。

水膜表面张力的作用方向与毛细管壁的夹角称为湿润角 α，由于表面张力的作用，毛细管内的水被提升到自由水面以上 h_c 处，如图1.18所示。毛细上升高度 h_c 与毛细管半径 r 成反比；土颗粒的直径越小，孔隙的直径（毛细管直径）越细，则 h_c 愈大。

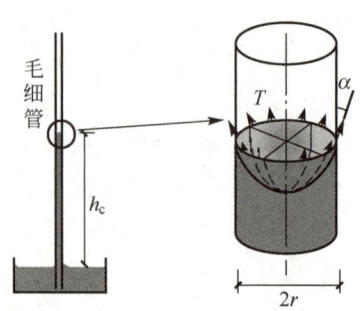

(a) 毛细上升高度　　(b) 表面张力和湿润角

图 1.18　毛细水及其作用

这样，毛细管中的水处于负压作用下，就使其他处的水沿毛细管被吸过来，形成毛细水带，这种现象称毛细现象。毛细水主要存在于粒径为 0.002~0.5mm 的毛细孔隙中，常见于粉细砂与粉土。孔隙更小时，土颗粒间主要充满结合水，不再有毛细水。粗大孔隙的土颗粒表面张力极弱，难以形成毛细现象。

毛细水产生毛细压力（u_c）：自由水位以上的毛细区域内，土颗粒间所受的毛细压力是呈倒三角形分布的，在弯液面处最大（$h_c \cdot \gamma_w$），在自由水面处为零（图 1.19）。毛细压力使土的强度增高。

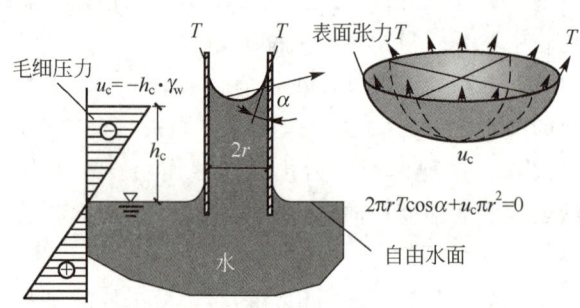

图 1.19　毛细压力分布示意

毛细水对土中气体的分布与流通有一定作用，常是产生密闭气体的原因。

当地下水埋深较浅时，由于毛细水上升，可促进地基土的冰冻现象，在寒冷地区可能会使地基土产生严重的冻胀；使地下室潮湿；危害房屋基础及公路路面；使地基、路基受到浸蚀，可能会使土沼泽化。

毛细水对土性质的影响，主要是毛细压力常使砂土产生微弱的毛细水连结。在非饱和砂土中，孔隙中含有毛细水和气体，此时毛细水多集中于颗粒间的缝隙处，称毛细角边水。毛细角边水产生的毛细压力是一个负值，毛细水弯液面受张力，张力反作用于土颗粒，反作用力就是水面作用于土颗粒的压力，使土颗粒受正压力相互被拉紧，相当于增加了一个附加应力。从整体来看，土体相互抱紧而具有微弱的内聚力，称为毛细内聚力，如图 1.20 所示，这也就是所谓的砂土的假黏性表现（它可使湿砂黏聚成团保持砂堆垂直壁高几十厘米不倒，但浸水或烘干后又变松散）。

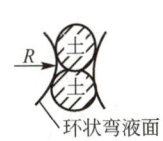 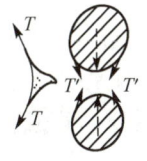 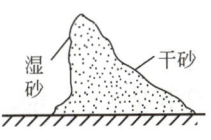

(a) 土颗粒间毛细水形状　　(b) 毛细内聚力作用的分解示意　　(c) 砂土的假黏性表现

图 1.20　毛细内聚力对砂土性质的影响

3. 土中的气体

土中的气体除来自空气外，也可由生物化学作用和化学反应生成。土的孔隙中没有被水占据的部分都是气体。土中的气体主要为空气，一般与大气连通，处于动平衡状态，对土的性质影响不大。少数情况下土中存在的封闭气体对土的性质有一定的影响，主要表现在透水不畅，加固土时不易使土压实等；另外封闭气体的突然逸出可造成土的意外沉陷。总之，土中气体对土性质的影响不如土颗粒与土孔隙中的水影响大。含气体的土称为非饱和土，其工程性质研究已形成土力学的一个新的分支。

土中的气体按其所处状态和结构特点，可分为以下几大类。

(1) 吸附气体。由于分子引力作用，土颗粒不但能吸附水分子，而且能吸附气体，土颗粒吸附气体的厚度一般为两三个分子层。吸附气体的含量取决于土颗粒的矿物成分、分散程度、孔隙率、湿度、气体成分等。在自然条件下，沙漠地区的表层土可能有比较大的气体吸附量。

(2) 溶解气体。在土的液相中主要溶解有 CO_2、O_2，其次为 H_2、Cl_2、CH_4；其溶解数值取决于温度、压力、气体的物理化学成分及溶液的化学成分。溶解气体的作用主要为改变水的结构及溶液的性质，对土颗粒施加力学作用；在土中可形成封闭气体；可加速土的化学潜蚀过程。

(3) 自由气体。自由气体与大气连通，通常在土被压缩时即逸出，常见于粗粒土中。外力作用时，能很快从土中挤出，对土的工程性质无太大影响。

(4) 封闭气体。封闭气体是土中气体与大气隔绝而形成的封闭气泡，常见于细粒土中。黏性土中的封闭气体的体积与压力有关，压力增大，不易逸出，但可能被压缩或溶于孔隙水中；压力减小，则体积增大或重新游离出来。因此密闭气体的存在增加了土的弹性。封闭气体可降低地基的沉降量，但当其突然排出时，可加大地基沉降量、基础与建筑物的变形。在不排水的条件下，由于封闭气体的可压缩性会造成土的压密。封闭气体的存在能降低土的透水性和透气性，阻塞土中的渗透通道，减小土的渗透性，成为控制填土长期沉降的一个重要措施。

1.1.3　土的结构和构造

1. 土的结构

土颗粒之间的相互排列和连结形式，称为土的结构。主要指土颗粒大小、形状、表面特征，土颗粒间的连结关系和土颗粒的排列情况，其中包括颗粒或其集合体间的距离、孔隙大小及分布特点。

土的结构是土的基本地质特征之一，也是决定土的工程性质变化趋势的内在依据。土的结构是在成土过程中逐渐形成的，与土的矿物成分、颗粒形状及沉积条件有关。

(1) 单粒结构。

粗颗粒土（如卵石、砂土等）在沉积过程中，每个颗粒在自重作用下单独下沉，相互支撑、架立并达到稳定状态。由于其颗粒比较大，土颗粒间的分子引力相对很小，粒间几乎没有连结或者连结很弱，单一颗粒相互堆砌在一起形成单粒结构。

这类土的性质主要取决于土颗粒的大小和其排列的松密程度。根据土颗粒排列的松密程度不同，单粒结构还可以分为松散结构和紧密结构两种类型（图1.21）。紧密结构的土，由于其土颗粒排列紧密，在动、静荷载作用下都不会产生较大的沉降，所以强度较大，压缩性较小，是较为良好的天然地基。松散结构的土的孔隙较大，骨架连结很不稳定，当受到振动或其他外力作用时，土颗粒易于发生移动，土中孔隙剧烈减少，可引起土体较大的变形。因此这种土体如未经处理一般不宜作为建筑物的地基，其工程性质较紧密结构要差。

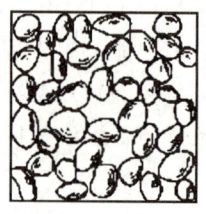 

(a) 松散结构　　　　(b) 紧密结构

图1.21　单粒结构

(2) 蜂窝状结构。

当土颗粒较细（粒径为0.002～0.02mm），单一颗粒在水中下沉时，碰到已沉积的土颗粒，由于土颗粒之间的分子引力大于土颗粒自重，则正常下沉的土颗粒被吸引不再下沉，而凝聚成较复杂的集合体进行沉积，形成细粒土特有的团聚结构。这类土的孔隙很大，形状不规则，易破碎。因为它的形状像海绵或蜂窝，所以称蜂窝状结构或海绵状结构（图1.22），常见于粉粒。

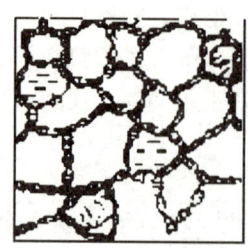

图1.22　蜂窝状结构

(3) 絮状结构。

粒径极细的（粒径小于0.002mm）的颗粒，单一颗粒在水中不会因自重而下沉，而长期悬浮并在水中运动时,相互碰撞并吸引,逐渐形成小链环状的土集粒,则质量增大而下沉。一个小链环状的土集粒碰到另一个小链环状的土集粒被吸引,连结形成大链环状的絮状结构(图 1.23)土集合体,此种结构在海积黏土中常见。其连结受土颗粒电场和介质性质影响。因小链环状的土集粒中已有孔隙,大链环状的土集合体中又有更大的孔隙,形象地称这种结构为二级蜂窝结构。

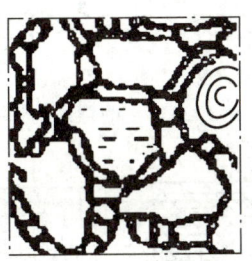

图 1.23 絮状结构

由于介质不同,絮状结构可分成分散型结构(盐类离子浓度小,土颗粒在粒间排斥力作用下定向或半定向排列,呈面面接触)和絮凝结构(盐类离子浓度大,土颗粒的粒间排斥力减小,致使粒间正负电荷相吸,呈边面接触),如图 1.24 所示。

(a) 面面接触　　　(b) 边面接触

图 1.24 分散型结构和絮状结构的土颗粒接触关系

上述三种结构中,以密实的单粒结构土的工程性质最好,其次为蜂窝结构土,絮状结构的土最差。后两种结构土,土颗粒之间的连结强度(结构强度)往往由于长期的压密作用和胶结作用而得到加强。若因振动(如施工扰动)破坏了天然结构,则其强度降低、压缩性变大,不可作为天然地基。

2. 土的构造

同一土层中,物质成分和颗粒大小都相近的各部分之间相互关联的特征称为土的构造。土的构造最主要特征就是成层性,即层理构造(图 1.25)。它是在土的形成过程中,不同阶段沉积的物质成分、颗粒大小或颜色不同,沿竖向呈现的成层特征。土的构造的另一特征是土的裂隙性。

(1) 层状构造。

土层由不同颜色、不同粒径的土组成层理,平原地区的层理通常为水平层理。这种层理构造称为层状构造,如图 1.26(a)所示。层状构造反映不同地质年代、不同搬运条件下形成的土层。平行层理方向的压缩模量和渗透系数往往大于垂直方向的压缩模量和渗透系数,是细粒土的一个重要特征。

(2) 分散构造。

分散构造的土层中土颗粒分布均匀、性质相近,如各种经过分选的砂土、砾石、卵石形成的有较大的埋藏厚度、无明显层次的沉积,都为分散构造,如图 1.26(b)所示,为典型的各向同性体。通常分散构造的工程性质最好。

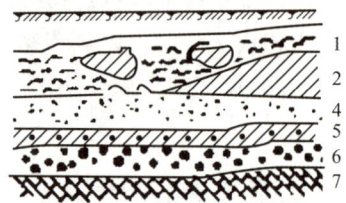

注：1—淤泥夹黏土透镜体；2—黏土尖灭层；3—砂土层；4—砂土夹黏土层；5—砾石层；6—基岩。

图1.25　土的层理构造

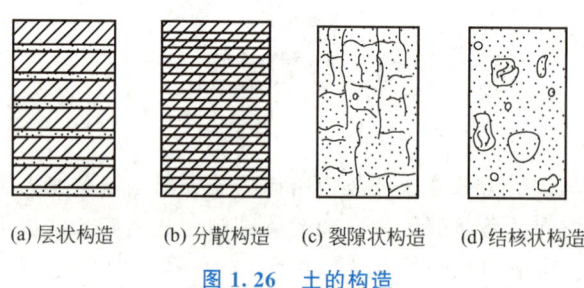

(a) 层状构造　　(b) 分散构造　　(c) 裂隙状构造　　(d) 结核状构造

图1.26　土的构造

（3）裂隙状构造。

裂隙状构造的土体中有很多不连续的小裂隙，裂隙中往往填充有沉淀物。有的硬塑与坚硬的黏土为此种构造，如图1.26（c）所示。裂隙的存在，例如柱状裂隙（黄土中）、不连续的小裂隙（坚硬或硬塑黏土），破坏了土的整体性，使得土体强度降低、稳定性变差、渗透性变高，其工程性质差。

（4）结核状构造。

在细粒土中掺有粗颗粒或各种结核（聚集的铁质、钙质集合体，贝壳等杂质），如含砾石的粉质黏土，含砾石的冰渍土等，这种结构称为结核状结构，如图1.26（d）所示。掺杂物的存在影响了土的均匀性。由于掺杂物分散在土中，结核状构造土的工程性质取决于细粒土。

1.2　土的三相比例指标

土的物理力学性质就是研究土的固、液、气三相的质量与体积间的相互比例关系以及固、液两相相互作用表现出来的性质。前者称为土的基本物理性质，主要研究土的密实程度和干湿状况；后者称为土的力学性质，主要研究土的可塑性、胀缩性及透水性等。

土的物理性质在一定程度上决定了它的力学性质，其指标在工程计算中常被直接应用。土的物理性质指标可分为以下两类。

（1）基本指标：是必须通过试验测定的指标，如含水量、密度和比重等。

（2）换算指标：是可以根据试验测定的指标换算的指标，如孔隙比、孔隙率和饱和度等。

土的三相实际上是混合分布的，为了使三相比例关系形象化和阐述方便，将它们分别集中起来，以质量或体积来表示，画出土的三相组成示意图（图1.27），其中气体质量m_a可忽略不计。

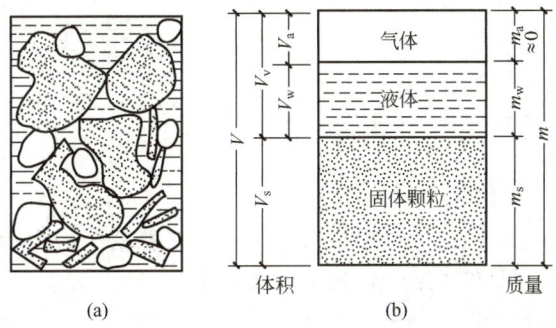

注：V—土的总体积（cm³）；m—土的总质量（g）；V_s—土中固体颗粒的体积（cm³）；m_s—土的固体颗粒的质量（g）；V_v—土中孔隙的体积（cm³）；m_w—土中液体的质量（g）；V_w—土中液体的体积（cm³）；m_a—土中气体的质量（$m_a=0$）；V_a—土中气体的体积（cm³）。

图1.27 土的三相组成示意图

1.2.1 土的质量特征指标

1. 土颗粒相对密度

土颗粒相对密度［式(1-4)］是指土中固体颗粒的质量m_s与其体积V_s在标准状态下（1个大气压，4℃条件下）纯水的密度之比，无单位。

$$d_s = \frac{m_s}{V_s \rho_w} \tag{1-4}$$

式中 ρ_w——标准状态下纯水的密度，g/cm³（工程计算中可取1.0 g/cm³）。

土颗粒相对密度仅与组成土颗粒的矿物密度有关，而与土的孔隙大小和含水量无关，它是指土颗粒的比重，不是指整个土体的密度（即不包括土中水）。实际上是土中各种矿物密度的加权平均值。一般情况下，相对密度随土中有机质含量增多而减小，随土中铁质、镁质矿物增多而增大。所以同一类土的相对密度变化幅度很小。

相对密度一方面可以间接地说明土中矿物成分特征，另一方面主要用来计算其他指标。各种主要类型土的相对密度一般为砂土2.65左右、粉质砂土2.68左右、粉质黏土2.68~2.72、黏土2.70~2.75。

比重试验测相对密度

2. 密度

土的密度是指土的总质量m与总体积V之比，即为土的单位体积的质量，其计算见式(1-5)。

$$\rho = \frac{m}{V} \tag{1-5}$$

式中 ρ——密度，g/cm³。

土的密度是一个实测指标，可在室内及野外现场直接测定。室内一般采用环刀法测定，称取环刀内试样质量，量取环刀容积，求两者之比值即为密度。

土的密度取决于土颗粒相对密度、孔隙体积的大小和孔隙中水的质量，综合反映了土的物质组成和结构特征。按孔隙中充水程度不同，密度可分为天然密度、干密度、饱和密度、浮密度。

(1) 天然密度（湿密度）。

天然状态下土的密度称为天然密度，以式(1-6)表示。

$$\rho = \frac{m}{V} = \frac{m_s + m_w}{V_s + V_v} \tag{1-6}$$

土越密实、含水量越高，则天然密度就越大，反之就越小。由于自然界土的松密程度与含水量变化较大，故其天然密度变化较大，一般为 $1.6 \sim 2.2 \text{g/cm}^3$，小于土颗粒的相对密度。

(2) 干密度。

土的孔隙中完全没有水时的密度，称为干密度，即为指单位体积中土颗粒的质量，其计算见式(1-7)。

$$\rho_d = \frac{m_s}{V} \tag{1-7}$$

式中 ρ_d——干密度，g/cm^3。

干密度与土中含水量无关，只取决于土的矿物成分和土的松密程度。对于某类土来说，矿物成分是固定的，则干密度反映了土的孔隙性、密实程度，它反映土颗粒排列的松密程度。干密度越大，土越密实，反之越疏松。土的干密度一般为 $1.4 \sim 1.7 \text{g/cm}^3$。

工程上常把干密度作为评定土体紧密程度的标准，以控制填土工程的施工质量。土的干密度越大，表明土体压得越密实，工程质量越好。干密度往往由土的密度及含水量计算，但也可以实测。

(3) 饱和密度。

土的孔隙完全被水充满时的密度称为饱和密度，即土的孔隙中全部充满液态水时的单位体积质量，其计算见式(1-8)。

$$\rho_{sat} = \frac{m_s + V_v \rho_w}{V} \tag{1-8}$$

式中 ρ_{sat}——饱和密度，g/cm^3；

V_v——孔隙体积，cm^3。

土的饱和密度常为 $1.8 \sim 2.30 \text{g/cm}^3$。

(4) 浮密度。

土的浮密度是单位体积中土颗粒质量与同体积水的质量之差，即地下水位以下土体受水的浮力作用时单位体积的质量，其计算见式(1-9)。

$$\rho' = \frac{(m_s - V_s \cdot \rho_w)}{V} = \rho_{sat} - \rho_w \tag{1-9}$$

式中 ρ'——饱和密度。

由此可见同一类土样在体积不变的条件下，各种密度在数值上的关系：$\rho_{sat} > \rho > \rho_d > \rho'$。

工程实际中常将土的密度换算成土的重度 γ，重度等于密度乘以重力加速度 g，其计算见式(1-10)。

$$\gamma = \rho \cdot g \qquad (1-10)$$

其中重力加速度常近似取 10m/s^2，即当 $\rho=1.0\text{g/cm}^3$，则 $\gamma=10\text{kN/m}^3$。

与天然密度、干密度、饱和密度和浮密度对应的重度分别称为天然重度 γ、干重度 γ_d、饱和重度 γ_{sat} 和有效重度 γ'。

位于地下水位以下的土层，如果土层是透水的，此时受水的浮力作用，土的实际质量将减小，那么这种处于地下水位以下的重度称为有效重度（γ'）。地下水位以下的土受到水的浮力作用，从土的总质量中减去相同体积的水的质量（物体所排开同体积水的质量=浮力）与总体积的比就是有效重度。从单位体积来考虑，有效重度等于土的饱和重度减去水的重度，其关系式为（1-11）。

$$\gamma' = \gamma_{sat} - \gamma_w \qquad (1-11)$$

土体的沉降、变形和强度，由扣除水压力后土颗粒传递的应力（后面讲述的有效应力）控制。地下水位以下的土体的有效重度的概念比饱和重度重要。

1.2.2　土的含水特征指标

土的含水性指土中含水情况，表明土的干湿程度。土的含水特征指标有含水量（含水率）和饱和度。

（1）含水量（含水率）。

土的含水量为土中水的质量与土颗粒质量之比，以百分数表示，见式(1-12)。

$$\omega = \frac{m_w}{m_s} \times 100\% = \frac{m - m_s}{m_s} \times 100\% \qquad (1-12)$$

室内测定土的含水量一般用烘干法。先称小块原状试样的湿土质量，然后置于烘箱内维持 $100 \sim 105℃$ 烘至恒重，再称干土质量，湿土、干土质量之差与干土质量的比值就是土的含水量。

天然状态下土的含水量称为土的天然含水量。它表示土中含水多少，是标志土的湿度的一个指标。一般砂土天然含水量都不超过 40%，以 10%~30% 最为常见；一般黏土大多为 10%~80%，常见值 20%~50%。

土的孔隙全部被液态水充满时的含水量称为饱和含水量，其计算见式(1-13)。

$$\omega_{sat} = \frac{V_v \rho_w}{m_s} \times 100\% \qquad (1-13)$$

饱和含水量又称饱和水密度，它既反映了土中孔隙充满液态水时的水量多少，又反映了孔隙的大小。

（2）饱和度。

饱和度是土中孔隙水的体积与孔隙体积之比，以百分数表示，其计算见式(1-14)。

$$s_r = \frac{V_w}{V_v} \times 100\% \qquad (1-14)$$

饱和度可以说明孔隙充水的程度，表示土的潮湿程度。饱和度愈大，表明孔隙中充水愈多，其值为 0~100%；干燥时 $S_r=0$，完全饱和时（孔隙中全部充水）$S_r=100\%$。

饱和度是一个计算指标，工程上作为砂土与粉土的湿度划分的标准：$S_r < 50\%$，稍湿土；$S_r = 50\% \sim 80\%$，很湿土；$S_r > 80\%$，饱和土。一般不用饱和度评价黏性土的湿度。

工程中，一般将 S_r 大于 95% 的天然黏性土视为完全饱和土，S_r 大于 80% 的砂土就视为饱和土。

注意：含水量表示土体的含水质量大小，饱和度表示土含水后的状态。对于不同的土样 1 和土样 2，$S_{r1}>S_{r2}$ 并不一定说明土样 1 比土样 2 含的水多。例如：土很紧密时，孔隙体积很小，吸收很少的水后就达到饱和，但水量对土颗粒来说很小，即含水量仍很小。

1.2.3 土的孔隙特征指标

孔隙性指土中孔隙的大小、数量、形状、性质以及连通情况。其主要取决于土的颗粒级配与土颗粒排列的疏密程度。实际上土的孔隙特征指标一般反映的是土中孔隙体积的相对含量。

(1) 孔隙率。

孔隙率是土的孔隙体积与土的总体积之比或单位体积土中孔隙的体积，以百分数表示，其计算见式(1-15)。

$$n = \frac{V_v}{V} \times 100\% \qquad (1-15)$$

土的孔隙率取决于土的结构状态，砂类土的孔隙率常小于黏性土的孔隙率。土的孔隙率一般为 27%~52%。新沉积的淤泥的孔隙率可达 80%。土的孔隙率是一个换算指标。

(2) 孔隙比。

孔隙比为土中孔隙体积与土颗粒体积之比，以小数表示，其计算见式(1-16)。

$$e = \frac{V_v}{V_s} \qquad (1-16)$$

土的孔隙比表明土的密实程度，是个重要的物理性质指标，按其大小对砂土或粉土进行密实度分类，用来评价天然土层的密实程度。一般地 $e<0.6$ 为密实的低压缩性土，$0.6 \leq e \leq 1.0$ 为中密或稍密的压缩性土，$e>1.0$ 为疏松的高压缩性土。工程实际中，除了用孔隙比评价砂土或粉土的密实程度外，还用于地基沉降量的计算。土的孔隙比是一个换算指标。

但是只用 e 无法反映土的颗粒级配对土密实状态的影响。两种级配不同的砂土，级配良好的松砂的孔隙比往往小于颗粒均匀的密砂的孔隙比。黏土的孔隙比差不多是砂土孔隙比的 3 倍，这与直观认识可能正好相反。

孔隙比和孔隙率都是用以表示孔隙体积含量的概念。两者的关系为 $n=\dfrac{e}{1+e}$ 或 $e=\dfrac{n}{1-n}$。土的孔隙比或孔隙率都可用来表示土的松密程度，随土形成过程中所受的压力、颗粒级配和颗粒排列的状况而变化。一般来说：粗粒土的孔隙率小，细粒土的孔隙率大。这里 e 或 n 主要取决于颗粒的排列及土受应力历史的变化。因此即使由相同矿物组成的土，它的 e 或 n 也可能不一样。

(3) 相对密度。

对于砂土，孔隙比有最大值与最小值，即最疏松状态和最紧密状态的孔隙比。将天然状态下的 e 与其最大值、最小值比较，最疏松状态的孔隙比与天然状态孔隙比之差和最疏松状态的孔隙比与最紧密状态的孔隙比之差的比值称为土体相对密度。

$$D_r = \frac{e_{\max} - e}{e_{\max} - e_{\min}} \tag{1-17}$$

式中 $e_{\max}$——最大孔隙比，即最疏松状态的孔隙比，一般用松砂器法测定，如图1.28(a)所示；

$e_{\min}$——最小孔隙比，即紧密状态的孔隙比。一般采用振击法测定，如图1.28(b)所示；

e——天然孔隙比。

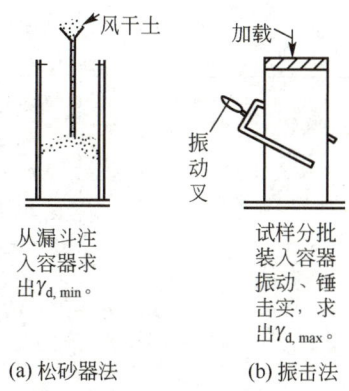

图 1.28 孔隙比试验示意图

砂土的天然孔隙比介于最大孔隙比和最小孔隙比之间，故 $D_r = 0 \sim 1$；当 $e = e_{\max}$ 时，则 $D_r = 0$，砂土处于最疏松状态；当 $e = e_{\min}$ 时，则 $D_r = 1$，砂土处于最紧密状态。

这种方法理论上讲是表示砂土密实度的好方法，理论上比较完善。但是：①测定 $e_{\max}$ 和 $e_{\min}$ 时，例如人工制备最疏松（$e_{\max}$）与最密实（$e_{\min}$）的状态不易掌握，仪器设备操作方法等人为误差较大；②原状土样不易采取，天然 e 就测不准确。所以，D_r 的使用就受到局限。因此求得的相对密度误差较大。

砂土的疏密程度可以用土体相对密度来评价，砂土按土体相对密度分类如下：

$0 < D_r \leqslant 0.33$，疏松土；$0.33 < D_r \leqslant 0.66$，中密土；$0.66 < D_r \leqslant 1$，密实土。

因为最大干密度或最小干密度可直接求得，通常砂土的相对密度的实用表达式见式(1-18)。

$$D_r = \frac{(\rho_d - \rho_{d,\min})\rho_{d,\max}}{(\rho_{d,\max} - \rho_{d,\min})\rho_d} \tag{1-18}$$

相对密度在土工构筑物和地基的稳定性，特别是抗震稳定性方面具有重要的意义。D_r 在工程上常应用于评价砂土地基的允许承载力和地震区砂土液化。

（4）砂土的密实度。

工程中可以用标准贯入试验确定无黏性土的物理状态。

标准贯入试验（图1.29）是在现场进行的一种原位测试，具体试验方法是用卷扬机将质量为63.5kg的穿心锤提升到76cm的高度，让锤自由落下，打击贯入器，使贯入器入土深度为30cm所需的锤击数，记为 $N_{63.5}$。锤击数的大小，反映了土的贯入阻力的大小，亦即土的密实度的大小。

取出贯入器对开模中的试样，该试样可以用于确定土的物理性质。标准

标准贯入试验

贯入试验应用广泛，适用于从软黏土到坚硬的砂土几乎所有可能遇到的地基。

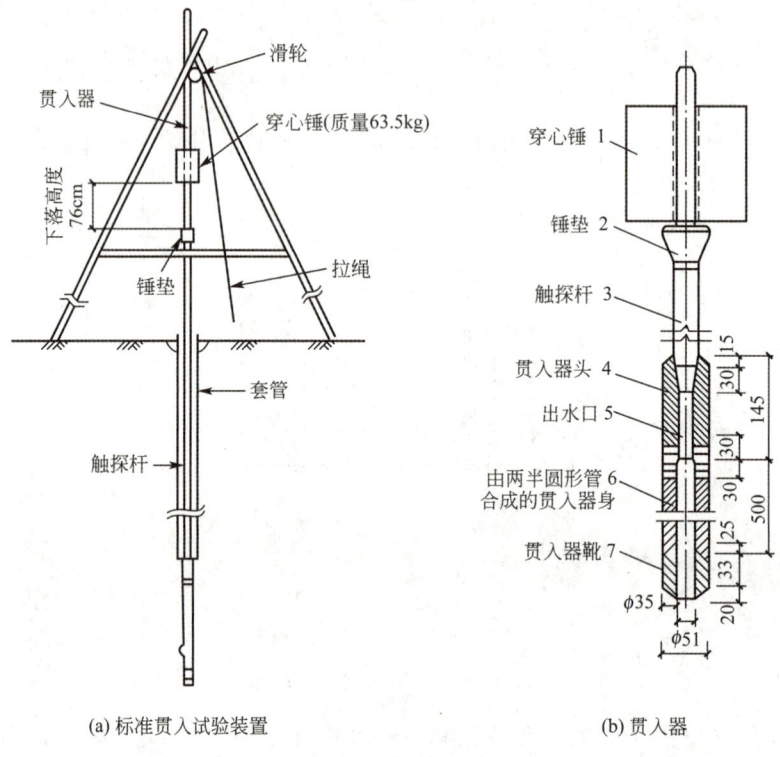

图 1.29　标准贯入试验示意图

1.2.4　土的物理性质指标间的相互关系

土的物理性质指标包括：土颗粒相对密度（或相对重度）、天然密度（或天然重度）、干密度（或干重度）、饱和密度（或饱和重度）、浮密度（有效重度）、含水量、饱和度、孔隙率、孔隙比。它们主要反映了土的密实程度与干湿状态，而且相互之间都有内在联系。

其中土的相对密度、天然密度、含水量是三个基本指标，即通过试验直接测定。其余六个指标均为换算指标。三个基本指标的精度直接影响着各换算指标的精度。为此，在试验测定三个指标的时候应力求土样未受扰动，仪器设备可靠，操作过程认真细致。

1.3　土的水理性质

1.3.1　稠度与液性指数

1. 土的黏性

土颗粒一般带负电，吸附阳离子和极性水分子，从而形成双电层。两个土颗粒靠近后，它们的双电层会有重叠区，两个土颗粒共同吸引重叠区的阳离子和极性水分子。由于两个土颗粒对阳离子和极性水分子的相互吸引,使两个土颗粒相互连结,产生了黏性。一般地,粒间距减小则引力增大,土颗粒的黏性随之提高。

2. 稠度

液塑限测定试验

稠度指土体在各种不同的湿度条件下,受外力作用后所具有的活动程度,也就是黏性土因含水量多少而表现出的稀稠软硬程度。黏性土的物理状态常以稠度来表示。黏性土因含水量多少而呈现出的不同的物理状态称为稠度状态。

黏性土的稠度可以决定黏性土的力学性质及其在建筑物作用下的性状。

在土质学中,常采用下列稠度状态来区别黏性土在各种不同含水情况下所具备的物理状态。相邻两稠度状态,既相互区别又是逐渐过渡的,稠度状态之间的转变界限叫稠度界限,用含水量表示,称界限含水量(稠度界限),又称为阿特堡界限。

黏性土充分加水搅拌后,像泥浆一样,不能成形,呈流态;使其渐渐干燥,随着含水量降低,水分蒸发、体积减小,逐渐达到容易成形的塑态;进一步使其干燥,形成了难以成形的半固态,继续使其干燥,土颗粒相互接触,体积不再收缩,呈坚硬的固态。与各种状态相适应的界限含水量分别称为液限(ω_L)、塑限(ω_P)和缩限(ω_S),统称为稠度界限,如图 1.30 所示。

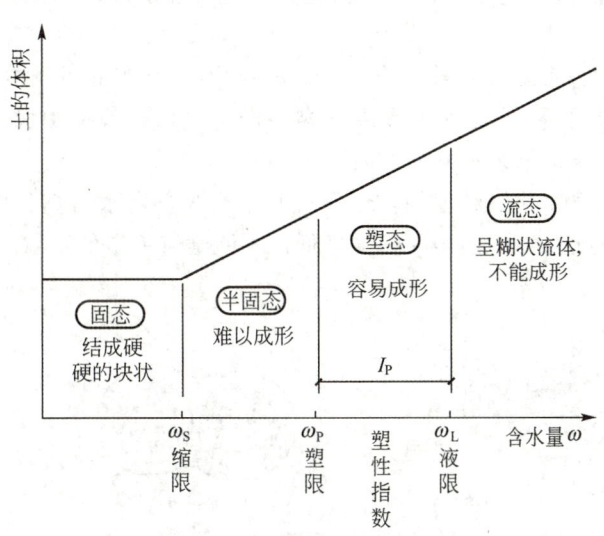

图 1.30　黏性土的稠度界限

土的稠度状态因含水量的不同,可表现为固态,塑态与流态三种状态,如图 1.31 所示。目前普遍应用的是由瑞典土壤学家阿特堡制定的稠度状态与相应的稠度界限(表 1-2)。

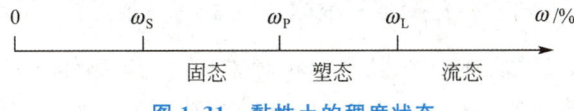

图 1.31　黏性土的稠度状态

表 1-2　黏性土的稠度状态与相应的稠度界限

稠度状态		稠度的特征	稠度界线	含水情况
流态	液流状	呈薄层流动	触变界限（液限 ω_L）	大量自由水
	黏流状（触变状）	呈厚层流动		
塑态	黏塑状	具有塑体的性质，可塑成任意形状，能黏着其他物体	黏着性界限（塑限 ω_P）	大量弱结合水和部分自由水
	稠塑状	具有塑体的性质，可塑成任意形状，但不能黏着其他物体		
固态	半固体状	失掉塑体的性质，具有半固体的性质，力学强度较高，形状固定，不能揉塑变形	收缩界限（缩限 ω_S）	大量强结合水和部分弱结合水
	固体状	具有固体性质，力学强度高，形状大小固定		强结合水

固态：黏性土的含水量相对较少［图 1.32（a）］，土颗粒间主要为强结合水连结（强结合水层或固定层重叠），连结牢固，土质坚硬，力学强度高，不能揉塑变形，形状大小固定。

塑态：黏性土的含水量较固态大［图 1.32（b）］，土颗粒间主要为弱结合水连结（即弱结合水层或扩散层重叠），在外力作用下容易产生变形，可揉塑成任意形状而不破裂、无裂纹，去掉外力后不能恢复原状，即具有可塑性。

流态：黏性土的含水量继续增加，土颗粒间主要为自由水占据［图 1.32（c）］，连结极微弱，几乎丧失抵抗外力的能力，强度极低，不能维持一定的形状，呈泥浆状，在重力作用下即可流动。

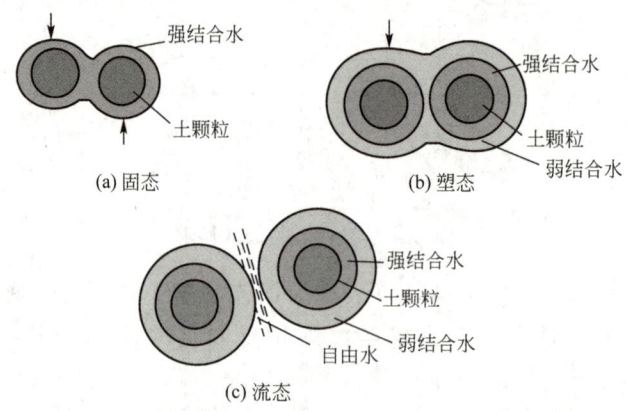

图 1.32　黏性土的稠度状态与结合水的关系

在各稠度界限中，塑限是使土颗粒产生相对位移而土体整体性不破坏的最低含水量；液限强结合水加弱结合水的含水量。液限和塑限的实际意义最大，它们是区别三大稠度状态的具体界限。

界限含水量采用液塑限联合测定法取得。采用锥式液限仪以手动放锥或液塑限联合测定仪以电磁放锥,利用光电方式测读锥入土深度(图1.33)。试验时,一般对三个不同含水量的试样进行测试,在双对数坐标纸上作出各锥的入土深度与相应含水量的关系曲线(大量试验表明其接近于一直线,如图1.34所示)。则对应于锥的入土深度为10mm及2mm时土样的含水量就分别为该土样的液限和塑限。

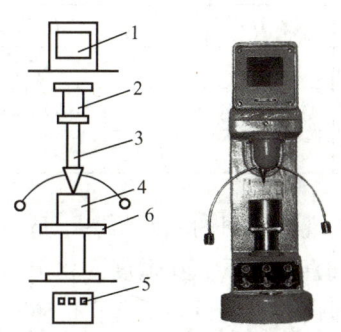

注:1—显示屏;2—电磁铁;3—带标尺的圆锥仪;4—试样杯;5—控制开关;6—升降座。

图1.33 液塑限联合测定仪示意图

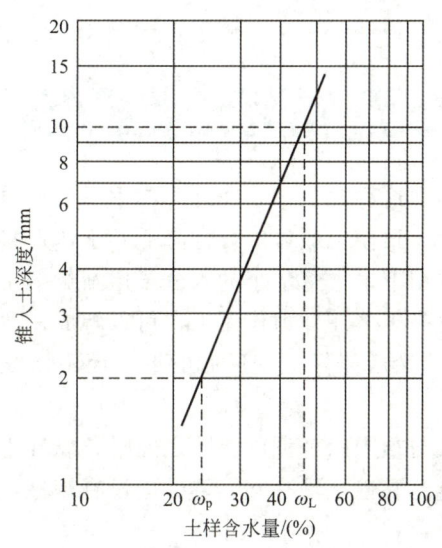

图1.34 锥的入土深度与相应含水量的关系曲线

3. 液性指数

土处于何种稠度状态取决于土中的含水量,但是由于不同土的稠度界限是不同的,因此天然含水量不能说明土的稠度状态。判别自然界中黏性土所处的稠度状态,一般用液性指数 I_L 来表示。

黏性土的液性指数为天然含水量与塑限的差值和液限与塑限差值之比,又称相对稠度,其大小能反映土的软硬程度。

$$I_L = \frac{\omega - \omega_p}{\omega_L - \omega_p} \tag{1-19}$$

式中　ω——天然含水量；

　　　ω_L——液限含水量；

　　　ω_P——塑限含水量。

按液性指数（I_L）划分黏性土的稠度状态可分为 5 种（表 1-3）。

表 1-3　按液性指数划分黏性土的稠度状态

液性指数 I_L	$I_L \leqslant 0$	$0 < I_L \leqslant 0.25$	$0.25 < I_L \leqslant 0.75$	$0.75 < I_L \leqslant 1$	$I_L > 1.00$
稠度特征	坚硬	硬塑	可塑	软塑	流塑
稠度状态	$\omega \leqslant \omega_P$	\multicolumn{3}{c}{$\omega_L \geqslant \omega \geqslant \omega_P$}		$\omega > \omega_L$
	固态	塑态			流态

黏性土随含水量的变化而表现出不同的稠度状态，是一种复杂的物理化学过程，其实质是与黏性土周围水膜的变化有直接关系。在稠度变化中，土的体积随含水量的降低而逐渐收缩变小，到某一定值时，即使含水量再降低，土的体积却不再变小。

稠度状态能说明黏性土的强度与压缩性，处于坚硬与硬塑状态的，土质较坚硬，强度较高且压缩性较低（变形量较小）；处于流塑与软塑状态的土，土质软弱且压缩性较高；处于可塑状态的土，其性质介于前二者之间。液性指数 I_L 在建筑工程中可作为确定黏性土承载力的重要指标。

1.3.2　塑性

在部分黏性土中，会出现这种现象：①在外力作用下，扩散层水分子的定向排列受到破坏，电分子引力受到干扰，致使土颗粒的黏性降低，土体形状发生改变；②外力作用解除后，在内部电分子引力作用下，被打乱了的水分子逐渐重新定向排列，使土颗粒的黏性又得到恢复。从宏观上看就是土体在外力作用下，可以塑成任意形状而不产生裂缝（保持材料的连续性），外力作用解除后能保持变形后的形状而不恢复原状（不回弹也不坍塌），这种性质我们就称为塑性。

黏性土的含水量在液限与塑限两个稠度界限之间时，黏性土处于可塑状态，具有可塑性，这是黏性土的独特性能。黏性土具有塑性，砂土没有塑性，故黏性土又称塑性土，砂土称非塑性土。

由于黏性土的可塑性是含水量介于液限与塑限两个稠度界限之间时表现出来的性质，故可塑性的强弱可由这两个稠度界限的差值（省去百分号）大小来反映，这个差值称为塑性指数 I_P，其计算见式(1-20)。

$$I_P = \omega_L - \omega_P \tag{1-20}$$

塑性指数表示黏性土具有可塑性的含水量变化范围，实际应用中，常省去界限含水量的百分号。

塑性指数数值愈大，则黏性土处于可塑性的含水量变化范围越大，表明：①黏性土能吸附的结合水越多，并仍处于可塑状态，其塑性越强；②弱结合水膜（扩散层）的厚度越大，黏粒含量越多（比表面积越大），含亲水性强的矿物成分越多，保水能力越强。所以在工程实际中直接按塑性指数大小对黏性土进行分类，并作为黏性土与粉土的定名标准。

由于 I_P 和 I_L 都是用扰动土样进行测定的,而天然土在自重作用下已有很长的沉积历史,获得了一定的结构,天然土的 ω 即使大于 ω_L 也未必发生流动。$\omega > \omega_L$ 只是意味着若黏性土的结构遭到破坏,其将变为黏滞泥浆,因此用 I_L 判断扰动土样的稠度状态是合适的,而用于原状土样则偏于保守。

【例 1.1】 从某地基取原状土样,测得土的液限为 37.4%,塑限为 23.0%,天然含水量为 26.0%,地基土处于何种状态?

解:已知:$\omega_L = 37.4\%$,$\omega_p = 23.0\%$,$\omega = 26.0\%$

$I_p = \omega_L - \omega_p = 37.4 - 23 = 14.4$

$I_L = \dfrac{\omega - \omega_p}{I_p} = \dfrac{26-23}{14.4} \approx 0.21$

∵ $0 < I_L = 0.21 < 0.25$

∴ 该地基土处于硬塑状态。

1.4 土的击实性

1.4.1 土的击实性的概念及试验

土的击实是指用重复性的冲击动荷载将土压密。研究土的击实性的目的在于揭示击实作用下土的干密度、含水量和击实功三者之间的关系和基本规律,从而选定适合工程实际需要的最小击实功。

土的击实性常用现场填筑试验和室内击实试验两种方法测定。现场填筑试验是在现场选一试验地段,按设计要求和施工方法进行填土,并同时进行有关测试工作,以查明填筑条件(如土料、堆填方法、压实机械等)和填筑效果(如土的密实度)的关系。室内击实试验是近似地模拟现场填筑情况,是一种半经验性的试验。室内击实试验(其装置如图 1.35 所示)是把某一含水量的土料填入击实筒内,用击实锤按规定落距对土料打击一定的次数。试验时先把过 5mm 筛的土样(3~3.5kg)加水润湿至预计的含水量,并充分拌和。然后分三层装入击实筒内:第一次虚土装至 2/3 筒高,击实至 1/3 处;第二次虚土装至筒高,击实至 2/3 处;第三次先装上套筒,装虚土与套筒相平,击实后将土削平;称取土料质量并测定其含水量。每次击实功规定:击实锤重 2.5kg,落距 30cm;砂土击 20 次;黏质粉土击 25 次;粉质黏土击 40 次;黏土击 40 次以上。至少取 4 个以上不同含水量的土料重复试验。

用一定的击实功能击实土料,测其含水量和干密度,并绘制含水量与干密度的关系曲线,即击实曲线,如图 1.36 所示。

在击实曲线上可找到干密度的峰值,称为最大干密度 $\rho_{d,max}$,与之相对应的含水量,称为最优含水量 ω_{op}。最优含水量表示在一定击实功作用下,土料达到最大干密度的含水量,即当击实土料的含水量为最优含水量时,其压实效果最好。所以,工程实际中应事先求出填土的最优含水量,当填土的天然含水量比最优含水量小时,施工时可以边洒水边压实,并尽量控制填土含水量接近最优含水量时进行压实。但是,当填土的天然含水量比最优含水量大时,因为没有大型干燥机,在工地现场要使填土干燥实际上是比较困难的。

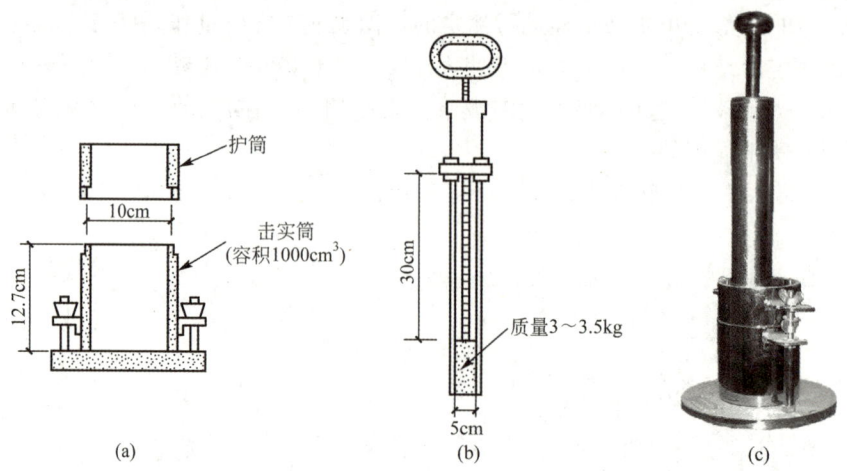

图 1.35 室内击实试验装置

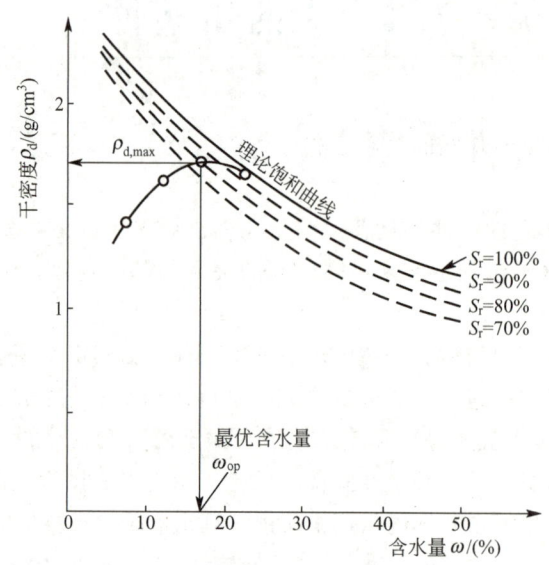

图 1.36 击实曲线和最优含水量

试验证明,最优含水量 ω_{op} 与 ω_p 相近,$\omega_{op} = \omega_p + 2\%$。根据工程经验,在工地现场要判别填土的含水量是否接近最优含水量时,可按下述方法:用手抓起一把土,握紧后松开,如土成团一点都不散开,说明土太潮湿;如土完全散开,说明土太干燥;如土部分散开,中间部分成团,说明填土含水量接近最优含水量。

(1) 黏性土的击实性。

黏性土的最优含水量一般在塑限附近,为液限的 0.55～0.65。黏性土的含水量为最优含水量时,土颗粒周围的结合水膜厚度适中,土颗粒连结较弱,又不存在多余的水分,故易于击实,可使土颗粒靠拢而排列得最密。工程实践证明,黏性土被击实到最佳状态时,饱和度一般为 80% 左右。

(2) 无黏性土的击实性。

无黏性土的击实性也与含水量有关,不过不存在最优含水量。一般在完全干燥或者充分饱和的情况下容易击实到较大的干密度;潮湿状态下,由于具有微弱的毛细水连结,土颗粒间移动所受阻力较大,不易被挤紧压实,干密度不大。

无黏性土的压实标准根据相对密度 D_r 判定。砂土 $D_r>0.67$ 时即达到密实状态。

1.4.2 影响土的击实性的主要因素

影响土击实性的因素除含水量外,还有击实功、击实条件、土质情况(矿物成分和粒度成分)、土的状态以及土的类别和级配等。

1. 击实功的影响

击实功是指击实单位体积土所消耗的能量,击实试验中的击实功用式(1-21) 表示。

$$N = \frac{W \cdot d \cdot n \cdot m}{V} \quad (1-21)$$

式中 W——击锤质量,kg,在室内击实试验中击实锤质量为 2.5kg;

d——落距,m,室内击实试验中定为 0.30m;

n——每层土的击实次数,室内击实试验为 27 击;

m——铺土层数,试验中分 3 层;

V——击实筒的体积,为 $1\times10^{-3}\text{m}^3$。

同一种土,用不同的击实功,得到的击实曲线有一定的差异(图 1.37)。

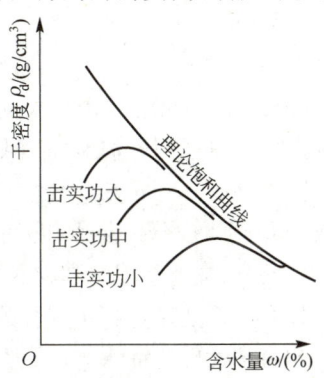

图 1.37 同一种土,不同的击实功能的击实曲线

(1) 土的最大干密度 $\rho_{d,max}$ 和最优含水量 ω_{op} 不是常量;$\rho_{d,max}$ 随击实次数的增加而逐渐增大,而 ω_{op} 则随击实次数的增加而逐渐减小。

(2) 当含水量较低时,击实次数对干密度的影响较明显;当含水量较高时,含水量与干密度关系曲线趋近于理论饱和曲线,也就是说,这时提高击实功是无效的。

2. 土的类型和颗粒级配的影响

填土中所含的细粒(即黏土矿物)越多,则其最优含水量越大而最大干密度越小。

砂类土的土颗粒大、比表面积小,所以其最优含水量小,在含水量很小时就可以击实,击实曲线的山形很陡。反之,黏土的土颗粒小、比表面积大,所以其最优含水量大,对水的效果不敏感,击实曲线的山形平缓。黏性土的孔隙比比砂土的大,而干密度比砂土的小,如图 1.38 所示。

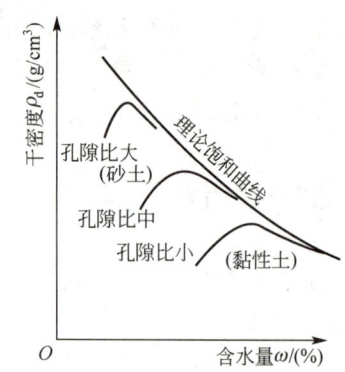

图 1.38 黏性土和砂土的击实曲线

有机质不利于土的击实。因为有机质亲水性强，不易将土击实到较大的干密度，且能使土质恶化。

同一种土，颗粒级配对土的击实效果影响很大。颗粒级配良好的土容易击实，颗粒级配不良的土不易击实。这是因为颗粒级配不良的土中，较粗颗粒形成的孔隙很少有细颗粒去充填。

1.5 土的工程地质分类

对种类繁多、性质各异的土，按一定的原则进行分门别类，给出合适的名称，可以概略评价土的工程性质。

土的工程地质分类的一般原则和形式。

① 将土的成因和形成年代作为最粗略的第一级分类标准，即所谓地质成因分类，如 Q_3 湖积土、Q_4 冲积土等。这种分类可在规划阶段制定规划方案时编制一般小比例尺概略图划分土类，以说明区域工程地质条件。

② 将反映土的成分（粒度成分和矿物成分）与水相互作用的关系特征作为第二级分类标准，即所谓的土质分类。主要考虑土的物质组成（颗粒级配和矿物成分）及其与水相互作用的特点（塑性），按土的形成条件和内部连结，将土划分为最常见的一般土和在一定形成条件下而具有特殊成分和结构、表现出特殊性质的特殊土。土质分类可初步了解土的特性及其对工程建筑的适宜性以及可能出现的问题。这种分类可作为大中比例尺工程地质图划分土类。

③ 为了进一步研究土的结构及其所处状态和土的指标变化特征，更好地提供工程设计施工所需要的资料，必须进一步进行工程建筑分类，即第三级分类标准。主要考虑土的结构及其与水作用的特点（饱和状态、稠度状态、胀缩性、湿陷性等）、土的密实度或压缩固结特点，将土进行详细的分类。这种分类必须依据土的专门性试验指标。在实际工程中，这种分类大多体现在对土层的描述与评价中。

上述三种土的工程地质分类中（表 1—4），第二级土质分类是土分类的最基本形式，考虑了决定土的工程地质性质的最本质因素，即土的颗粒级配与塑性，在实际中应用较广。第一级分类标准和第三级分类标准经常联合运用于土的综合定名，《岩土工程勘察规范（2009 年版）》（GB 50021—2001）中规定对特殊成因和形成年代的土尚应结合其成因和形成年代特征定名，如新近堆积砂质粉土、残坡积碎石土等。对特殊土，尚应结合颗粒级配或塑性指数综合定名，如淤泥质黏土、弱盐渍砂质粉土、碎石素填土等。

第1章 土的物理性质及工程分类

表1-4 土的工程地质分类

第一级分类标准		第二级分类标准			第三级分类标准	
按地质成因分类		按土质分类			按与水的关系分类	按密实度或压缩性分类
风化残积土	土壤	一般土	碎石土	漂石(块石) 卵石(碎石) 圆砾(角砾) } 如含有其他主要土类，应冠以相应定语，如含黏性土定语	饱和的 很湿的 稍湿的	密实的 中密的 稍密的 松散的
	残积土					
重力堆积土	坠积土		砂类土	砾砂 粗砂 中砂 细砂 粉砂 } 当小于0.075mm的土的塑性指数大于10时，应冠以"含黏性土"定语		
	崩塌堆积土					
	滑坡堆积土					
地表流水沉积土	坡积土		粉土	粉土：砂质粉土，黏质粉土	坚硬 硬塑 可塑 流塑 软塑	高压缩性 中压缩性 低压缩性
	洪积土		黏性土	粉质黏土		
				黏土		
	冲积土		淤泥类土(有机土)	淤泥质土：淤泥质粉土(粉质黏土)，淤泥质黏土，$e=1.0\sim1.5$，$\omega>\omega_L$		高灵敏度 中灵敏度 低灵敏度
静水沉积土	湖积土			(典型)淤泥：$e>1.5$，$\omega>\omega_L$		
	沼泽土			泥炭：有机质含量大于60%		
海洋沉积土	潟湖沉积土	特殊土	红黏土	—	同上	—
	滨海沉积土		黄土	黄土状土：黄土状粉土(粉质黏土)，黄土状黏土	按湿陷性： 非湿陷性 轻湿陷性 中湿陷性 强湿陷性	自重湿陷 非自重湿陷
	浅海沉积土			(典型)黄土		
	深海沉积土					
冰川堆积土	冰积土		盐渍土	氯盐盐渍土 硫酸盐盐渍土 碳酸盐盐渍土	按含盐数量： 弱盐渍土 中等盐渍土 强盐渍土 超盐渍土	
	冰水沉积土					
风力堆积土	风积土		膨胀土	自由膨胀率≥40%的黏性土属膨胀土	按膨胀性： 弱膨胀性 中膨胀性 强膨胀性	
人工堆积土	人工土		人工填土	素填土：天然土经人类扰动堆积形成 冲填土：人工水力冲填泥沙形成 杂填土：垃圾或工业固体废料堆积形成		按密实度 (粗粒土) 按压缩性 (细粒土)
			冻土	季节冻土 瞬时冻土 多年冻土 } 砾质 砂质 黏质	按冻胀性： 非冻胀土 弱冻胀土 中冻胀土 强冻胀土	—

1. 按地质成因分类

土按地质成因可分为残积土、坡积土、湖积土、洪积土、冲积土、冰积土、风积土、海积土等类型。在岩土工程勘察中,也经常用到年代成因分类。如《岩土工程勘察规范(2009年版)》(GB 50021—2001)将土按堆积年代划分为三类。

(1)老堆积土,第四纪更新世 Q_3 及其以前堆积的土层,一般具有较高的强度和较低的压缩性。

(2)一般堆积土,第四纪全新世(文化期以前 Q_4)堆积的土层。

(3)新近堆积土,第四纪全新世以后文化期以来 Q_4 堆积的土层,一般呈欠固结状态。

2. 按土质分类

影响土的工程性质的三个主要因素是土的三相组成、土的物理状态和土的结构。在这三个因素中,起主要作用的无疑是土的三相组成。

在土的三相组成中,关键是土的固体颗粒的粗细。按实践经验,工程中以土中粒径 $d>0.075\text{mm}$(有的规范用 0.1mm)的土颗粒质量占全部土颗粒质量的 50% 作为第一个分类的界限,大于 50% 的称为粗粒土,小于 50% 的称为细粒土。

《建筑地基基础设计规范》(GB 50007—2011)规定作为建筑地基的岩土,可分为岩石、碎石土、砂土、黏性土、粉土和人工填土。

1)岩石

岩石指颗粒间牢固连结,呈整体或具有节理裂隙,尚未变成松散颗粒的岩体。作为建筑地基,除应确定岩石的地质分类外,尚应按其坚硬程度、风化程度和完整程度分类。

(1)按岩石的坚硬程度分类。

应根据岩块的饱和单轴抗压强度 f_{rk}(未风化岩石的饱和强度),按表 1-5 分为坚硬岩、较硬岩、较软岩、软岩和极软岩。当缺乏饱和单轴抗压强度资料或不能进行试验时,可在现场通过观察定性划分,划分标准可按《建筑地基基础设计规范》(GB 50007—2011)附录 A.0.1 执行。

表 1-5 按岩石的坚硬程度分类

坚硬程度类别	饱和	坚硬程度类别	饱和
坚硬岩	$f_{rk}>60$	软岩	$15 \geqslant f_{rk}>5$
较硬岩	$60 \geqslant f_{rk}>30$	极软岩	$f_{rk} \leqslant 5$
较软岩	$30 \geqslant f_{rk}>15$		

(2)按岩石的风化程度分类。

① 微风化岩:岩质新鲜,表面稍有风化迹象。

② 中等风化岩:结构和构造层理清晰,岩体被节理、裂隙分割成块状,裂隙中填充少量风化物。锤击声脆,且不易击碎。用镐难挖掘。

③ 强风化岩:结构和构造层理不甚清晰,矿物成分已显著变化。岩体被节理、裂隙分割成碎石状,碎石用手可以折断。用镐可以挖掘。

微风化的坚硬岩为最优良地基。强风化的极软岩的工程性质最差,其地基承载力低于

第1章 土的物理性质及工程分类

一般卵石地基承载力。

(3) 按岩体完整程度分类。

岩体按表 1-6 划分为完整、较完整、较破碎、破碎和极破碎。当缺乏试验数据时，可按《建筑地基基础设计规范》(GB 50007—2011) 附录 A.0.2 执行。

表 1-6 按岩体完整程度划分

完整程度等级	完整	较完整	较破碎	破碎	极破碎
完整性指数	>0.75	0.75（含）～0.55	0.55（含）～0.35	0.35（含）～0.15	<0.15

注：完整性指数为岩体纵波波速与岩块纵波波速之比的平方，测定波速时，选定的岩体、岩块应有代表性。

2) 碎石土

碎石土为粒径大于 2mm 的颗粒含量超过 50% 的土。碎石土根据土的颗粒级配中各粒组的含量和颗粒形状两者进行分类，可按表 1-7 分为漂石、块石、卵石、碎石、圆砾和角砾。

表 1-7 碎石土的分类

颗粒形状	粒组含量	土的名称
以圆形及亚圆形为主	粒径大于 200mm 的颗粒含量超过 50%	漂石
以棱角形为主		块石
以圆形及亚圆形为主	粒径大于 20mm 的颗粒含量超过 50%	卵石
以棱角形为主		碎石
以圆形及亚圆形为主	粒径大于 2mm 的颗粒含量超过 50%	圆砾
以棱角形为主		角砾

注：分类时应根据粒组栏从上到下以最先符合者确定。

碎石土的密实度，可按表 1-8 分为松散、稍密、中密和密实。

表 1-8 碎石土的密实度

重型圆锥动力触探锤击数 $N_{63.5}$	密实度	重型圆锥动力触探锤击数 $N_{63.5}$	密实度
$N_{63.5} \leqslant 5$	松散	$10 < N_{63.5} \leqslant 20$	中密
$5 < N_{63.5} \leqslant 10$	稍密	$N_{63.5} > 20$	密实

注：1. 本表适用于平均粒径不大于 50mm 且最大粒径不超过 100mm 的卵石、碎石、圆砾、角砾。对于平均粒径大于 50mm 或最大粒径大于 100mm 的碎石土，可按《建筑地基基础设计规范》(GB 50007—2011) 附录 B 鉴别其密实度。

2. $N_{63.5}$ 为综合修正后的平均锤击数。

(1) 密实碎石土：骨架颗粒质量含量大于 70%，交错排列，连续接触。锹镐挖掘困难，钻进极困难。这种土为优等地基。

(2) 中密实碎石土：骨架颗粒质量含量等于 60%～70%，交错排列，大部分接触。锹镐可挖掘，钻进较困难。这种土为优良地基。

（3）稍密碎石土：骨架颗粒质量含量小于60％，排列混乱，大部分不接触。锹镐可以挖掘，钻进较容易。这种土为良好地基。

常见碎石土的强度大、压缩性小、渗透性大，为优良地基。

3）砂土

砂土为粒径大于2mm的颗粒含量不超过50％，且粒径大于0.075mm的颗粒含量超过50％的土。砂土可按表1-9分为砾砂、粗砂、中砂、细砂和粉砂。

表1-9 砂土的分类

粒组含量	土的名称
粒径大于2mm的颗粒含量占全重25％～50％	砾砂
粒径大于0.5mm的颗粒含量超过全重50％	粗砂
粒径大于0.25mm的颗粒含量超过全重50％	中砂
粒径大于0.075mm的颗粒含量超过全重85％	细砂
粒径大于0.075mm的颗粒含量超过全重50％	粉砂

注：砂土分类时应根据粒组含量栏从上到下以最先符合者确定。

【例1.2】 某土样筛分结果见表1-10，试确定该土样的名称。

表1-10 某土样筛分结果

粒径 d/mm	$d>20$	$10 \leqslant d<20$	$5 \leqslant d<10$	$2 \leqslant d<5$	$0.5 \leqslant d<2$	$0.25 \leqslant d<0.5$	$0.075 \leqslant d<0.25$	$d<0.075$
颗粒质量含量	9％	2％	2％	7％	41％	21％	11％	7％

解：先区分大类，再判断亚类。

$d>20$mm的颗粒质量含量为9％

$d>10$mm的颗粒质量含量为（9+2）％＝11％

$d>5$mm的颗粒质量含量为（9+2+2）％＝13％

$d>2$mm的颗粒质量含量为（13+7）％＝20％

则$d>2$mm的颗粒质量含量＜50％，故不能划分为碎石土。而$d>0.5$mm的颗粒质量含量为（20+41）％＝61％，61％＞50％，可划分为砂类土。同时由表1-9可判定为粗砂。

砂土的密实度，可按表1-11分为松散、稍密、中密和密实。

表1-11 砂土的密实度

标准贯入试验锤击数 N	密实度	标准贯入试验锤击数 N	密实度
$N \leqslant 10$	松散	$15 < N \leqslant 30$	中密
$10 < N \leqslant 15$	稍密	$N > 30$	密实

注：当用静力触探探头阻力判定砂土的密实度时，可根据当地经验确定。

（1）密实与中密的砾砂、粗砂、中砂为优良地基；稍密的砾砂、粗砂、中砂为良好地基。

（2）粉砂与细砂要具体分析：密实度为密实时为良好地基；密实度为松散时为不良地基。

无黏性土的工程性质除取决于颗粒粒径及其级配外，密实度也是反映这类土工程性质的主要指标，密实度为密实时，无黏性土的强度较大，是良好地基；密实度为松散时则是不良地基。

4）黏性土

黏性土为塑性指数 I_p 大于 10 的土，可按表 1-12 分为黏土、粉质黏土。

表 1-12　黏性土按塑性指数的分类

塑性指数 I_p	土的名称	塑性指数 I_p	土的名称
$I_p > 17$	黏土	$10 < I_p \leq 17$	粉质黏土

注：塑性指数由相应于 76g 圆锥体沉入土样中深度 10mm 时测定的液限计算而得。

黏性土的工程性质与其含水量大小密切相关。密实、硬塑的黏性土为优良地基；松散、流塑的黏性土为软弱地基。

5）粉土

粉土介于砂土与黏性土之间，塑性指标 $I_p \leq 10$ 且粒径大于 0.075mm 的颗粒质量含量不超过 50% 的土，可按表表 1-13 分为砂质粉土、黏质粉土。

表 1-13　粉土按颗粒级配的分类

颗粒级配	土的名称
粒径小于 0.005mm 的颗粒质量含量不超过全部质量 10%	砂质粉土
粒径小于 0.005mm 的颗粒质量含量超过全部质量 10%	黏质粉土

粉土的密实度以孔隙比为划分标准：$e > 0.90$，为稍密；$0.90 \geq e \geq 0.75$，为中密；$e < 0.75$，为密实。

密实的粉土为良好地基。饱和、稍密的粉土，地震时易产生液化，为不良地基。

6）人工填土

由人类活动堆填形成的各类土称为人工填土。

（1）按人工填土的组成物质分类。

① 素填土：由碎石土、砂土、粉土、黏性土等组成的填土。经过压实或夯实的素填土为压实填土。

② 杂填土：凡含有建筑垃圾、工业废料、生活垃圾等杂物的填土。

③ 冲填土：由水力冲填泥砂形成的填土。

（2）按人工填土的堆积年代分类。

① 老填土：黏性土填筑时间超过 10 年，粉土填筑时间超过 5 年。

② 新填土：黏性土填筑时间少于 10 年，粉土填筑时间少于 5 年。

通常人工填土的工程性质不良，强度低，压缩性大且不均匀。其中，压实填土相对较好。杂填土因成分复杂，平面与立面分布很不均匀、无规律，工程性质最差。

目前，国内外使用的土的名称和土的分类法并不统一。一方面是土的复杂性，另一方面是各个部门在工程实际应用时侧重点不同,一时难以改变。在工程实际应用中,可根据各部门的需要和实际情况选择合适的土分类法。

3. 按工程特性分类

具有一定分布区域或工程意义上具有特殊成分、状态和结构特征的土称为特殊土,根据工程特性可分为湿陷性土、红黏土、软土(包括淤泥和淤泥质土)、多年冻土、膨胀土、盐渍土、混合土、填土、污染土。

4. 按有机质含量分类

按有机质含量分类,黏性土可分为无机土、有机质土、泥炭质土、泥炭,见表 1-14。

表 1-14 黏性土按有机质含量分类

土的名称	有机质含量 Q
无机土	$Q<5\%$
有机质土	$5\% \leqslant Q \leqslant 10\%$
泥炭质土	$10\% < Q \leqslant 60\%$
泥炭	$Q>60\%$

本章小结

本章学习的主要内容是土的三相组成,土的基本物理性质、黏性土的稠度与可塑性、土的透水性、土的工程分类。这些内容是学习土力学原理、基础工程设计与施工技术所必需的基本知识,也是评价土的工程性质、分析与解决土的工程技术问题时的最基本的内容。

土是由固体颗粒、粒间孔隙中的水和气体组成的,是一个多相、分散、多孔的系统,一般是三相体系,即固相、液相与气相,有时是二相体系(干燥或饱和)。三相体系的组成物质中,固体颗粒构成土的骨架。

土的物理性质是指其三相的质量与体积之间的相互比例关系及固、液两相相互作用表现出来的性质。土的物理性质在一定程度上决定了它的力学性质,其指标在工程计算中常被直接应用。土的工程分类应能反映土的工程性质的变化规律。

重点掌握的内容是土的各种物理力学性质指标的定义、影响各指标大小的因素、各指标的单位与常见值、各指标之间的关系及求取方法、各指标的实际应用;土的工程地质分类的一般原则、土质分类标准。

课后习题

一、思考题

1. 土是怎样形成的?为何说土是三相体系?

2. 黏土颗粒表面哪一层水膜对土的工程性质影响最大，为什么？

3. 何谓土的粒组？土的六大粒组划分标准是什么？

4. 土的结构通常分为哪几种？它和矿物成分及成因条件有何关系？

5. 何谓土的颗粒级配？土的粒径级配累积曲线是怎样绘制的？为什么土的粒径级配累积曲线用半对数坐标？

6. 土的相对密度（比重）与天然密度（重度）的区别？

7. 含水量、孔隙比、孔隙率、饱和度几个指标值能否超过 1 或 100%？

8. 在土的三相比例指标中，哪些指标是直接测定的？用何测定方法？

9. 液性指数是否会出现 $I_L>1.0$ 和 $I_L<0$ 的情况？相对密度是否会出现 $D_r>1.0$ 和 $D_r<0$ 的情况？

10. 判断砂土松密程度有几种方法？

11. 简述土的工程地质分类。各类土的分类标准是什么？

12. 土的压实性与哪些因素有关？何谓土的最大干密度和最优含水量？

13. 在实际工程中，如何凭经验判断土料的含水量是否接近最优含水量？

二、计算题

1. 薄壁取样器采取的试样，测出其体积与质量分别为 38.4cm³ 和 67.21g，把试样放入烘箱烘干，并在烘箱内冷却到室温后，测得质量为 49.35g（$d_s=2.69$）。试求试样的天然密度、干密度、含水量、孔隙比、孔隙率、饱和度。

2. 某地基土试验中，测得试样的干重度 $\gamma_d=15.7$kN/m³，含水量 $\omega=19.3\%$，土颗粒相对密度 $d_s=2.71$，液限 $\omega_L=28.3\%$，塑限 $\omega_P=16.7\%$。

求：(1) 该试样的孔隙比、孔隙率及饱和度。

(2) 该试样的塑性指数 I_P、液性指数 I_L，并定出土的名称及状态。

3. 某砂土试样，通过试验测定土颗粒相对密度 $d_s=2.7$，含水量 $\omega=9.43\%$，天然密度 $\rho=1.66$/cm³。已知最密实状态时称得干砂土试样质量 $m_{s1}=1.62$kg，最疏松状态时称得干砂土试样质量 $m_{s2}=1.45$kg。试求此砂土的相对密度 D_r，并判断砂土所处的密实状态。

4. 某试样经试验测得体积为 100cm³，湿土质量为 187g，烘干后的干土质量为 167g。若土颗粒相对密度 d_s 为 2.66，试求该试样的含水量 ω、密度 ρ、孔隙比 e、饱和度 S_r。

5. 某碾压土坝的土方量为 20×10^5m³，设计填料的干密度为 1.65g/cm³。填料天然含水量为 12.0%，天然密度为 1.70g/cm³，液限为 32.0%，塑限为 20.0%，土颗粒相对密度为 2.72。

求：(1) 为满足填筑土坝的需要，料场至少要有多少方填料？

(2) 若每日坝体的填筑量为 3000m³，填料的最优含水率为塑限的 95%，为达到最佳碾压效果，每天共需加多少水？

(3) 土坝填筑后的饱和度是多少？

第 2 章
土 的 应 力

思维导图

土的应力
- 土体的自重应力 — 掌握｜自重应力计算
- 基底压力计算 — 掌握｜基底压力的简化计算、基底附加压力的计算
  了解｜基底压力的分布
- 土的有效应原理力 — 掌握｜有效应力概念
  了解｜太沙基提出的饱和土体有效应力原理
- 地基附加应力 — 掌握｜附加应力
  掌握｜产生附加应力的条件
  掌握｜均匀分布荷载及自重作用下地基附加应力
  掌握｜刚性基础基底压力简化算法的基本假定及计算、角点法
  了解｜附加应力分布规律、附加应力计算基本假定
  了解｜竖向集中力、矩形荷载及圆形荷载作用下地基附加应力计算；线荷载和条形荷载作用下地基附加应力计算

土体本身的重量、建筑荷载、交通荷载或其他因素的作用下，均可在土体中产生应力。这些应力可能会引起地基发生变形（如沉降、倾斜甚至破坏等），如果地基变形过大，将会危及建筑物的安全和正常使用。因此，为了保证建筑物的安全和正常使用，需对地基变形问题和强度问题进行计算分析，进行此项工作的基础就是确定地基土体中的应力，土体中应力计算是研究和分析土体变形、强度和稳定等问题的基础和依据。

在实际工程中，土体中应力主要包括自重应力与附加应力两种。由土体本身的重量引起的应力称为自重应力；附加应力是荷载（如建筑物荷载、车辆荷载、水在土中的渗流力、地震荷载等）作用下，在土体中产生的应力增量。

由于土是自然历史的产物，具有分散性、多相性等特点，使得实际土体中的应力计算较困难，因此，必须根据实际情况和所计算问题的特点，对土体的特征进行必要的简化。土体中的应力计算方法常采用弹性力学的解法，即把土体看作连续的、完全弹性的、均质的和各向同性的介质，这种假定与实际土体是有差异的。

2.1 土体的自重应力

土体的自重应力是由于地基土体本身的有效重量而产生的。将地基作为半无限弹性体来考虑，地面以下任一深度处竖向自重应力都是均匀无限分布的，地基中的自重应力状态属于侧限应力状态，其内部任一水平面和垂直面上，均只有正应力而无剪应力。

2.1.1 均质土体的竖向自重应力

在深度 z 处水平面上，土体竖向自重应力 σ_{cz} 等于单位面积上土柱体的重力 W，如图 2.1 (a) 所示。σ_{cz} 的计算见式(2-1)。

$$\sigma_{cz} = W/F = \gamma F z / F = \gamma z \tag{2-1}$$

式中 F——土柱体的截面积，m^2；

γ——土的重度，kN/m^3。

从式(2-1)知，竖向自重应力随深度 z 线性增加，呈三角形分布，如图 2.1 (b) 所示。

(a) 竖向自重应力计算单元示意图　　(b) 竖向自重应力沿深度的分布

图 2.1　均质土体的竖向自重应力

2.1.2 成层土的竖向自重应力

地基通常为成层土，各层土具有不同的重度，在天然地面下 z 深度处的竖向自重应力

σ_{cz}，可按式（2-2）计算。

$$\sigma_{cz} = \sum_{i=1}^{n} \gamma_i h_i \qquad (2-2)$$

式中　n——从天然地面起到深度 z 处的土层数；
　　　γ_i——第 i 层土的重度；
　　　h_i——第 i 层土的厚度。

从式（2-2）可知，成层土的竖向自重应力沿深度呈折线形分布。

2.1.3 地下水位以下土体的竖向自重应力

计算地下水位以下土体的竖向自重应力时，应根据土体的透水性质来考虑地下水对土颗粒的浮力作用。对于粗颗粒土可按阿基米德定律计算浮力大小，而黏性土则视其物理状态而定。当水下黏性土的液性指数 $I_L \geqslant 1$ 时，土体处于流动状态，土颗粒间有大量自由水存在，土颗粒受到地下水的浮力作用；当其液性指数 $I_L < 0$ 时，土体处于固态或半固态，土中水主要以结合水膜的形式存在而不能传递静水压力，此时土颗粒不受地下水的浮力作用；当 $0 < I_L < 1$ 时，土体处于塑性状态，此时很难确定土颗粒是否受到地下水的浮力作用，在实践中一般按不利状态来考虑。

如果地下水位以下的土层受到水的浮力作用，则计算竖向自重应力时水下部分土体的重度应按有效重度 γ' 计算，其计算方法同成层土的情况，见图 2.2。

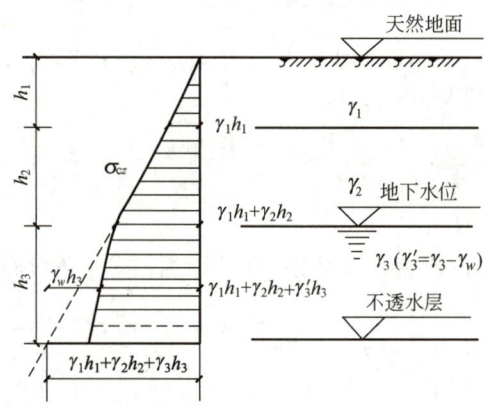

图 2.2　成层土中竖向自重应力沿深度的分布

如果地下水位以下埋藏有不透水层（如岩层或只含结合水的坚硬黏土层），此时不透水层可理解为不存在连续的透水通道，不能传递静水压力，因而其土颗粒不受地下水的浮力作用，上覆水土总压力只能依靠土颗粒承担。所以不透水层顶面及以下的竖向自重应力计算时，上覆土层的自重按水土总重计算。这样，上覆土层与不透水层交界面处的竖向自重应力将发生突变，如图 2.2 所示。

地下水位的升降会引起土体中竖向自重应力的变化。例如许多城市因大量抽取地下水，以致地下水位长期大幅度下降，使地基中原水位以下土层的竖向有效自重应力增加，而造成地表大面积下沉。

【例 2.1】 土层的物理性质指标：第一层土为粉土，重度 $\gamma_1=18.0\text{kN/m}^3$，土颗粒相对密度 $d_s=2.70$，含水量 $\omega=35\%$；第二层土为黏土，重度 $\gamma_2=16.8\text{kN/m}^3$，土颗粒相对密度 $d_s=2.68$，含水量 $\omega=50\%$，液限 $\omega_L=48\%$，塑限 $\omega_P=25\%$，并有地下水存在。试计算土体的竖向自重应力。

解：

第一层土为粉土，地下水位以下的粉土要考虑浮力的作用，其有效重度 γ_1' 为

$$\gamma_1' = \frac{d_s-1}{1+e} = \frac{(d_s-1)\gamma}{d_s(1+\omega)} = \frac{(2.70-1)\times 18.0}{2.70\times(1+0.35)} \approx 8.4(\text{kN/m}^3)$$

第二层为黏土，其液性指数 $I_L = \frac{\omega-\omega_P}{\omega_L-\omega_P} = \frac{50-25}{48-25} \approx 1.09 > 1$；故可认为该黏土层受到浮力的作用，其有效重度 γ_2' 为

$$\gamma_2' = \frac{(d_s-1)\gamma}{d_s(1+\omega)} = \frac{(2.68-1)\times 16.8}{2.68\times(1+0.5)} \approx 7.1(\text{kN/m}^3)$$

a 点：$z=0$，$\sigma_{cz}=\gamma z=0$

b 点：$z=3\text{m}$，$\sigma_{cz}=18\times 3=54$ （kPa）

c 点：$z=5\text{m}$，$\sigma_{cz}=\sum\gamma_i h_i=18\times 3+8.4\times 2=70.8$ （kPa）

d 点：$z=9\text{m}$，$\sigma_{cz}=18\times 3+8.4\times 2+7.1\times 4=99.2$ （kPa）

土层中的竖向自重应力分布如图 2.3 所示。

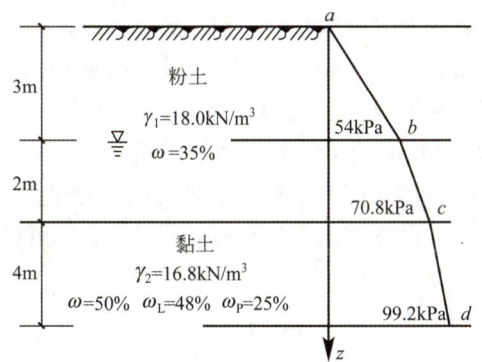

图 2.3　例 2.1 图

2.2　基底压力计算

建筑物荷载通过基础传递压力给地基，在基础底面与地基之间便产生了接触应力。基底压力分布形式将对土体中应力产生直接的影响。为计算地基中的附加应力以及设计基础结构时，都必须研究基底压力的分布规律。

2.2.1　基底压力的分布

基底压力分布问题涉及上部结构、基础和地基土的共同作用问题，是一个十分复杂的课题。基底压力分布与基础的大小、刚度、形状、埋深，地基土的性质，作用在基础上荷

载的大小、分布等许多因素有关。

当基础为绝对柔性基础（无抗弯刚度）时，基础随着地基一起变形，中部沉降大，两边沉降小，其压力分布与荷载分布相同[图 2.4（a）]。如果要使柔性基础各点沉降相同，则作用在基础上的荷载必须是两边大中间小[图 2.4（b）]。当基础为绝对刚性（抗弯刚度无限大）时，基础在受压后仍保持平面，各点沉降相同，由此可知基底压力分布必是两边大中间小，才能保证地基均匀变形。由此可见刚性基础能使上部荷载由中部向边缘转移，这一现象叫作刚性基础的架越作用。实际上刚性基础的基底压力与荷载分布形式无关，只与合力作用点位置有关，这与柔性基础截然不同。

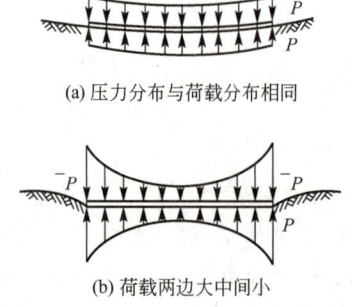

(a) 压力分布与荷载分布相同

(b) 荷载两边大中间小

图 2.4　基础刚度、荷载对沉降的影响

对于无黏性土地基上，由于没有黏聚力，且基础埋深较浅时，基础边缘很快破坏而不能承受荷载，从而出现[图 2.5（a）]所示的抛物线形的地基压力。

无黏性土地基上有相对刚度很大的基础，由于基础边缘应力很大，边缘处土体发生塑性变形以致破坏，部分应力将向中间转移，而形成图 2.5（b）所示马鞍形的基底压力；当基础有一定埋深时，可限制塑性区的发展，基础边缘处地基能承受更大的压力。硬黏土无埋深基础边缘基底压力呈反抛物线形[图 2.5（c）]。当基础两边超载时，硬黏性土基础边缘处基底压力不为零[图 2.5（d）]。

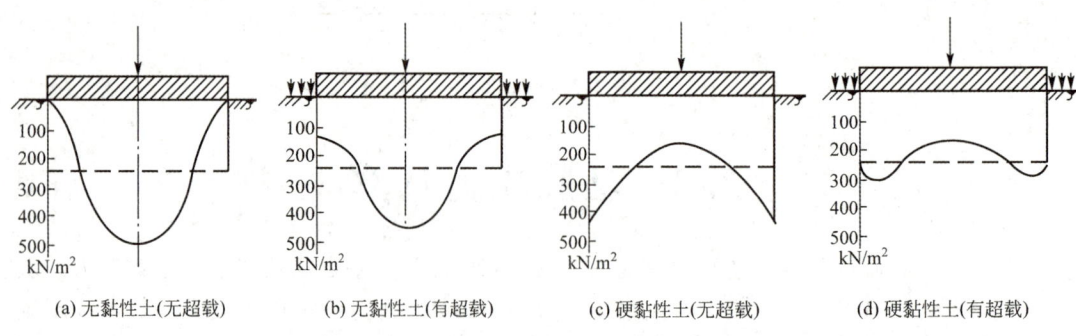

(a) 无黏性土(无超载)　(b) 无黏性土(有超载)　(c) 硬黏性土(无超载)　(d) 硬黏性土(有超载)

图 2.5　圆形刚性基底压力分布图

实际上，基础本身的刚度一般介于上述两种情况之间，在荷载作用下，基底压力的实际分布取决于基础与地基土的相对刚度、地基土的压缩性以及基底下塑性区的大小。若基础刚度较大而地基土较软，随着荷载的增大，塑性区的发展，基底压力趋向于均匀，近乎直线分布。岩石或低压缩性地基上的基础，基底压力则与荷载分布相一致。

常规设计法基底压力假设为直线分布,以静力分析的方法进行计算,又称为刚性设计。

2.2.2 基底压力的简化计算

1. 中心荷载作用下的基底压力

当荷载作用在基础平面形心处,即中心荷载作用[图 2.6(a)]时,依据基底压力直线分布的假定,基底压力假设为均匀分布,此时,基底平均压力 p 可按材料力学中的中心受压公式计算[式(2-3)]。

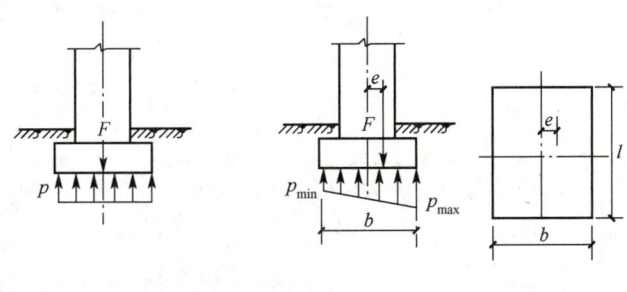

(a) 中心荷载作用时　　　　(b) 单向偏心荷载作用时

图 2.6　基底压力简化示意图

$$p = \frac{F+G}{A} \qquad (2-3)$$

式中　F——作用在基础上的竖向力,kN;
　　　G——基础自重及其上回填土的总重,kN($G=\gamma_G A d$,其中 γ_G 为基础及回填土平均重度,一般取 20kN/m^3;地下水位以下土层采用有效重度,d 为基础埋深,m);
　　　A——基底面积,m^2。

对于荷载沿长度方向均匀分布的条形基础,则沿长度方向截取一单位长度的截条进行基底压力 p 的计算,此时式(2-3)中 A 改为基础宽度 b,而 F 及 G 则为基础截条内的相应值。

2. 偏心荷载作用下的基底压力

对于单向偏心荷载作用下的矩形基础[图 2.6(b)],基底压力 p 可按材料力学中的偏心受压公式计算[式(2-4)]。

$$\left.\begin{array}{c} p_{\max} \\ p_{\min} \end{array}\right\} = \frac{F+G}{A} \pm \frac{M}{W} \qquad (2-4)$$

式中　M——作用于矩形基底的弯矩,kN·m;
　　　W——基底的抵抗矩,m^3(矩形基础 $W=\dfrac{1}{6}b^2 l$,b 为荷载偏心方向基础长度,l 为基础宽度)。

把偏心距 $e=\dfrac{M}{F+G}$ 引入式(2-4)得式(2-5)。

$$\left.\begin{array}{l}p_{\max}\\p_{\min}\end{array}\right\}=\dfrac{F+G}{lb}\left(1\pm\dfrac{6e}{b}\right) \qquad (2-5)$$

由式(2-5)可知，根据偏心距 e 的大小，基底压力的分布可能会出现三种情况：

当 $e<\dfrac{b}{6}$ 时，$p_{\min}>0$，基底压力呈梯形分布。如图2.7（a）所示。

当 $e=\dfrac{b}{6}$ 时，$p_{\min}=0$，基底压力呈三角形分布，如图2.7（b）所示。

当 $e>\dfrac{b}{6}$ 时，$p_{\min}<0$，表明距偏心荷载较远的基底边缘压力为负值，为拉应力，如图2.7（c）所示。

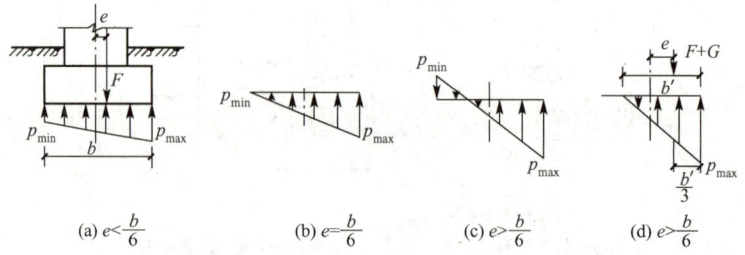

图 2.7　偏心荷载作用下的基底压力分布情况

由于基础与地基之间不能承受拉力，出现拉应力时基底与地基之间将局部脱开，而使基底压力重分布。取重分布后基底压力分布宽度为 b'，基底压力最大值 $p_{\max}$，则总的基底压力为 $\dfrac{1}{2}p_{\max}$，其作用点位置与基础边缘的距离为 $\dfrac{b'}{3}$［图2.7（d）］。荷载 $F+G$ 与基础边缘的距离为 $\dfrac{b}{2}-e$。根据偏心荷载与基底压力相平衡的条件，荷载合力 $F+G$ 应通过三角形基底压力分布图的形心，即 $\dfrac{b'}{3}=b/2-e$。进一步根据受力平衡条件（$F+G$ 与地基总压力相等），即 $F+G=\dfrac{1}{2}p_{\max}3l\left(\dfrac{b}{2}-e\right)$，由此可得式(2-6)。

$$p_{\max}=\dfrac{2(F+G)}{3l\left(\dfrac{b}{2}-e\right)} \qquad (2-6)$$

矩形基础在双向偏心荷载作用下，如基底最小压力 $p_{\min}>0$，则矩形基底边缘四个角点处的压力 p_a、p_b、p_c、p_d（图2.8），可按式(2-7)、式(2-8)计算。

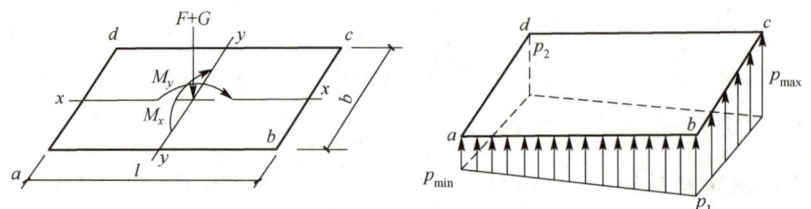

图 2.8　矩形基础在双向偏心荷载作用下基底压力分布示意图

第2章 土的应力

$$\left.\begin{matrix}p_c\\p_a\end{matrix}\right\}=\frac{F+G}{lb}\pm\frac{M_x}{W_x}\pm\frac{M_y}{W_y} \quad (2-7)$$

$$\left.\begin{matrix}p_b\\p_d\end{matrix}\right\}=\frac{F+G}{lb}\mp\frac{M_x}{W_x}\pm\frac{M_y}{W_y} \quad (2-8)$$

式中 M_x、M_y——荷载合力分别对矩形基底 x、y 对称轴的力矩，kN·m；

W_x、W_y——基础底面分别对 x、y 轴的抵抗矩，m^3。

2.2.3 基底附加压力计算

基底附加压力是作用在基底压力与基底处原来土体的竖向自重应力之差。一般浅基础总是置于天然地面下一定的深度，该处原来的土体竖向自重应力由于基坑开挖而卸除。将建筑物建造后的基底压力减去基底标高处原有土体的竖向自重应力后，才是基底新增加的地基基底附加压力。一般天然土层在自重作用下的变形早已结束，只有基底附加压力引起的地基附加应力会使地基产生变形。

当基底压力均匀分布时，基底附加压力见式（2-9）。

$$p_0 = p - \sigma_{cz} = p - \gamma_0 d \quad (2-9)$$

当基底压力为梯形分布时，基底附加压力见式（2-10）。

$$\left.\begin{matrix}p_{0,\max}\\p_{0,\min}\end{matrix}\right\}=\left.\begin{matrix}p_{\max}\\p_{\min}\end{matrix}\right\}-\gamma_0 d \quad (2-10)$$

式中 p——基底平均压力，kN/m^2；

p_0——基底附加压力，kN/m^2；

$p_{0,\max}$——最大基底附加压力，kN/m^2；

$p_{0,\min}$——最小基底附加压力，kN/m^2；

σ_{cz}——基底处土体的自重应力，kN/m^2；

γ_0——基底标高以上天然土层的厚度加权平均重度，kN/m^3 [$\gamma_0 = (\gamma_1 h_1 + \gamma_2 h_2 + \cdots)/(h_1 + h_2 + \cdots)$，其中地下水位以下土的重度取有效重度]；

d——基础埋深，m。

计算出基底附加压力后，可将其看作作用在弹性半空间表面的局部荷载，根据弹性力学方法求解地基中的附加应力。实际上基础一般均具有一定的埋深，因此，假定附加应力作用于地表面上，而运用弹性力学解答所得结果只是近似的，但对一般的浅基础来说，这种假设所造成的误差，可以忽略不计。

2.3 土的有效应力原理

有效应力概念已成为土力学的重要基础，饱和土的所有力学性状均由有效应力控制。有效应力变化将改变饱和土的平衡状态，有效应力已被证实是控制饱和土性状的唯一应力状态变量。

土体中任意点的应力可以从作用于该点的总应力计算出来，如果土体处于饱和状态，孔隙中充满水，则总应力为孔隙水中的静水压力和土颗粒形成的骨架上的有效应力。

图 2.9 所示为饱和土中荷载的传递示意图。作用在总面积 A 上的总垂向荷载是 p，它由土中的粒间接触压力 p' 和静水压力 $(A-A_c)u$ 共同承担[式(2-11)]。

$$p = p' + (A - A_c)u \qquad (2-11)$$

式中 A_c——粒间接触面积，m^2。

式(2-11)两侧分别除以总面积，得式(2-12)。

$$\frac{p}{A} = \frac{p'}{A} + \frac{(A - A_c)u}{A} \qquad (2-12)$$

式(2-12)又可表示为式(2-13)。

$$\sigma = \sigma' + (1 - \alpha)u \qquad (2-13)$$

式中 σ——总应力；

σ'——有效应力；

α——粒间接触面积与总面积之比，即 $\alpha = \dfrac{A_c}{A}$。

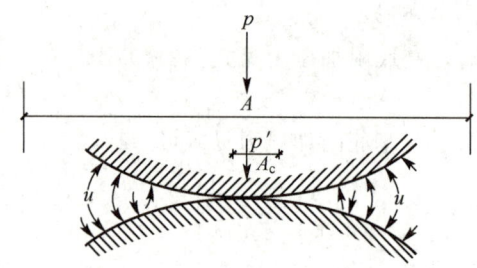

图 2.9 饱和土中荷载的传递示意图

由于粒间接触可近似为点接触，故 α 近似为 0，则式(2-13)可近似表达为式(2-14)。

$$\sigma = \sigma' + u \qquad (2-14)$$

式(2-14)最早是太沙基提出的饱和土体有效应力原理的一种表达式。实际的接触应力可能非常大，并且各接触点的接触应力方向和大小各不相同，有效应力 σ' 只是土体单位面积上的所有粒间接触应力的垂直分量之和。

粒间接触应力用有效应力来表示，对于砂土和砾石是可以解释清楚的。由于黏土矿物是片状的，并为结合水所包围，所谓粒间接触应力和孔隙水压力很难解释。但试验和分析都表明，式(2-14)这一简单表达式对于砂土和黏土都是适应的。

土的有效应力原理对以下两种情况不适用：一种是非饱和土，式(2-14)不适用；另一种是有一些孔隙介质，它们的固体不是颗粒状而是连续的，这样无法取一个截面而不切到固体本身，α 就不能忽略。所以式(2-14)这一简单表达式不能直接用于如混凝土、岩石和轻质泡沫等多孔介质，除非存在着连通裂隙的强风化破碎岩体。

2.4　地基附加应力

地基附加应力是建筑物荷载在地基内引起的应力，通过土颗粒之间的传递，向水平与垂直方向逐渐扩散，附加应力逐渐减小，如图 2.10 所示，图 2.10 左半部分表示不同深度处水平面上各点垂向附加应力的大小，图 2.10 右半部分为竖向集中力作用下不同深度处的垂向附加应力大小，沿深度衰减。

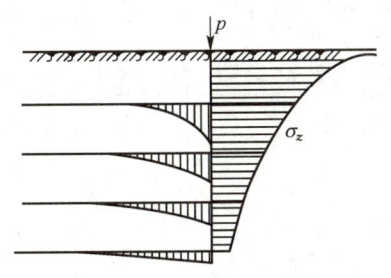

地基附加应力的分布与变化

图 2.10 地基附加应力扩散示意图

地基附加应力的计算方法一般有两种：一种是弹性理论法；另一种是应力扩散角法。弹性理论法假定地基为半无限空间均质弹性体，用弹性力学的公式求解地基附加应力。

2.4.1 竖向集中力作用下的地基附加应力计算

虽然集中力只在理论上有意义，实践中并不存在集中力，实际上不论多大的荷载都是通过一定的接触面积传递的，点荷载客观上并不存在；当局部土承受足够大的应力时，土体已发生塑性变形，此时弹性理论已不再适用。但集中力作用下的土中应力解是一个最基本的公式，利用这一公式，通过叠加原理可以得到各种分布荷载作用下的土中应力计算公式。

1. 竖向集中力作用在地基表面

在均质各向同性半无限空间弹性体表面作用有竖向集中力 F 时（图2.11），地基中任意一点 M 产生的应力分量及位移分量由法国数学家布辛奈斯克（Boussinesq）在1885年用弹性理论法解出。

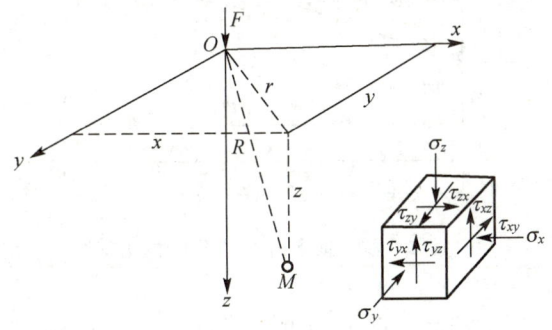

图 2.11 竖向集中力作用下的地基附加应力示意图

在给出的应力分量及位移分量中，最常用的是竖向附加应力 σ_z [式(2-15)]

$$\sigma_z = \frac{3Fz^3}{2\pi R^5} = \frac{3F}{2\pi z^2} \frac{1}{[1+(r/z)^2]^{\frac{5}{2}}} = \alpha \frac{F}{z^2} \qquad (2-15)$$

其中应力系数 $\alpha = \frac{3}{2\pi} \cdot \frac{1}{[1+(r/z)^2]^{\frac{5}{2}}}$，是 r/z 的函数，可按表2-1取用，r 为计算点至集中力 F 的水平距离。

表 2 - 1 集中力作用下的应力系数 α

r/z	α	r/z	α	r/z	α	r/z	α	r/z	α
0.00	0.4775	0.50	0.2733	1.00	0.0844	1.50	0.0251	2.00	0.0085
0.05	0.4745	0.55	0.2466	1.05	0.0744	1.55	0.0224	2.20	0.0058
0.10	0.4657	0.60	0.2214	1.10	0.0658	1.60	0.0200	2.40	0.0040
0.15	0.4516	0.65	0.1978	1.15	0.0581	1.65	0.0179	2.60	0.0029
0.20	0.4329	0.70	0.1762	1.20	0.0513	1.70	0.0160	2.80	0.0021
0.25	0.4103	0.75	0.1565	1.25	0.0454	1.75	0.0144	3.00	0.0015
0.30	0.3849	0.80	0.1386	1.30	0.0402	1.80	0.0129	3.50	0.0007
0.35	0.3577	0.85	0.1226	1.35	0.0357	1.85	0.0116	4.00	0.0004
0.40	0.3294	0.90	0.1083	1.40	0.0317	1.90	0.0105	4.50	0.0002
0.45	0.3011	0.95	0.0956	1.45	0.0282	1.95	0.0095	5.00	0.0001

2. 多个集中力作用在地基表面

如图 2.12 所示,当地基表面作用有 n 个集中力时,欲求地基中任意点 M 处的竖向附加应力 σ_z,可先利用式(2-12)求出各集中力在该点引起的竖向附加应力,然后根据弹性体应力叠加原理求出竖向附加应力总和,即可得式(2-16)。

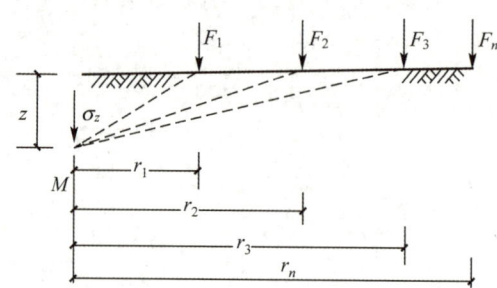

图 2.12 多个集中力作用下的附加应力

$$\sigma_z = \alpha_1 \frac{F_1}{z^2} + \alpha_2 \frac{F_2}{z^2} + \cdots + \alpha_n \frac{F_n}{z^2} = \frac{1}{z^2} \sum_{i=1}^{n} \alpha_i F_i \tag{2-16}$$

2.4.2 矩形荷载和圆形荷载作用下的地基附加应力计算

工程实际中,荷载一般是通过一定面积的基础传给地基的。如果基底的形状和荷载(基底附加压力)分布规律已知,则可通过积分的方法求得相应的土中附加应力。土中附加应力计算一般分空间问题和平面问题来讨论。

若作用荷载分布在有限面积范围内,那么地基应力与计算点处的空间坐标(x,y,z)有关,这类问题属于空间问题。集中荷载作用下的布辛奈斯克解及下面将介绍的矩形面积分布荷载、圆形面积分布荷载下的解均为空间问题。

1. 矩形面积上作用均布荷载时的地基竖向附加应力

(1) 角点下的地基竖向附加应力。

图 2.13 表示为半无限空间弹性地基表面,$l \times b$ 矩形面积上均布荷载 p 作用下角点处竖向附加应力计算示意图。为了计算矩形面积角点下某深度处点 M 的竖向附加应力 σ_z,可在基底范围内取单元面积 $dA = dxdy$,作用在单元面积上的分布荷载可以用集中力 dF 表示,即有 $dF = pdxdy$。根据布辛奈斯克解,集中力 dF 在土中点 M 处引起的竖向附加应力 $d\sigma_z$ 见式(2-17)。

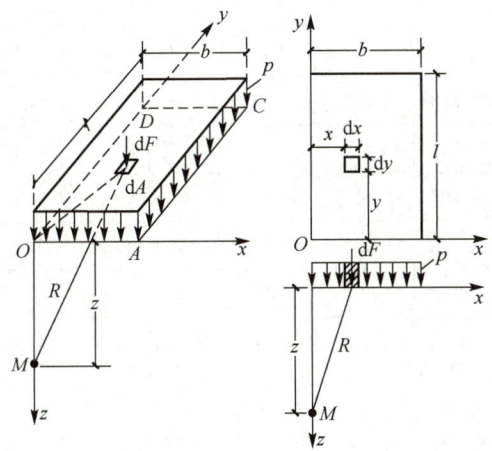

图 2.13 矩形面积均布荷载作用下角点处竖向应力 σ_z 的计算示意图

$$d\sigma_z = \frac{3dF}{2\pi} \times \frac{z^3}{R^5} = \frac{3}{2\pi} \frac{pz^3}{(x^2+y^2+z^2)^{\frac{5}{2}}} dxdy \quad (2-17)$$

则在矩形面积上均布荷载 p 的作用下,土中点 M 的竖向附加应力 σ_z 可以在基础面积范围内进行积分求得,见式(2-18)。

$$\sigma_z = \iint_A d\sigma_z = \frac{3z^3}{2\pi} p \int_0^l \int_0^b \frac{1}{(x^2+y^2+z^2)^{\frac{5}{2}}} dxdy$$

$$= \frac{p}{2\pi} \left[\frac{mn(1+n^2+2m^2)}{(m^2+n^2)(1+m^2)\sqrt{1+m^2+n^2}} + \arctan \frac{n}{m\sqrt{1+n^2+m^2}} \right]$$

$$= \alpha_a p$$

$$(2-18)$$

式中 α_a——角点竖向附加应力系数,是 $n = \dfrac{l}{b}$ 和 $m = \dfrac{z}{b}$ 的函数,$\alpha_a = \dfrac{1}{2\pi}$ $\left[\dfrac{mn(1+n^2+2m^2)}{(m^2+n^2)(1+m^2)\sqrt{1+m^2+n^2}} + \arctan \dfrac{n}{m\sqrt{1+n^2+m^2}} \right]$,可查表 2-2,其中 l 为矩形的长边,b 为矩形的短边,z 为计算点的深度。

表 2-2 矩形面积上作用均布荷载时的角点竖向附加应力系数 α_c

$m=\dfrac{z}{b}$	$n=\dfrac{l}{b}$										
	1.0	1.2	1.4	1.6	1.8	2.0	3.0	4.0	5.0	10.0	条形
0	0.250	0.250	0.250	0.250	0.250	0.250	0.250	0.250	0.250	0.250	0.250
0.2	0.249	0.249	0.249	0.249	0.249	0.249	0.249	0.249	0.249	0.249	0.249
0.4	0.240	0.242	0.243	0.243	0.244	0.244	0.244	0.244	0.244	0.244	0.240
0.6	0.223	0.228	0.230	0.232	0.232	0.233	0.234	0.234	0.234	0.234	0.223
0.8	0.200	0.208	0.212	0.215	0.217	0.218	0.220	0.220	0.220	0.220	0.200
1.0	0.175	0.185	0.191	0.196	0.198	0.200	0.203	0.204	0.204	0.205	0.175
1.2	0.152	0.163	0.171	0.176	0.179	0.182	0.187	0.188	0.189	0.189	0.152
1.4	0.131	0.142	0.151	0.157	0.161	0.164	0.171	0.173	0.174	0.174	0.131
1.6	0.112	0.124	0.133	0.140	0.145	0.148	0.157	0.159	0.160	0.160	0.112
1.8	0.097	0.108	0.117	0.124	0.129	0.133	0.143	0.146	0.147	0.148	0.097
2.0	0.084	0.095	0.103	0.110	0.116	0.120	0.131	0.135	0.136	0.137	0.084
2.2	0.073	0.083	0.092	0.098	0.104	0.108	0.121	0.125	0.126	0.128	0.073
2.4	0.064	0.073	0.081	0.088	0.093	0.098	0.111	0.116	0.118	0.119	0.064
2.6	0.057	0.065	0.072	0.079	0.084	0.089	0.102	0.107	0.110	0.112	0.057
2.8	0.050	0.058	0.065	0.071	0.076	0.080	0.094	0.100	0.102	0.105	0.050
3.0	0.045	0.052	0.058	0.064	0.069	0.073	0.087	0.093	0.096	0.099	0.045
3.2	0.040	0.047	0.053	0.058	0.063	0.067	0.081	0.087	0.090	0.093	0.040
3.4	0.036	0.042	0.048	0.053	0.057	0.061	0.075	0.081	0.085	0.088	0.036
3.6	0.033	0.038	0.043	0.048	0.052	0.056	0.069	0.076	0.080	0.084	0.033
3.8	0.030	0.035	0.040	0.044	0.048	0.052	0.065	0.072	0.075	0.080	0.030
4.0	0.027	0.032	0.036	0.040	0.044	0.048	0.060	0.067	0.071	0.076	0.027
4.2	0.025	0.029	0.033	0.037	0.041	0.044	0.056	0.063	0.067	0.072	0.025
4.4	0.023	0.027	0.031	0.034	0.038	0.041	0.053	0.060	0.064	0.069	0.023
4.6	0.021	0.025	0.028	0.032	0.035	0.038	0.049	0.056	0.061	0.066	0.021
4.8	0.019	0.023	0.026	0.029	0.032	0.035	0.046	0.053	0.058	0.064	0.019
5.0	0.018	0.021	0.024	0.027	0.030	0.033	0.043	0.050	0.055	0.061	0.018
6.0	0.013	0.015	0.017	0.020	0.022	0.024	0.033	0.039	0.043	0.051	0.013
7.0	0.010	0.011	0.013	0.015	0.016	0.018	0.025	0.031	0.035	0.043	0.009
8.0	0.007	0.009	0.010	0.011	0.013	0.014	0.020	0.025	0.028	0.037	0.007
9.0	0.006	0.007	0.008	0.009	0.010	0.011	0.016	0.020	0.024	0.032	0.006

续表

$m=\dfrac{z}{b}$	$n=\dfrac{l}{b}$										
	1.0	1.2	1.4	1.6	1.8	2.0	3.0	4.0	5.0	10.0	条形
10.0	0.005	0.006	0.007	0.007	0.008	0.009	0.013	0.017	0.020	0.028	0.005
12.0	0.003	0.004	0.005	0.005	0.006	0.006	0.009	0.012	0.014	0.022	0.003
14.0	0.002	0.003	0.003	0.004	0.004	0.005	0.007	0.009	0.011	0.018	0.002
16.0	0.002	0.002	0.003	0.003	0.003	0.004	0.005	0.007	0.009	0.014	0.002
18.0	0.001	0.002	0.002	0.002	0.003	0.003	0.004	0.006	0.007	0.012	0.001
20.0	0.001	0.001	0.002	0.002	0.002	0.002	0.004	0.005	0.006	0.010	0.001
25.0	0.001	0.001	0.001	0.001	0.001	0.001	0.002	0.003	0.004	0.007	0.001
30.0	0.001	0.001	0.001	0.001	0.001	0.001	0.002	0.002	0.003	0.005	0.001
35.0	0.000	0.000	0.001	0.001	0.001	0.001	0.001	0.002	0.002	0.004	0.000
40.0	0.000	0.000	0.000	0.001	0.001	0.001	0.001	0.001	0.001	0.003	0.000

先确定角点竖向附加应力系数 α_a，再计算角点下竖向附加应力的方法称为角点法。

（2）地基任意点处的竖向附加应力的计算。

矩形面积 $abcd$ 上作用有均布荷载 p，计算任意点处的竖向附加应力 σ_z。该点的竖直投影点 O 可以在矩形面积 $abcd$ 范围之内，也可能在矩形面积 $abcd$ 范围之外。此时可以用式（2-13）按下述叠加方法进行计算，如图 2.14 所示。

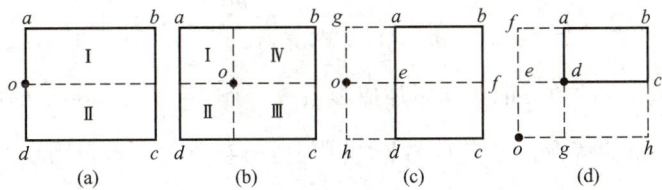

图 2.14　角点法计算的荷载面积划分示意图

如图 2.14（a）所示，点 O 在矩形边线上，可将受载面积划分为 2 个小矩形面积，分别求出 2 个小矩形均布荷载在角点 O 引起的竖向附加应力，再叠加即可［式（2-19）］。

$$\sigma_z = \sum \sigma_{zi} = \sigma_{z,\text{I}} + \sigma_{z,\text{II}} \tag{2-19}$$

如图 2.14（b）所示，点 O 点在矩形面积范围之内，则计算时可以通过点 O 将受载面积划分为 4 个小矩形面积。这时点 O 分别在 4 个小矩形面积的角点上，这样就可以分别计算 4 个小矩形面积均布荷载在角点 O 引起的竖向附加应力，叠加后得式（2-20）。

$$\sigma_z = \sum \sigma_{zi} = \sigma_{z,\text{I}} + \sigma_{z,\text{II}} + \sigma_{z,\text{III}} + \sigma_{z,\text{IV}} \tag{2-20}$$

同理，可计算点 O 在受载面积之外的［图 2.14（c）］竖向附加应力，见式（2-21）。

$$\sigma_z = \sum \sigma_{zi} = \sigma_{z,ogbf} - \sigma_{z,ogae} + \sigma_{z,ohcf} - \sigma_{z,ohde} \tag{2-21}$$

对图 2.14（d）所示的点 O 处的竖向附加应力见式（2-22）。

$$\sigma_z = \sum \sigma_{zi} = \sigma_{z,ofbh} - \sigma_{z,ofag} - \sigma_{z,oech} + \sigma_{z,oedg} \qquad (2-22)$$

2. 矩形面积上作用三角形分布荷载时的地基竖向附加应力计算

如图 2.15 所示,在地基表面矩形面积 $l \times b$ 上作用有三角形分布荷载(最大值等于 p),计算荷载为 0 的角点下深度 z 处点 M 的竖向附加应力 σ_z。为此,将坐标原点 O 取在荷载为 0 的角点上,z 轴通过点 M。取单元面积 $\mathrm{d}A = \mathrm{d}x\mathrm{d}y$,其上作用的集中力 $\mathrm{d}F = \frac{x}{b} p\mathrm{d}x\mathrm{d}y$,则同样在基底面积范围内进行积分求得 σ_z,见式(2-23)。

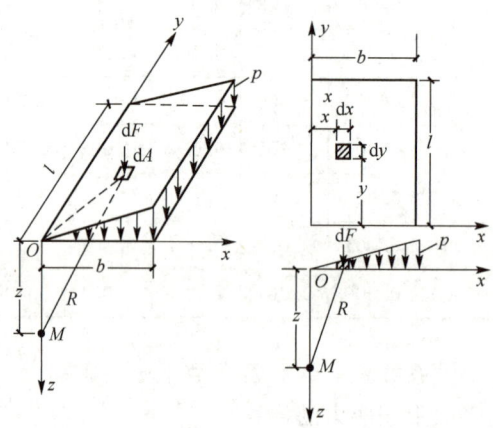

图 2.15 矩形面积上作用三角形分布荷载时的竖向附加应力的计算示意图

$$\begin{aligned}\sigma_z &= \frac{3z^3}{2\pi} p \int_0^l \int_0^b \frac{x/b}{(x^2+y^2+z^2)^{5/2}} \mathrm{d}x\mathrm{d}y \\ &= \frac{mn}{2\pi}\left[\frac{1}{\sqrt{n^2+m^2}} - \frac{m^2}{(1+m^2)\sqrt{1+n^2+m^2}}\right] p = \alpha_1 p\end{aligned} \qquad (2-23)$$

式中 α_1——荷载为 0 的角点的竖向附加应力系数,是 $n = \frac{l}{b}$ 和 $m = \frac{z}{b}$ 的函数。

同理,可以求出荷载为 p 的角点的竖向附加应力系数 α_2,也可由表 2-3 查得。

表 2-3 矩形面积上三角形分布荷载作用时角点的竖向附加应力系数 α_1 和 α_2

$\frac{z}{b}$	$\frac{l}{b}$									
	0.2		0.4		0.6		0.8		1.0	
	α_1	α_2	α_1	α_2	α_1	α_2	α_1	α_2	α_1	α_2
0.0	0.0000	0.2500	0.0000	0.2500	0.0000	0.2500	0.0000	0.2500	0.0000	0.2500
0.2	0.0223	0.1821	0.0280	0.2115	0.0296	0.2165	0.0301	0.2178	0.0304	0.2182
0.4	0.0269	0.1094	0.0420	0.1604	0.0487	0.1781	0.0517	0.1844	0.0531	0.1870
0.6	0.0259	0.0700	0.0448	0.1165	0.0560	0.1405	0.0621	0.1520	0.0654	0.1575
0.8	0.0232	0.0480	0.0421	0.0853	0.0553	0.1093	0.0637	0.1232	0.0688	0.1311
1.0	0.0201	0.0346	0.0375	0.0638	0.0508	0.0852	0.0602	0.0996	0.0666	0.1086
1.2	0.0171	0.0260	0.0324	0.0491	0.0450	0.0673	0.0546	0.0807	0.0615	0.0901

续表

$\dfrac{z}{b}$	$\dfrac{l}{b}$									
	0.2		0.4		0.6		0.8		1.0	
	α_1	α_2	α_1	α_2	α_1	α_2	α_1	α_2	α_1	α_2
1.4	0.0145	0.0202	0.0278	0.0386	0.0392	0.0540	0.0483	0.0661	0.0554	0.0751
1.6	0.0123	0.0160	0.0238	0.0310	0.0339	0.0440	0.0424	0.0547	0.0492	0.0628
1.8	0.0105	0.0130	0.0204	0.0254	0.0294	0.0363	0.0371	0.0457	0.0435	0.0534
2.0	0.0090	0.0108	0.0176	0.0211	0.0255	0.0304	0.0324	0.0387	0.0384	0.0456
2.5	0.0063	0.0072	0.0125	0.0140	0.0183	0.0205	0.0326	0.0265	0.0284	0.0318
3.0	0.0046	0.0051	0.0092	0.0100	0.0135	0.0148	0.0176	0.0192	0.0214	0.0223
5.0	0.0018	0.0019	0.0036	0.0038	0.0054	0.0056	0.0071	0.0074	0.0088	0.0091
7.0	0.0009	0.0010	0.0019	0.0019	0.0028	0.0029	0.0038	0.0038	0.0047	0.0047
10.0	0.0005	0.0004	0.0009	0.0010	0.0014	0.0014	0.0019	0.0019	0.0023	0.0024

$\dfrac{z}{b}$	$\dfrac{l}{b}$									
	2.0		3.0		4.0		6.0		10.0	
	α_1	α_2	α_1	α_2	α_1	α_2	α_1	α_2	α_1	α_2
0.0	0.0000	0.2500	0.0000	0.2500	0.0000	0.2500	0.0000	0.2500	0.0000	0.2500
0.2	0.0306	0.2185	0.0306	0.2196	0.0306	0.2186	0.0306	0.2186	0.0306	0.2186
0.4	0.0547	0.1892	0.0548	0.1894	0.0549	0.1894	0.0549	0.1894	0.0549	0.1894
0.6	0.0696	0.1633	0.0701	0.1638	0.0702	0.1639	0.0702	0.1640	0.0702	0.1640
0.8	0.0764	0.1412	0.0773	0.1423	0.0775	0.1424	0.0776	0.1426	0.0776	0.1426
1.0	0.0774	0.1225	0.0790	0.1244	0.0794	0.1248	0.0795	0.1250	0.0796	0.1250
1.2	0.0749	0.1069	0.0774	0.1096	0.0779	0.1103	0.0782	0.1105	0.0783	0.1105
1.4	0.0707	0.0937	0.0739	0.0973	0.0748	0.0982	0.0752	0.0986	0.0753	0.0987
1.6	0.0656	0.0826	0.0697	0.0870	0.0708	0.0882	0.0714	0.0887	0.0715	0.0889
1.8	0.0604	0.0730	0.0652	0.0782	0.0666	0.0797	0.0673	0.0805	0.0675	0.0808
2.0	0.0553	0.0649	0.0607	0.0707	0.0624	0.0726	0.0634	0.0734	0.0636	0.0738
2.5	0.0440	0.0491	0.0504	0.0559	0.0529	0.0585	0.0543	0.0601	0.0548	0.0605
3.0	0.0352	0.0380	0.0419	0.0451	0.0449	0.0482	0.0469	0.0504	0.0476	0.0511
5.0	0.0161	0.0167	0.0214	0.0221	0.0248	0.0256	0.0283	0.0290	0.0301	0.0309
7.0	0.0089	0.0091	0.0124	0.0126	0.0152	0.0154	0.0186	0.0190	0.0212	0.0216
10.0	0.0046	0.0046	0.0066	0.0066	0.0084	0.0083	0.0111	0.0111	0.0139	0.0141

注：b 为三角形荷载分布方向的矩形基础的边长，l 为矩形基础的另一边长。

【例 2.2】 如图 2.16 所示，有一矩形基础 $l \times b = 5\text{m} \times 3\text{m}$，三角形分布的荷载作用在地基表面，荷载最大值 $p = 100\text{kPa}$。试计算在矩形面积内点 O 下深度 $z = 2\text{m}$ 处的竖向附加应力 σ_z。

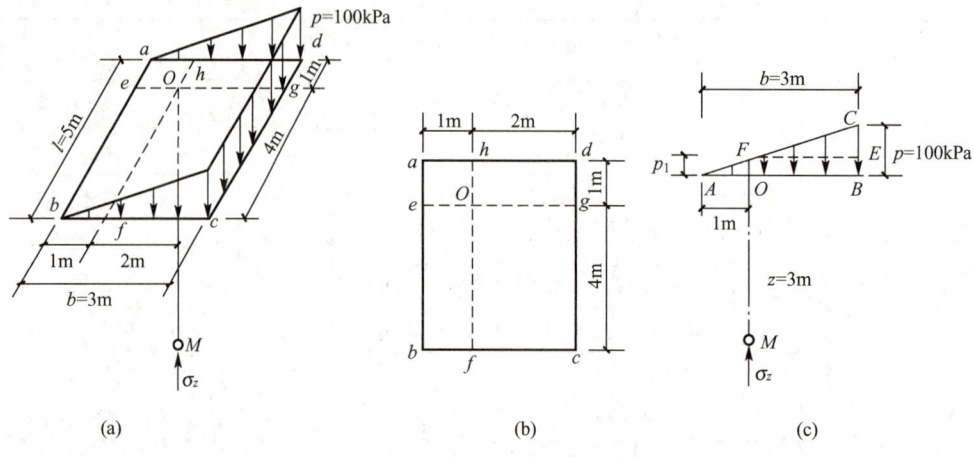

图 2.16 例 2.2 图

解：

求解时需进行两次叠加计算。第一次是荷载作用面积的叠加计算，可利用角点法计算；第二次是荷载分布图形的叠加计算。

如图 2.16（b）所示，由于点 O 位于矩形 $abcd$ 面积内。通过点 O 将矩形面积划分为 4 个小矩形，$Oeah$ 和 $Oebf$ 上作用三角形分布荷载；$Ohdg$ 和 $Ofcg$ 假定其上作用均布荷载 p_1，即图中的荷载 $OBEF$，$p_1 = 100/3 = 33.3 \text{kPa}$，然后叠加三角形分布荷载 FEC。则在点 M 处产生的竖向附加应力，可用前面介绍的角点法计算。

$$\sigma_z = \sigma_{z,Oeah} + \sigma_{z,Oebf} + \sigma_{z,Ohdg} + \sigma_{z1,Ofcg}$$

① $Oeah$ 和 $Oebf$ 上作用三角形分布荷载，其角点竖向附加应力系数：

$$Oeah: \frac{l}{b} = \frac{1}{1} = 1, \frac{z}{b} = \frac{2}{1} = 2, \alpha_{2,Oeah} = 0.0456。$$

$$\sigma_{z,Oeah} = p_1 \times \alpha_{2,Oeah} = 33.3 \times 0.0456 \approx 1.518 (\text{kPa})$$

$$Oebf: \frac{l}{b} = \frac{4}{1} = 4, \frac{z}{b} = \frac{2}{1} = 2, \alpha_{2,Oebf} = 0.0726。$$

$$\sigma_{z,Oebf} = p_1 \times \alpha_{2,Oebf} = 33.3 \times 0.0726 \approx 2.418 (\text{kPa})$$

② $Ohdg$ 和 $Ofcg$ 上作用矩形均布荷载 p_1，为叠加三角形分布的荷载 FEC。$Ohdg$ 由均布荷载 p_1 引起的竖向附加应力系数：

$$\frac{l}{b} = \frac{2}{1} = 2, \frac{z}{b} = \frac{2}{1} = 2, \alpha_{1,Ohdg} = 0.1200。$$

三角形分布的荷载 FEC 的竖向附加应力系数：

$$\frac{l}{b} = \frac{1}{2} = 0.5, \frac{z}{b} = \frac{2}{2} = 1, \alpha_{2,Ohdg} = 0.0442。$$

$$\sigma_{z,Ohdg} = \sigma_{z1,Ohdg} + \sigma_{z2,Ohdg} = p_1 \times \alpha_{1,Ohdg} + (100 - p_1) \times \alpha_{2,Ohdg}$$
$$= 33.3 \times 0.120 + 66.7 \times 0.0442 \approx 6.944 (\text{kPa})$$

荷载 $Ofcg$ 由均布荷载 p_1 的竖向附加应力系数：

$$\frac{l}{b} = \frac{4}{2} = 2, \frac{z}{b} = \frac{2}{2} = 1, \alpha_{1,Ofcg} = 0.2000。$$

三角形分布的荷载 FEC 的竖向附加应力系数：

$$\frac{l}{b} = \frac{4}{2} = 2, \frac{z}{b} = \frac{2}{2} = 1, \alpha_{2,Ofcg} = 0.0774。$$

$$\sigma_{z,Ofcg} = \sigma_{z1,Ofcg} + \sigma_{z2,Ofcg} = p_1 \times \alpha_{1,Ofcg} + (100 - p_1) \times \alpha_{2,Ofcg}$$
$$= 33.3 \times 0.200 + 66.7 \times 0.0774 \approx 11.823(\text{kPa})$$

③ 点 O 的竖向附加应力

$$\sigma_z = \sigma_{z,Oeah} + \sigma_{z,Oebf} + \sigma_{z,Ohdg} + \sigma_{z,Ofcg} = 1.518 + 2.418 + 6.944 + 11.823$$
$$= 22.703(\text{kPa})$$

3. 圆形面积上作用均布荷载时的土中竖向附加应力计算

如图 2.17 所示，在半径为 R 的圆形面积上作用有均布荷载 p，计算土体中任一点 M（a，z）的竖向附加应力。采用极坐标，原点取在圆心 O 处。在圆形面积内取单元面积 $dA = rd\varphi dr$，其上作用集中力 $dF = pdA = prd\varphi dr$。在圆形面积范围内进行积分求得竖向附加应力见式（2-24）。

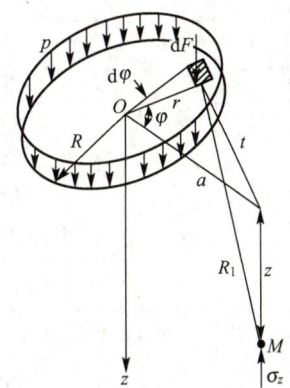

图 2.17　圆形面积均布荷载作用下土中竖向附加应力计算

$$\sigma_z = \frac{3pz^3}{2\pi} \int_0^{2\pi} \int_0^R \frac{rdrd\varphi}{(r^2 + a^2 - 2ra\cos\varphi + z^2)^{5/2}} = \alpha_c p \qquad (2-24)$$

式中　α_c——竖向附加应力系数，是 $\frac{a}{R}$ 和 $\frac{z}{R}$ 的函数，可由表 2-4 查得；

R——圆半径，m；

R_1——计算点与集中力的距离，$R_1 = \sqrt{l^2 + z^2} = (r^2 + a^2 - 2ra\cos\varphi + z^2)^{1/2}$，m；

a——应力计算点 M 到 z 轴的水平距离，m。

表 2-4　圆形面积上均布荷载作用下的竖向附加应力系数 α_c

z/R	a/R												
	0	0.2	0.4	0.6	0.8	1.0	1.2	1.4	1.6	1.8	2.0	3.0	4.0
0.0	1.000	1.000	1.000	1.000	1.000	0.500	0.000	0.000	0.000	0.000	0.000	0.000	0.000
0.2	0.992	0.991	0.987	0.970	0.890	0.468	0.077	0.015	0.005	0.002	0.001	0.000	0.000
0.4	0.949	0.943	0.920	0.860	0.712	0.435	0.181	0.065	0.026	0.012	0.006	0.001	0.000

续表

z/R	a/R												
	0	0.2	0.4	0.6	0.8	1.0	1.2	1.4	1.6	1.8	2.0	3.0	4.0
0.6	0.864	0.852	0.813	0.733	0.591	0.400	0.224	0.113	0.056	0.029	0.016	0.002	0.000
0.8	0.756	0.742	0.699	0.619	0.504	0.366	0.237	0.142	0.083	0.048	0.029	0.004	0.001
1.0	0.646	0.633	0.593	0.526	0.134	0.332	0.235	0.157	0.102	0.065	0.042	0.007	0.002
1.2	0.547	0.535	0.502	0.447	0.377	0.300	0.226	0.162	0.113	0.078	0.053	0.010	0.003
1.4	0.461	0.452	0.425	0.383	0.329	0.270	0.212	0.161	0.118	0.088	0.062	0.014	0.004
1.6	0.390	0.383	0.362	0.330	0.288	0.243	0.197	0.156	0.120	0.090	0.068	0.017	0.005
1.8	0.332	0.327	0.311	0.285	0.254	0.218	0.182	0.148	0.118	0.092	0.072	0.021	0.006
2.0	0.285	0.280	0.268	0.248	0.224	0.196	0.167	0.140	0.114	0.092	0.074	0.024	0.007
2.2	0.246	0.242	0.233	0.218	0.198	0.176	0.153	0.131	0.109	0.090	0.074	0.026	0.009
2.4	0.214	0.211	0.203	0.192	0.176	0.159	0.146	0.122	0.101	0.087	0.073	0.028	0.011
2.6	0.187	0.185	0.179	0.170	0.158	0.144	0.129	0.113	0.098	0.084	0.071	0.030	0.012
2.8	0.165	0.163	0.159	0.151	0.141	0.130	0.118	0.105	0.092	0.080	0.069	0.031	0.013
3.0	0.146	0.145	0.141	0.135	0.127	0.118	0.108	0.097	0.087	0.077	0.067	0.032	0.014
3.4	0.117	0.116	0.114	0.110	0.105	0.098	0.091	0.084	0.076	0.068	0.061	0.032	0.016
3.8	0.096	0.095	0.093	0.091	0.087	0.083	0.078	0.073	0.067	0.061	0.053	0.032	0.017
4.2	0.079	0.079	0.078	0.076	0.073	0.070	0.067	0.063	0.059	0.054	0.050	0.031	0.018
4.6	0.067	0.067	0.066	0.064	0.063	0.060	0.058	0.055	0.052	0.048	0.045	0.030	0.018
5.0	0.057	0.057	0.056	0.055	0.054	0.052	0.050	0.048	0.046	0.043	0.041	0.028	0.018
5.5	0.048	0.048	0.047	0.046	0.045	0.044	0.043	0.041	0.039	0.038	0.036	0.026	0.017
6.0	0.040	0.040	0040	0.039	0.039	0.038	0.037	0.036	0.034	0.033	0.031	0.024	0.017

2.4.3 线荷载和条形荷载作用下的地基附加应力

如图 2.18 所示，在半无限体表面作用无限长的条形荷载时，荷载在宽度方向的分布是任意的，但在长度方向的分布规律是相同的。此时任一点 M 的附加应力只与该点的平面坐标 (x, z) 有关，而与荷载长度方向 y 轴坐标无关，属于平面应变问题。实际上，在工程实践中不存在无限长的条形分布荷载，但一般把墙体、路堤、土坝、挡土墙等的长宽比 $l/b \geqslant 10$ 的条形基础下的地基附加应力问题，视作平面应变问题来进行分析，其计算结果能满足工程需要。

1. 线荷载作用下土中应力计算

如图 2.18 所示，在半空间弹性土体表面无限长直线上作用有竖向均布线荷载 p 时，通过布辛奈斯克公式在线荷载分布方向上进行积分来计算地基中任一点 M 的附加应力。

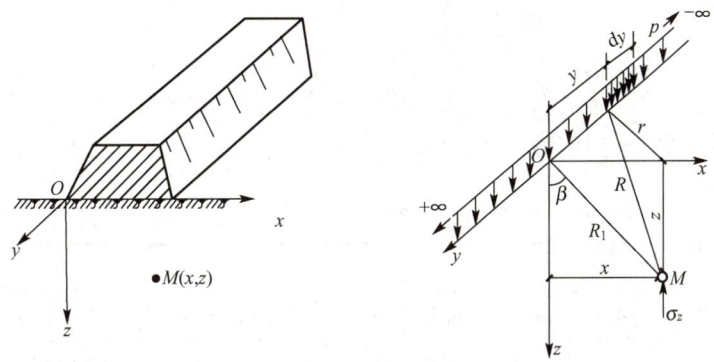

图 2.18　无限长条形荷载作用下的地基附加应力计算示意图

该附加应力的解由弗拉曼（Flamant）推导求得，故又称弗拉曼解。

具体求解时，在线荷载上取微分长度 dy，可以将作用在其上面的荷载 pdy 看成集中力，它在地基点 M 处引起的竖向附加应力按布辛奈斯克解求得，进一步沿线荷载方向积分，即得线荷载在点 M 引起的竖向附加应力，见式（2-25）。

$$\sigma_z = \int_{-\infty}^{+\infty} \frac{3pz^3 \mathrm{d}y}{2\pi(x^2+y^2+z^2)^{5/2}} = \frac{2pz^3}{\pi R^4} = \frac{2p}{\pi z}\cos^4\beta = \frac{2pz^3}{\pi(x^2+z^2)^2} \qquad (2-25)$$

虽然线荷载只在理论意义上存在，但可以把它看作条形面积在宽度趋于 0 时的特殊情况，通过积分即可以推导出条形面积上作用有各种分布荷载时地基的竖向附加应力计算公式。

2. 均布条形荷载作用下土体中应力计算

（1）土体中任一点竖向应力。

如图 2.19 所示，在土体表面宽度为 b 的条形面积上作用均布荷载 p 时，计算土中任一点 $M(x,z)$ 的竖向有效应力 σ_z。为此，在条形荷载的宽度方向上取微分宽度 $\mathrm{d}\xi$，将其上作用的荷载 $\mathrm{d}p = p\mathrm{d}\xi$ 视为线荷载，dp 在点 M 处引起的竖向附加应力为 $\mathrm{d}\sigma_z$，利用式（2-25）求得，然后在荷载分布宽度范围 b 内进行积分，即可求得整个条形荷载在点 M 处引起的竖向附加应力 σ_z，见式（2-26）。

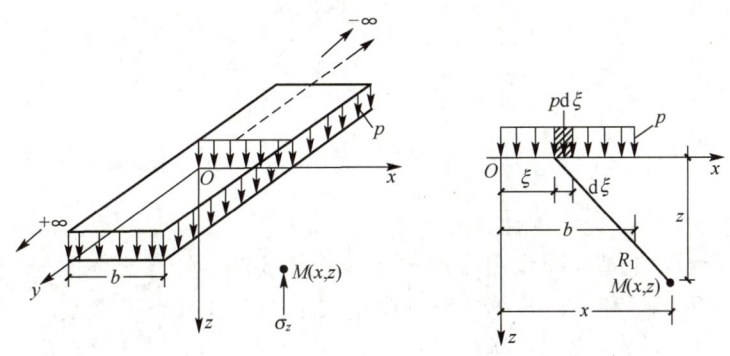

图 2.19　均布条形荷载作用下土中应力计算示意图

$$\sigma_z = \int_0^b \mathrm{d}\sigma_z = \int_0^b \frac{2z^3 p\,\mathrm{d}\xi}{\pi[(x-\xi)^2+z^2]^2} \tag{2-26}$$

$$= \frac{p}{\pi}\left[\arctan\frac{n}{m}+\arctan\frac{n-1}{m}+\frac{mn}{m^2+n^2}-\frac{n(m-1)}{n^2+(m-1)^2}\right] = \alpha_u p$$

式中 α_u——竖向附加应力系数，它是 $n=\dfrac{x}{b}$ 和 $m=\dfrac{z}{b}$ 的函数，可查表 2-5 求得。

表 2-5 均布条形荷载作用下的竖向附加应力系数 α_u

x/b	z/b											
	0.0	0.2	0.4	0.6	0.8	1.0	1.2	1.4	2.0	3.0	4.0	5.0
0	0.500	0.498	0.489	0.468	0.440	0.409	0.375	0.345	0.275	0.198	0.153	0.104
0.25	1.000	0.937	0.797	0.679	0.586	0.510	0.450	0.400	0.298	0.206	0.156	0.105
0.50	1.000	0.977	0.881	0.755	0.612	0.550	0.477	0.420	0.306	0.208	0.158	0.106
0.75	1.000	0.937	0.797	0.679	0.586	0.510	0.450	0.400	0.298	0.206	0.156	0.105
1.00	0.500	0.498	0.489	0.468	0.440	0.409	0.375	0.345	0.275	0.198	0.153	0.104
1.25	0	0.059	0.173	0.243	0.276	0.288	0.287	0.279	0.242	0.186	0.147	0.102
1.50	0.000	0.011	0.056	0.111	0.155	0.185	0.202	0.210	0.205	0.171	0.140	0.100
2.00	0.000	0.001	0.010	0.026	0.048	0.071	0.091	0.107	0.134	0.136	0.122	0.094

当采用极坐标表示时，如图 2.20 所示，点 M 到条形荷载边缘的连线与竖直线之间的夹角分别为 β_1 和 β_2，并作如下的正负规定：从竖直线 MN 到连线逆时针旋转时为正，反之为负。图 2.20 中的 β_1 和 β_2 均为正值。

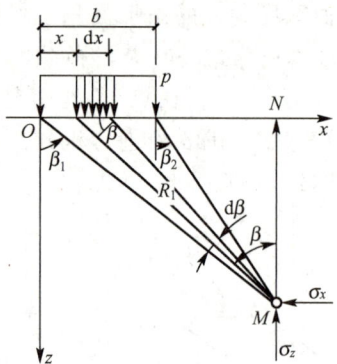

图 2.20 极坐标表示的均布条形荷载作用下的土体中应力

（2）土体中任一点主应力的计算。

如图 2.21 所示，地基表面作用有均布条形荷载 p 时，计算土体中任一点 $M(x, z)$ 的最大、最小主应力 σ_1 和 σ_3。根据材料力学中关于主应力与法向应力、剪应力之间的相互关系，可得式（2-27）、式（2-28）。

$$\left.\begin{array}{l}\sigma_1\\ \sigma_3\end{array}\right\} = \frac{\sigma_x+\sigma_z}{2} \pm \sqrt{\left(\frac{\sigma_x-\sigma_z}{2}\right)^2+\tau_{xz}^2} \tag{2-27}$$

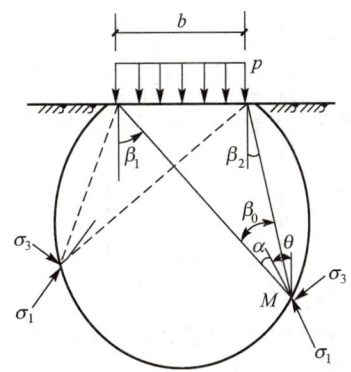

图 2.21　均布条形荷载作用下土中主应力示意图

$$\operatorname{tg}2\theta = \frac{2\tau_{xz}}{\sigma_z - \sigma_x} \qquad (2-28)$$

式中　θ——最大主应力的作用方向与竖向线间的夹角。

可得到点 M 处的主应力及其作用方向见式(2-29)、式(2-30)。

$$\left.\begin{array}{c}\sigma_1\\\sigma_3\end{array}\right\} = \frac{p}{\pi}[(\beta_1-\beta_2)\pm\sin(\beta_1-\beta_2)] \qquad (2-29)$$

$$\theta = \frac{1}{2}(\beta_1+\beta_2) \qquad (2-30)$$

由图 2.21 可知，假定点 M 到荷载宽度边缘连线的夹角为 β_0（一般称为视角），则 $\beta_0 = \beta_1 - \beta_2$，即可得到点 M 处的主应力，见式(2-31)。

$$\left.\begin{array}{c}\sigma_1\\\sigma_3\end{array}\right\} = \frac{p}{\pi}(\beta_0 \pm \sin\beta_0) \qquad (2-31)$$

可以看出，在荷载 p 确定的条件下，式(2-31)中仅包含一个变量 β_0，即表明地基中视角 β_0 相等的各点，其主应力也相等。

3. 三角形分布条形荷载作用下土体中应力计算

图 2.22 给出三角形分布条形荷载作用下土体中应力计算示意图，坐标轴原点 O 取在三角形分布条形荷载的零点处，荷载分布最大值为 p，计算土体中点 $M(x,z)$ 的竖向附加应力 σ_z。在条形荷载的宽度方向上取微分单元 $d\xi$，将其上作用的荷载 $dp = \frac{\xi}{b}pd\xi$ 视为线荷载，而 dp 在点 M 处引起的附加应力 $d\sigma_z$ 可按式(2-19)确定，然后积分，则三角形分布条形荷载在点 M 处引起的竖向附加应力 σ_z 见式(2-32)。

$$\begin{aligned}\sigma_z &= \frac{2z^3 p}{\pi b}\int_0^b \frac{\xi d\xi}{[(x-\xi)^2+z^2]^2}\\ &= \frac{p}{\pi}\left[n\left(\operatorname{arctg}\frac{n}{m}-\operatorname{arctg}\frac{n-1}{m}\right)-\frac{m(n-1)}{(n-1)^2+m^2}\right] = \alpha_s p\end{aligned} \qquad (2-32)$$

式中　α_s——竖向附加应力系数，是 $n = \frac{x}{b}$ 和 $m = \frac{z}{b}$ 的函数，可从表 2-6 中查得。

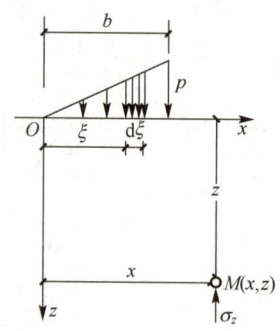

图 2.22　三角形分布条形荷载作用下土体中应力计算示意图

表 2-6　三角形分布条形荷载作用下的竖向附加应力系数 α_s

z/b	x/b										
	-1.5	-1.0	-0.5	0.0	0.25	0.50	0.75	1.0	1.5	2.0	2.5
0	0.000	0.000	0.000	0.000	0.250	0.500	0.750	0.500	0.000	0.000	0.000
0.25	0.000	0.000	0.001	0.075	0.256	0.480	0.643	0.424	0.017	0.003	0.000
0.50	0.002	0.003	0.023	0.127	0.263	0.410	0.477	0.353	0.056	0.017	0.003
0.75	0.006	0.016	0.042	0.153	0.248	0.335	0.361	0.293	0.108	0.024	0.009
1.00	0.014	0.025	0.061	0.159	0.223	0.275	0.279	0.241	0.129	0.045	0.013
1.50	0.020	0.048	0.096	0.145	0.178	0.200	0.202	0.185	0.124	0.062	0.041
2.00	0.033	0.061	0.092	0.127	0.146	0.155	0.163	0.153	0.108	0.069	0.050
3.00	0.050	0.064	0.080	0.096	0.103	0.104	0.108	0.104	0.090	0.071	0.050
4.00	0.051	0.060	0.067	0.075	0.078	0.085	0.082	0.075	0.073	0.060	0.049
5.00	0.047	0.052	0.057	0.059	0.062	0.063	0.063	0.065	0.061	0.051	0.047
6.00	0.041	0.041	0.050	0.051	0.052	0.053	0.053	0.053	0.050	0.050	0.045

2.4.4　非均质和各向异性地基中的附加应力

1. 非均质地基的影响

前面介绍的地基附加应力的计算一般均是考虑柔性荷载和均质各向同性土的情况，因而求得的土中附加应力与土的性质无关，而实际往往并非如此，例如，大多数建筑地基是由不同压缩性土层组成的成层地基。研究表明，由两种压缩性不同的土层所构成的双层地基的附加应力分布与各向同性的地基附加应力分布不同，双层地基一般可分为两种情形：一种是可压缩土层覆盖在刚性岩层上；另一种是硬土层覆盖在软弱土层上。

（1）可压缩土层覆盖在刚性岩层上的情形。

对于可压缩土层覆盖在刚性岩层上的情形（图 2.23），由均质半无限体弹性理论解可知，上层土中荷载中心线附近的应力将比均质半无限体时增大；与荷载中心线的距离逐渐增大，应力逐渐减小，至某一距离后，应力小于均匀半无限体时的应力。这种现象称为应力集中现象。应力集中的程度主要与荷载宽度 b 和可压缩土层厚度 h 之比有关，即随 b/h

增大，应力集中现象减弱。

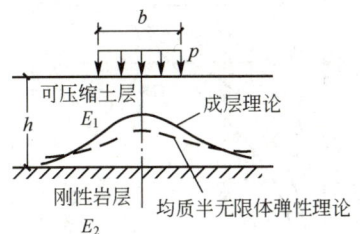

图 2.23　可压缩土层覆盖在刚性岩层上的情形

条形均布荷载作用下，当岩层位于不同的深度时，荷载中心下的竖向附加应力 σ_z 分布（图 2.24）。可以看出，b/h 比值越小，应力集中的程度越高。

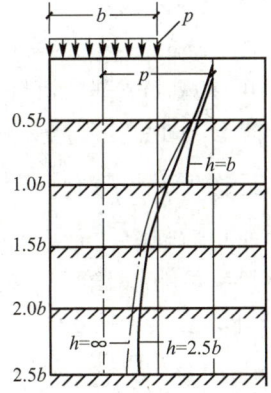

图2.24　条形均布荷载作用下，岩层在不同深度时荷载中心线下的竖向附加应力分布

（2）硬土层覆盖在软弱土层上的情形。

对于硬土层覆盖在软弱土层上的情形（图 2.25），荷载中心线附近应力将有所减小，即出现应力扩散现象。应力分布比较均匀，地基的沉降也相应较为均匀。图 2.26 表示土层厚度为 h_1、h_2、h_3，而相应的变形模量为 E_1、E_2、E_3，地基表面受半径 $r_0=1.6h_1$ 的圆形均布荷载 p 作用时，荷载中心线下土层中的竖向附加应力 σ_z 分布情况。可以看出，当 $E_1 > E_2 > E_3$ 时（曲线 A、B），荷载中心下土层中的竖向附加应力 σ_z 明显低于 E 为常数时（曲线 C，均质土）的情况。

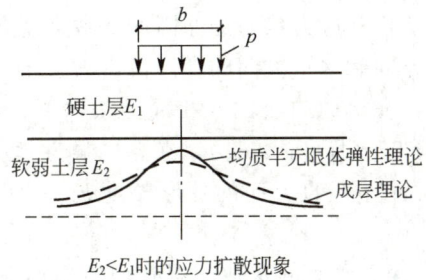

图 2.25　硬土层覆盖在软弱土层上的情形

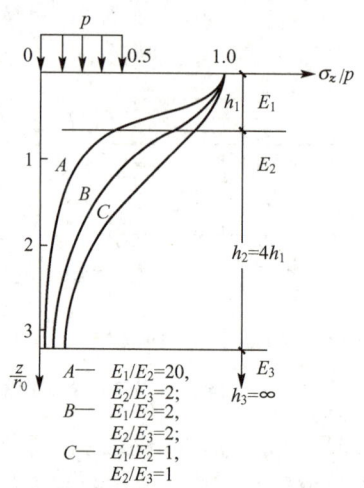

图 2.26 变形模量不同时,圆形均布荷载中心线下土层中的竖向附加应力分布情形

双层地基中应力集中和应力扩散的概念有很大的实用意义。例如,在软弱土层上有一层硬土层时,由于应力扩散作用,可以减小地基的沉降,所以在设计中基础应尽量浅一些,在施工中也应采取一定的保护措施,避免基础遭受破坏。

2. 变形模量随深度增大时地基中的附加应力

在工程应用中还会遇到另一种非均质现象:地基土变形模量 E 随深度逐渐增大的情况,这在砂土地基中是十分常见的。弗罗利克对这一问题进行了研究,给出集中力 F 作用下地基中竖向附加应力 σ_z 的半经验计算公式,见式(2-33)。

$$\sigma_z = \frac{\upsilon P}{2\pi R^2}\cos^\upsilon\theta \tag{2-33}$$

其中 υ 为大于 3 的应力集中系数。对于 E 为常数的均质弹性体,如均匀的黏土,取 $\upsilon=3$,式(2-33)即为布辛奈斯克解;对于较密实的砂土,可取 $\upsilon=6$;对于介于黏土与砂土之间的土,可取 $\upsilon=3\sim6$。

此外,当 R 相同,$\theta=0$ 或很小时,υ 越大,σ_z 越高;而当 θ 很大时则相反,即 υ 越大,σ_z 越小。这类土的非均质现象将使地基中的应力向荷载的中心线附近集中。事实上,地面上的作用一般不可能是集中荷载,而是不同类型的分布荷载,此时根据应力叠加原理也可得到应力向荷载中心线附近集中的结论。

3. 各向异性地基的影响

天然沉积的土层因沉积条件和应力状态的原因而常常呈现各向异性的特征。如层状结构的水平交互薄土,在竖直方向和水平方向的变形模量 E 就有所不同,从而影响到土层中附加应力的分布。研究表明,在土的泊松比 μ 相同的条件下,当水平方向的变形模量 E_h 大于竖直方向的变形模量 E_v 时(即 $E_h>E_v$),在各向异性地基中将出现应力扩散现象;而当水平方向的变形模量 E_h 小于竖直方向的变形模量 E_v(即 $E_h<E_v$)时,地基中将出现应力集中现象。

沃尔夫假定 $n=E_h/E_v$,为大于 1 的常数,得到均布条形荷载 p 作用下竖向附加应力系数 α_u 与相对深度 z/b 的关系,如图 2.27(a)中实线所示,虚线为均质各向同性地基的解。可见，当 $E_h > E_v$ 时，竖向附加应力系数 α_u 随 n 值的增加而减小。

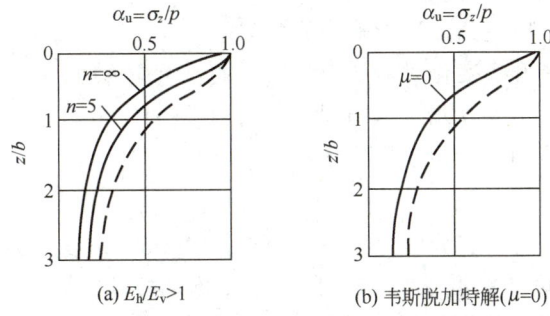

图 2.27 竖向附加应力系数 α_u 与相对深度 z/b 的关系曲线

韦斯脱加特假设半空间体内夹有间距极小的、完全柔性的水平薄层土，这些薄层土只允许产生竖向变形，集中荷载 F 作用下竖向附加应力 σ_z 的计算式，见式(2-34)。

$$\sigma_z = \frac{C}{2\pi} \frac{1}{\left[C^2 + \left(\frac{r}{z}\right)^2\right]^{3/2}} \frac{F}{z^2} \tag{2-34}$$

式中　C——系数，$C = \sqrt{\frac{1-2\mu}{2(1-\mu)}}$；

μ——柔性薄层土的泊松比，如 $\mu = 0$，则 $C = 1/\sqrt{2}$。

韦斯脱加特进一步得到均布条形荷载下给出均布条形荷载 p 作用下，中心线下的竖向附加应力系数 α_u 与 z/b 之间的关系，如图 2.27（b）所示。其中，实线表示有水平薄层存在的解，而虚线表示地基为均质各向同性的解。

本章小结

土体中应力计算是研究和分析土体变形、强度和稳定等问题的基础和依据，本章主要讲述土体中应力计算和土的有效应力原理，土体中应力计算包括自重应力、基底压力及地基附加应力计算。

土体的自重应力计算分为均质土体的竖向自重应力、成层土的竖向自重应力和地下水位以下土体的竖向自重应力计算；基底压力计算有基底压力的分布、简化计算及基底附加压力计算；地基附加应力包括竖向集中力作用下的地基附加应力、矩形荷载和圆形荷载作用下的地基附加应力、线荷载和条形荷载作用下的地基附加应力和非均质和各向异性地基中的附加应力。

土的有效应力原理主要讲述有效应力、孔隙水压力和太沙基有效应力原理。

一、思考题

1. 什么是基底压力、基底附加压力及地基附加应力？

2. 刚性基础和柔性基础的基底压力有何异同？

3. 为何要研究基底附加压力？

4. 什么是角点法？应用角点法能解决哪些问题？

5. 当地下水水位有升降变化时，如何计算土的自重应力时？

6. 若基底压力保持不变，增大基础埋深，土中附加应力是增大还是减小？设计地下室可以减小基底附加压力吗？请说明原因。

二、计算题

1. 某场地自上而下的土层分别为第一层粉土，厚 3m，重度 γ 为 18kN/m³；第二层粉质黏土，厚 5m，水位以上重度 γ 为 18.4kN/m³，饱和重度 $\gamma_{sat}=19.5$kN/m³，地下水位距地表 5m，求地表下 7m 处土的竖向自重应力。

2. 已知基础底面积 $b \times l = 2m \times 3m$，基底中心作用：弯矩 $M=500$kN·m，轴向力 $N=600$ kN，如图 2.28 所示。求基底压力及其分布。

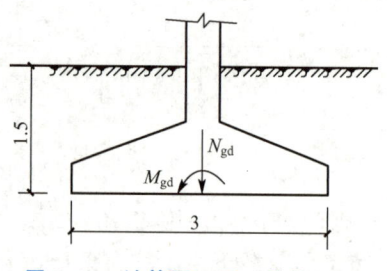

图 2.28 计算题 2 图（单位：m）

3. 如图 2.29 所示，基底附加压力 p_0 相同，比较点 A 下深度为 5m 处中的竖向附加应力。

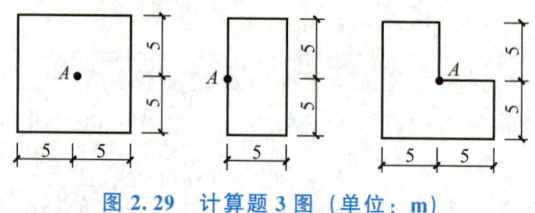

图 2.29 计算题 3 图（单位：m）

4. 如图 2.30 所示，某建筑物筏板基础，基底平均附加压力 $p_0=100$kPa，求基底点 1、2、3 下深度为 4m 处的竖向附加应力。

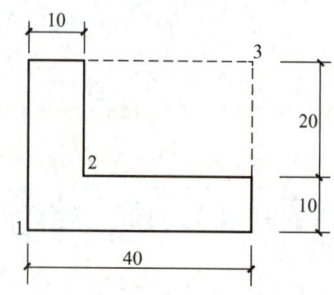

图 2.30 计算题 4 图（单位：m）

第 3 章
土的压缩变形

思维导图

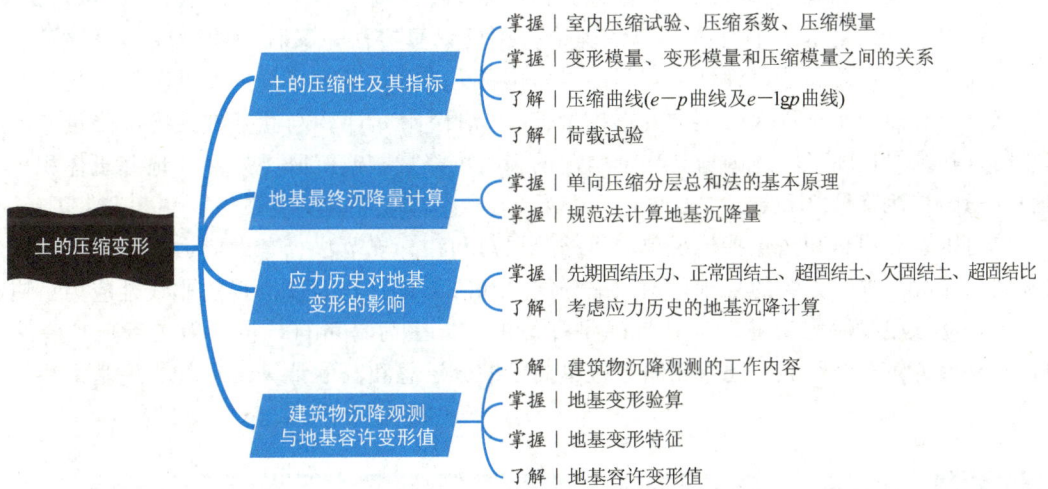

3.1 土的压缩性及其指标

3.1.1 概述

在附加应力作用下，地基土体积缩小，从而产生竖向位移（或下沉）称为沉降。

为了保证建筑物的安全和正常使用，我们必须预先对地基可能产生的最大沉降量和沉降差进行估算。如果地基可能产生的最大沉降量和沉降差在规定的允许范围之内，那么该建筑物的安全和正常使用一般是有保证的；否则，是没有保证的，必须采取相应的工程措施以确保建筑物的安全和正常使用。

地基沉降量的大小与多种因素有关。首先与土的压缩性有关，易于压缩的土，地基的沉降量大；而不易压缩的土，则地基的沉降量小。其次地基的沉降量与作用在基础上的荷载性质和大小有关。一般而言，荷载越大，相应的地基沉降量越大；而偏心或倾斜荷载所产生的沉降差要比中心荷载大。

地基沉降量的计算方法有很多，主要常用两大类：弹性力学方法、单向压缩分层总和法。这两类方法均考虑了地基的成层性，计算之前预先求得基底应力，这样就能考虑地基中的初始应力（自重应力）和应力增量（附加应力）对变形参数的影响，并通过划分薄层的方法把非线性问题线性化，从而提高计算精度。

弹性力学方法是基于半空间的弹性理论得到的计算方法，又称为线性变形分层总和法。线性变形分层总和法以弹性半空间的竖向位移为基础，考虑了局部刚性荷载下的三维应力状态。当以排水条件下测定的变形模量 E_0 和泊松比 μ 计算刚性基础最终沉降量和沉降差时，其结果反映了土体因剪切变形引起的瞬时沉降量（或沉降差）和因地基土体积压缩引起的固结沉降量之和。

单向压缩分层总和法包括传统单向压缩分层总和法、规范法、考虑应力历史的单向压缩分层总和法。本章介绍的三种单向压缩分层总和法都是以压缩仪测得的非线性应力—应变关系，经分层线性化后进行地基沉降量计算的，方法简易可行，被一般工程所广泛采用，并积累了较多的经验。通常粗略地把单向压缩分层总和法的计算结果看成地基最终沉降量。

3.1.2 压缩曲线和压缩性指标

土的压缩是由于其孔隙体积减小引起的。在荷载作用下，透水性大的饱和无黏性土，其压缩过程在短时间内就可以结束。相反，透水性低的饱和黏性土中的水分只能慢慢排出，因此其压缩稳定所需的时间要比无黏性土长得多。土的压缩随时间而增长的过程，称为土的固结。对于饱和黏性土来说，土的固结问题是十分重要的。

计算地基沉降量时，必须取得土的压缩性指标，可用室内试验或原位试验来测定，应该力求试验条件与土的天然状态及其在荷载作用下的实际应力条件相适应。在一般工程中，常用不允许土样产生侧向变形（侧限条件）的室内压缩试验来测定土的压缩性指标，其试验条件虽未能符合土的实际情况,但还是有实用价值的。

1. 室内压缩试验

室内压缩试验(也称固结试验)是研究土的压缩性的最基本方法,室内压缩试验简单方便,费用较低,被广泛采用。

室内压缩试验采用的试验装置是压缩仪(也称固结仪),其主要部分构造如图3.1所示。试验时,用金属环刀切取保持天然结构的原状试样,并置于圆筒形压缩容器的刚性护环内,试样上下各垫有一块透水石,试样受压后,土中水可以自由排出。由于金属环刀和刚性护环的限制,试样在压力作用下只可能发生竖向压缩,而无侧向变形。试样在天然状态下或经人工饱和后,逐级加压,测定各级荷载 p 作用下试样压缩至稳定的孔隙比变化。

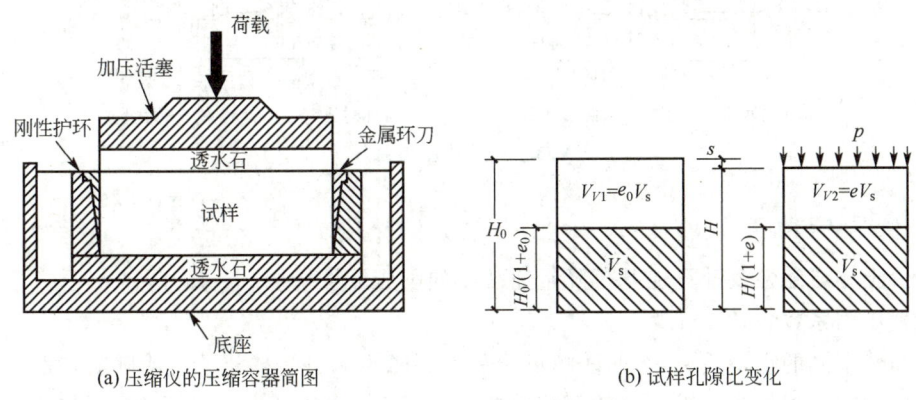

(a) 压缩仪的压缩容器简图　　　　(b) 试样孔隙比变化

图 3.1　室内压缩试验

设试样的初始高度为 H_0,受压后试样高度为 H,则 $H=H_0-s$,s 为荷载 p 作用下试样压缩至稳定的变形量。根据土的孔隙比的定义,假设土颗粒体积 V_s 不变,则土体孔隙体积在压缩开始前为 $e_0 V_s$,在压缩稳定后为 $e V_s$。

为求试样压缩稳定后的孔隙比 e,利用受压前后土颗粒体积不变和横截面面积不变的两个条件,得出式(3-1)~式(3-3)。

$$\frac{H_0}{1+e_0}=\frac{H}{1+e}=\frac{H_0-s}{1+e} \tag{3-1}$$

或

$$e=e_0-\frac{s}{H_0}(1+e_0) \tag{3-2}$$

$$e_0=\frac{d_e(1+\omega_0)\gamma_w}{\gamma_0}-1 \tag{3-3}$$

式中　d_e——土颗粒比重;
　　　ω_0——土体的初始含水量;
　　　γ_0——土体的初始重度,kN/m^3。

这样,只要测定试样在各级荷载 p 作用下的稳定变形量 s 后,就可按式(3-2)算出相应的孔隙比 e,从而绘制出土的压缩曲线。

土的压缩曲线可按两种方式绘制,一种是采用普通直角坐标绘制的 $e-p$ 曲线[图3.2(a)],在常规试验中,一般按 $p=50$、100、200、300、400kPa 五级加载;另一种的横坐标则取

p 的常用对数取值,即采用半对数直角坐标纸绘制成 $e-\lg p$ 曲线[图 3.2(b)],试验时以较小的压力开始,采取小增量多级加载,并加到较大的荷载(大于土的自重应力与预计附加应力之和)为止。

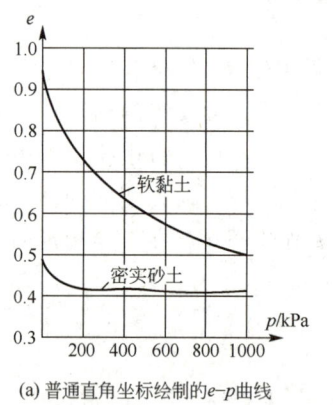

(a) 普通直角坐标绘制的 $e-p$ 曲线　　(b) 半对数直角坐标绘制的 $e-\lg p$ 曲线

图 3.2　土的压缩曲线

2. 压缩性指标

评价土体压缩性及计算地基沉降量通常有如下压缩性指标。

(1) 压缩系数。

压缩性不同的土,其 $e-p$ 曲线的形状是不一样的。曲线越陡,说明随着荷载的增加,土孔隙比的减小越显著,因而土的压缩性越高。所以,曲线上任一点的切线斜率 a 就表示了相应于荷载 p 作用下压缩系数,计算见式(3-4)。

$$a = -\frac{\mathrm{d}e}{\mathrm{d}p} \tag{3-4}$$

式中　a——土的压缩系数,kPa^{-1} 或 MPa^{-1}。

其中负号表示随着荷载 p 的增加,e 逐级减少。

实际上,一般研究土体中某点由原来的自重应力 p_1 增加到外荷载作用下的土中应力 p_2(自重应力与附加应力之和)这一应力增量下土的压缩性。如图 3.3 所示,设应力由 p_1 增至 p_2,相应的孔隙比由 e_1 减小到 e_2,则与应力增量 $\Delta p = p_2 - p_1$ 对应的孔隙比变化为 $\Delta e = e_1 - e_2$。此时,土的压缩性可用图中割线 $M_1 M_2$ 的斜率表示。割线与横坐标的夹角 α 即为土的压缩系数,计算见式(3-5)。

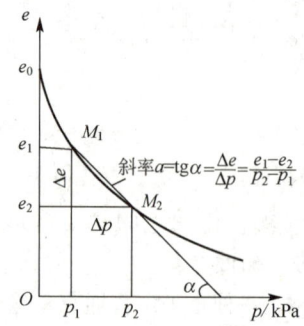

图 3.3　$e-p$ 曲线确定压缩系数

$$a = \frac{\Delta e}{\Delta p} = \frac{e_1 - e_2}{p_2 - p_1} \tag{3-5}$$

式中　p_1——土体中某点的自重应力，kPa；

p_2——土体中某点的自重应力与附加应力之和，kPa；

e_1——相应于在 p_1 作用下土体压缩稳定后的孔隙比；

e_2——相应于在 p_2 作用下土体压缩稳定后的孔隙比。

为了便于应用和比较，通常采用应力间隔由 $p_1 = 100 \mathrm{kPa}$ 增加到 $p_2 = 200 \mathrm{kPa}$ 时所得的压缩系数 a_{1-2} 来评定土的压缩性。

$a_{1-2} < 0.1 \mathrm{MPa}^{-1}$ 时，为低压缩性土；$0.1 \leqslant a_{1-2} < 0.5 \mathrm{MPa}^{-1}$ 时，为中压缩性土；$a_{1-2} \geqslant 0.5 \mathrm{MPa}^{-1}$ 时，为高压缩性土。

（2）压缩指数。

土的 $e - p$ 曲线改绘成半对数压缩曲线 $e - \lg p$ 曲线时，后段曲线接近直线（图 3.4），其斜率 C_c 即为土的压缩指数，见式(3-6)。

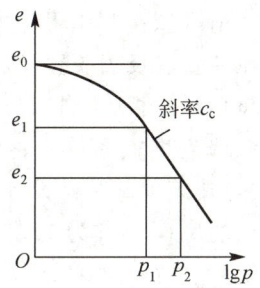

图 3.4　$e - \lg p$ 曲线中求 C_c

$$C_c = \frac{e_1 - e_2}{\lg p_2 - \lg p_1} = (e_1 - e_2)/\lg \frac{p_2}{p_1} \tag{3-6}$$

式中　C_c——土的压缩指数，以便与土的压缩系数 a 相区别。

同压缩系数 a 一样，压缩指数 C_c 值越大，土的压缩性越高。从图 3.4 可见 C_c 与 a 不同，它在直线段范围内并不随应力而变。低压缩性土的 C_c 值一般小于 0.2，C_c 值大于 0.4 一般属于高压缩性土。国内外广泛采用 $e - \lg p$ 曲线来分析研究应力历史对土的压缩性的影响。

（3）压缩模量（侧限压缩模量）。

根据 $e - p$ 曲线，可以求算另一个压缩性指标——压缩模量 E_s。它的定义是土在完全侧限条件下的竖向附加应力与相应的应变之比值［式(3-7)］。

$$E_s = \frac{\sigma_z}{\varepsilon_z} \tag{3-7}$$

由 $\sigma_z = \Delta p$，$\varepsilon_z = -\dfrac{\Delta e}{1 + e_1}$，可得式(3-8)。

$$E_s = \frac{\Delta p}{\dfrac{-\Delta e}{1 + e_1}} = \frac{1 + e_1}{a} \tag{3-8}$$

式中　σ_z——竖向附加应力，kPa。

土的压缩模量 E_s 是以另一种方式表示土的压缩性指标，E_s 越小表示土的压缩性越高。

3.1.3 荷载试验及变形模量

测定土的压缩性指标，除从室内压缩试验测定外，还可以通过现场原位测试取得。例如可以通过荷载试验或旁压试验所测得的地基沉降量（或土的变形）与应力之间近似的比例关系，从而利用地基沉降的弹性力学公式来反算土的变形模量。土的变形模量 E_0 是指土体在无侧限条件下的应力与应变的比值。

1. 荷载试验

荷载试验是工程地质勘察工作中的一项原位测试方法。试验前先在现场试坑中竖立荷载架，使施加的荷载通过承压板（或称压板）传到地层中去（图3.5），以便测定承压板下应力主要影响范围内岩体、土体的承载力和变形模量。

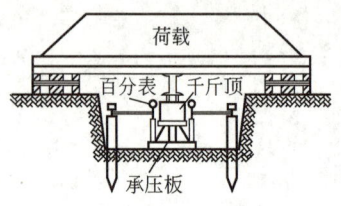

图 3.5 荷载试验示意图

荷载试验常用千斤顶式的荷载架，其构造一般由加载稳压装置、反力装置及观测装置三部分组成。加载稳压装置包括承压板、立柱、千斤顶及稳压器；反力装置包括地锚系统或堆重系统等；观测装置包括百分表及固定支架等。《建筑地基基础设计规范》（GB 50007—2011）规定承压板的底面积宜为 $0.25 \sim 0.50 \text{m}^2$。对均质密实土（如密实砂土）可采用 0.25m^2，对软土及人工填土则不应小于 0.5m^2（正方形边长 $0.707 \text{m} \times 0.707 \text{m}$ 或圆形直径 0.798m）。为模拟半空间地基表面的局部荷载，基坑宽度不应小于承压板宽度或直径的3倍，同时应保持试验土层的原状结构和天然湿度，宜在拟试压表面用粗砂层或中砂层找平，其厚度不超过 20mm。

试验时，通过千斤顶逐级给承压板施加荷载，每加一级荷载，观测记录沉降随时间的发展以及稳定时的沉降量 s，直至满足终止加载条件，得到图3.6（a）。荷载试验所施加的总荷载，应尽量接近预计地基极限荷载 p_u。将试验得到的各级荷载与相应的稳定沉降量绘制成 $p-s$ 曲线，如图3.6（b）所示，此外还可以进行卸载试验，进行沉降观察，

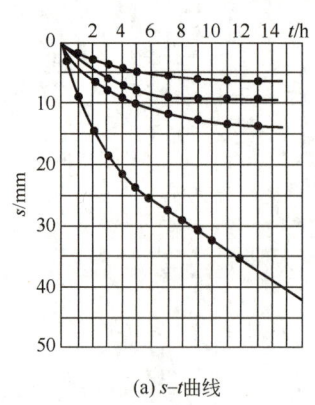

(a) $s-t$ 曲线

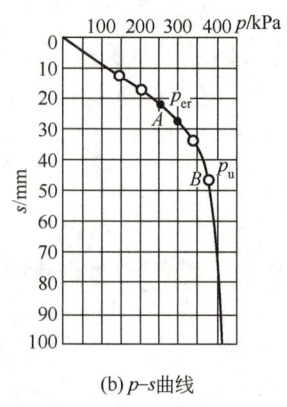

(b) $p-s$ 曲线

图 3.6 荷载试验的沉降曲线

得到回弹变形（即弹性变形）和塑性变形。

2. 变形模量

土的变形模量 E_0 值的大小可由荷载试验结果求得。在 $p-s$ 曲线上，当荷载小于某一数值时，荷载 p 与承压板沉降量 s 之间往往呈直线关系，在 $p-s$ 曲线直线段或接近直线段任选一压力 p_1 和它对应的沉降量 s_1，利用弹性力学公式可反求地基的变形模量，见式（3-9）。

$$E_0 = w(1-\mu^2)\frac{p_1 b}{s_1} \qquad (3-9)$$

式中　E_0——变形模量，kPa；
　　　w——沉降影响系数，方形压板取 0.88，圆形压板取 0.79；
　　　b——承压板的边长或直径；
　　　p_1——$p-s$ 曲线直线段的压力，kPa；
　　　s_1——相应于 p_1 的承压板沉降量，mm；
　　　μ——土的泊松比，砂土可取 0.2～0.25，黏性土可取 0.25～0.45。

3.1.4　弹性模量

土的弹性模量是指土体在无侧限条件下瞬时压缩的应力—应变模量，是正应力 σ 与弹性（可恢复）正应变 ε_d 的比值，通常用 E 来表示。

确定土的弹性模量一般采用三轴仪进行三轴重复压缩试验，得到的应力—应变曲线上的初始切线模量 E_i 或再加载模量 E_r 作为弹性模量。试验方法如下：采用取样质量好的原状试样，在三轴仪中进行固结，所施加的固结压力 σ_3 各向相等，其值取试样在现场条件下有效自重应力，即 $\sigma_3 = \sigma_{cx} = \sigma_{cy}$。固结后在不排水条件下施加轴向压力 $\Delta\sigma$（试样所受的轴向压力为 $\Delta\sigma + \sigma_3$）。逐渐在不排水条件下增大轴向压力达到现场条件下的压力（$\Delta\sigma + \sigma_z$），然后减压到零。这样重复加载和卸载若干次，如图 3.7 所示。便可测得初始切线模量 E_i，并测得每个循环在最大轴向压力一半时的切线模量，一般加载和卸载 5、6 个循环后的切线模量趋近于稳定的再加载模量 E_r，这样确定的再加载模量 E_r 就是符合现场条件下土的弹性模量。

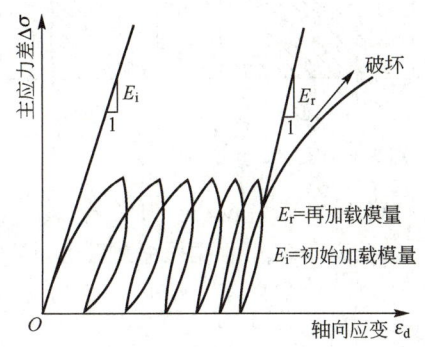

图 3.7　三轴重复压缩试验确定土的弹性模量

3.2 地基最终沉降量计算

通常情况下，天然土层是经历了漫长的地质历史时期而沉积下来的，往往地基土层在自重应力作用下已压缩稳定。当我们在这样的地基土上建造建筑物时，建筑物的荷载会使地基土在原来自重应力的基础上增加一个应力增量，即附加应力。由土的压缩特性可知，附加应力会引起地基的沉降，地基土在建筑物荷载作用下，不断产生压缩，直至压缩稳定后地基表面的沉降量称为地基的最终沉降量。计算地基最终沉降量可以帮助我们预知该建筑物建成后将产生的地基变形，判断其值是否超出允许的范围，以便在建筑物设计和施工时，为采取相应的工程措施提供科学依据，保证建筑物的安全。

3.2.1 单向压缩分层总和法

单向压缩分层总和法假定地基土层只有竖向压缩，不产生侧向变形，并且只考虑地基的固结沉降，利用侧限压缩试验的 $e-p$ 曲线计算沉降量。

下面将介绍单向压缩分层总和法的原理、计算方法与步骤。

1. 薄压缩土层的沉降量计算

设地基中仅有一较薄的压缩土层，在建筑物荷载作用下，该土层只产生竖向的压缩变形，即相当于侧限压缩试验的情况。土层的厚度为 H_1，在进行工程建筑前的初始应力（土的自重应力）为 p_1，认为地基土体在自重应力作用下已达到压缩稳定，其相应的孔隙比为 e_1；建筑后由建筑物荷载在土层中引起的竖向附加应力为 σ_z，则总应力 $p_2 = p_1 + \sigma_z$，其相应的孔隙比为 e_2，土层的厚度为 H_2。设 $V_s = 1$，土颗粒体积在受压前后不变（图3.8），土的压缩只是由于土的孔隙体积的减小引起的。并设 A 为土体的受压面积，则在压缩前土的总体积见式(3-10)。

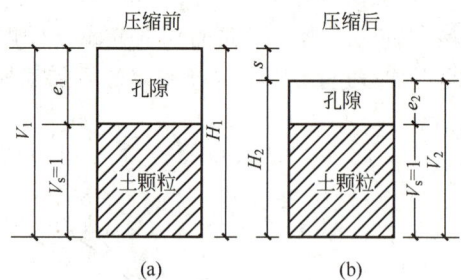

图 3.8 压缩试验中的试样孔隙比变化

$$AH_1 = V_s + V_v = (1+e_1)V_s$$

压缩后土的总体积 $AH_2 = (1+e_2)V_s$，根据压缩前后土颗粒体积不变，可得式(3-10)。

$$\frac{AH_1}{1+e_1} = \frac{AH_2}{1+e_2} \qquad (3-10)$$

式中　e_1，e_2——压缩前后土体的孔隙比，通过土体的 $e-p$ 压缩曲线由初始应力和总应力确定。

由式(3-10)可得式(3-11)。

$$H_2 = \frac{1+e_2}{1+e_1}H_1 \tag{3-11}$$

压缩前后土层高度化量即为地基沉降量,则可得式(3-12)。

$$s = H_1 - H_2 = \frac{e_1-e_2}{1+e_1}H_1 = \frac{\Delta e}{1+e_1}H_1 \tag{3-12}$$

式中 s——沉降量,cm。

若引入压缩系数 a_v,压缩模量 E_s,由式(3-10)可得式(3-13)、式(3-14)。

$$s = \frac{a_v}{1+e_1}\bar{\sigma}_z H_1 \tag{3-13}$$

$$s = \frac{1}{E_s}\bar{\sigma}_z H_1 \tag{3-14}$$

2. 单向压缩分层总和法原理和计算步骤

(1) 基本原理。

由于地基土层往往不是由单一土层组成的,各土层的压缩性能不一样,在建筑物荷载作用下,可压缩土层中所产生的竖向附加应力的分布沿深度不是直线分布,为了计算地基最终沉降量 s_t,首先对地基进行分层,然后计算每层的沉降量 s_i,最后将各层的沉降量加起来,即得地基最终沉降量 s_t,见式(3-15)。

$$s_t = \sum_{i=1}^{n} s_i = \sum_{i=1}^{n} \varepsilon_i H_i \tag{3-15}$$

式中 s_i——第 i 层土的沉降量;

ε_i——第 i 层土的压缩应变;

H_i——第 i 层土的厚度。

第 i 层土的压缩应变计算见式(3-16)。

$$\varepsilon_i = \frac{e_{1i}-e_{2i}}{1+e_{1i}} = \frac{a_i(p_{2i}-p_{1i})}{1+e_{1i}} = \frac{\Delta p_i}{E_{si}} \tag{3-16}$$

式中 e_{1i}——根据第 i 层土的自重应力平均值(即 p_{1i})从土的压缩曲线上得到的相应的孔隙比;

e_{2i}——与第 i 层土的自重应力平均值和附加应力平均值之和(即 $p_{2i}=p_{1i}+\Delta p_i$)相应的孔隙比;

a_i 和 E_{si}——第 i 层土的压缩系数和压缩模量。

由式(3-16)可得式(3-17)。

$$s = \sum_{i=1}^{n}\frac{e_{1i}-e_{2i}}{1+e_{1i}}H_i = \sum_{i=1}^{n}\frac{a_i(p_{2i}-p_{1i})}{1+e_{1i}}H_i = \sum_{i=1}^{n}\frac{\Delta p_i}{E_{si}}H_i \tag{3-17}$$

(2) 计算步骤。

① 分层。为了使地基沉降量计算比较精确,每层土的厚度 $H_i \leqslant 0.4b$,且由于基础底面竖向附加应力数值大、变化大,每层土的厚度应小些,则使每层的竖向附加应力的分布线接近于直线。地下水位处、层与层接触面处都要作为分层点。

② 计算地基土体的自重应力,并按一定比例绘制自重应力分布图(自重应力从地面算起)。

③ 计算基底压力。

④ 计算基底竖向附加压力。

⑤ 计算地基中的竖向附加应力，并按与自重应力同一比例绘制竖向附加应力分布图。竖向附加应力从基底算起。按基础中心点下土柱体所受的竖向附加应力计算地基最终沉降量。

⑥ 确定压缩土层沉降计算深度 Z_n。因地基中竖向附加应力的分布是随着深度增大而减小，超过某一深度后的土层压缩变形是很小的，可忽略不计。此深度称为沉降计算深度 Z_n，按应力比法确定，即在沉降计算深度处，$\sigma_z = 0.2\sigma_c$，若该深度下有高压缩性土层，应继续向下计算至 $\sigma_z = 0.1\sigma_c$ 深度处。

⑦ 计算每层的沉降量 s_i [式(3-18)]。

$$s_i = \left(\frac{e_{1i} - e_{2i}}{1 + e_{1i}}\right) H_i = \frac{\alpha_v}{1 + e_{1i}} \sigma_{zi} H_i = \frac{\bar{\sigma}_{zi}}{E_{si}} H_i \qquad (3-18)$$

式中　$\bar{\sigma}_{zi}$——第 i 层土的平均竖向附加应力，即为分层上下层面处的竖向附加应力的平均值，kPa；

E_{si}——第 i 层土的压缩模量，kPa；

H_i——第 i 层土的计算厚度，m；

a_v——第 i 层土的压缩系数，(kPa^{-1})；

e_{1i}——第 i 层土的初始孔隙比；

e_{2i}——第 i 层土压缩后的孔隙比。

⑧ 计算地基最终沉降量 [式(3-19)]。

$$s_t = \sum_{i=1}^{n} s_i \qquad (3-19)$$

【例 3.1】　某建筑物单独基础，基础底面为正方形 $l \times b = 4m \times 4m$，上部结构传至基础顶面的荷载 $N = 1500$ kN，基底埋深 $d = 1.0$m，$\gamma_G = 20kN/m^3$，地基土为粉质黏土，土的天然重度为 $\gamma = 16kN/m^3$，地下水位 2.4 m，土的饱和重度 $\gamma_{sat} = 18kN/m^3$，地基应力分布如图 3-9(a) 所示。土的 $e-p$ 曲线如图 3.9 (b) 所示。用单向压缩分层总和法计算地基最终沉降量。

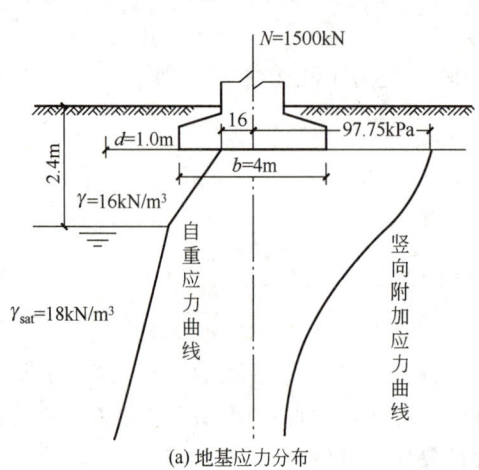
(a) 地基应力分布

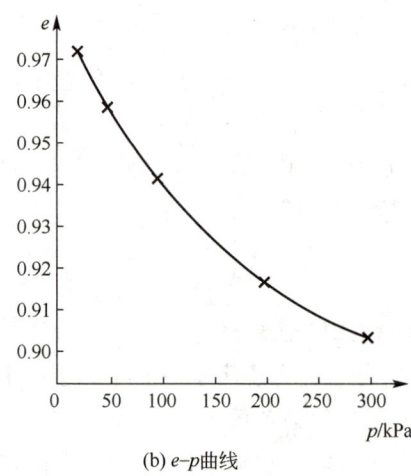
(b) $e-p$ 曲线

图 3.9　例 3.1 图

第3章 土的压缩变形

解：
① 绘制基础剖面图和地基土的剖面图，如3.9（a）所示。
② 计算每层土的厚度。

从基底开始，每层土的厚度 $H_i \leqslant 0.4b = 1.6$（m）。地下水位以上2.4m分两层，每层1.2m；地下水位以下按1.6m分层。

③ 计算地基土的自重应力。

$z = 0$m，$\sigma_{c0} = 16 \times 1.0 = 16$（kPa）

$z = 1.2$m，$\sigma_{c1} = 16 + 16 \times 1.2 = 35.2$（kPa）

$z = 2.4$m，$\sigma_{c2} = 35.2 + 16 \times 1.2 = 54.4$（kPa）

$z = 4.0$m，$\sigma_{c3} = 54.4 + (18-10) \times 1.6 = 67.2$（kPa）

$z = 5.6$m，$\sigma_{c4} = 67.2 + (18-10) \times 1.6 = 80.0$（kPa）

$z = 7.2$m，$\sigma_{c5} = 80 + (18-10) \times 1.6 = 92.8$（kPa）

④ 计算基底竖向附加压力。

基底压力：$p = \dfrac{N}{lb} + \gamma_G d = \left(\dfrac{1500}{4 \times 4} + 20 \times 1.0\right) = 113.75$（kPa）

基底竖向附加应力：$p_0 = p - \gamma d = (113.75 - 16 \times 1.0) = 97.75$（kPa）

⑤ 计算基础中点下地基中竖向附加应力。

利用角点法计算，过基底中点将荷载面四等分，计算边长为 $2m \times 2m$，$\sigma_z = 4\alpha_a p_0$，α_a 由表2-2查取，计算结果见表3-1。

表3-1 例3.1基础中点下地基竖向附加应力计算结果

z/m	z/b	K_c	σ_z/kPa	σ_c/kPa	σ_z/σ_c	z_n/m
0	0	0.250	97.76	16.0	6.11	
1.2	0.6	0.223	87.20	35.2	2.48	
2.4	1.2	0.152	59.44	54.4	1.09	
4.0	2.0	0.084	32.84	67.2	0.49	
5.6	2.8	0.050	19.56	80.0	0.25	
7.2	3.6	0.033	12.92	92.8	0.14	7.2

⑥ 沉降计算深度 z_n。

根据 $\sigma_{c0} = 0.2\sigma_c$ 的确定原则，由表3-1的计算结果，可取 $z_n = 7.2$m。

⑦ 计算最终沉降量。

由图3.9所示 $e-p$ 曲线，根据 $s_i = \left(\dfrac{e_{1i} - e_{2i}}{1 + e_{1i}}\right) H_i$，计算各层沉降量，计算结果见表3-2。

表3-2 各层沉降量计算结果

z/m	σ_c/kPa	σ_z/kPa	H_i/mm	$\bar{\sigma}_c$/kPa	$\bar{\sigma}_z$/kPa	$\bar{\sigma}_c + \bar{\sigma}_z$/kPa	e_{1i}	e_{2i}	$\dfrac{e_{1i}-e_{2i}}{1+e_{1i}}$	s_i/mm
0.0	16.0	97.76	1000							
1.2	35.2	87.20	1200	25.6	92.48	118.08	0.970	0.937	0.0168	20.16
2.4	54.4	59.44	1200	44.8	73.32	118.12	0.960	0.936	0.0122	14.64

续表

z /m	σ_c /kPa	σ_z /kPa	H_i /mm	$\bar{\sigma}_c$ /kPa	$\bar{\sigma}_z$ /kPa	$\bar{\sigma}_c + \bar{\sigma}_z$ /kPa	e_{1i}	e_{2i}	$\dfrac{e_{1i}-e_{2i}}{1+e_{1i}}$	s_i /mm
4.0	67.2	32.84	1600	60.8	46.14	106.94	0.954	0.940	0.0072	11.52
5.6	80.0	19.56	1600	73.6	26.20	99.80	0.945	0.941	0.0021	3.36
7.2	92.8	12.92	1600	86.4	16.24	102.64	0.942	0.940	0.0010	1.60

所以，按单向压缩分层总和法计算得到的基础中点的最终沉降量 $s_t = \sum_{i=1}^{n} s_i = 51.28(\text{mm})$。

3.2.2　规范法计算地基沉降

《建筑地基基础设计规范》（GB 50007—2011）所推荐的地基最终沉降量计算方法是另一种形式的分层总和法，习惯称为规范法。规范法采用侧限条件的压缩性指标，并运用了平均竖向附加应力系数；规定了地基沉降计算深度的标准以及提出了地基的沉降计算经验系数，使得计算结果接近于实测值。

在已介绍的单向压缩分层总和法中，由于应力扩散作用，每层上下分界面处的应力实际是不相等的，但我们在应用室内压缩试验结果时，近似地取其上下分界面处的平均应力值来作为该层内应力的计算值。这样的处理显然是为了简化计算，但若每层厚度较大，计算结果的误差也较大。

规范法所采用的平均竖向附加应力系数的意义（图3.10）说明如下：因为分层总和法中地基竖向附加应力均按均质地基假设计算，即地基土的压缩模量 E_s 不随深度变化。从基底至地基任意深度 z 范围内的压缩量 s'，其计算见式（3-20）。

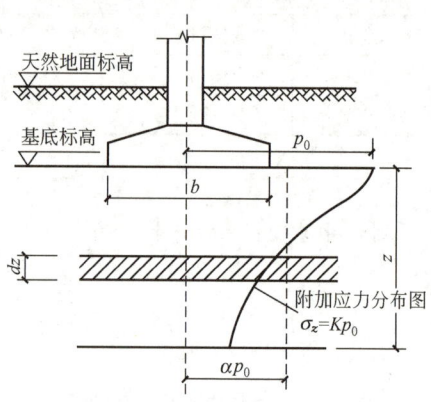

图3.10　平均附加应力系数的意义

$$s' = \int_0^z \varepsilon \mathrm{d}z = \frac{1}{E_s}\int_0^z \sigma_z \mathrm{d}z = \frac{A}{E_s} \quad (3-20)$$

式中　ε——土的侧限压缩应变，$\varepsilon = \sigma_z / E_s$；

A——深度 z 范围内的竖向附加应力图面积，$A = \int_0^z \sigma_z \mathrm{d}z$。因为 $\sigma_z = \alpha p_0$（α 为基底下

任意深度 z 处的地基竖向附加应力系数，p_0 为对应于荷载准永久值时的基底附加压力），所以竖向附加应力图面积 A 的计算见式(3-21)。

$$A = \int_0^z \sigma_z \mathrm{d}z = p_0 \int_0^z \alpha \mathrm{d}z \qquad (3-21)$$

为了便于计算，可以引入一个系数 $\bar{\alpha}$，并令 $A = p_0 z \bar{\alpha}$，则式(3-20) 改写为式(3-22)。

$$s' = \frac{p_0 z \bar{\alpha}}{E_s} \qquad (3-22)$$

式中 $\bar{\alpha}$——z 深度范围内竖向附加应力系数 α 的平均值，所以 $\bar{\alpha}$ 称为平均竖向附加应力系数，$\bar{\alpha} = \dfrac{\int_0^z \alpha \mathrm{d}z}{z}$。

如果把不同条件的 $\bar{\alpha}$ 算出并制成表格，就能大大简化计算，不必把土层分成很多层，也不必进行积分运算就能准确地计算均质土层的沉降量。式(3-22) 可以这样理解，均质地基的压缩沉降量等于计算深度范围内附加应力曲线所包围的面积（图 3.10）与压缩模量的比值，因此，规范法又称为应力面积法。

实际上地基土是有自然分层的，基底下受压的土层可能存在压缩性不同的若干土层，计算成层地基中第 i 层的压缩量 $\Delta s_i'$ 时（图 3.11），假设该分层压缩模量为 E_{si}，地基为均质半空间。设 s_i' 和 s_{i-1}' 是相应于第 i 层层底和层顶深度 z_i 和 z_{i-1} 范围内土的压缩量之差，于是，利用式(3-16) 和式(3-17) 可得第 i 层压缩量，见式(3-23)。

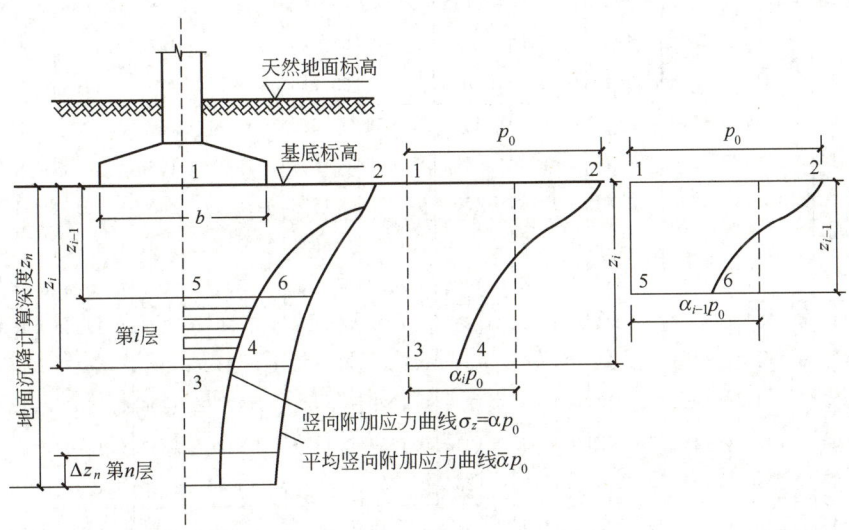

图 3.11 分层压缩量计算原理示意

$$\Delta s' = s_i' - s_{i-1}' = \frac{A_i - A_{i-1}}{E_{si}} = \frac{\Delta A_i}{E_{si}} = \frac{p_0}{E_{si}} (z_i \bar{\alpha}_i - z_{i-1} \bar{\alpha}_{i-1}) \qquad (3-23)$$

式中 $\bar{\alpha}_i$、$\bar{\alpha}_{i-1}$——z_i 和 z_{i-1} 深度范围内的平均竖向附加应力系数（可按表 3-3、表 3-4 查取；条形基础可按 $l/b = 10$ 查取，l 和 b 分别是基础的长边和短边。需注意的是表 3-3 给出的是均布矩形荷载角点下的平均竖向附加应力系数，对非角点下的平均竖向附加应力系数需采用角点法计算，计算方法同土中应力计算方法）；

A_i、A_{i-1}——z_i 和 z_{i-1} 深度范围内的竖向附加应力图面积（图 3.11 中面积 1234 和 1256）；

ΔA_i——第 i 层范围内的竖向附加应力图面积（图中面积 5634），$\Delta A_i = A_i - A_{i-1}$。

表 3-3 均布的矩形荷载角点下的地基平均竖向附加应力系数 $\bar{\alpha}_i$

z/b	l/b											
	1.0	1.2	1.4	1.6	1.8	2.0	2.4	2.8	3.2	3.6	4.0	5.0	10.0
0.0	0.2500	0.2500	0.2500	0.2500	0.2500	0.2500	0.2500	0.2500	0.2500	0.2500	0.2500	0.2500	0.2500
0.2	0.2496	0.2497	0.2497	0.2498	0.2498	0.2498	0.2498	0.2498	0.2498	0.2498	0.2498	0.2498	0.2498
0.4	0.2474	0.2479	0.2481	0.2483	0.2483	0.2484	0.2485	0.2485	0.2485	0.2485	0.2485	0.2485	0.485
0.6	0.4230	0.2437	0.2444	0.2448	0.2451	0.2452	0.2454	0.2455	0.2455	0.2455	0.2455	0.2455	0.2456
0.8	0.2346	0.2372	0.2387	0.2395	0.2400	0.2403	0.2407	0.2408	0.2400	0.2409	0.2410	0.2410	0.2410
1.0	0.2252	0.2291	0.2313	0.2326	0.2335	0.2340	0.2346	0.2349	0.2351	0.2352	0.2352	0.2353	0.2353
1.2	0.2149	0.2199	0.2229	0.2246	0.2260	0.2268	0.2278	0.2282	0.2285	0.2286	0.2287	0.2288	0.2289
1.4	0.2043	0.2102	0.2140	0.2164	0.2190	0.2191	0.2204	0.2211	0.2215	0.2217	0.2218	0.2220	0.2221
1.6	0.1939	0.2006	0.2049	0.2079	0.2099	0.2113	0.2130	0.2138	0.2143	0.2146	0.2148	0.2150	0.2152
1.8	0.1840	0.1912	0.1960	0.1994	0.2018	0.2034	0.2055	0.2066	0.2073	0.2077	0.2079	0.2082	0.2084
2.0	0.1746	0.1822	0.1875	0.1912	0.1938	0.1958	0.1982	0.1996	0.2004	0.2009	0.2012	0.2015	0.2018
2.2	0.1659	0.1737	0.1793	0.1833	0.1862	0.1883	0.1911	0.1927	0.1937	0.1943	0.1947	0.1952	0.1955
2.4	0.1578	0.1657	0.1715	0.1757	0.1789	0.1812	0.1843	0.1862	0.1873	0.1880	0.1885	0.1890	0.1895
2.6	0.1503	0.1583	0.1642	0.1686	0.1719	0.1745	0.1779	0.1799	0.1812	0.1820	0.1825	0.1832	0.1838
2.8	0.1433	0.1514	0.1574	0.1619	0.1654	0.1680	0.1717	0.1739	0.1753	0.1763	0.1769	0.1777	0.1784
3.0	0.1369	0.1449	0.1510	0.1559	0.1592	0.1619	0.1658	0.1682	0.1698	0.1708	0.1715	0.1725	0.1733
3.2	0.1310	0.1390	0.1450	0.1497	0.1533	0.1562	0.1602	0.1628	0.1645	0.1657	0.1664	0.1675	0.1685
3.4	0.1256	0.1334	0.1394	0.1441	0.1478	0.1508	0.1550	0.1577	0.1595	0.1607	0.1616	0.168	0.1639
3.6	0.1205	0.1282	0.1342	0.1389	0.1427	0.1456	0.1500	0.1528	0.1548	0.1561	0.1570	0.1583	0.1595
3.8	0.1158	0.1234	0.1293	0.1340	0.1878	0.1408	0.1452	0.148	0.1502	0.1516	0.1526	0.1541	0.1554
4.0	0.1114	0.1189	0.1248	0.1294	0.1332	0.1362	0.1408	0.1438	0.1459	0.1474	0.1485	0.1500	0.1516
4.2	0.1073	0.1147	0.1205	0.1251	0.1289	0.1319	0.1365	0.1396	0.1484	0.4340	0.1445	0.1462	0.1479
4.4	0.1035	0.1107	0.1064	0.1210	0.1248	0.1279	0.1325	0.1357	0.1379	0.1396	0.1407	0.1425	0.1444
4.6	0.1000	0.1070	0.1127	0.1172	0.1209	0.1240	0.1287	0.1319	0.1342	0.1359	0.1370	0.1390	0.1410
4.8	0.0967	0.1036	0.1091	0.1136	0.1173	0.1204	0.1250	0.1283	0.1307	0.1324	0.1337	0.1357	0.1379
5.0	0.0935	0.1003	0.1057	0.1102	0.1139	0.1169	0.1216	0.1249	0.1273	0.1291	0.1304	0.1325	0.1318
6.0	0.0805	0.0866	0.0916	0.0957	0.0991	0.1021	0.1067	0.1101	0.1126	0.1146	0.1161	0.1185	0.1216
7.0	0.0705	0.0761	0.0806	0.0844	0.0877	0.0904	0.0949	0.0982	0.1008	0.1028	0.1044	0.1071	0.1109
8.0	0.0627	0.0678	0.0720	0.0755	0.0785	0.0811	0.0853	0.0886	0.0912	0.0932	0.0948	0.0976	0.1020
10.0	0.0514	0.0556	0.0590	0.0622	0.0649	0.0672	0.0710	0.0739	0.0763	0.0783	0.0799	0.0829	0.0880
12.0	0.0435	0.0710	0.0500	0.0529	0.0552	0.0573	0.0606	0.0634	0.0656	0.0674	0.0690	0.0719	0.0774
16.0	0.0322	0.0361	0.0385	0.0407	0.0425	0.0442	0.0490	0.0492	0.0511	0.0527	0.0540	0.0567	0.0625
20.0	0.0269	0.0292	0.0312	0.0330	0.0345	0.0359	0.0383	0.0402	0.0418	0.0432	0.0444	0.0468	0.0524

第3章 土的压缩变形

表 3-4 三角形分布的矩形荷载角点下的地基平均竖向附加应力系数 $\bar{\alpha}$

z/b	l/b									
	0.2		0.4		0.6		0.8		1.0	
	点1	点2	点1	点2	点1	点2	点1	点2	点1	点2
0.0	0.0000	0.2500	0.0000	0.2500	0.0000	0.2500	0.0000	0.2500	0.0000	0.2500
0.2	0.0112	0.2151	0.0140	0.2308	0.0148	0.2333	0.0151	0.2339	0.0152	0.2341
0.4	0.0179	0.1810	0.0245	0.2084	0.0270	0.2153	0.0280	0.2175	0.0285	0.2184
0.6	0.0207	0.1505	0.0308	0.1851	0.0355	0.1966	0.0376	0.2011	0.0388	0.2030
0.8	0.0217	0.1277	0.0349	0.1640	0.0405	0.1787	0.0440	0.1852	0.0459	0.1883
1.0	0.2017	0.1104	0.0351	0.1461	0.0430	0.1624	0.0476	0.1704	0.0502	0.1746
1.2	0.0212	0.0970	0.0351	0.1312	0.0439	0.1480	0.0492	0.1571	0.0525	0.1621
1.4	0.0204	0.0865	0.0344	0.1187	0.0436	0.1356	0.0495	0.1451	0.0534	0.1507
1.6	0.0195	0.0779	0.0333	0.1082	0.0470	0.1247	0.0490	0.1345	0.0533	0.1405
1.8	0.0186	0.0709	0.0321	0.0993	0.0415	0.1153	0.0480	0.1252	0.0525	0.1313
2.0	0.0178	0.0650	0.0308	0.9170	0.0401	0.1071	0.0467	0.1169	0.0513	0.1232
2.5	0.0157	0.0538	0.0276	0.0769	0.0365	0.0908	0.0429	0.1000	0.0478	0.1063
3.0	0.0140	0.0458	0.0248	0.0661	0.0330	0.0786	0.0392	0.0871	0.0439	0.0931
5.0	0.0097	0.0289	0.0175	0.0424	0.0236	0.0476	0.0285	0.0576	0.0324	0.0624
7.0	0.0073	0.0211	0.0133	0.0311	0.0180	0.0352	0.0219	0.0427	0.0251	0.0465
10.0	0.0053	0.0150	0.0097	0.0222	0.0133	0.0253	0.0162	0.0308	0.0860	0.0336
0.0	0.0000	0.2500	0.0000	0.2500	0.0000	0.2500	0.0000	0.2500	0.0000	0.2500
0.2	0.1530	0.2342	0.0153	0.2343	0.0153	0.2343	0.0153	0.2343	0.0153	0.2343
0.4	0.0288	0.2187	0.0289	0.2189	0.0290	0.2146	0.0290	0.2190	0.0290	0.2191
0.6	0.0394	0.2039	0.0397	0.2043	0.0399	0.2046	0.0400	0.2047	0.0401	0.2048
0.8	0.0470	0.1899	0.0476	0.1907	0.0480	0.1912	0.0482	0.1915	0.0483	0.1917
1.0	0.0518	0.1769	0.0528	0.1781	0.0534	0.1789	0.0538	0.1794	0.0540	0.1797
1.2	0.0546	0.1649	0.0560	0.1666	0.0568	0.1678	0.0574	0.1684	0.0577	0.1689
1.4	0.0559	0.1541	0.0575	0.1562	0.0586	0.1576	0.0594	0.1585	0.0599	0.1591
1.6	0.0561	0.1443	0.0580	0.1467	0.0594	0.1484	0.0603	0.1494	0.0609	0.1502
1.8	0.0556	0.1354	0.0578	0.1381	0.0593	0.1400	0.0604	0.1413	0.0611	0.1422
2.0	0.0547	0.1274	0.0570	0.1303	0.0587	0.1324	0.0599	0.1338	0.0608	0.1348
2.5	0.0513	0.1107	0.0540	0.1139	0.0560	0.1163	0.0575	0.1180	0.0586	0.1193
3.0	0.0476	0.0976	0.0503	0.1008	0.0525	0.1033	0.0541	0.1052	0.0554	0.1067
5.0	0.0356	0.0661	0.0382	0.0690	0.0403	0.0714	0.0421	0.0734	0.0435	0.0749
7.0	0.0277	0.0496	0.0299	0.0520	0.0318	0.0541	0.0333	0.0558	0.0347	0.0572
10.0	0.0207	0.0359	0.0224	0.0379	0.0239	0.0395	0.0252	0.0409	0.0263	0.4030

表 3-3 和表 3-4 分别为均布的矩形荷载（b 为荷载宽度）和三角形分布的矩形荷载（b 为三角形分布方向荷载面的边长）角点下的地基平均竖向附加应力系数，借助于这两个表，可以运用角点法计算基底竖向附加压力为均布、三角形分布或梯形分布时地基中任意点的平均竖向附加应力系数。《建筑地基基础设计规范》（GB 50007—2011）还附有均布的圆形荷载中点下和三角形分布的圆形荷载边点下地基平均竖向附加应力系数。

地基沉降计算深度就是第 n 层（最底层）层底深度 z_n，《建筑地基基础设计规范》（GB 50007—2011）规定 z_n 的确定应满足下列条件：由该深度处向上取表 3-5 规定的计算厚度 Δz_n（图 3.11）。所得的计算沉降量 $\Delta s'_n$（包括考虑相邻荷载的影响）应满足式（3-24）的要求。

表 3-5 计算厚度 Δz_n 单位：m

Δz_n	0.3	0.6	0.8	1.0
b	$b \leqslant 2$	$2 < b \leqslant 4$	$4 < b \leqslant 8$	$8 < b$

$$\Delta s'_n \leqslant 0.025 \sum_{i=1}^{n} \Delta s'_i \tag{3-24}$$

确定 z_n 的这种规范法又称为变形比法。当无相邻荷载影响，基础宽度在 1～50m 时，基础中点下的地基沉降量计算深度也可按式（3-25）计算。

$$z_n = b(2.5 - 0.4 \ln b) \tag{3-25}$$

式中 b——基础宽度，$\ln b$ 为 b 的自然对数值。

在沉降计算深度范围内存在基岩时，z_n 可取至基岩表面。

为了提高计算准确度，规范规定须将地基计算沉降量 s' 乘以沉降计算经验系数 ψ_s 加以修正，规范推荐的地基最终沉降量 s_t 的计算见式（3-26）。

$$s_t = \psi_s s' = \psi_s \sum_{i=1}^{n} \frac{p_0}{E_{si}} (z_i \bar{\alpha}_i - z_{i-1} \bar{\alpha}_{i-1}) \tag{3-26}$$

式中 s'——按规范法计算的地基最终沉降量；

p_0——对应于荷载准永久值时的基底竖向附加压力；

E_{si}——基础底面下第 i 层土的压缩模量，按实际应力范围取值；

ψ_s——沉降计算经验系数，根据地区沉降观测资料及经验确定，也可采用表 3-6 提供的数值，表中 $\bar{E}_s$ 为深度 z_n 范围内土的压缩模量当量值，按式（3-27）计算。

表 3-6 沉降计算经验系数 ψ_s

基底竖向附加压力	$\bar{E}_s$/MPa				
	2.5	4.0	7.0	15.0	20.0
$p_0 \geqslant f_{ak}$	1.4	1.3	1.0	0.4	0.2
$p_0 \leqslant 0.75 f_{ak}$	1.1	1.0	0.7	0.4	0.2

注：f_{ak} 为地基承载力特征值。

$$\bar{E}_s = \sum A_i / \sum (A_i / E_{si}) \tag{3-27}$$

式中 z_i、z_{i-1}——基础底面至第 i 层土、第 $i-1$ 层土底面的距离；

A_i——第 i 层土附加应力面积。

第3章 土的压缩变形

【例 3.2】 某建筑物独立基础,上部传至基础顶面的荷载为 1200 kN,基础埋深 $d=1.5\mathrm{m}$,基础尺寸 $l\times b=4\mathrm{m}\times 2\mathrm{m}$,土层第一层黏土层厚 3.0m,容重 $\gamma_1=19\mathrm{kN/m^3}$,压缩模量 $E_s=4.3\mathrm{MPa}$;第二层粉质黏土层厚 4.2m,$\gamma_2=19.5\mathrm{kN/m^3}$,$E_s=5.0\mathrm{MPa}$;第三层粉砂层,$\gamma_3=18.8\mathrm{kN/m^3}$,$E_s=5.5\mathrm{MPa}$。用规范法求该基础中点的最终沉降量。

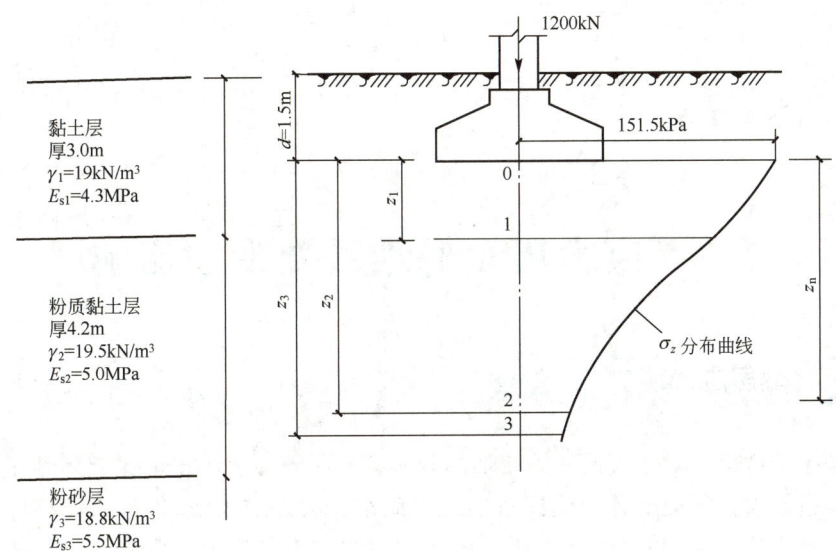

图 3.12 例 3.2 图

解:
① 求基底附加压力。

基底压力:$p=\dfrac{N}{lb}+\gamma_G d=\left(\dfrac{1200}{4\times 2}+20\times 1.5\right)=180$(kPa)

基底竖向附加应力:$p_0=p-\gamma d=(180-19\times 1.5)=151.5$(kPa)

② 沉降计算深度 z_n,因为没有相邻基础的影响,故可先估算。

$$z_n=b(2.5-0.4\ln b)=2\times(2.5-0.4\times\ln 2)\approx 4.445\text{(m)}$$

按该深度,可计算至第二层埋深 6.5m 处,z_n 取 5.0m。

③ 按规范法计算的基础最终沉降量,见表 3-7。

表 3-7 按规范法计算的基础最终沉降量

位置	z_i/m	l/b ($b=1\mathrm{m}$)	z/b	$\bar{\alpha}_i$	$z_i\bar{\alpha}_i$ /mm	$z_i\bar{\alpha}_i - z_{i-1}\bar{\alpha}_{i-1}$	$\dfrac{p_0}{E_{si}}$	Δs_i /mm	$\sum\Delta s_i$ /mm	$\dfrac{\Delta s_n}{\sum\Delta s_i}$
0	0		0	4×0.2500 $=1.0000$	0	—	—	—	—	—
1	1.5	$\dfrac{4.0}{2}=$ $\dfrac{2}{2}=$ 2.0	1.5	4×0.2152 $=0.8608$	1291.20	1291.20	0.035	45.19	—	—
2	4.7		4.7	4×0.1222 $=0.4888$	2297.36	1006.16	0.030	30.18	—	—
3	5.0		5.0	4×0.1169 $=0.4676$	2338.00	40.64	0.030	1.22	76.59	0.016 ≤ 0.025

④ 确定沉降经验系数 ψ_s。

$$\overline{E}_s = \frac{\sum A_i}{\sum (A_i/E_{si})} = \frac{p_0 \sum(z_i \bar{\alpha}_i - z_{i-1}\bar{\alpha}_{i-1})}{p_0 \sum[(z_i \bar{\alpha}_i - z_{i-1}\bar{\alpha}_{i-1})/E_{si}]}$$

$$= \frac{1291.20 + 1006.16 + 40.64}{\frac{1291.20}{4.3} + \frac{1006.16}{5.0} + \frac{40.64}{5.5}} \approx 4.59(\text{MPa})$$

假设 $p_0 = f_{ak}$，查表内插值得 $\psi_s = 1.24$。

⑤ 基础最终沉降量。

$$s_t = \psi_s \sum \Delta s_i = 1.24 \times 76.59 \approx 94.97 (\text{mm})$$

3.3 应力历史对地基变形的影响

3.3.1 地层应力历史

为了考虑受载历史对土层的压缩变形的影响，就必须知道土层的先期固结压力。先期固结压力是指土层在历史上曾经受到过的最大固结压力，应用 p_c 表示。如果将其与目前土层所受的自重压力 p_1 相比较，天然土层按其固结状态可分为正常固结土、超固结土和欠固结土，并用超固结比 $\text{OCR} = p_c/p_1$。

如土在形成和存在的历史中只受过等于目前土层所受的自重应力（即 $p_c = p_1$），$\text{OCR} = 1$，并在其应力作用下完全固结的土称为正常固结土，如图 3.13（a）所示。反之，若土层在 $p_c > p_1$ 的压力作用下曾固结过，而且土层在历史上曾经沉积到图 3.13（b）中虚线所示的地面，并在自重应力作用下固结稳定，由于地质作用，上部土层被剥蚀，而形成现在地表，$\text{OCR} > 1$，这种土称为超固结土。如土属于新近沉积的堆积物，在其自重应力 p_1 作用下尚未完全固结，$\text{OCR} < 1$，这种土称为欠固结土，如图 3.13（c）所示。

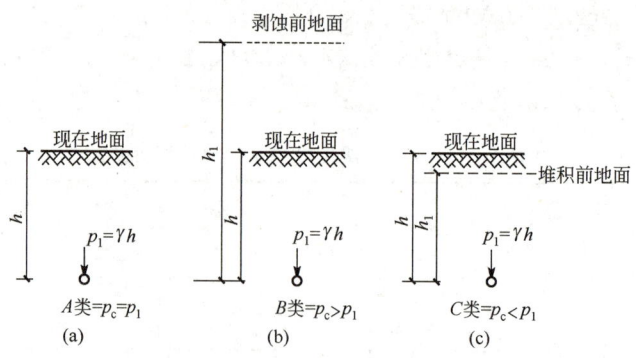

图 3.13 沉积土层按先期固结压力分类

3.3.2 先期固结压力

为了判断地基土的应力历史，必须确定它的先期固结压力 p_c，最常用的方法是卡萨格兰德所建议的经验图解法，其作图方法和步骤如下（图3.14）。

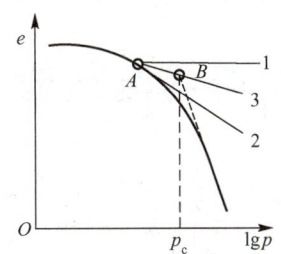

图 3.14　先期固结压力的确定

① 在 e-$\lg p$ 曲线上，找出曲率最大的点 A，过点 A 作水平线 $A1$、切线 $A2$ 以及它们的角平分线 $A3$。

② 将压缩曲线下部的直线段向上延伸交 $A3$ 于 B 点，则 B 点的横坐标即为所求的先期固结压力 p_c。

应当指出，采用这种方法确定先期固结压力的精度在很大程度上取决于曲率最大的点 A 的选定。但是，通常点 A 是凭借目测确定的，有一定的误差。①由压缩曲线特征可知，对严重扰动试样，其压缩曲线的曲率不大明显，点 A 的正确位置就更加难以确定。另外，纵坐标用不同的比例时，点 A 的位置也不尽相同。②先期固结压力 p_c 只是反映土层压缩性能发生变化的一个界限值，其成因不一定都是由土的受载历史所致，其他作用如黏土风化过程的结构变化、土颗粒间的化学胶结、地下水的长期变化以及土的干缩等均可能使黏土层的密实程度超过正常沉积情况下相对应的密度，而呈现一种类似超固结的性状。因此，确定先期固结压力时，须结合场地的地质情况，土层的沉积历史、自然地理环境变化等各种因素综合评定。

3.3.3　考虑应力历史的地基沉降计算

用 e-$\lg p$ 曲线来计算地基沉降量时，其基本方法与传统单向压缩分层总和法相似，都是以无侧向变形条件下压缩量的基本公式和分层总和法为前提，即每层的压缩量用公式计算，所不同的是①Δe 由原位压缩曲线求得；②对不同应力历史的土层，需要用不同的方法来计算 Δe，即正常固结土、超固结土和欠固结土的计算公式在形式上稍有不同。因计算过程考虑了应力历史，这一计算方法称为考虑应力历史的分层总和法，可按照如下步骤进行。

① 选择沉降计算断面，确定基底压力。

② 将地基分层。

③ 计算地基中各层的自重应力及土层平均自重应力 p_{1i}。

④ 计算地基中各层的竖向附加应力及土层平均竖向附加应力。

⑤ 根据 e-$\lg p$ 曲线确定先期固结压力 p_{ci}；判定土层是属于正常固结土、超固结土或欠固结土；推求原位压缩曲线。

⑥ 对正常固结土、超固结土和欠固结土分别用不同的方法求各层的压缩量 Δs_i，然

后，将各层的压缩量累加得总沉降量，即 $s = \sum_{i=1}^{n} \Delta s_i$。

3.4　建筑物沉降观测与地基容许变形值

3.4.1　建筑物沉降观测

建筑物沉降观测能反映地基的实际变形以及地基变形对建筑物的影响程度。因此系统的沉降观测资料是验证建筑物地基设计方案是否正确，地基事故是否需要及时处理以及施工质量是否合格的重要依据；是确定建筑物地基的容许变形值的重要参考。通过对沉降计算值与实测值的比较，可以判断各种沉降计算方法的准确性，为进一步提高沉降计算的精确度和发展新的符合实际的沉降计算方法提供资料。

建筑物沉降观测的工作内容，大致包括以下五个方面。

1. 收集资料和编写计划

确定观测对象后，应收集有关的勘察设计资料。
① 观测对象所在地区的总平面布置图。
② 该地区的工程地质勘察资料。
③ 观测对象的建筑和结构平面图、立面图、剖面图与地基基础平面图、剖面图。
④ 结构荷载和地基基础的设计计算资料。
⑤ 工程施工进度计划。

在收集上述资料的基础上编制沉降观测工作计划，包括：观测目的和任务，水准基点和观测点的位置、观测方法、精度要求、观测时间、次数，等等。

2. 水准基点设置

水准基点的设置应以保证稳定可靠为原则，宜设置在基岩或压缩性低的土层，应靠近观测对象，但必须在建筑物所产生的压力影响范围以外，一般为30～80m。在一个观测区内，水准基点不应少于3个，以便进行相互校核。

3. 观测点的位置

观测点的位置应能全面反映建筑物的变形并结合地质情况确定，观测点数量不宜少于6个点。并应尽量将其设立在建筑物有代表性的部位，如建筑物的四周角点、中点、转角处，沉降缝的两侧，宽度大于15m的建筑物内部承重墙（柱）上；同时，要尽可能布置在建筑物的纵横轴线上。

4. 水准测量

水准测量是沉降观测的一项主要工作。测量精度的高低直接影响资料的可靠性。为保证测量精度的要求，水准基点的导线测量与观测点水准测量，一般均应采用带有平行玻璃板的高精度水准仪和固氏基线尺。测量精度宜采用Ⅱ级水准测量，视线长度为20～30m，视线高度不宜低于0.3m。水准测量宜采用闭合法。

水准基点的导线测量一般在水准基点设置完毕一周后进行。在建筑物的沉降观测过程中（从建筑物开始施工到沉降稳定为止），各水准基点要定期进行相互校核，以判断其稳定性，若有变动应进行标高修正。观测点原始标高的测量，一般应在水泥砂浆凝固后立即进行，在建筑物施工过程中，随着建筑物荷载的逐级增加，逐次进行测量，待建筑物荷载全部加完后和建筑物使用前，也应分别测量一次，以后可以定期进行测量，每次测量的间隔时间，可随时间的推移而加大。沉降观测期限，一般随地基土的性质而异，原则上应当沉降稳定后，观测工作才告结束。每次测量时，均应记录建筑物的使用情况，并检查各部位有无裂缝出现，以便及时采取措施。

5. 观测资料的整理

观测资料的整理应及时，测量后应立即算出各测点的标高、沉降量和累计沉降量，并根据观测结果绘制如图 3.15 所示的荷载-时间-沉降量关系曲线。经过结果分析，提出观测报告。

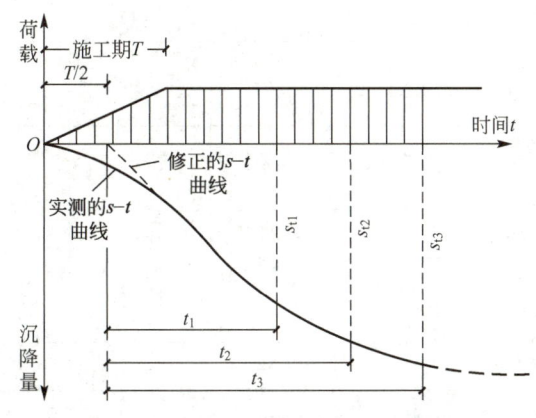

图 3.15 荷载-时间-沉降量关系曲线

3.4.2 地基变形验算

按地基承载力选择了基底尺寸之后，一般情况下已保证建筑物具有防止地基剪切破坏的足够安全度。但为了防止建筑物因地基变形或不均匀沉降过大造成建筑物的开裂与损坏，保证建筑物正常使用，还应对地基变形，特别是不均匀变形加以控制。

在常规设计中，一般都根据各类建筑物的结构特点、整体刚度和使用要求的不同，计算地基的特征变形值 Δ，验算其是否小于容许变形值 $[\Delta]$，即要求满足式（3-28）的条件。

$$\Delta \leqslant [\Delta] \tag{3-28}$$

式中 Δ——特征变形值，为预估值，对应于荷载准永久组合值，按土力学的相关公式计算。

1. 要求验算地基特征变形的建筑物范围

（1）设计等级为甲级、乙级的建筑物。

（2）表 3-8 所列范围外，设计等级为丙级的建筑物。

（3）表 3-8 所列范围内，设计等级为丙级的建筑物可不作地基特征变形验算，如有下列情况之一时，仍应作地基特征变形验算。

① 地基承载力特征值小于 130kPa，且体型复杂的建筑物。

② 在基础上及其附近有地面堆载或相邻基础荷载差异较大，可能引起地基产生过大的不均匀沉降时。

③ 软弱地基上的建筑物存在偏心荷载时。

④ 相邻建筑物距离过近，可能发生倾斜时。

⑤ 地基内有厚度较大或厚薄不均的填土，其自重固结尚未完成时。

表 3-8 可不作地基特征变形验算的设计等级为丙级的建筑物范围

地基主要受力层情况		地基承载力特征值 f_{ak}/kPa	$80 \leqslant f_{ak}$ <100	$100 \leqslant f_{ak}$ <130	$130 \leqslant f_{ak}$ <160	$160 \leqslant f_{ak}$ <200	$200 \leqslant f_{ak}$ <300
		各土层坡度/(%)	≤5	≤5	≤10	≤10	≤10
建筑类型	砌体承重结构、框架结构（层数）		≤5	≤5	≤6	≤6	≤7
	单层排架结构（6m柱距） 单跨	吊车额定起重量/t	10~15	15~20	20~30	30~50	50~100
		厂房跨度/m	≤18	≤24	≤30	≤30	≤30
	单层排架结构（6m柱距） 多跨	吊车额定起重量/t	5~10	10~15	15~20	20~30	30~75
		厂房跨度/m	≤18	≤24	≤30	≤30	≤30
	烟囱	高度/m	≤40	≤50	≤75		≤100
	水塔	高度/m	≤20	≤30	≤30		≤30
		容积/m³	50~100（含）	100~200（含）	200~300（含）	300~500（含）	500~1000（含）

注：① 地基主要受力层系指条形基底下深度为 $3b$（b 为基底宽度），独立基础下深度为 $1.5b$，且厚度均不小于 5m 范围（二层以下一般的民用建筑除外）。

② 地基主要受力层中如有承载力特征值小于 130kPa 的土层时，表中砌体承重结构的设计，应符合《建筑地基基础设计规范》（GB 50007—2011）第七章的有关要求。

③ 表中砌体承重结构和框架结构均指民用建筑，对于工业建筑可按厂房高度、荷载情况折合成与其相当的民用建筑层数。

④ 表中吊车额定起重量、烟囱高度和水塔容积的数值均指最大值。

3.4.3 地基变形特征

具体建筑物所需验算的地基变形特征取决于建筑物的结构类型、整体刚度和使用要求。地基变形特征一般如下。

沉降量：基础某点的沉降值。

沉降差：基础两点或相邻柱基中点的沉降量之差。

倾斜：基础倾斜方向两端点的沉降差与其距离的比值。

局部倾斜：砌体承重结构沿纵向 6～10m 基础两点的沉降差与其距离的比值，$\theta=(s_1-s_2)/l$，如图 3.16 所示。

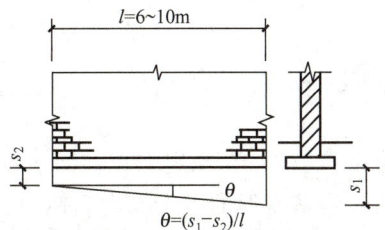

图 3.16　砌体承重结构局部倾斜

一般砌体承重结构房屋的长高比不太大，以局部倾斜为主，应以局部倾斜作为主要的地基变形特征，其相对沉降曲线如图 3.17 所示。

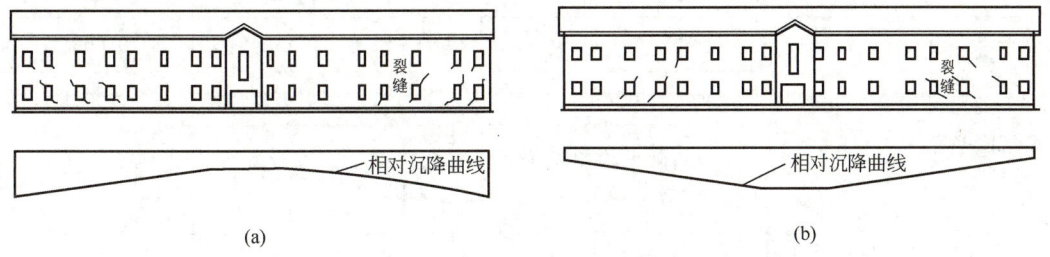

图 3.17　一般砌体承重结构房屋的相对沉降曲线

对于框架结构和砌体墙填充的边排柱，主要是由于相邻柱基的沉降差 Δs（图 3.18）使构件受剪扭曲而损坏，所以设计计算应由沉降差来控制。

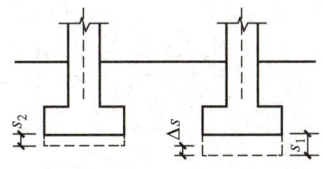

图 3.18　相邻柱基的沉降差

以屋架、柱和基础为主体的木结构和排架结构，在低压缩性地基上一般不因沉降而损坏，但在中、高压缩性地基上就应限制单跨排架结构柱基的沉降量，尤其是多跨排架中受载较大的中排柱基的下沉，以免支撑于其上的相邻屋架发生对倾而使端部相碰。

相邻柱基的沉降差所形成的桥式吊车轨面沿纵向或横向的倾斜，会导致吊车滑行或卡轨。

对于高耸结构以及长高比很小的高层建筑，应控制基础的倾斜（图 3.19）。地基土层的不均匀以及邻近建筑物的影响是高耸结构产生倾斜的重要原因。这类结构的重心高，基

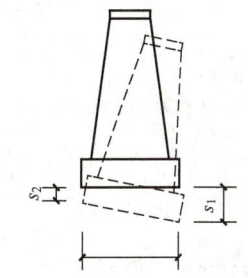

图 3.19　高耸结构基础的倾斜

础倾斜使重心侧向移动引起偏心力矩荷载,不仅使其基底边缘压力增加而影响倾覆稳定性,还会导致高烟囱等筒体产生附加弯矩。因此高层、高耸结构基础的容许倾斜值随结构高度的增加而递减。

如果地基的压缩性比较均匀,且无邻近荷载影响,对高耸建筑及体形简单的高层建筑,只验算基础中心沉降量,可不作倾斜验算。

3.4.4 地基容许变形值

建筑物的地基容许变形值可按表 3-9 规定采用。对表中未包括的其他建筑物的地基容许变形值,可根据上部结构对地基变形的适应能力和使用上的要求确定。

表 3-9 建筑物的地基容许变形值

地基变形特征		地基土类别	
		中、低压缩性土	高压缩性土
砌体承重结构基础的局部倾斜		0.002	0.003
工业与民用建筑相邻柱基沉降差	框架结构	$0.002L$	$0.003L$
	砌体墙填充的边排柱	$0.0007L$	$0.001L$
	当基础不均匀沉降时不产生附加应力的结构	$0.005L$	$0.005L$
单层排架结构(柱距为 6m)柱基的沉降量/mm		(120)	200
桥式吊车轨面的倾斜(按不调整轨道考虑)	纵向	0.004	
	横向	0.003	
多层和高层建筑的整体倾斜	$H_g \leqslant 24$	0.0040	
	$24 < H_g \leqslant 60$	0.0030	
	$60 < H_g \leqslant 100$	0.0025	
	$H_g > 100$	0.0020	
体形简单的高层建筑基础的平均沉降量/mm		200	
高耸结构基础的倾斜	$H_g \leqslant 20$	0.008	
	$20 < H_g \leqslant 50$	0.006	
	$50 < H_g \leqslant 100$	0.005	
	$100 < H_g \leqslant 150$	0.004	
	$150 < H_g \leqslant 200$	0.003	
	$200 < H_g \leqslant 250$	0.002	

续表

地基变形特征		地基土类别	
		中、低压缩性土	高压缩性土
高耸结构基础的沉降量	$H_g \leqslant 100$	400	
	$100 < H_g \leqslant 200$	300	
	$200 < H_g \leqslant 250$	200	

注：1. 本表数值为建筑物地基实际最终容许变形值。

2. 有括号者仅适用于中压缩性土。

3. L 为相邻柱基的中心距离，mm；H_g 为自室外地面起算的建筑物高度，m。

在必要情况下，需要分别预估建筑物在施工期间和使用期间的地基特征变形值，以便预留建筑物有关部分之间的净空，考虑连接方法和施工顺序。一般多层建筑物在施工期间完成的沉降量，对于砂土可认为其最终沉降量已基本完成，对于低压缩性土可认为已完成最终沉降量的 50%~80%，对于中压缩性土可认为已完成 20%~50%，对于高压缩性土可认为已完成 5%~20%。

本章小结

为了保证建筑物的安全和正常使用，我们必须预先对地基可能产生的最大沉降量和沉降差进行估算。本章讲述内容主要有土的压缩性及其指标、基础最终沉降量计算方法、应力历史对地基变形的影响和建筑物沉降观测与地基容许变形值。

压缩性指标是通过室内压缩试验和现场原位测试得到，土的压缩性指标有压缩系数、压缩模量、压缩指数等。基础最终沉降量计算方法包括弹性力学公式、单向压缩分层总和法和规范法，影响地基变形的应力历史包括地层应力历史和先期固结压力等。

为了防止建筑物因地基变形或不均匀沉降过大造成建筑物的开裂与损坏，保证建筑物正常使用，还应对地基变形加以控制。本章阐述了地基变形特征，地基特征变形值应满足的建筑物的地基容许变形值及建筑物沉降观测的基本知识。

课后习题

一、思考题

1. 试比较压缩模量、变形模量和弹性模量的基本概念、计算公式及适用条件。

2. 什么是正常固结土、超固结土和欠固结土？土的应力历史对土的压缩性有何影响？

3. 建筑物沉降观测的主要内容有哪些？地基变形特征分为几类？

二、计算题

1. 某天然地基，其压缩土层厚度为 2m，天然孔隙比为 0.9，在建筑物荷载作用下压缩稳定后的孔隙比为 0.8。求该土层的最终沉降量。

2. 某建筑物工程地质勘察，取原状土样进行压缩试验，试验结果见表 3-10，计算土

的压缩系数 a_{1-2} 和相应侧限压缩模量 E_{s1-2}，评价此土的压缩性。

表 3-10 计算题 2

压应力 σ/kPa	50	100	200	300
孔隙比 e	0.964	0.952	0.936	0.924

3. 某矩形基础长 3.6 m，宽度 2 m，埋深 $d=1$ m。地面以上上部荷载 $N=900$kN。地基土为粉质黏土，$\gamma=16$kN/m³，$e_1=1.0$，$a=0.4$MPa^{-1}，用规范法计算基础中心点的最终沉降量。

4. 某矩形基础宽度 $b=4$m，基底附加压力 $p=100$kPa，基础埋深 2m，地表以下 12m 深度范围内存在两层土：上层土厚度 6m，天然重度 $\gamma_1=18$kN/m³，孔隙比 e_1 与压力 p_1（MPa）关系为 $e_1=0.85-2p_1/3$；下层土厚度 6m，土天然重度 $\gamma_2=20$kN/m³，孔隙比 e_2 与压力 p_2（MPa）关系为 $e_2=1.0-p_2$。地下水位埋深 6m。试采用单向压缩分层总和法和规范法分别计算该基础最终沉降量。（沉降计算经验系数取 1.05）

5. 某场地地表以下为 4m 厚的均质黏性土，该土层下卧坚硬岩层。已知黏性土的重度 $\gamma=18$kN/m³，天然孔隙比 $e_0=0.85$，回弹再压缩指数 $C_e=0.05$，压缩指数 $C_c=0.3$，先期固结压力 p_c 比自重应力大 50kPa。在该场地大面积均匀堆载，载荷 $p=100$kPa，求因堆载引起的地面最终沉降量。

第 4 章
土的抗剪强度与地基承载力

思维导图

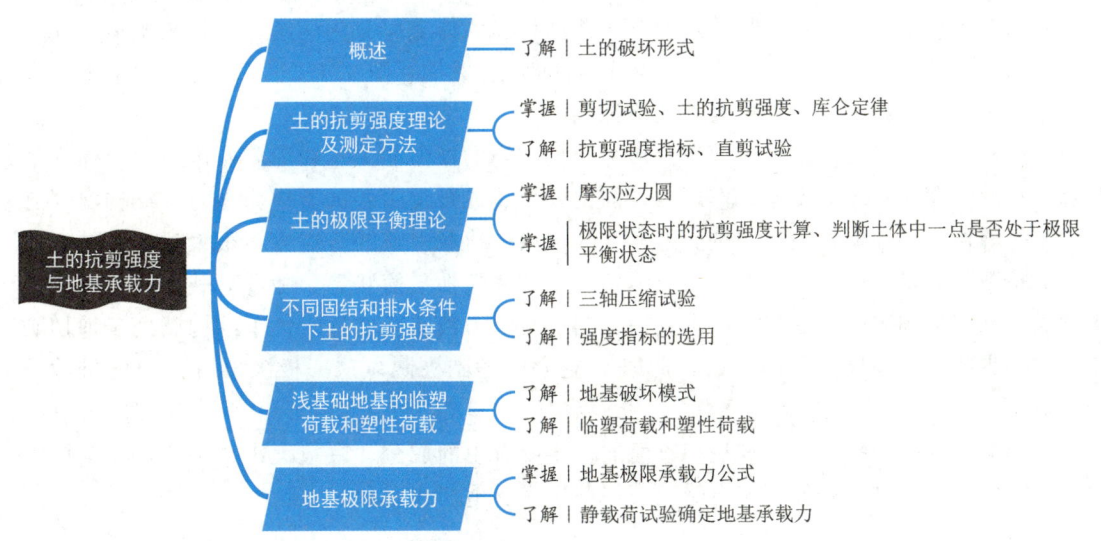

4.1 概　　述

土的抗剪强度是土的重要力学性质之一。建筑物地基承载能力，挡土墙、堤坝、基坑、土坡和地基等的稳定性，都与土的抗剪强度有直接关系，所以抗剪强度理论是分析这类工程问题的理论基础。

研究土的强度，首先需要了解其破坏形式。大量的工程实践和室内试验表明：土的破坏大多数是剪切破坏。这是因为土颗粒自身的强度远大于颗粒间的连接强度，在外力作用下，土颗粒沿接触处互相错动而发生剪切破坏，如图 4.1 所示。

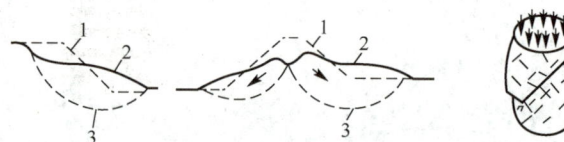

(a) 实际土的破坏形式　　　　(b) 土样破坏素描图

注：1—原土面线；2—破坏后土面线；3—滑动面。

图 4.1　剪切破坏示意图

试验结果表明，虽然在土样上施加的是一个轴向力，但土样的破坏却是沿着某一斜面 n—n 面发生错动。这个斜面 n—n 称为土样剪切破坏的主滑动面。在主滑动面周围还可观察到许多细小的裂缝，这就是剪切面。这些剪切面大体上可分为两组，一组与主滑动面平行，另一组与主滑动面斜交，且每组剪切面都大致平行[图 4.1 (b)]。这种现象不仅在室内试验中能观察到，而且也为理论所证明。

土的抗剪强度是指土抵抗剪切变形与剪切破坏的极限能力。在荷载作用下，土体中任意一点始终存在着一对反向的作用力，即由外荷载或自重引起的剪应力 τ 与土结构所固有的抵抗剪切变形和剪切破坏的抗剪阻力。当该点上荷载引起的剪应力不很大时，土结构固有的抗剪阻力足以平衡剪应力，使土体处于弹性或塑性平衡状态。随着荷载引起的剪应力增大，土结构固有的抗剪阻力逐渐发挥。当抗剪阻力被完全发挥时，土结构就处于剪切破坏的临界状态，即极限平衡状态，此时剪应力也达到极限，这一极限值就是土的抗剪强度 τ_f。

影响土的抗剪强度的因素是多方面的，主要有土的成分、颗粒大小、结构性质、应力历史应力水平、排水条件、应力路径、加载速率、剪切速率和应力状态等。

4.2　土的抗剪强度理论及测定方法

土的抗剪强度决定了土体承受外部荷载及自重的能力，因而在地基、边坡稳定性等各类工程问题中，土的抗剪强度具有极其重要的意义。在分析土的抗剪强度时，通常将土分为无黏性土与黏性土两类。

为了测定土的抗剪强度，可采用图 4.2 所示的直剪仪，对土样进行剪切试验。试验时，将试样装在剪力盒中，先在试样上施加一法向力 P，然后施加一水平力 T，推动上、下盒产生错动,而使试样在两盒的接触面处受剪,直到试样破坏。若试样的抗剪强度全部发挥出来也不能平衡所施加的剪应力,此时试样中出现了明显的剪切面,试样被剪切破坏。上述试验结果说明:$\tau < \tau_f$,试样处于弹性或塑性平衡状态;$\tau = \tau_f$,试样处于极限平衡状态。

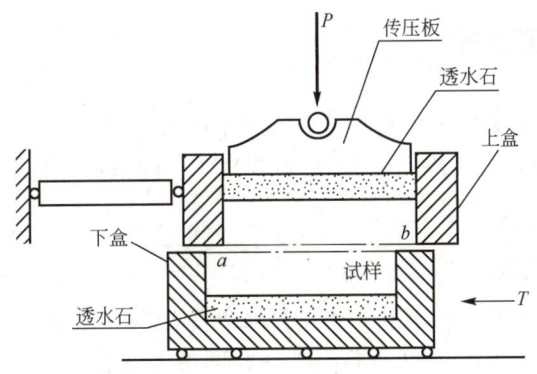

图 4.2 直剪仪及剪切试验示意

剪应力等于土的抗剪强度时,土体趋于被剪切破坏的临界状态,称该状态为极限平衡状态。从变形过程看,抗剪强度仅在施加了剪应力,发生了剪切变形后才能表现出来,所以抗剪强度只能用达到极限平衡状态时的剪应力来衡量。

4.2.1 库仑定律

1773 年,库仑根据无黏性土在直剪仪中的试验结果 [图 4.3 (a)],提出了抗剪强度公式 [式(4-1)]。

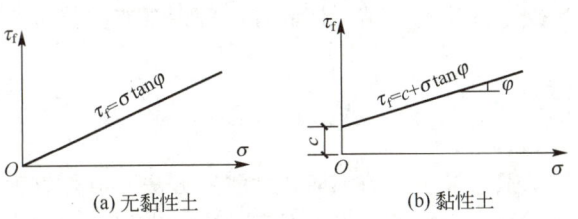

图 4.3 土的抗剪强度与法向应力之间的关系

$$\tau_f = \sigma \mathrm{tg}\varphi \tag{4-1}$$

式中　τ_f——抗剪强度,kPa;
　　　σ——法向应力,kPa。

后来根据黏性土在直剪仪中的试验结果,提出了抗剪强度公式 [式(4-2)]。

$$\tau_f = c + \sigma \mathrm{tg}\varphi \tag{4-2}$$

式中　c——土的黏聚力(内聚力),kPa;
　　　φ——土的内摩擦角,(°)。

式(4-1)及式(4-2)统称为库仑公式或库仑定律,c、φ 称为抗剪强度指标。从库仑公式或图 4.3 土的抗剪强度与法向应力之间的关系可看出,无黏性土抗剪强度与法向应力成正比，其物理本质是土颗粒间相互滑动摩擦及镶嵌作用产生的抗剪阻力，其大小由土颗粒的大小、表面粗糙度和密实度等决定。黏性土的抗剪强度则由两方面因素组成：一是摩擦力，与法向应力成正比；二是黏聚力，是由黏土矿物颗粒间通过水膜接触形成的相互吸引力和胶结力。

4.2.2 抗剪强度指标

抗剪强度指标 c、φ 反映土的抗剪强度变化的规律。按照库仑定律，对于某一种土，c、φ 是作为常数来使用的。实际上 c、φ 是随着具体试验条件变化的，不完全是常数。

1. 无黏性土（以砂土为例）

对于洁净的干砂，黏聚力 $c=0$，即与式(4-1)相符。非干砂土有很小的黏聚力，是由于砂土中夹有一些黏土颗粒；或者因为砂土处于潮湿（但不是饱和）状态，由毛细水的作用而形成的。砂土的内摩擦角 φ 取决于砂粒间的摩擦阻力以及连锁作用。一般中砂、粗砂、砾砂 $\varphi=32°\sim40°$；粉砂、细砂 $\varphi=28°\sim36°$。孔隙比越小，φ 越大。但是，饱和的粉砂、细砂很容易失去稳定，因此必须采取慎重的态度，有时规定 φ 为 20°左右。

2. 黏性土

黏性土的抗剪强度，主要是黏聚力 c 的问题。包括：①由于土颗粒间水膜与相邻土颗粒之间的分子引力所形成的黏聚力，通常称为原始黏聚力。当土被压密时，土颗粒间的距离减小，原始黏聚力随之增大。当土的天然结构被破坏时，将丧失部分原始黏聚力，但会随着时间而恢复其中的一部分。②由于土中化合物的胶结作用而形成的黏聚力，通常称为固化黏聚力。当土的天然结构被破坏时，就会丧失这一部分黏聚力，而且不能恢复。

黏性土的抗剪强度指标的变化范围很大，与土的种类有关，并且与土的天然结构是否被破坏、试样在法向压力下的排水固结、试验方法等因素有关。

4.2.3 直剪试验

直剪试验目前依然是室内最基本的抗剪强度测定方法，但是直剪仪的构造却无法做到控制任意试样在剪切过程中是否排水。为了在直剪试验中能考虑这类实际需要，很早以来便通过采用不同的加载速率来达到排水控制的要求，这便是直剪试验中三种不同试验方法（快剪试验、固结快剪试验和慢剪试验）的出发点。

① 快剪试验。施加竖向压力后立即施加水平剪力进行剪切，剪切的速率很快，一般从施加竖向压力到剪切破坏只用 3~5min。由于剪切速率很快，可认为试样在这样短暂时间内没有排水固结或者说模拟了不排水剪切情况，得到的抗剪强度指标用 c_q、φ_q 表示。

② 固结快剪试验。施加竖向压力后，给予充分时间使试样排水固结。固结结束后再施加水平剪力，快速地（3~5min）把试样剪切破坏，即剪切时模拟不排水条件，得到的抗剪强度指标用 c_{cq}、φ_{cq} 表示。

③ 慢剪试验。施加竖向压力后，让试样排水固结，固结后再慢速施加水平剪力，使试样在受剪过程中一直有充分的时间排水和产生体积变形，得到的抗剪强度指标用 c_s、φ_s 表示。

上述三种试验方法对黏性土是有意义的，但效果要视土的渗透性大小而定。对于非黏性土，由于土的渗透性很大，即使快剪也会产生排水固结，所以通常只采用一种剪切速率进行慢剪试验。

4.3 土的极限平衡理论

根据库仑定律和直剪试验作出的强度破坏线（图4.4）不难看出，它是代表着土体的一种受剪破坏的极限状态。如果已知土体的某一个平面上作用有法向应力σ和剪应力τ，则τ与抗剪强度τ_f的对比，可能有三种情况：$\tau<\tau_f$（在强度破坏线下方），土体处于安全状态；$\tau=\tau_f$（在强度破坏线上），土体处于破坏的临界状态；$\tau>\tau_f$（在强度破坏线上方），土体处于破坏状态。

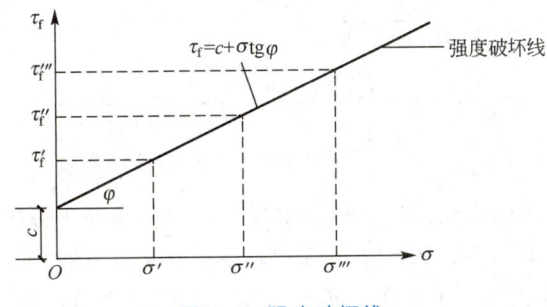

图4.4 强度破坏线

直剪试验所获得的抗剪强度规律以及土的强度条件判断可以进一步推广到复杂的受力状态，即土中某点在荷载作用下出现6个应力分量，土的强度条件是可以建立的。为了简化分析，我们只考虑平面问题。设某一土体单元上作用的大、小主应力分别为σ_1和σ_3，则任意一个与大主应力面间的夹角为α的平面$a-a$上的应力状态可以用$\tau-\sigma$坐标图中摩尔应力圆上的一点A（图4.5）的应力大小来表示，则该平面上的法向应力σ_α和剪应力τ_α可用式(4-3)、式(4-4)分别表示。

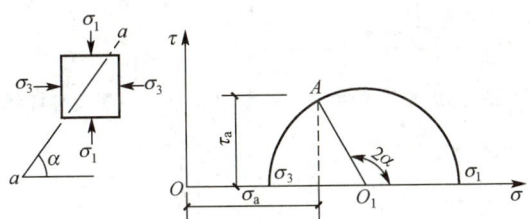

图4.5 摩尔应力圆上的一点A的应力状态

$$\sigma_\alpha = \frac{\sigma_1+\sigma_3}{2} + \frac{\sigma_1-\sigma_3}{2}\cos2\alpha \qquad (4-3)$$

$$\tau_\alpha = \frac{\sigma_1-\sigma_3}{2}\sin2\alpha \qquad (4-4)$$

土体中任意一点的应力状态，既可以用式(4-3)、式(4-4)表达，也可以用摩尔应力圆表达。

如果把强度破坏线画在同一个 $\sigma-\tau$ 坐标图中，则单元土体的摩尔应力圆与强度破坏线的相互位置必然是相割、相切以及不相交的三种情况中的一种（图 4.6）。对于摩尔应力圆与强度破坏线相割的情况，表明土体已经破坏（图 4.6 中的 Ⅰ 圆）。事实上该摩尔应力圆所代表的应力状态是不存在的。摩尔应力圆与强度破坏线相切的情况即为土体处于剪切破坏的极限应力状态，称为极限平衡状态，与强度破坏线相切的摩尔应力圆称为极限应力圆（图 4.6 中的 Ⅱ 圆），切点 A 的坐标是表示通过土中一点的某一平面处于极限平衡状态时的应力条件，对于摩尔应力圆与强度破坏线不相交的情况，表明通过该点的任意平面上的剪应力都小于土的抗剪强度，故土体不会发生剪切破坏（图 4.6 中的 Ⅲ 圆），也即土体处于弹性或塑性平衡状态。

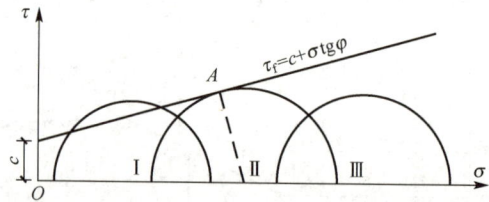

图 4.6　不同应力状态时的摩尔应力圆

通过库仑定律与摩尔应力圆的结合可以推导出表示土体处于极限平衡状态时的主应力之间的相互关系式或应力条件，如图 4.7 所示，根据摩尔应力圆 O_1 与强度破坏线 $\tau_f=c+\sigma \mathrm{tg}\varphi$ 相切于点 A 的几何关系，由直角三角形 ABO_1 中得到式（4-5）。

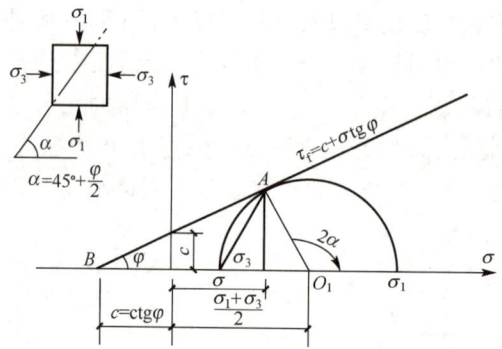

图 4.7　极限平衡状态时的摩尔应力圆与强度破坏线

$$\sin\varphi = \frac{\overline{AO_1}}{\overline{BO_1}} = \frac{\dfrac{\sigma_1-\sigma_3}{2}}{\dfrac{(\sigma_1+\sigma_3)}{2}+c \cdot \mathrm{ctg}\varphi} \tag{4-5}$$

由此得式（4-6）、式（4-7）。

$$\sigma_1 - \sigma_3 = \sigma_1 \sin\varphi + \sigma_3 \sin\varphi + 2c \cdot \cos\varphi \tag{4-6}$$

$$\sigma_1(1-\sin\varphi) = \sigma_3(1+\sin\varphi) + 2c \cdot \cos\varphi \tag{4-7}$$

通过三角函数间的变换关系可以得到土体中某点处于极限平衡状态时主应力之间的关系式［式（4-8）、式（4-9）］。

第4章 土的抗剪强度与地基承载力

$$\sigma_1 = \sigma_3 \mathrm{tg}^2\left(45°+\frac{\varphi}{2}\right) + 2c\,\mathrm{ctg}\left(45°+\frac{\varphi}{2}\right) \quad (4-8)$$

$$\sigma_3 = \sigma_1 \mathrm{tg}^2\left(45°-\frac{\varphi}{2}\right) - 2c\,\mathrm{ctg}\left(45°-\frac{\varphi}{2}\right) \quad (4-9)$$

从式(4-8)、式(4-9)可以看出，必须同时掌握 σ_1 和 σ_3 的大小及其关系，才能判断土体中某点是否处于极限平衡状态。

① 土体中某点处于剪切破坏时，剪破面与大主应力 σ_1 作用面间的夹角 α 与土的内摩擦角 φ 的关系见式(4-10)。

$$2\alpha = 90° + \varphi \quad (4-10)$$

由式(4-10)可得式(4-11)。

$$\alpha = 45° + \frac{\varphi}{2} \quad (4-11)$$

剪破面与小主应力 σ_3 作用面夹角的关系见式(4-12)。

$$90° - \left(45° + \frac{\varphi}{2}\right) = 45° - \frac{\varphi}{2} \quad (4-12)$$

② 式(4-8)、式(4-9)可以用来判断土体是否达到剪切破坏。如果根据上述的已知值作出摩尔应力圆及强度破坏线，则根据它们之间的相互位置也可作出同样的判断。

1910年，摩尔(Mohr)在库仑早期理论研究的基础上提出了摩尔强度理论，即在应力作用下，土体破坏属于剪切破坏，并沿一定的剪切面产生剪切。当沿该剪切面上的剪应力增大到极限值时，则土体就沿该剪切面发生剪切破坏。这一极限剪应力 τ_f 为土的抗剪强度，并取决于该剪切破坏面上法向应力 σ [式(4-13)]。

$$\tau_f = f(\sigma) \quad (4-13)$$

式(4-13)的函数关系在 $\sigma - \tau_f$ 坐标图上为一条曲线，如图4.8所示，称为摩尔强度包线(或称摩尔破坏包线)。摩尔强度包线表示土体受到不同应力作用达到极限状态时，滑动面上法向应力 σ 与剪应力 τ_f 的关系，表示单元土体受到一组不同应力(例如一组不同的大、小主应力 σ_1、σ_3)的作用，达到剪切破坏极限状态时，各极限状态摩尔应力圆(图4.8中圆 a、b、c)的公切线。土的摩尔强度包线通常可以近似地用直线表示，该直线方程就是库仑定律所表示的方程。由库仑定律表示摩尔强度包线的土体强度理论可称为摩尔—库仑强度理论。

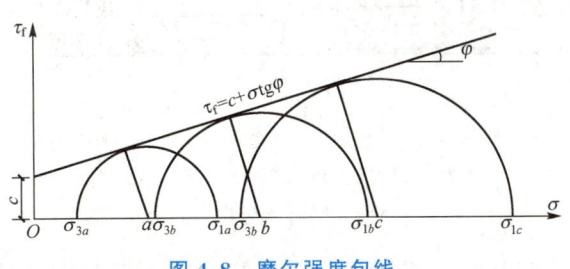

图 4.8 摩尔强度包线

③ 土体中某点濒于剪破状态时的应力条件必须是法向应力 σ 和剪应力 τ 的某种组合符合摩尔—库仑强度理论，而不是最大剪应力 τ_{max} 达到了抗剪强度 τ_f 的条件，即剪破面并不发生在最大剪应力 τ_{max} 的作用面($\alpha = 45°$)上，而是在 $\alpha = 45° + \frac{\varphi}{2}$ 的平面上。

【例 4.1】 某土样 $\varphi=26°$，$c=20\mathrm{kPa}$，大小主应力分别为 $\sigma_1=450\mathrm{kPa}$，$\sigma_3=150\mathrm{kPa}$，试判断该土样是否达到极限平衡状态？

解：

现将已知的有关数据代入式(4-9)。

$$\sigma_{3f} = \sigma_1 \mathrm{tg}^2\left(45°-\frac{\varphi}{2}\right) - 2c\,\mathrm{ctg}\left(45°-\frac{\varphi}{2}\right)$$
$$= 450 \times \mathrm{tg}^2(32°) - 2 \times 20 \times \mathrm{tg}(32°)$$
$$\approx 150.5(\mathrm{kPa})$$

$\sigma_{3f}=150.5\mathrm{kPa}\approx\sigma_3=150\mathrm{kPa}$，所以该土样处于极限平衡状态。

4.4 不同固结和排水条件下土的抗剪强度

土的剪切试验有很多，目前室内最常用的是直接剪切试验和三轴压缩试验。

4.4.1 直接剪切试验

测定土的抗剪强度最简单的方法是直接剪切试验（以下简称直剪试验）。这种试验所使用的仪器称为直剪仪，按加载方式的不同，直剪仪可分为应变控制式和应力控制式两种。前者是等速水平推动试样产生位移测定相应的剪应力；后者则是对试样分级施加水平剪应力测定相应的位移。我国目前普遍采用的是应变控制式直剪仪，如图 4.9 所示。该仪器的主要部件由固定的上盒和活动的下盒组成，试样放在盒内上下两块透水石之间。试验时，由杠杆系统通过加压活塞和透水石对试样施加某一法向应力 σ，然后等速推动下盒，使试样在沿上下盒之间的水平面上受剪直至破坏，剪应力 τ 的大小可借助与下盒接触的量力环而确定。

直接剪切试验

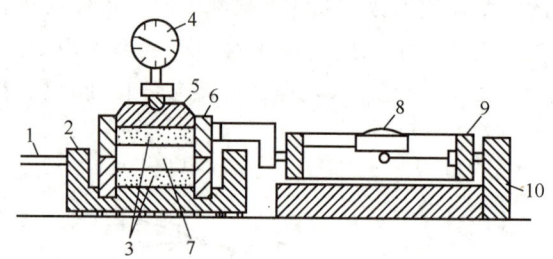

注：1—轮轴；2—可滑动底座；3—透水石；4—测微表①；5—加压活塞；6—上盒；7—试样；
　　8—测微表②；9—量力环；10—固定台座。

图 4.9　应变控制式直剪仪

直剪试验结果可绘制图 4.10 所示的曲线。图 4.10（a）所示的是试样在剪切过程中剪应力 τ 与剪切位移 δ 之间的关系曲线，当曲线出现峰值时，取峰值剪应力作为该级法向应力 σ 下的抗剪强度 τ_f；当曲线无峰值时，可取剪切位移 $\delta=2\mathrm{mm}$ 时所对应的剪应力作为该级法向应力 σ 下的抗剪强度。绘制相应的 τ_f、σ 曲线即为抗剪强度—法向应力关系曲线 [图 4.10（b）]。

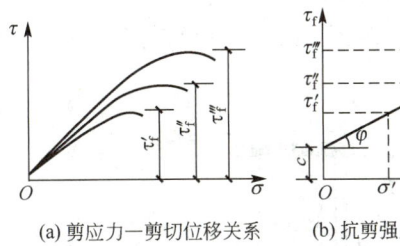

(a) 剪应力—剪切位移关系　　(b) 抗剪强度—法向应力关系

图 4.10　直剪试验结果

对同一种土取 3、4 个试样，分别在不同的法向应力下剪切破坏，可将试验结果绘制成如图 4.10（b）所示的抗剪强度 τ_f 与法向应力 σ 之间的关系。试验结果表明：黏性土的抗剪强度与法向应力是直线关系，该直线与横轴的夹角为内摩擦角 φ，在纵轴上的截距为黏聚力 c，直线方程可用库仑公式［式（4-2）］表示；非黏性土的抗剪强度与法向应力之间的关系则是一条通过原点的直线，可用式（4-1）表示。

直剪试验具有设备简单，试样制备及试验操作方便等优点，因而至今仍在国内广泛使用，但它存在如下主要缺点。

① 剪切面限定在上下盒之间的平面，而不是试样最薄弱的面。

② 剪切面上剪应力分布不均匀，且竖向荷载会发生偏转（上下盒的中轴线不重合），主应力的大小及方向都是变化的。

③ 在剪切过程中，试样剪切面逐渐缩小，而在计算抗剪强度时仍按试样的原截面积计算。

④ 试验时，不能严格控制排水条件，并且不能量测孔隙水压力。

⑤ 试验时，上下盒之间的缝隙中易嵌入砂粒，使试验结果偏大。

4.4.2　三轴压缩试验

三轴压缩试验也称三轴剪切试验，是测定抗剪强度的一种较为完善的方法。

1. 三轴压缩试验的基本原理

三轴压缩试验所使用的仪器——三轴压缩仪（图 4.11）（也称三轴剪切仪）主要由三个部分组成：主机、稳压调压系统以及量测系统，各系统之间用管路和各种阀门开关连接。

三轴压缩试验讲解（一）

三轴压缩试验的一般步骤：将试样切割成圆柱体套在橡胶膜内，放在密闭的压力室中，然后向压力室内注入气体或液体，使试样在各向均受到周围压力 σ_3，并使该周围压力在整个试验过程中保持不变，这时试样内各向的主应力都相等，因此在试样内不产生任何剪应力，如图 4.12（a）所示。然后通过轴向加载系统对试样施加竖向压力，当作用在试样上的水平向压力保持不变，而竖向压力逐渐增大时，试样终因受剪而破坏。设剪切破坏时轴向加载系统加在试样上的竖向压应力（称为偏应力）为 $\Delta\sigma_1$，则试样上的大主应力［图 4.12（b）］$\sigma_1 = \sigma_3 + \Delta\sigma_1$，而小主应力为 σ_3，据此可画出一个

三轴压缩试验讲解（二）

摩尔极限应力圆，如图 4.12（c）中的圆Ⅰ，用同一种土样的若干个试样（3个以上）分别在不同的周围压力 σ_3 下进行试验，可得一组摩尔极限应力圆，并作一条公切线，由此可求得土的抗剪强度指标 c、φ 值。

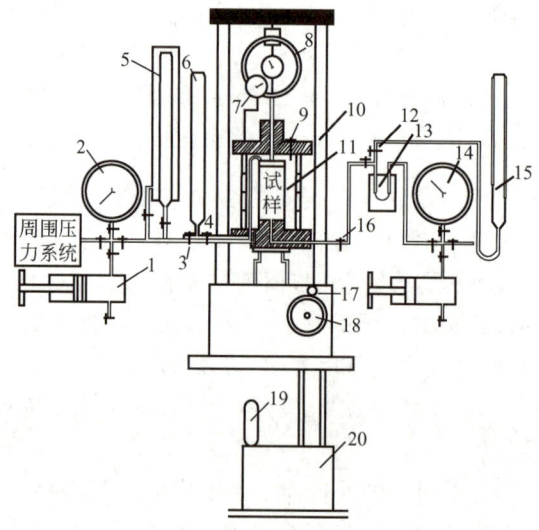

注：1—调压筒；2—周围压力表；3—周围压力阀；4—排水阀；5—体变管；6—排水管；7—变形量表；8—量力环；9—排气孔；10—轴向加压设备；11—压力室；12—量筒阀；13—零位指示器；14—孔隙压力表；15—量管；16—孔隙压力阀；17—离合器；18—手轮；19—马达；20—变速器。

图 4.11　三轴压缩仪

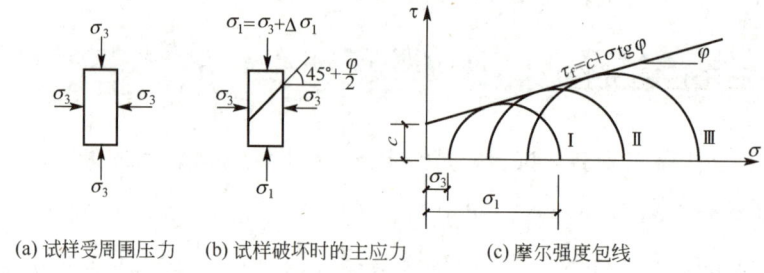

(a) 试样受周围压力　　(b) 试样破坏时的主应力　　(c) 摩尔强度包线

图 4.12　三轴压缩试验原理

不固结不排水剪试验

2. 三轴试验方法

根据试样剪切前固结的排水条件和剪切时的排水条件，三轴压缩试验可分为以下三种试验方法。

（1）不固结不排水剪（UU）试验。

在施加周围压力和随后施加偏应力直至剪切破坏的整个试验过程中都不允许排水，这样从开始加压直至试样剪切破坏，试样中的含水量始终保持不变，孔隙水压力则不可能消散。这种试验方法所对应的实际工程条件相当于饱和软黏土中快速加载时的应力状况，得到的抗剪强度指标用 c_u、φ_u 表示。

(2) 固结不排水剪（CU）试验。

在施加周围压力时，将排水阀门打开，允许试样充分排水，待固结稳定后关闭排水阀门，然后再施加偏应力，使试样在不排水的条件下剪切破坏，得到的抗剪强度指标用 c_{cu}、φ_{cu} 表示。由于不排水，试样在剪切过程中没有任何体积变形。若要在受剪过程中量测孔隙水压力，则要打开试样与孔隙水压力量测系统间的管路阀门。

固结不排水剪试验是经常要做的工程试验，它适用的工程条件常常是一般正常固结土层在工程竣工或在使用阶段受到大量、快速的活荷载作用或新增加的荷载作用时所对应的受力情况。

(3) 固结排水剪（CD）试验。

在施加周围压力和随后施加偏应力直至剪切破坏的整个试验过程中都将排水阀门打开，并给予充分的时间让试样中的孔隙水压力能够完全消散，得到的抗剪强度指标用 c_d、φ_d 表示。

三轴压缩试验的突出优点是能够控制排水条件以及可以量测试样中孔隙水压力的变化。此外，三轴压缩试验中试样的应力状态也比较明确，剪切破坏时的破裂面在试样的最弱处，而不像直剪试验那样限定在上下盒之间。一般来说，三轴压缩试验的结果还是比较可靠的，因此，三轴压缩仪是土工试验不可缺少的仪器设备。三轴压缩试验的主要缺点是试样所受的力是轴对称的，也即试样所受的三个主应力中，有两个是相等的，但在工程实际中土体的受力情况并非属于这类轴对称的情况，而真三轴仪可在不同的三个主应力（$\sigma_1 \neq \sigma_2 \neq \sigma_3$）作用下进行试验。

4.4.3　无侧限抗压强度试验

无侧限抗压强度试验实际上是三轴压缩试验的一种特殊情况，即侧向压力 $\sigma_3 = 0$ 的三轴压缩试验，所以又称单轴试验。无侧限抗压强度试验所使用的无侧限压力仪如图 4.13（a）所示，现在常利用三轴仪做该试验。试验时，在不加任何侧向压力的情况下，对试样施加轴向压力，直至试样剪切破坏。试样破坏时的轴向压力称为无侧限抗压强度[图 4.13（b）]，以 q_u 表示。

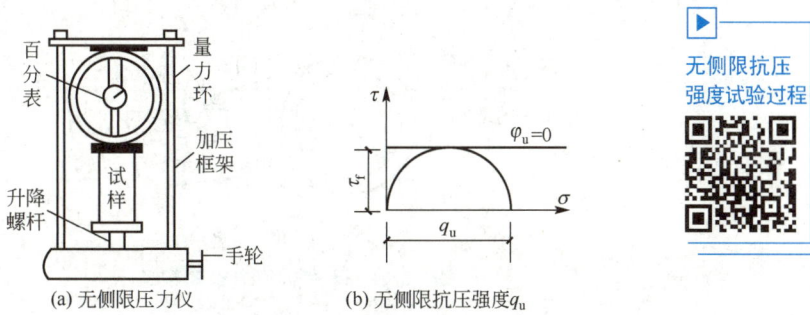

图 4.13　无侧限抗压强度试验

由于不能变化侧向压力，因而根据试验结果，只能作一个极限应力圆，难以得到摩尔强度包线。饱和黏性土的三轴不固结不排水剪试验结果表明，其摩尔强度包线为一条水平线，即 $\varphi_u=0$，如图 4.13（b）所示。因此，饱和黏性土的不排水抗剪强度就可利用无侧限抗压强度 q_u 来得到，见式(4-14)。

$$\tau_f = c_u = \frac{q_u}{2} \tag{4-14}$$

式中　τ_f——不排水抗剪强度，kPa；

　　　c_u——不排水黏聚力，kPa；

　　　q_u——无侧限抗压强度，kPa。

4.4.4　十字板剪切试验

前面所介绍的 3 种试验都是室内测定土的抗剪强度的方法，这些试验方法都要求事先取得原状土样。但由于土样在采取、运送、保存和制备过程中不可避免地会受到扰动，含水量难以保持天然状态（特别是高灵敏度的黏性土）。因此室内试验结果对土的实际情况的反映就会受到不同程度的影响。十字板剪切试验是原位测试土的抗剪强度的方法，这种试验方法适合在现场测定饱和黏性土（特别是均匀饱和软黏土）的原位不排水抗剪强度。

十字板剪力仪的构造如图 4.14 所示。试验时，先把套管打到要求测试的深度之上 75cm，并将套管内的土清除，然后通过套管将安装在钻杆下的十字板压入土中至测试的深度。由地面上的扭力装置对钻杆施加扭矩，使埋在土中的十字板扭转，直至土体剪切破坏，破坏面为十字板旋转所形成的圆柱面。

十字板剪切试验过程

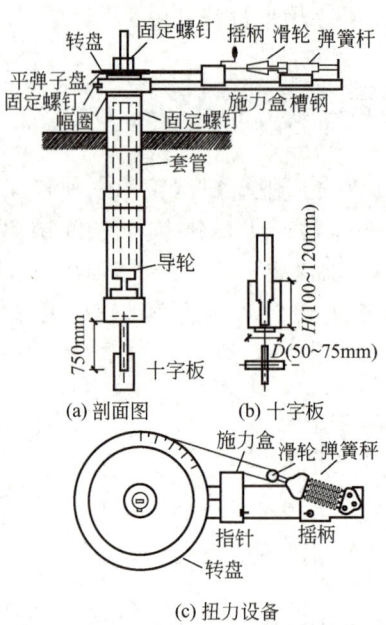

图 4.14　十字板剪力仪的构造

设土体剪切破坏时所施加的扭矩为 M，则它应该与剪切破坏的圆柱面（图 4.15，包括侧面和上下面）上土的抗剪强度所产生的抵抗力矩相等，假定土体为各向同性体，得土的抗剪强度见式(4-15)。

$$\tau_+ = \frac{M_{\max}}{\frac{\pi D^2}{2}\left(H + \frac{D}{3}\right)} \tag{4-15}$$

式中　τ_+——十字板剪切试验测定的土的抗剪强度，kPa；

　　　$M_{\max}$——剪切破坏时的扭矩，kN·m；

　　　H——十字板的高度，m；

　　　D——十字板的直径，m。

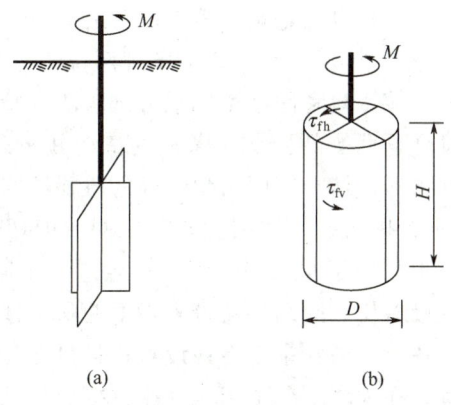

图 4.15　十字板剪切破坏的圆柱面

十字板剪切试验由于是直接在原位进行测试的，不必取土样，故土样所受的扰动较小，被认为是比较能反映土的抗剪强度的测试方法，但如果在软土层中夹有薄层粉砂，则十字板剪切试验结果就可能会偏大。

4.4.5　强度试验方法与强度指标的选用

从以上几个问题的介绍中可以看到，土的抗剪强度及其指标的确定将因所采用的分析方法（有效应力法或总应力法）的不同而有所不同。目前常用的试验手段主要是三轴压缩试验与直接剪切试验两种，前者能够控制排水条件并可以量测试样中孔隙水压力的变化，后者则不能。三轴压缩试验与直接剪切试验的试验方法，理论上是一一对应的。直接剪切试验方法中的"快"和"慢"体现"不排水"和"排水"，仅是为了通过快和慢的剪切速率来解决试样的排水条件问题，并不是为了解决剪切速率对抗剪强度的影响问题。所以，当把慢剪与排水剪，快剪与不排水剪，固结快剪与固结不排水剪一一对应分析之后，便可在实际工程中明确不同试验方法及相应的抗剪强度指标的选用条件。

① 与有效应力法和总应力法相对应，应分别采用土的有效应力强度指标或总应力强度指标。当土中的孔隙水压力能通过试验、计算或其他方法加以确定时，宜采用有效应力法。用有效应力法及相应指标进行计算，概念明确，指标稳定，是一种比较合理的分析方法，只要能比较准确地确定孔隙水压力，则应该推荐采用有效应力强度指标。

② 三轴压缩试验中的不固结不排水剪试验和固结不排水剪试验这两种试验方法的排水条件是很明确的，实际工程应用也是明确的。不固结不排水剪试验相应于所施加的外力全部为孔隙水压力所承担，试样完全保持初始的有效应力状态；固结不排水剪试验的固结

应力全部转化为有效应力而在施加偏应力时又产生了孔隙水压力。所以仅当实际工程中的有效应力状况与上述两种情况相对应时，采用上述试验方法及相应指标才是合理的。因此，对于可能发生快速加载的正常固结黏性土上的路堤进行稳定分析时可采用不固结不排水剪试验的抗剪强度指标。反之，当土层较薄、渗透性较大、施工速度较慢工程的竣工期分析可采用固结不排水剪试验的抗剪强度指标；对于工程使用期分析一般采用固结不排水剪试验的抗剪强度指标。

③ 对于上面所述的一些工程情况不一定都是很明确的，如加载速度的快慢、土层的厚薄、荷载大小以及加载过程等都没有定量的界限值与之对应，因此在具体工程中常结合工程经验予以调整和判断，这是应用土力学基本原理解决工程实际问题的基本条件。此外，常用的三轴不固结不排水剪试验和固结不排水剪试验的试验条件也是理想化了的室内条件，在实际工程中完全符合这两个特定试验条件的情况并不多，大多只是近似的情况，这是在具体工程的抗剪强度指标需结合实际工程经验的主要原因之一。

④ 直接剪切试验不能控制排水条件，因此，若用同一剪切速率和同一固结时间进行直接剪切试验，这对渗透性不同的试样来说，不但有效应力不同而且固结状态也不明确，若不考虑这一点，则使用直接剪切试验结果就带来很大的随意性。但直接剪切试验的设备构造简单、操作方便，国内各土工试验室都有该设备；且目前完全用三轴压缩试验取代直接剪切试验的条件尚不具备，在大多情况下仍然采用直接剪切试验。因此必须注意直接剪切试验的适用性，也即注意和明确实际工程中的具体排水条件。

4.5 浅基础地基的临塑荷载和塑性荷载

4.5.1 地基破坏模式

地基从开始发生变形到失去稳定（即破坏）的发展过程（图 4.16），可用现场静载荷试验进行研究。图 4.16（d）表示静载荷试验测得的 p—s 曲线。典型的 p—s 曲线可以分成顺序发生的三个阶段，即压密变形阶段（oa）、局部剪损阶段（ab）和整体剪切破坏阶段（b 点以下）。

三个阶段之间存在着两个界限荷载。第一个界限荷载标志着地基从压密阶段进入局部剪损阶段。当荷载小于这一界限荷载时，地基内各点土体均未达到极限平衡状态。当荷载大于这一界限荷载时，位于基础下的局部土体（通常是基础边缘下的土体），首先达到极限平衡状态，于是地基内开始出现弹性区和塑性区并存的现象，这一界限荷载称为临塑荷载，用 p_{cr} 表示。第二个界限荷载标志着地基土从局部剪损阶段进入整体破坏阶段。这时基础下滑动边界范围内的全部土体都处于塑性破坏状态，地基丧失稳定。该界限荷载称为极限荷载，也称为地基的极限承载力，用 p_u 表示。这两个界限荷载对于研究地基的稳定性有很重要的意义。

以上所描述的地基从开始发生变形到失去稳定的发展过程的 $p-s$ 曲线，仅仅是静载荷试验所归纳的一类常见的 $p-s$ 曲线 [图 4.17 的 a 型曲线]，它所代表的破坏形式称为整体剪切破坏，但它并不是地基破坏的唯一形式。在松、软的土层中，或者荷载板的埋深

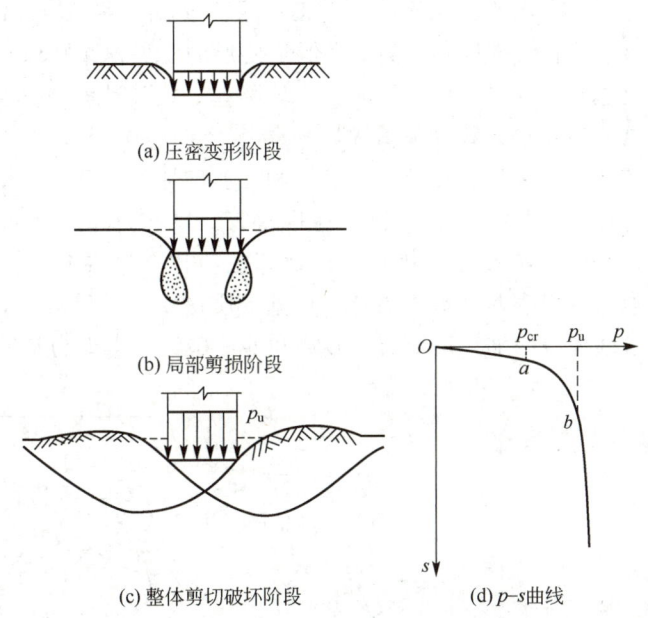

图 4.16　地基从开始发生变形到失去稳定的发展过程及典型的 p—s 曲线

较大时，经常会出现图 4.17 中所示的 b 型和 c 型的 p-s 曲线。b 型曲线的特点是荷载板底的压应力 p 与变形量 s 的关系，从一开始就呈现非线性变化，且随着压应力的增加，变形加速发展，但是直至地基破坏，仍然不会出现 a 型曲线那样明显的变形量突然急剧增加的现象。相应于 b 型曲线，荷载板下土体的剪切破坏也是从基础边缘开始的，且随着基底压应力的增加，极限平衡区相应扩大。但是荷载进一步增大，极限平衡区却限制在一定的范围内，不会形成延伸至地面的连续破裂面。

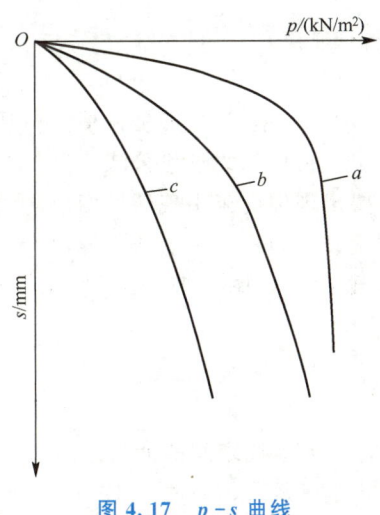

图 4.17　p-s 曲线

地基破坏时，荷载板两侧土体只略为隆起，但变形速率加大，总变形量很大，说明地基已破坏，这种破坏形式称为局部剪切破坏。局部剪切破坏的发展是渐进的，即破坏面上的抗剪强度未能同时发挥出来，所以地基承载的能力较低。b 型曲线由于没有明显的转折点,只能根据曲线上坡度变化比较强烈处来定义极限荷载 p_u。图 4.17 中的 c 型曲线表示地基的第三种破坏形式,它与 b 型曲线类似,但是变形的发展速率更快。试验中,荷载板几乎是垂直下切的,两侧不发生土体隆起,地基沿板侧发生垂直的剪切破坏面,这种破坏形式称为冲剪破坏。

整体剪切破坏、局部剪切破坏和冲剪破坏,是竖向荷载作用下地基的三种破坏形式(图 4.18)。实际产生哪种形式的破坏取决于许多因素,主要因素是地基土的特性和基础埋深。地基土质比较坚硬、密实,基础埋深不大时,通常会出现整体剪切破坏。地基土质松软时,则容易出现局部剪切破坏和冲剪破坏。随着基础埋深增加,局部剪切破坏和冲剪破坏变得更为常见。

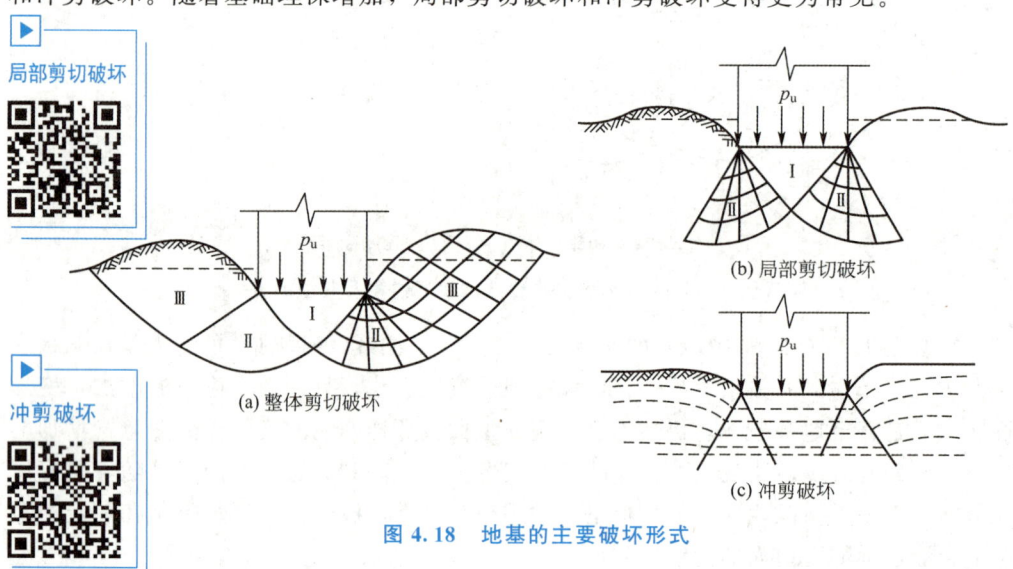

图 4.18 地基的主要破坏形式

4.5.2 临塑荷载与塑性荷载

临塑荷载 p_{cr} 和塑性荷载($p_{1/4}$、$p_{1/3}$ 等)都是在整体剪切破坏的条件下推导的,对于局部剪切破坏和冲剪破坏的情况,目前尚无理论公式。

临塑荷载是指地基土中将要出现但尚未出现塑性变形区时的基底压力,其计算公式可根据土体中应力计算的弹性理论和土体极限平衡条件导出。

设地表作用一条形均布荷载 p_0,如图 4.19(a)所示,在地表下任一深度点 M 处产生的大、小主应力见式(4-16)。

$$\left.\begin{matrix}\sigma_1\\\sigma_3\end{matrix}\right\} = \frac{p_0}{\pi}(\beta_0 \pm \sin\beta_0) \qquad (4-16)$$

式中 β_0——荷载两边缘与计算点的连线之间的夹角。

实际上一般基础都具有一定的埋深 d,如图 4.19(b)所示,此时地基中任一深度点 M 处的应力除了有基底附加应力 $p_0 = p - \gamma d$ 产生外,还有土的自重应力。严格地说,点 M 上土的自重应力各向是不同的,因此上述两项在点 M 产生的应力在数值上不能叠加。为了简化起见,在下述荷载公式推导中,假定土的自重应力各向相等,即相当于土的侧压力系数 K_0 取 1.0,因此,土的水平向和竖向自重应力取值均为 $(\gamma_0 d + \gamma z)$。地基中任一

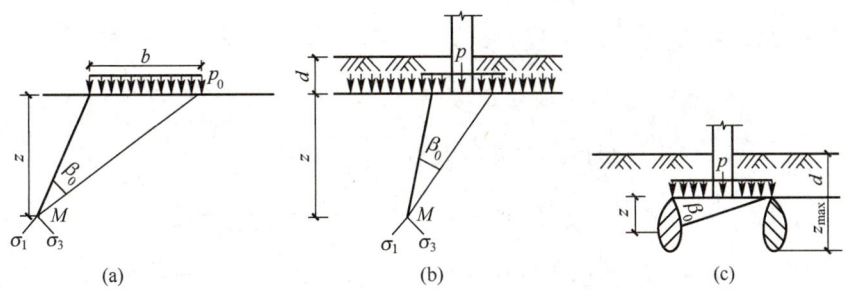

图 4.19 条形均布荷载作用下的地基主应力

深度点 M 处的 σ_1 和 σ_3 可写为式(4-17)。

$$\left.\begin{array}{c}\sigma_1\\ \sigma_3\end{array}\right\}=\frac{p-\gamma d}{\pi}(\beta_0\pm\sin\beta_0)+\gamma_0 d+\gamma z \qquad (4-17)$$

式中 γ_0——基底标高以上土的加权平均重度，kN/m^3；

γ——土的重度，kN/m^3。

根据极限平衡理论，当点 M 处于极限平衡状态时，该点的大、小主应力应满足极限平衡条件式(4-18)。

$$\sin\varphi=\frac{\sigma_1-\sigma_3}{\sigma_1+\sigma_3+2c\cdot\mathrm{ctg}\varphi} \qquad (4-18)$$

将式(4-17)代入式(4-18)，整理可得塑性区的界线方程 [式(4-19)]。

$$z=\frac{p-\gamma_0 d}{\pi\gamma}\left(\frac{\sin\beta_0}{\sin\varphi}-\beta_0\right)-\frac{c}{\gamma\mathrm{tg}\varphi}-\frac{\gamma_0}{\gamma}d \qquad (4-19)$$

式(4.19)表示在荷载 p 作用下地基土的塑性区边界上任一点的 z 与 β_0 之间的关系，可称为塑性界线方程。如果 p、γ_0、γ、d、c 和 φ 已知，则根据式(4-19)可绘出塑性区的边界线，如图 4.20 所示。采用弹性理论计算，基础两边点的主应力最大，因此塑性区首先从基础两边点开始向深处发展。

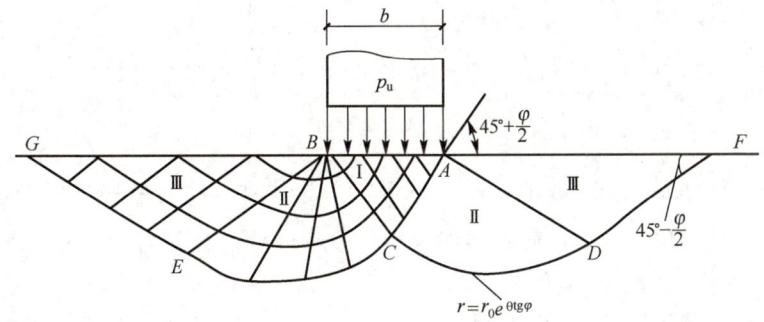

图 4.20 普朗特尔解得的地基滑动面形状

塑性区发展的最大深度 $z_{\max}$，可由 $\dfrac{\mathrm{d}z}{\mathrm{d}\beta_0}=0$ 的条件求得，见式(4-20)。

$$\frac{\mathrm{d}z}{\mathrm{d}\beta_0}=\frac{p-\gamma_0 d}{\pi\gamma}\left(\frac{\cos\beta_0}{\sin\varphi}-1\right)=0 \qquad (4-20)$$

则可得式(4-21)。

$$\cos\beta_0 = \sin\varphi \tag{4-21}$$

从而求得式(4-22)。

$$\beta_0 = \frac{\pi}{2} - \varphi \tag{4-22}$$

将 β_0 代入式(4-19)得塑性区发展最大深度 $z_{\max}$ 的表达式[式(4-23)]。

$$z_{\max} = \frac{p - \gamma_0 d}{\pi \gamma}\left[\mathrm{ctg}\varphi - \left(\frac{\pi}{2} - \varphi\right)\right] - \frac{c}{\gamma \mathrm{tg}\varphi} - \frac{\gamma_0}{\gamma}d \tag{4-23}$$

由式(4-23)可见,当其他条件不变时,荷载 p 增大,塑性区就发展,该区的最大深度也随之增大。若 $z_{\max}=0$,则表示地基中将要出现但尚未出现塑性区,其相应的荷载即为临塑荷载 p_{cr}。因此,在式(4-23)中令 $z_{\max}=0$,可得到临塑荷载的表达式[式(4-24)]。

$$p_{\mathrm{cr}} = \frac{\pi(\gamma_0 d + c \cdot \mathrm{ctg}\varphi)}{\mathrm{ctg}\varphi + \varphi - \frac{\pi}{2}} + \gamma_0 d \tag{4-24}$$

式中 γ_0——基底标高以上土的加权平均重度,kN/m^3;

φ——地基土的内摩擦角,(°)。

工程实践表明,即使地基发生局部剪切破坏,地基中塑性区有所发展,只要塑性区范围不超出某一限度,就不致影响建筑物的安全和正常使用,因此以 p_{cr} 作为地基土的承载力偏于保守。

塑性荷载就是指地基土中已经出现塑性变形区,但尚未达到极限破坏时的基底压力($p_{1/4}$、$p_{1/3}$ 等)。一般认为,在中心垂直荷载作用下,塑性区的最大发展深度 $z_{\max}$ 可控制在基础宽度的 1/4,相应的塑性荷载用 $p_{1/4}$ 表示。因此,在式(4-23)中令 $z_{\max}=b/4$,可得到 $p_{1/4}$ 的计算公式[式(4-25)]。

$$p_{1/4} = \frac{\pi(\gamma_0 d + c \cdot \mathrm{ctg}\varphi + \gamma b/4)}{\mathrm{ctg}\varphi + \varphi - \frac{\pi}{2}} + \gamma_0 d \tag{4-25}$$

式(4-25)可改用式(4-26)。

$$p_{1/4} = N_b \gamma b + N_d \gamma_0 d + N_c c \tag{4-26}$$

其中,N_b、N_d、N_c 分别为承载力系数,仅与 φ 有关,见式(4-27)。

$$N_b = \frac{\pi}{4\left(\mathrm{ctg}\varphi + \varphi - \frac{\pi}{2}\right)}, N_d = \frac{\mathrm{ctg}\varphi + \varphi + \frac{\pi}{2}}{\left(\mathrm{ctg}\varphi + \varphi - \frac{\pi}{2}\right)}, N_c = \frac{\pi \cdot \mathrm{ctg}\varphi}{\mathrm{ctg}\varphi + \varphi - \frac{\pi}{2}}。 \tag{4-27}$$

式(4-26)经过与静载荷试验结果对比后,发现该式的计算结果较适合黏性土。对内摩擦角 φ 较大的砂类土,N_b 值偏低。

而对于偏心荷载作用的基础,也可取 $z_{\max}=b/3$ 相应的塑性荷载 $p_{1/3}$ 作为地基的承载力,其计算见式(4-28)。

$$p_{1/3} = \frac{\pi(\gamma_0 d + c \cdot \mathrm{ctg}\varphi + \gamma b/3)}{\mathrm{ctg}\varphi + \varphi - \frac{\pi}{2}} + \gamma_0 d \tag{4-28}$$

必须指出,式(4-28)是在条形均布荷载作用下推导出的,对于矩形和圆形基础,其结果偏于安全。此外,在式(4-28)的推导过程中采用了弹性力学的解,对于已出现塑性区的塑性变形阶段，其推导是不够严格的。

【例 4.2】 某条形基础宽 6m，基底埋深 1.4m，地基土 $\gamma=18.0 \text{kN/m}^3$，$\varphi=22°$，$c=15.0 \text{kPa}$，试计算该地基的临塑荷载 p_{cr} 及塑性荷载 $p_{1/4}$。

解：
(1) 由式 (4-24) 可求得临塑荷载 p_{cr}。

$$p_{cr} = \frac{\pi(18.0 \times 1.4 + 15.0 \text{ctg}22° \times \pi/180)}{\text{ctg}22° \times \pi/180 + \text{ctg}22° \times \pi/180 - \pi/2} + 18.0 \times 1.4 \approx 178.9 (\text{kPa})$$

(2) 由式 (4-25) 可求得 $p_{1/4}$。

$$p_{1/4} = \frac{\pi(18.0 \times 1.4 + 15.0 \text{ctg}22° \times \pi/180 + 18.0 \times 6/4)}{\text{ctg}22° \times \pi/180 + \text{ctg}22° \times \pi/180 - \pi/2} + 18.0 \times 1.4 \approx 243.0 (\text{kPa})$$

4.6 地基极限承载力

地基极限承载力可以从静载荷试验求得外，还可以用半理论半经验公式计算，这些公式都是在刚塑体极限平衡理论基础上解得的。下面介绍常用的几个地基极限承载力公式。

4.6.1 普朗特尔地基极限承载力公式

普朗特尔根据极限平衡理论，推导出当不考虑土的重力 ($\gamma=0$)，且假定基础底面光滑无摩擦力时，置于地基表面的条形基础作用下的地基的极限承载力公式 [式 (4-29)] （以下简称普朗特尔公式）。

$$p_u = c\left[e^{\pi \text{tg}\varphi} \text{tg}^2\left(\frac{\pi}{4} + \frac{\varphi}{2}\right) - 1\right] \text{ctg}\varphi = cN_c \tag{4-29}$$

其中承载力系数 $N_c = \left[e^{\pi \text{tg}\varphi} \text{tg}^2\left(\frac{\pi}{4} + \frac{\varphi}{2}\right) - 1\right] \text{ctg}\varphi$，是内摩擦角 φ 的函数，可查表 4-1。

表 4-1 普朗特尔地基极限承载力公式的承载力系数

φ	0°	5°	10°	15°	20°	25°	30°	35°	40°	45°
N_r	0	0.62	1.75	3.82	7.71	15.2	30.1	62.0	135.5	322.7
N_q	1.00	1.57	2.47	3.94	6.40	10.7	18.4	30.3	64.2	134.9
N_c	5.14	6.49	8.35	11.00	14.80	20.7	30.1	46.1	75.3	133.9

普朗特尔解得的地基滑动面形状如图 4.20 所示。

地基的极限平衡区可分为 3 个区：基底下的 I 区，因为假定基底无摩擦力，故基底平面是最大主应力面，两组滑动面与基础底面成 $\left(45° + \frac{\varphi}{2}\right)$ 角，也就是说 I 区是朗肯主动状态区；随着基础下沉，I 区土楔体向两侧挤压，因此 III 区为朗肯被动状态区，滑动面也是由两组平面组成，由于地基表面为最小主应力平面，故滑动面与地基表面成 $\left(45° - \frac{\varphi}{2}\right)$ 角；I 区与 III 区的中间是过渡区 II，II 区的滑动面一组是辐射线，另一组是对数螺旋线 (图 4.21)，如图 4.20 中的 CD 及 CE，其方程为式 (4-30)。

$$r = r_0 e^{\theta \mathrm{tg}\varphi} \tag{4-30}$$

式中　r——极半径，m；

r_0——螺旋初始点的极半径，m。

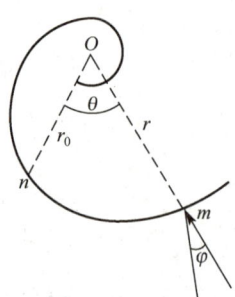

图 4.21　对数螺旋线

4.6.2　雷斯诺对普朗特尔公式的补充

普朗特尔公式是假定基础底面与地基的表面光滑无摩擦接触，但一般基础均有一定的埋深，若埋深较浅时，为简化起见，可忽略基础底面以上土体的抗剪强度，而将这部分土体作为分布在基础两侧的均布荷载 $q = \gamma d$ 作用在 GF 面上，如图 4.22 所示。

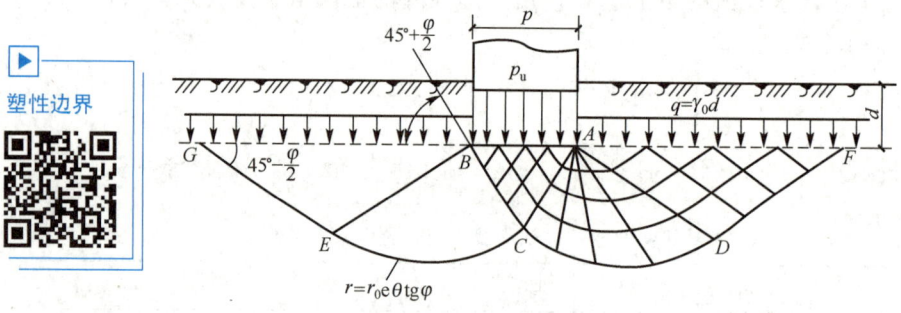

图 4.22　基础有埋深时的雷斯诺滑动面形状

雷斯诺在普朗特尔公式假定的基础上，导得了由均布荷载 q 产生的地基极限荷载力公式，见式(4-31)。

$$p_u = q e^{\pi \mathrm{tg}\varphi} \mathrm{tg}^2 \left(\frac{\pi}{4} + \frac{\varphi}{2} \right) = q N_q \tag{4-31}$$

式中　N_q——承载力系数，$N_q = e^{\pi \mathrm{tg}\varphi} \mathrm{tg}^2 \left(\frac{\pi}{4} + \frac{\varphi}{2} \right)$，是内摩擦角 φ 的函数，可从表 4-1 查得。

将式(4-29)及式(4-31)合并，得到不考虑土体重力时，埋深为 d 的条形基础的地基极限承载力公式[式(4-32)]（以下简称雷斯诺公式）。

$$p_u = q N_q + c N_c \tag{4-32}$$

式中　N_c——承载力系数，可按内摩擦角 φ 值由表 4-1 查得。

上述普朗特尔及雷斯诺导得的公式，均是假定土体的重力（$\gamma = 0$），但是由于土体的强度很小，同时内摩擦角 φ 又不等于零，因此不考虑土体的重力是不妥当的。若考虑土体的重力时，普朗特尔导得的滑动面 Ⅱ 区中的 CD、CE 就不再是对数螺旋线了，其滑动面形状很复杂，目前尚无法按极限平衡理论求得其解析解，只能采用数值法求得。

4.6.3　泰勒对普朗特尔公式的补充

普朗特尔公式和雷斯诺公式是假定土的重度 $\gamma=0$，按极限平衡理论解得的地基极限承载力公式。若考虑土体的重力，目前尚无法得到其解析解，但许多学者在普朗特尔公式的基础上作了一些近似计算。

泰勒在1948年提出，若考虑土体重力时，假定其滑动面与普朗特尔公式相同，那么图 4.22 中的滑动土体 $ABGECDF$ 的重力，将使滑动面 $GECDF$ 上土体的抗剪强度增加。泰勒假定抗剪强度增加值可用一个换算黏聚力 $c'=\gamma t \mathrm{tg}\varphi$ 来表示，其中 γ、φ 为土的重度及内摩擦角，t 为滑动土体的换算高度，假定 $t=\overline{OC}=\dfrac{b}{2}\mathrm{ctg}\alpha=\dfrac{b}{2}\mathrm{tg}\left(\dfrac{\pi}{4}+\dfrac{\varphi}{2}\right)$。这样用 $(c+c')$ 代替式(4-32)中的 c，即得考虑滑动土体重力时的泰勒地基极限承载力计算公式 [式(4-33)]。

$$\begin{aligned}
p_\mathrm{u} &= qN_q+(c+c')N_c = qN_q+cN_c+c'N_c \\
&= qN_q+cN_c+\gamma\dfrac{b}{2}\mathrm{tg}\left(\dfrac{\pi}{4}+\dfrac{\varphi}{2}\right)\left[e^{\pi \mathrm{tg}\varphi}\mathrm{tg}^2\left(\dfrac{\pi}{4}+\dfrac{\varphi}{2}\right)-1\right] \\
&= \dfrac{1}{2}\gamma b N_r+qN_q+cN_c
\end{aligned} \qquad (4-33)$$

式中　N_r——承载力系数，$N_r=\mathrm{tg}\left(\dfrac{\pi}{4}+\dfrac{\varphi}{2}\right)\left[e^{\pi \mathrm{tg}\varphi}\mathrm{tg}^2\left(\dfrac{\pi}{4}+\dfrac{\varphi}{2}\right)-1\right]$，可按 φ 值由表 4-1 查得。

4.6.4　太沙基地基极限承载力公式

太沙基提出了确定条形浅基础的地基极限承载力公式（以下简称太沙基公式）。太沙基认为从实用考虑，当基础的长宽比 $L/b \geqslant 5$ 及基础的埋深 $d \leqslant b$ 时，就可视为是条形浅基础。基础以上的土体看作作用在基础两侧的均布荷载 $q=\gamma d$。

太沙基假定基础底面是粗糙的，地基滑动面的形状如图 4.23 所示，可以分成 3 个区。Ⅰ区：基础底面下的土楔体 ABC，由于假定基础底面是粗糙的，具有很大的摩擦力，因此 ABC 不会发生剪切位移，Ⅰ区内土体不是处于朗肯主动状态，而是处于弹性压密状态，它与基础底面一起移动。太沙基假定滑动面 AC（或 BC）与水平面成 φ 角。Ⅱ区：假定与普朗特尔公式一样，滑动面一组是通过 AB 点的辐射线，另一组是对数螺旋线 CD、CE。前面已经指出，如果考虑土体的重力时，滑动面就不会是对数螺旋线，目前尚不能求得两组滑动面的解析解。因此，太沙基公式是忽略了土体的重力对滑动面形状的影响，是一种近似解。由于滑动面 AC 与 CD 间的夹角应该等于 $\left(\dfrac{\pi}{2}+\varphi\right)$，所以对数螺旋线在点 C 的切线是竖直的。Ⅲ区：朗肯被动状态区，滑动面 AD 及 DF 与水平面成 $\left(\dfrac{\pi}{4}-\dfrac{\varphi}{2}\right)$ 角。

若作用在基底的极限荷载为 p_u 时,假设此时发生整体剪切破坏,那么基底下的弹性压密区(Ⅰ区)ABC 将贯入土中,向两侧挤压,土体 $ACDF$ 及 $BCEG$ 达到被动破坏。因此,在 AC 及 BC 面上将作用被动土压力 p_p,p_p 与作用面的法线方向成 δ 角,已知摩擦角 $\delta=\varphi$,故 p_p 是竖向的,如图 4.24 所示。取土楔体 ABC,考虑基础为单位长度,根据平衡条件,则可得式(4-34)。

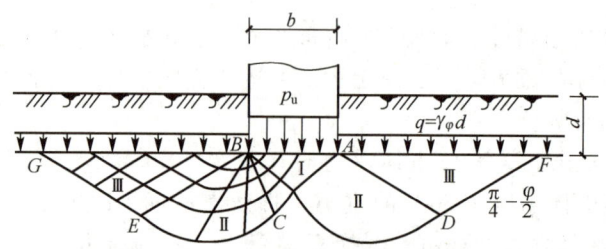

图 4.23 太沙基公式地基滑动面形状

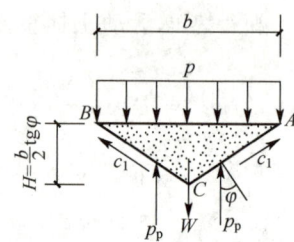

图 4.24 土楔 ABC 受力示意图

$$p_u b = 2c_1 \sin\varphi + 2p_p - W \tag{4-34}$$

式中 c_1——AC 及 BC 面上土黏聚力的合力,$c_1 = c \cdot \overline{AC} = \dfrac{cb}{2\cos\varphi}$;

W——土楔体 ABC 的重力,$W = \dfrac{1}{2}\gamma H b = \dfrac{1}{4}\gamma b^2 \mathrm{tg}\varphi$。

由此,式(4-34)可写成式(4-35)。

$$p_u = c \cdot \mathrm{tg}\varphi + \dfrac{2p_p}{b} - \dfrac{1}{4}\gamma b \mathrm{tg}\varphi \tag{4-35}$$

被动土压力 p_p 是由土的重力、黏聚力 c 和内摩擦角 φ、荷载 q 三种作用引起的总和,要精确地确定它是很困难的。太沙基认为根据实际工程要求的精度,可以用下述简化方法分别计算三种作用引起的被动土压力的总和。

(1) 土体是没有质量、有黏聚力和内摩擦角,没有荷载的,即 $\gamma=0$、$c\neq0$、$q=0$。

(2) 土体是没有质量、没有黏聚力有内摩擦角、有荷载的,即 $\gamma=0$、$c=0$、$\varphi\neq0$、$q\neq0$。

(3) 土体是有质量、没有黏聚力有内摩擦角、没有荷载的,即 $\gamma\neq0$、$c=0$、$\varphi\neq0$、$q=0$。

式(4-35)可得太沙基公式,见式(4-36)。

$$p_u = \dfrac{1}{2}\gamma b N_r + q N_q + c N_c \tag{4-36}$$

式中 N_r、N_q、N_c——承载力系数,可由表 4-1 查得。

式(4-36)只适用于条形基础,对于圆形或方形基础,太沙基提出了半经验的极限承载力公式,见式(4-37)、式(4-38)。

圆形基础:
$$p_u = 0.6\gamma R N_r + q N_q + 1.2 c N_c \quad (4-37)$$

式中 R——圆形基础的半径,m。

方形基础:
$$p_u = 0.4\gamma b N_r + q N_q + 1.2 c N_c \quad (4-38)$$

式中 b——方形基础的边长,m。

式(4-36)~式(4-38)只适用于地基是整体剪切破坏的情况。当地基破坏是局部剪切破坏时,太沙基建议这种情况可采用较小的 c'、φ' 值代入上述各式计算地基极限承载力。即令 $\mathrm{tg}\varphi' = \frac{2}{3}\mathrm{tg}\varphi$,$c' = \frac{2}{3}c$。

根据 φ' 值从表4-2中查承载力系数,并用 c' 代入公式计算极限承载力。

表4-2 太沙基公式极限承载力系数表

φ	0°	5°	10°	15°	20°	25°	30°	35°	40°	45°
N_r	0	0.51	1.20	1.80	4.00	11.00	21.80	45.40	125.0	326.00
N_q	1.00	1.64	2.69	4.45	7.42	12.70	22.50	41.40	81.30	173.30
N_c	5.71	7.32	9.58	12.90	17.6	25.10	37.20	57.70	95.70	172.20

用太沙基公式计算地基极限承载力时,其安全系数应取3。

【例4.3】 某路堤如图4.25所示,验算路堤下地基承载力是否满足要求。采用太沙基公式计算地基极限承载力。计算时要求按下述两种施工情况进行分析。

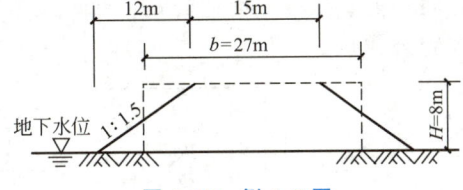

图4.25 例4.3图

(1) 路堤填土填筑速度很快,它比荷载在地基中所引起的超孔隙水压力的消散速率快。

(2) 路堤填土施工速度很慢,地基土中不引起超孔隙水压力。

已知路堤填土: $\gamma_1 = 18.8\mathrm{kN/m^3}$,$c_1 = 33.4\mathrm{kPa}$,$\varphi_1 = 20°$。地基土(饱和黏土): $\gamma_2 = 15.7\mathrm{kN/m^3}$,土的不排水抗剪强度指标为 $c_u = 22\mathrm{kPa}$,$\varphi_u = 0$,土的固结排水抗剪强度指标为 $c_d = 4\mathrm{kPa}$,$\varphi_d = 22°$。

解:

将梯形断面路堤折算成等面积和等高度的矩形断面(如图4.25中虚线所示),求得其换算路堤宽度 $b = 27\mathrm{m}$,地基土的浮重度 $\gamma_2' = \gamma_2 - \gamma_w = 15.7 - 9.8 = 5.9$ (kN/m³)。

用太沙基公式计算地基极限承载力。

$$p_u = \frac{1}{2}\gamma b N_r + q N_q + c N_c$$

情况（1）：

$\varphi_u=0$，由表4-2查得极限承载力系数 $N_r=0$，$N_q=1.0$，$N_c=5.71$。

$\gamma'_2=5.9\text{kN/m}^3$，$c_u=22\text{kPa}$，$d=0$，$q=\gamma_1 d=0$，$b=27\text{m}$。

得：
$$p_u=\frac{1}{2}\times 5.9\times 27\times 0+0\times 1+22\times 5.71\approx 125.4(\text{kPa})$$

路堤填土压力： $p=\gamma_1 H=18.8\times 8=150.4(\text{kPa})$

地基承载力安全系数 $K=\dfrac{p_u}{p}=\dfrac{125.4}{150.4}\approx 0.83<3$，故路堤下的地基承载力不能满足要求。

情况（2）：

$\varphi_d=22°$，查表4-2得极限承载力系数 $N_r=6.8$，$N_q=9.17$，$N_c=20.2$。

$p_u=\dfrac{1}{2}\times 5.9\times 27\times 6.8+0+4\times 20.2\approx 622.4$（kPa）

地基承载力安全系数 $K=\dfrac{622.4}{150.4}\approx 4.1>3$，故地基承载力满足要求。

从上述计算可知，当路堤填土填筑速度较慢，允许地基土中的超孔隙水压力能充分消散时，则能使地基承载力满足要求。

4.6.5 汉森地基极限承载力公式

普朗特尔公式及太沙基公式，都只是用于中心竖向荷载作用时的条形基础，同时不考虑基底以上土的抗剪强度的作用。因此，若基础上作用的荷载是倾斜的（图4.26）或偏心的，基础的形状是矩形或圆形，基础的埋深较大，计算时需要考虑基底以上土的抗剪强度影响，或土中有地下水时，就不能直接应用前述公式。针对这类情况，汉森提出了地基极限承载力公式（以下简称汉森公式）。

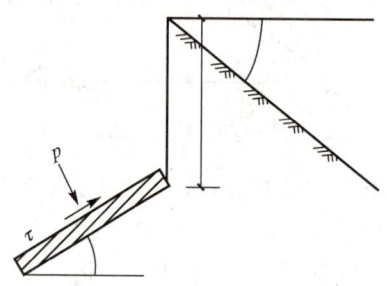

图4.26 基础上作用的荷载是倾斜的

对于均质地基，基底完全光滑，在中心倾斜荷载作用下，不同基础形状及不同埋深时的汉森公式见式(4-39)。

$$p_u=\frac{1}{2}\gamma b N_r i_r s_r d_r g_r b_r+q N_q i_q s_q d_q g_q b_q+c N_c i_c s_c d_c g_c b_c \quad (4-39)$$

式中 N_r、N_q、N_c——承载力系数，N_q、N_c 值与普朗特尔公式相同，汉森建议 $N_r=1.5(N_q-1)\text{tg}\varphi$；

i_r、i_q、i_c——荷载倾斜系数；

g_r、g_q、g_c——地面倾斜系数；
b_r、b_q、b_c——基底倾斜系数；
s_r、s_q、s_c——基础形状系数；
d_r、d_q、d_c——深度系数。

汉森公式考虑的承载力影响因素是比较全面的，在国外许多设计规范中得到广泛的采用。

1. 荷载偏心及倾斜的影响

如果作用在基底的荷载是竖向偏心荷载，那么计算地基极限承载力时，可引入假想的基础有效宽度 $b'=b-2e_b$ 来代替基础的实际宽度 b，其中 e_b 为荷载偏心距。如果有两个方向的偏心，这个修正方法对基础长度方向的偏心荷载也同样适用，即用有效长度 $l'=l-2e_l$ 代替基础实际长度 l。

如果作用的荷载是倾斜的，汉森建议可以把中心竖向荷载作用的地基极限荷载承载力公式中的各项分别乘以荷载倾斜系数 i_r、i_q、i_c，作为考虑荷载倾斜的影响。

2. 基础底面形状及埋深的影响

矩形或圆形基础的地基极限承载力计算在数学上求解比较困难，目前都是根据各种形状基础所做的对比荷载试验，将条形基础地基极限承载力公式进行逐项修正。

前面的地基极限荷载承载力公式都忽略了基底以上土的抗剪强度的影响，也即假定滑动面发展到基底水平面为止。这对基础埋深较浅，或基底以上土层较弱时是适用的。但当基础埋深较大，或基底以上土层的抗剪强度较大时，就应该考虑这一范围内土的抗剪强度的影响。汉森建议用深度系数 d_r、d_q、d_c 对前面的地基极限承载力公式进行逐项修正。

3. 地下水的影响

式（4-39）中的第一项 γ 是基底下最大滑动深度范围内地基土的重度，第二项（$q=\gamma d$）中的 γ 是基底以上地基土的重度。在进行极限承载力计算时，水下的土均采用有效重度，如果在各自范围内的地基由不同的多层土组成，有效重度应按层加权平均取值。

由理论公式计算的地基极限承载力是地基处于极限平衡的承载力，为了保证建筑物的安全和正常使用，地基承载力设计值应以一定的安全度将极限承载力加以折减。

4.6.6 静载荷试验确定地基承载力

以上计算极限承载力的公式，都必须先测定地基原状土的物理或化学性质指标。取原状土样都要经过钻探取样、运输、制备等过程，在这一系列过程中，要完全保证土样不受扰动是很不容易的。在饱和软黏土或砂、砾等粗粒土中，取原状土样就更为困难。为避免扰动原状土样，地基承载力的另一种确定方法就是用原位测试，即静荷载试验。

现场通过一定尺寸的荷载板对扰动较少的地基土体直接施加荷载，所测得的结果一般能反映相当于 1~2 倍荷载板宽度的深度以内土体的平均性质。这样大的影响范围为许多测试方法所不及。静载荷试验虽然比较可靠，但费时、耗资而不能多做，而对于成分或结构很不均匀的土层（如杂填土、裂隙土等），则显示出用别的方法所难以代替的作用。规范中的地基承载力表所提供的经验性数值也是以静载荷试验结果为基础的。下面讨论怎样利用静载荷试验记录整理而成的 $p-s$ 曲线来确定地基承载力基本值。

事实上，由于中、高压缩性土的承载力基本值往往受允许沉降量控制，故应当从沉降的观点来考虑。但是沉降量与基础（或荷载板）底面尺寸、形状有关，而试验采用的荷载板通常总是小于实际基础的底面尺寸，为此不能直接以基础的允许沉降量在 $p-s$ 曲线上定出承载力基本值。由变形计算原理得知，如果荷载和基础下的压力相同，且地基土是均匀的，则它们的沉降量与各自宽度 b 的比值（s/b）大致相等。根据许多实测资料，当荷载板面积为 $0.25\sim0.5\text{m}^2$ 时，规定取 $s/b=0.02$ 的经验值作为黏性土确定承载力基本值的依据，即以 $p-s$ 曲线上荷载板的沉降量等于 $0.02b$（b 为载荷板的宽度）时的压力 $p_{0.02}$ 作为承载力基本值。对于砂土，可采用 $s=(0.010\sim0.015)b$ 所对应的压力作为承载力基本值。

荷载板的尺寸一般比实际基础小，影响深度较小，试验只反映这个范围内土层的承载力。如果荷载板影响深度之下存在软弱下卧层，而该层又处于基础的主要受力层内，此时除非采用大尺寸荷载板做试验，否则意义不大。

本章小结

土的抗剪强度理论是研究建筑物地基承载力挡土墙、堤坝、基坑、土坡和地基等稳定性计算的理论基础。土的抗剪强度是指土抵抗剪切变形与剪切破坏的极限能力。土体的破坏大多数是剪切破坏。

在试验的基础上，库仑提出了土体的抗剪强度公式。黏聚力、内摩擦角称为抗剪强度指标，它们反映土体的抗剪强度变化的规律。土体的抗剪强度与土体受力后的排水固结状况有关。

土体中剪应力等于抗剪强度时，是土体处于破坏的临界状态，称为极限平衡状态。强度破坏线表示土体受到不同应力作用达到极限状态时，滑动面上法向应力与剪应力的关系。由库仑公式表示强度破坏线的土体强度理论称为摩尔—库仑强度理论。通过土体中某点达到极限平衡状态的基本方程，可以方便地判断出土体是否发生剪切破坏及破坏面的位置。

测定土的抗剪强度指标的试验称为剪切试验。剪切试验既可在室内进行，也可在现场进行原位测试。

临塑荷载是指地基土中将要出现但尚未出现塑性变形区时的基底压力。其计算公式可根据土体中应力计算的弹性理论和土体极限平衡条件导出。塑性区的最大发展深度可控制在基础宽度的一定比例范围，相应的荷载称为塑性荷载。

整体剪切破坏、局部剪切破坏和冲剪破坏是竖向荷载作用下地基失稳的三种破坏形式。地基极限承载力除了可以从静载荷试验求得外，还可以用刚塑体极限平衡理论基础上的半理论半经验公式计算解得。

课后习题

一、思考题

1. 土的抗剪强度的基本概念？
2. 摩尔—库仑强度理论表述了什么内容？
3. 土的抗剪强度指标是如何测定的？各种试验方法之间有什么区别与联系？
4. 论述影响土的抗剪强度的因素有哪些？
5. 土体的极限平衡方程有哪些内涵？工程中如何应用？
6. 浅基础的临塑荷载和塑性荷载是如何定义的？土体中的塑性区是如何发展的？
7. 地基承载力和地基容许承载力有哪些区别和联系？怎样获得地基承载力？
8. 论述典型的地基破坏过程和破坏形式。

二、计算题

1. 某饱和黏性土试样由三轴不固结不排水剪试验测定的不排水剪切强度为 40kPa。如果对试样进行三轴不固结不排水剪试验，施加轴压力为 100kPa，试问试样将在多大的轴压力下发生破坏？

2. 某饱和黏性土试样固结不排水剪切试验结果得：$c'=0$，$\varphi'=28°$。如果这一试样受到 $\sigma_1=200\text{kPa}$，$\sigma_3=150\text{kPa}$ 的作用，测得孔隙水压力 $u=100\text{kPa}$，试问该试样是否会被破坏？

3. 一组砂土试样的直剪试验，$\sigma=250\text{kPa}$，$\tau_f=100\text{kPa}$，试用应力圆求试样剪切面处大小主应力的方向。

第 5 章
土压力和土坡稳定

思维导图

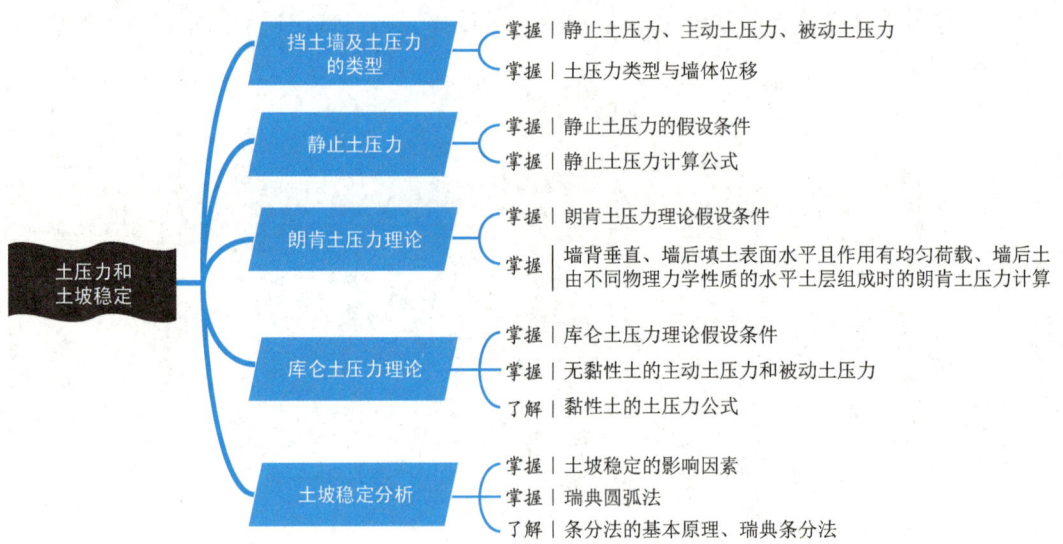

第5章 土压力和土坡稳定

在房屋建筑、铁路桥梁以及水利工程中，经常遇到切割土体造成土体坍塌。为此，常需要建造一些构筑物，作为挡墙以阻挡滑坡，如地下室的外墙、重力式码头的岸壁、桥梁接岸的桥台，以及地下硐室的侧墙等都支撑着侧向土体。这些用来侧向支撑土体的结构物，统称为挡土墙；被支撑的土体作用于挡土墙上的侧向压力，称为土压力（图5.1）。

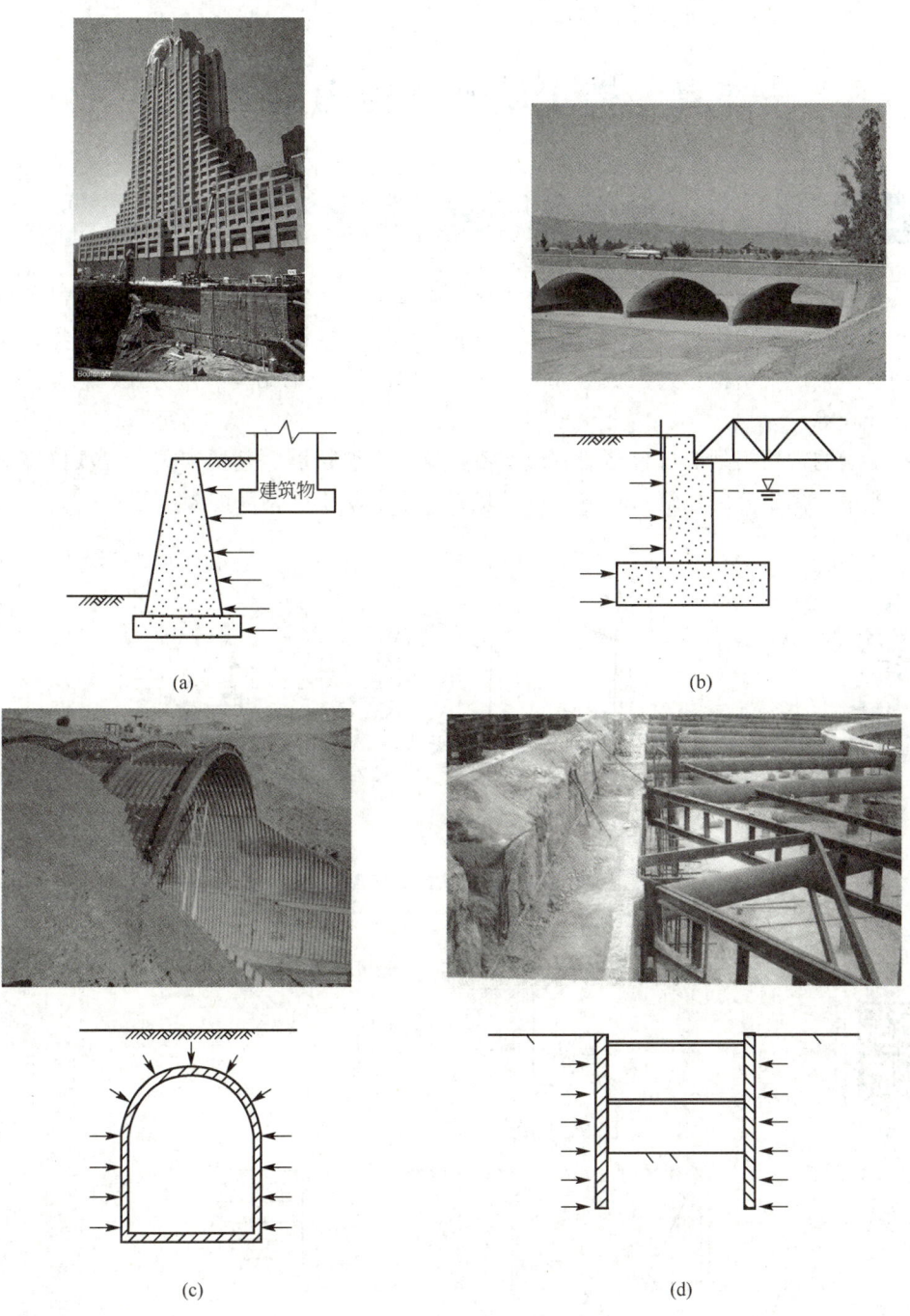

图 5.1　挡土墙及其所受土压力

土压力是设计挡土墙断面和验算其稳定性时考虑的主要荷载。土压力的计算是个比较复杂的问题，影响因素很多。土压力的大小和分布，除与土的性质有关外，还和墙体的位移方向、位移量、土体与结构物间的相互作用、挡土结构物的类型有关。

土压力问题是土力学的一个重大课题，从 16 世纪以来就产生了很多的土压力理论。目前广泛采用的朗肯理论和库仑理论都是以极限平衡为基础的。有限元法和电子计算机技术应用到土压力的课题正在研究中。

5.1 挡土墙及土压力的类型

5.1.1 挡土结构类型

挡土结构是一种常见的岩土工程结构物，它是为了防止边坡的坍塌失稳，保护边坡的稳定，人工建造的构筑物。挡土墙是一种防止土体下滑或截断土坡延伸的构筑物，在土木工程中应用很广，结构形式也很多（图 5.2）。常用的挡土墙结构有重力式、悬臂式、扶壁式、锚杆式等。

挡土墙的常用类型有桥台挡墙、地下室挡墙、土坡挡墙、基坑支护、堤坝挡墙等，如图 5.3 所示。挡土墙的建筑材料有砖砌、块石、素混凝土、钢筋混凝土等。

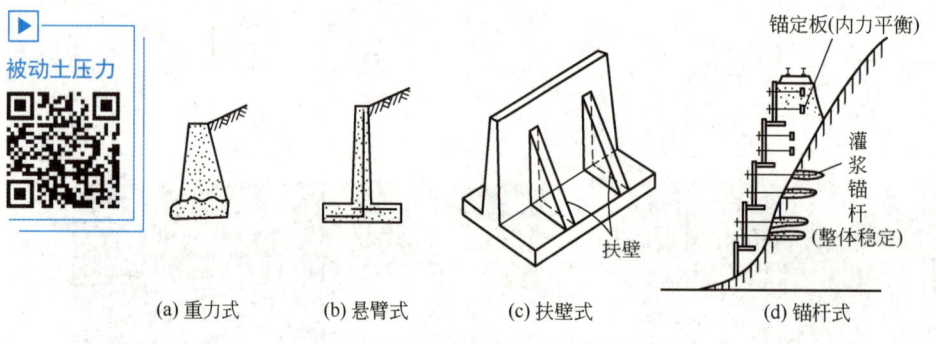

图 5.2 挡土墙的结构形式

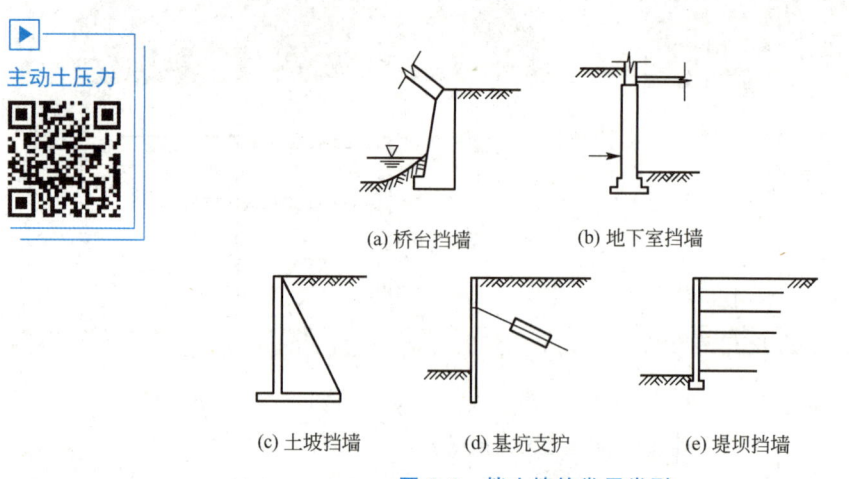

图 5.3 挡土墙的常用类型

挡土墙按其刚度和位移方式分为刚性挡土墙、柔性挡土墙和临时支撑三类。

1. 刚性挡土墙

刚性挡土墙指用砖、石或混凝土所筑成的断面较大的挡土墙，如图 5.2（a）所示的重力式挡土墙。墙身不允许有过大的挠曲变形，在土压力作用下，与墙身的位移相比，挠曲变形对土压力的影响甚微，可以忽略不计。这类挡土墙具有就地取材的优点，所以仍是当前大量采用的一种挡土结构。由于其是利用材料的重力来维持稳定的，需要有较大的断面尺寸，存在着结构笨重、施工慢和投资大等缺点。

这类挡土墙由于刚度大，墙体在土压力作用下，仅能自身整体平移或转动的挠曲变形可忽略。墙背受到的土压力呈三角形分布，最大土压力在墙体底部，类似于静水压力的分布。

2. 柔性挡土墙

当墙身受土压力作用发生挠曲变形时，如图 5.2（b）所示的悬臂式挡土墙，为了减小挠曲变形和提高抗弯能力，可以采用扶壁措施，如图 5.2（c）所示的扶壁式挡土墙，还有采用锚杆来保持稳定的措施，如图 5.2（d）所示的锚杆式挡土墙。

3. 临时支撑

临时支撑是边施工边支撑的临时性挡土墙。

5.1.2　土压力类型与墙体位移

土压力的类型和大小与墙体的位移、墙体的材料、墙体高度及结构形式、墙后填土的性质、填土表面的形状、墙和地基的弹性等有关。

墙体位移是影响土压力的最主要因素。墙体位移的方向和位移量决定着所产生的土压力的性质和大小。太沙基曾用模型试验研究作用于墙背上的土压力。模型墙高 2.18m，墙后填满中砂。试验时使墙向前、向后移动，以观测墙体移动过程中的土压力变化，试验结果如图 5.4 所示。

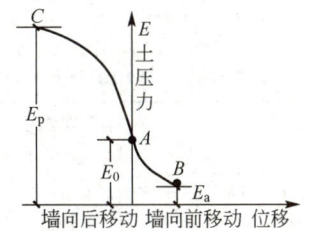

图 5.4　墙体位移与土压力的关系

1. 土压力类型

（1）静止土压力（E_0）。

挡土墙受土压力作用后的变形或位移很小，可认为不发生任何方向的转动或位移，墙后土体没有破坏，处于弹性平衡状态，墙承受的土压力称为静止土压力 E_0，如图 5.4 所示的 A 点。

(2) 主动土压力（E_a）。

挡土墙在土压力作用下，向着背离土压力方向平移或绕墙前趾转动，墙后土体有随墙的移动而呈下滑的趋势，为阻止其下滑，土体内沿潜在滑动面上的剪应力增加，从而使墙后土压力逐渐减小。当墙体位移达到一定值时，潜在滑动面上的剪应力等于土体的抗剪强度，墙后土体达到主动极限平衡状态，土体中开始出现滑动面，这时作用在挡土墙上的土压力降至最小，此时的土压力称为主动土压力 E_a，如图 5.4 所示的 B 点。

(3) 被动土压力（E_p）。

挡土墙在外力作用下向着土体的方向移动或转动，墙挤压土体，墙后土体有向上滑动的趋势，土压力逐渐增大。当墙体位移达到一定值时，潜在滑动面上的剪应力等于土体的抗剪强度，墙后土体达到被动极限平衡状态，形成滑动面。这时作用在挡土墙上的土压力增加至最大，此时的土压力称为被动土压力 E_p，如图 5.4 所示的 C 点。

2. 土压力类型与墙体位移的关系

土压力类型与墙体位移的关系如图 5.5 所示。同样条件下的挡土墙，作用有不同性质的土压力时，有如下的关系。

$$E_p > E_0 > E_a$$

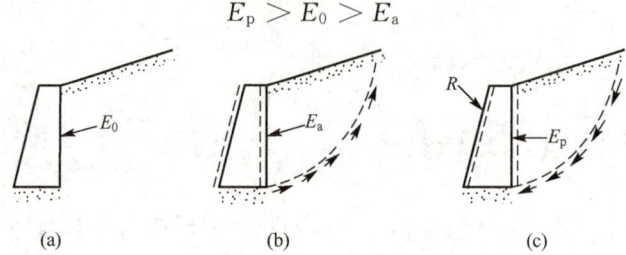

图 5.5 土压力类型与墙体位移的关系

试验表明：当墙体离开土体移动，位移量很小时（砂土约 $0.001h$，h 为墙高，黏性土约 $0.004h$），即产生主动土压力。当墙体从静止位置被外力推向土体时，只有当位移量达到一定值后，土压力才达到稳定的被动土压力 E_p，该位移量对砂土约为 $0.05h$，黏性土填土约为 $0.1h$，而这样大小的位移量在工程中常是不容许的。表 5-1 给出了产生主动土压力和被动土压力所需墙体位移量。

表 5-1 产生主动土压力和被动土压力所需墙体位移量

土的类型	应力状态	墙体移动形式	可能的位移量/m
砂土	主动土压力	平移	$0.001h$
		绕墙趾转动	$0.001h$
		绕墙顶转动	$0.02h$
	被动土压力	平移	$>0.05h$
		绕墙趾转动	$>0.1h$
		绕墙顶转动	$0.05h$
黏土	主动土压力	平移	$0.004h$
		绕墙趾转动	$0.004h$

计算土压力的方法有多种，迄今仍广泛采用朗肯理论和库仑理论。各国的工程技术人员做了大量挡土墙的模型试验，原位观测以及理论研究表明，用上述两个理论来计算挡土墙土压力仍不失为实用的计算方法。

5.1.3　影响土压力的因素

挡土墙模型试验表明：当挡土墙固定不动时测得的土压力为 E_0；挡土墙向前移动时，测得的土压力减小；相反，当挡土墙向后移动即推向填土时，测得的土压力增大。由此可见挡土墙土压力不是一个常量，有很多影响因素，归纳起来如下。

1. 墙体位移

墙体位移方向和位移量的大小，是影响土压力大小的最主要因素。墙体位移的方向不同，土压力的类型就不同，而且相差很大。

2. 挡土墙的形状

挡土墙的形状，包括墙背为竖直或倾斜、光滑或粗糙，都关系到采用何种土压力理论公式。

3. 填土的性质

挡土墙后填土的性质包括填土松密程度即重度、干湿程度即含水量、土的强度指标即内摩擦角和黏聚力、填土的表面形状（水平、向上倾斜、向下倾斜）等，都会影响土压力的大小。

4. 挡土墙的建筑材料和地基的变形

若为素混凝土和钢筋混凝土，可认为墙背为光滑，不考虑摩擦力；若为砌石挡土墙，就要考虑摩擦力。因而土压力的大小和方向都不相同。

5.2　静止土压力

5.2.1　假设条件

静止土压力产生的条件：挡土墙静止不动（水平位移为0，转角为0）。

修筑在坚硬土质地基上且断面很大的挡土墙，由于墙的自重大，不会发生位移；又因地基坚硬不会产生转动。此时，土体处于静止的弹性平衡状态，作用在此挡土墙上的土压力即为静止土压力（图5.6）。

5.2.2　计算公式

设土层表面是水平的，土的容重为 γ，土体为静止的弹性平衡状态（图5.7），在半无限土体内任取出竖直平面。此对称平面上不应有剪应力存在，所以，竖直平面和水平平面都是主应力平面。

图 5.6　静止土压力工程照片

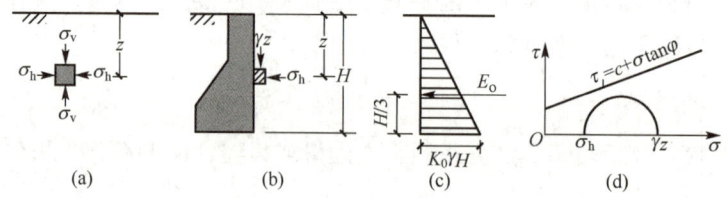

图 5.7　静止土压力分析

在填土表面下深度 z 处，作用在水平面上的主应力计算见式(5-1)。

$$\sigma_v = \gamma \cdot z \tag{5-1}$$

作用在竖直面的主应力计算见式(5-2)。

$$\sigma_h = K_0 \cdot \gamma \cdot z \tag{5-2}$$

式中　σ_h——作用在竖直面的主应力，kPa；

　　　K_0——静止土压力系数，一般砂土 $K_0=0.35\sim0.45$，黏性土 $K_0=0.50\sim0.70$；

　　　γ——土的重度，kN/m³；

　　　z——计算点距地面的深度，m。

静止土压应力与 z 成正比，沿墙高呈三角形线性分布［图 5.7（c）］。单位长度的挡土墙上的静止土压力 E_0 的计算见式(5-3)。

$$E_0 = \int_0^H \sigma_h \mathrm{d}z = \frac{1}{2}\gamma \cdot K_0 \cdot H^2 \tag{5-3}$$

式中　E_0——单位长度挡土墙上的静止土压力，kN/m；

　　　H——挡土墙的高度，m。

静止土压力 E_0 为竖直面的主应力三角形分布图的面积，它的作用点位于三角形分布图形的重心，即墙底面以上 $H/3$ 处。若将处在静止土压力状态下的土体单元的应力状态用摩尔圆表示在 $\sigma-\tau$ 坐标上，则如图 5.7（d）所示。可以看出，这种应力状态离强度破坏线还很远，属于静止的弹性平衡状态。

静止土压力系数 K_0 与土的性质、密实程度、应力历史等因素有关，其数值可通过室内静止土压力试验测定。它的物理意义是在不允许有侧向变形的情况下，试样受到轴向压力增量 $\Delta\sigma_1$ 将会引起侧向压力的相应增量 $\Delta\sigma_3$，$\Delta\sigma_3/\Delta\sigma_1$ 称为土的侧压力系数 ξ 或静止土压力系数 K_0。

5.3 朗肯土压力理论

5.3.1 基本原理

1857年，英国学者朗肯研究了土体在自重作用下发生平面应变时达到极限平衡的应力状态，建立了计算土压力的理论，即朗肯土压力理论，由于其概念明确，方法简便，至今仍被广泛应用。

朗肯研究自重作用下，半无限土体内各点的应力从弹性平衡状态发展为极限平衡状态的条件，提出计算挡土墙土压力的理论，又称为极限应力法。

1. 假设条件

朗肯土压力理论用墙背来代替半无限土体中的竖直面。当墙产生位移使墙后土体达到主动或被动极限平衡状态时，墙背上的土压力强度等于半无限土体达到主动或被动极限平衡状态时竖直面上的极限应力。为了使墙背与土体接触能满足剪应力为零的边界应力条件以及产生主动或被动极限平衡状态的边界变形条件，朗肯土压力理论对墙背及墙后土体作了如下的假定。

（1）挡土墙墙背竖直（相当于竖直应力面），则作用到墙背上的压应力为水平方向，可以看作主应力。

（2）挡土墙墙背表面光滑（满足剪应力为零的边界条件），则不考虑墙与土体之间的摩擦力，即墙后土体达到极限平衡状态时所产生的两组破裂面不受墙身的影响。

（3）墙后土体表面水平，延伸到无限远，则填土面可以作为半无限空间的界面。

2. 分析方法

取一表面水平的均质弹性半无限土体，即垂直向下和沿水平方向都为无限伸展（图 5.8）。由于土体内每个竖直面都是对称面，因此地面以下 z 深度处点 M 在自重作用下垂直截面上的剪应力为零；又根据剪应力互等原理，水平截面上的剪应力为零。因此它们都是主应力面，σ_z、σ_x 分别为大、小主应力，其应力状态用摩尔应力圆表示为图 5.8（d）中的圆 I。点 M 处于弹性平衡状态。

若将竖直线 AB 左侧的土体，换成虚设的墙背竖直光滑的挡土墙。则作用在此挡土墙上的土压力，等于原来土体作用在 AB 竖直线上的水平法向应力。

（1）由图 5.8（a）可知：当土体静止不动时，土体中各点处于弹性平衡状态。深度 z 处土体单元的主应力为 $\sigma_c = \gamma z$，$\sigma_h = k_0 \gamma z$，以 $\sigma_1 = \sigma_c$ 和 $\sigma_3 = \sigma_h$ 作摩尔应力圆，如图 5.8（d）中应力圆 I 所示。

（2）当代表挡土墙墙背的竖直光滑面 AB 向外平移（墙前移）时，则右半部分土体有伸张的趋势，土体的水平应力 σ_h 逐渐减小，而 σ_c 保持不变。可以想象，就像土体撤去侧向支撑，产生主动移动一样。当 AB 移至 $A'B'$ 时，应力圆与土体的抗剪强度包线相切 [图 5.8（d）中的圆 II]，土体达到主动极限平衡状态。此时，作用在墙上的土压力 σ_h 达到最小值，即为主动土压力 σ_a（此时，小主应力 $\sigma_3 = \sigma_a$、大主应力 $\sigma_1 = \sigma_c$）。此后，即使墙再继续移动，土压力也不会进一步增大，但土体继续伸张，形成一系列滑裂面。滑裂面的方向与大主应力作用面（即水平面）的夹角 $\alpha = 45°+\varphi/2$。滑移土体此时的应力状态称为朗肯主动状态。

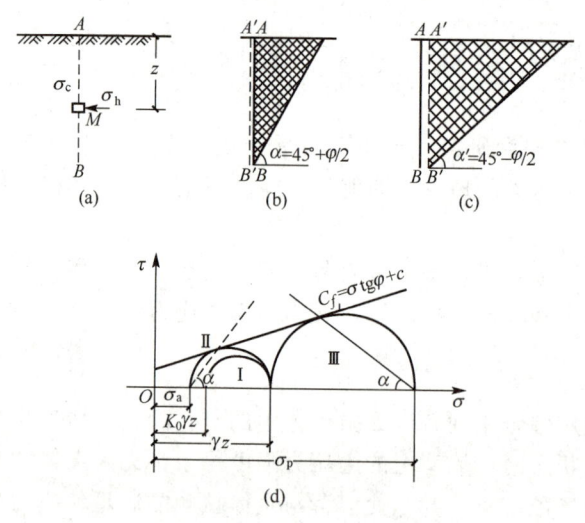

图 5.8 朗肯理论土体极限平衡状态

（3）当代表挡土墙墙背的竖直光滑面 AB 在外力作用下向土体方向移动（墙后退），挤压土体时，σ_h 将逐渐增大，而 σ_c 仍然保持不变。直至 σ_h 超过 σ_c 值变为大主应力，σ_c 变为小主应力。剪应力增加到土的抗剪强度时，应力圆与土体的抗剪强度包线相切［图 5.8（d）中的圆Ⅲ］，土体达到被动极限平衡状态。此时作用在 $A'B'$ 面上的土压力达到最大值，即为被动土压力 σ_p（此时，小主应力 $\sigma_3 = \sigma_c$、大主应力 $\sigma_1 = \sigma_p$）。土体中形成一系列滑裂面［图 5.8（c）］，滑裂面与小主应力面的夹角 $\alpha' = 45°-\varphi/2$。此时滑移土体的应力状态称为朗肯被动状态。

由上述主动或被动土压力产生的条件为半无限弹性体处于主动或被动极限平衡状态时的应力状态，以及朗肯对墙背和墙后土体所作的假定，便可应用土体中一点的极限平衡关系式求算主动及被动土压力。

5.3.2 水平填土面的朗肯土压力计算

1. 主动土压力

如图 5.9（a）所示，挡土墙在墙后土体的侧压力作用下，向前产生位移时，土体也有向前下滑的趋势，土体内便产生剪切阻力作用，阻止土体滑移，使侧压力减小。随着墙身向前位移的不断增大，墙后土体内的剪切阻力作用也随之不断增大，直至土的抗剪强度已完全发挥达到主动极限平衡状态。

在水平表面的半无限空间弹性体中，于深度处 z 取一微小单元体［图 5.10（a）］。若土的天然重度为 γ，则作用在此单元体顶面的法向应力 σ_1，即为该处土体的自重应力；同时，作用在此单元体侧面的应力可由弹性力学解得到。当墙后土体达到主动极限平衡状态时，根据土的极限平衡理论的极限平衡应力条件，可以求出作用于任意 z 处土单元上的主应力[式(5-4)、式(5-5)]。

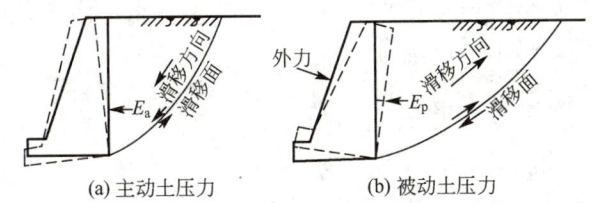

(a) 主动土压力　　　　(b) 被动土压力

图 5.9　土压力的形成

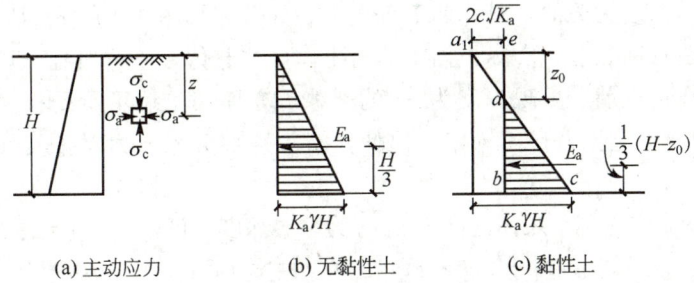

(a) 主动应力　　　(b) 无黏性土　　　(c) 黏性土

图 5.10　主动土压力分布及合力

无黏性土：
$$\begin{cases} \sigma_1 = \sigma_3 \, \text{tg}^2\left(45° + \dfrac{\varphi}{2}\right) \\ \sigma_3 = \sigma_1 \, \text{tg}^2\left(45° - \dfrac{\varphi}{2}\right) \end{cases} \quad (5-4)$$

黏性土：
$$\begin{cases} \sigma_1 = \sigma_3 \, \text{tg}^2\left(45° + \dfrac{\varphi}{2}\right) + 2c \cdot \text{tg}\left(45° + \dfrac{\varphi}{2}\right) \\ \sigma_3 = \sigma_1 \, \text{tg}^2\left(45° - \dfrac{\varphi}{2}\right) - 2c \cdot \text{tg}\left(45° - \dfrac{\varphi}{2}\right) \end{cases} \quad (5-5)$$

(1) 无黏性土。

将 $\sigma_1 = \sigma_c = \gamma \cdot z$，$\sigma_3 = \sigma_a$ 代入无黏性土极限平衡条件，可得式(5-6)。

$$\begin{cases} \sigma_3 = \sigma_1 \, \text{tg}^2\left(45° - \dfrac{\varphi}{2}\right) \\ \sigma_a = \gamma z K_a \end{cases} \quad (5-6)$$

式中　K_a——朗肯主动土压力系数，$K_a = \text{tg}^2\left(45° - \dfrac{\varphi}{2}\right)$；

　　　γ——墙后土的重度，地下水位以下取有效重度，kPa。

σ_a 的作用方向垂直指向墙背面，若填土为均质土，即 γ、φ 为常数，则由式(5-1)可知，σ_a 与深度 z 成正比，土压力沿墙高呈三角形分布。当墙高为 H（$z=H$）时，则作用于单位墙高度上的主动土压力 $E_a = \dfrac{\gamma H^2}{2} K_a$（单位为 kN/m），$E_a$ 垂直于墙背，作用点在距墙底 $\dfrac{H}{3}$ 处（通过三角形面积重心），如图 5.10（b）所示。

(2)黏性土。

当土体达到极限平衡状态时,将 $\sigma_1 = \sigma_c = \gamma \cdot z$,$\sigma_3 = \sigma_a$,代入黏性土极限平衡条件,可求出作用于土体上的主动土压力 [式(5-7)]。

$$\begin{cases} \sigma_3 = \sigma_1 \text{tg}^2\left(45° - \dfrac{\varphi}{2}\right) - 2c \cdot \text{tg}\left(45° - \dfrac{\varphi}{2}\right) \\ \sigma_a = \gamma z K_a - 2c\sqrt{K_a} \end{cases} \quad (5-7)$$

黏性土的主动土压力由两部分组成:第一部分 $\gamma z K_a$ 为土体自重产生的,是正值,随深度呈三角形分布;第二部分为内聚力 c 引起的土压力 $-2c\sqrt{K_a}$,是负值,起减小土压力的作用,其值是与深度无关的常量。两部分压力叠加分布如图5.10(c)所示。

由于挡土墙墙背面光滑,实际上挡土墙与土体并非整体,土体对挡土墙墙背面产生的拉力会使土体脱离挡土墙,出现深度为 z_0 的裂隙。亦即挡土墙不承受拉力,可认为挡土墙顶部 z_0 范围的墙上土压力作用为零。因此,略去这部分土压力后,实际土压力分布为 △abc 部分。

土压力为零的 a 点至填土表面的高度 z_0 称为临界深度,可由 $\sigma_a = 0$ [式(5-8)] 求得。

$$\sigma_a = \gamma z_0 K_a - 2c\sqrt{K_a} = 0 \quad (5-8)$$

故临界深度 z_0 的计算见式(5-9)。

$$z_0 = \dfrac{2c}{\gamma \sqrt{K_a}} \quad (5-9)$$

主动土压力 E_a 应为取挡土墙长度方向 1 延米的 △abc 的面积 [式(5-10)]。

$$E_a = \dfrac{1}{2}\left[(\gamma H K_a - 2c\sqrt{K_a})(H - z_0)\right] \quad (5-10)$$

E_a 作用点则位于 △abc 的重心,即位于墙底以上 $\dfrac{1}{3}(H - z_0)$ 处。

2. 被动土压力

如图5.9(b)所示,当挡土墙在外力作用下,向后(填土方向)发生位移时,墙后土体受到墙身的挤压,亦向后产生位移,此时土体内产生剪切阻力作用,阻止挡土墙的挤压,使得侧压力不断增大。随着墙身向后位移不断增大,墙后土体内的剪切阻力作用也随之不断增大,直至土的抗剪强度已完全发挥,达到被动极限平衡状态。

当墙后土体达到被动极限平衡状态时,$\sigma_h > \sigma_c$,则 $\sigma_1 = \sigma_h = \sigma_p$,$\sigma_3 = \sigma_c = \gamma z$。如图5.11所示。

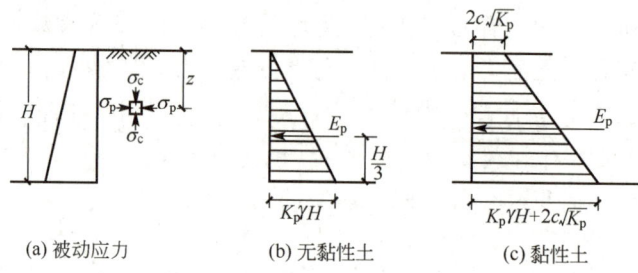

图 5.11 被动土压力分布及合力

(1) 无黏性土。

当土体达到被动极限平衡状态时,将 $\sigma_1 = \sigma_p$,$\sigma_3 = \gamma z$ 代入无黏性土极限平衡条件式 [式(5-11)] 中,可求出作用于土体上的被动土压力 [式(5-12)]。

$$\sigma_1 = \sigma_3 \text{tg}^2\left(45° + \frac{\varphi}{2}\right) \tag{5-11}$$

可得:

$$\sigma_p = \gamma z \text{tg}^2\left(45° + \frac{\varphi}{2}\right) = \gamma z K_p \tag{5-12}$$

式中 K_p——朗肯被动土压力系数。

σ_p 沿墙高的分布、单位长度墙上被动土压力 E_p 的计算方法、作用点的位置(墙高为 H,取 $z = H$)如图 5.11 (b) 所示,均与主动土压力合力相同。

被动土压力 [式(5-13)] 为取挡土墙的长度方向 1 延米的被动土压力三角形的面积。

$$E_p = \frac{1}{2}\gamma H^2 K_p \tag{5-13}$$

被动土压力的作用点位于被动土压力三角形分布图形的重心,距墙底处 $H/3$,如图 5.11 (b) 所示。

墙后土体破坏,滑动面与小主应力作用面之间的夹角 $\alpha = 45° - \frac{\varphi}{2}$,两组破裂面之间的夹角则为 $90° + \varphi$。

(2) 黏性土。

当土体达到被动极限平衡状态时,将 $\sigma_p = \sigma_1$,$\gamma z = \sigma_3$ 代入黏性土极限平衡条件 [式(5-14)],可求出作用于土体上的被动土压力 [式(5-15)]。

$$\sigma_1 = \sigma_3 \text{tg}^2\left(45° + \frac{\varphi}{2}\right) + 2c \cdot \text{tg}\left(45° + \frac{\varphi}{2}\right) \tag{5-14}$$

$$\sigma_p = \gamma z \text{tg}^2\left(45° + \frac{\varphi}{2}\right) + 2c \cdot \text{tg}\left(45° + \frac{\varphi}{2}\right) = \gamma z K_p + 2c \cdot \sqrt{K_p} \tag{5-15}$$

黏性填土的被动土压力由两部分组成:第一部分是由土的自重产生的,为 $\gamma z K_p$,与深度成正比,此部分土压力呈三角形分布;第二部分是由黏性土的黏聚力产生的,与深度无关,是一常数,故此部分土压力呈矩形分布。这两部分土压力都是正值,墙背与填土之间不出现裂缝;其叠加后的土压力 σ_p 沿墙高呈梯形分布(墙高为 H,取 $z = H$),如图 5.11 (c) 所示。

被动土压力:取挡土墙长度方向 1 延米,土压力梯形分布图的面积 [式(5-16)]。

$$E_p = \frac{1}{2}\gamma H^2 K_p + 2c \cdot H\sqrt{K_p} \tag{5-16}$$

E_p 的作用方向垂直于墙背,作用点位于梯形面积重心上。

朗肯土压力理论应用半无限弹性体的应力状态,根据极限平衡理论推导并计算土压力。其概念明确,计算公式简便。但由于假定墙背表面竖直、光滑,填土表面水平,使计算条件和适用范围受到限制。应用朗肯土压力理论计算的主动土压力值偏大,被动土压力值偏小,因而是偏于安全的。

【例 5.1】 已知某混凝土挡土墙,墙高 $H = 6.0\text{m}$,墙背竖直,墙后填土表面水平,填土的重度 $\gamma = 18.5\text{kN/m}^3$、$\varphi = 20°$、$c = 19\text{kPa}$。试计算作用在此挡土墙上的静止土压力、

主动土压力和被动土压力,并绘出土压力分布图。

解:

① 静止土压力。

$K_0 = 0.5, \sigma_0 = \gamma z K_0, E_0 = \frac{1}{2}\gamma H^2 K_0 = \frac{1}{2} \times 18.5 \times 6^2 \times 0.5 = 166.5 (\text{kN/m})$。

E_0 作用点位于下 $\frac{H}{3} = 2\text{m}$,如图 5.12(a)所示。

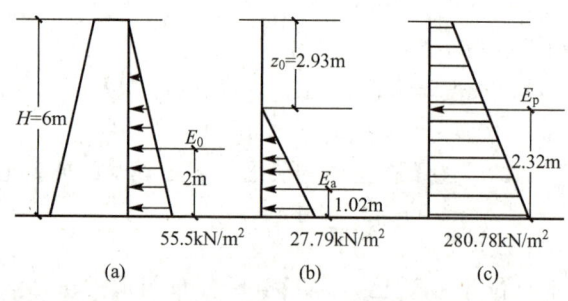

图 5.12 例 5.3 图

② 主动土压力。

根据朗肯主动土压力公式:$\sigma_a = \gamma z K_a - 2c \cdot \sqrt{K_a}$, $K_a = \text{tg}\left(45° - \frac{\varphi}{2}\right)$,则

$E_a = \frac{1}{2}\gamma H^2 K_a - 2cH\sqrt{K_a} + \frac{2c^2}{\gamma}$

$= 0.5 \times 18.5 \times 6^2 \times \text{tg}^2(45° - 20°/2) - 2 \times 19 \times 6 \times \text{tg}(45° - 20°/2) + 2 \times 19^2/18.5$

$\approx 42.6(\text{kN/m})$

临界深度:$z_0 = \frac{2c}{\gamma \sqrt{K_a}} = \frac{2 \times 19}{18.5 \times \text{tg}\left(45° - \frac{20°}{2}\right)} \approx 2.93$(m)

E_a 作用点距墙底:

$\frac{1}{3}(H - z_0) = \frac{1}{3}(6.0 - 2.93) = 1.02$(m)。

③ 被动土压力。

$E_p = \frac{1}{2}\gamma H^2 K_p + 2cH\sqrt{K_p} = \frac{1}{2} \times 18.5 \times 6^2 \times \text{tg}^2\left(45° + \frac{20°}{2}\right) + 2 \times 19 \times 6\text{tg}\left(45° + \frac{20°}{2}\right)$

$\approx 1005(\text{kN/m})$

墙顶处土压力:$\sigma_{a_1} = 2c\sqrt{K_p} \approx 54.34$(kPa)

墙底处土压力:$\sigma_b = \gamma H K_p + 2c\sqrt{K_p} \approx 280.78$(kPa)

作用点位置的求解:可以根据力矩平衡条件,如图 5.13 所示,建立平衡方程[式(5-17)]。

$$E_p \cdot h = E_{p1} \cdot h_1 + E_{p2} \cdot h_2 \tag{5-17}$$

则 $h = \frac{1}{E_p}(E_{p1} \cdot h_1 + E_{p2} \cdot h_2)$

被动土压力作用点位于梯形的重心,距墙底 2.32m 处。

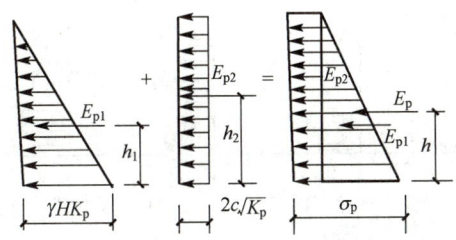

图 5.13 被动土压力作用点位置

5.3.3 特殊条件下的土压力

1. 墙后填土表面上有荷载作用时的土压力计算

当墙背竖直，墙后填土表面水平并有均布荷载 q 作用时（图 5.14），深度 z 处单元体的水平面上的垂直应力见式(5-18)。

$$\sigma_v = \gamma z + q \tag{5-18}$$

垂直墙面上的水平向应力见式(5-19)。

$$\sigma_a = (\gamma z + q)\text{tg}^2\left(45° - \frac{\varphi}{2}\right) \tag{5-19}$$

主动土压力见式(5-20)。

$$E_a = \left(\frac{1}{2}\gamma H^2 + qH\right)\text{tg}^2\left(45° - \frac{\varphi}{2}\right) \tag{5-20}$$

该条件下的土压力分布如图 5.14 所示，土压力作用点位置为梯形重心。

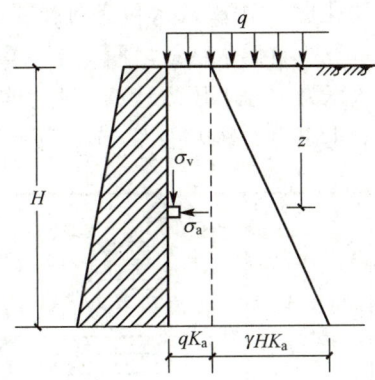

图 5.14 墙背竖直墙后填土表面水平并有均布荷载作用时的土压力分布

2. 填土成层时的土压力计算

图 5.15 所示为符合朗肯土压力理论假设条件的挡土墙，墙后填土由几层不同物理力学性质的水平土层组成。采用朗肯土压力理论计算时，先求出计算点的垂直应力 σ_v，然后用该点所处土层的 φ 值求出土压力系数，并用土压力公式计算主应力和土压力。计算时可能出现以下三种情况。

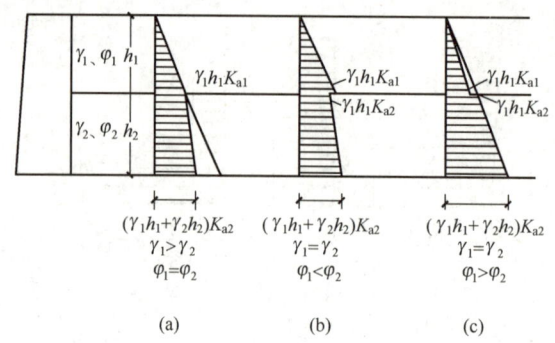

图 5.15 墙后填土成层土压力分布

（1）$\gamma_1 > \gamma_2$，$\varphi_1 = \varphi_2$。此时在土层的分界面处将出现一转折点，土压力沿墙高的分布如图 5.15（a）所示。

（2）$\gamma_1 = \gamma_2$，$\varphi_1 < \varphi_2$。此时在土层的分界面处出现一突变点。该计算点之上采用 γ_1、φ_1 进行计算，计算点之下采用 γ_2、φ_2 计算，土压力沿墙高的分布如图 5.19（b）所示。

（3）$\gamma_1 = \gamma_2$，$\varphi_1 > \varphi_2$。此时在土层分界面处出现一突变点。计算方法与第二种情况相同。土压力沿墙高的分布如图 5.15（c）所示。

如墙后填土有三层，则应按上述方法计算第二土层和第三土层界面处的土压力。

3. 填土中有地下水时的土压力计算

当填土中有地下水时，计算挡土墙的土压力应考虑水位及其变化的影响。此时作用于墙背的土压力由土体的自重和静水压力叠加而成。水的存在不仅影响土的重度 γ，水上、水下土的 φ 值也有所不同。用朗肯理论计算土压力时，可如同成层土情况一样处理。只是水下土用有效重度 γ'，φ 值不变。

当填土表面水平且水位有变化时，计算低水位条件下的土压力，一般在高水位线以上，土的重度取天然重度；高水位线与低水位线之间，土的重度取饱和重度；在低水位线以下，土的重度取有效重度。水压力按静水压力计算。土体自重和水压力的矢量和为作用于墙背上的侧压力。地下水位对土压力的影响如图 5.16 所示。

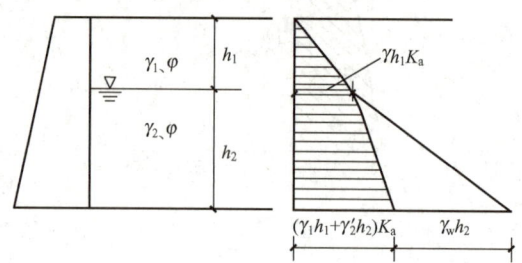

图 5.16 地下水位对土压力的影响

5.4 库仑土压力理论

1776 年，法国的库仑根据极限平衡的概念，假设墙后土体处于极限平衡状态并形成一滑动楔体，且滑动面为平面，分析了滑动土楔体的静力平衡，从而求算出挡土墙上的土压力,成为著名的库仑土压力理论。该理论能适用于各种填土面和不同的墙背条件,且方法简便,有足够的精度,至今仍然是一种被广泛采用的土压力理论。

库仑研究的课题:①墙背俯斜,倾角为 α;②墙背粗糙,墙土摩擦角 δ;③填土为理想散粒 $c=0$;④填土表面倾斜,坡角为 β。

5.4.1 方法要点

1. 假设条件

库仑土压力理论计算的假设条件如下。

(1) 墙背倾斜,倾角为 α。

(2) 墙后填土为均质无黏性土(黏聚力 $c=0$),倾角为 β。

(3) 墙背粗糙有摩擦力,墙背与填土间的摩擦角为 δ($\delta \ll \varphi$)。

(4) 平面滑动面假设:当墙面向前或向后移动,使墙后土体达到破坏时,土体将沿两个平面同时下滑或上滑;一个是墙背 AB 面,另一个是土体内某一滑动面 BC。设 BC 面通过墙踵并与水平面成 θ 角。

(5) 刚体滑动假设:将滑动土楔体 ABC 视为刚体,不考虑该滑动土楔体内部的应力和变形条件。

(6) 滑动土楔体 ABC 整体处于极限平衡状态。

滑动土楔体的受力如图 5.17 所示。

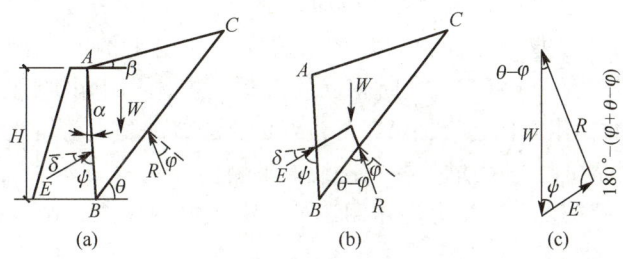

图 5.17 滑动土楔体受力

2. 计算原理

取滑动土楔体 ABC 为隔离体并进行受力分析[图 5.17(b)]。

分析可知,作用于滑动土楔体 ABC 上的力如下。

(1) 滑动土楔体 ABC 的重量 W,当滑动面 BC 已定时,其数值已知,大小为 ABC 面积乘单位水平方向的土厚度,再乘土的重度,方向铅直向下。

(2) 滑动土楔体 ABC 下滑时受到墙面 AB 给予的支撑反力 E(其反方向就是土压力)。E 的数值未知,此支撑反力与要计算的土压力的大小相等,方向相反;方向已知,与墙背法线(图 5.17 中虚线)成 δ 角(墙与土的摩擦角)。若墙背光滑,没有剪力,则墙背法线与 AB 垂直。因滑动土楔体下滑,墙给滑动土楔体的阻力方向朝上,故支撑反力 E 在墙背法线的下方。

(3) BC 滑动面下方对滑动土楔体的支撑反力 R。此反力值未知而方向已知,R 的方向与滑动面 BC 的法线（图 5.17 中虚线）成 φ 角。同理，R 位于法线的下方。

当墙身向前（离开填土方向）发生位移，滑动土楔体则有向下滑动的趋势，以致达到主动极限平衡状态，这时，墙背上所受的土压力为主动土压力。当墙身向后（填土方向）发生位移，滑动土楔体受到挤压，则有向上滑动的趋势，直至达到被动极限平衡状态，这时滑动土楔体作用在墙背上的阻力即为被动土压力。

土压力计算步骤如下。

（1）根据滑动土楔体整体处于极限平衡状态的条件，可得知 E、R 的方向。

（2）根据滑动土楔体应满足静力平衡力矢三角形闭合[图 5.17（c）]的条件，按正弦定理得：$\dfrac{E}{\sin(\theta-\varphi)}=\dfrac{W}{\sin(180°-\psi-\theta+\varphi)}$，可知 E 的大小。

（3）求极值。与此极值方向相反，大小相等，作用在墙背上的力即为所求的土压力，从而得出作用在墙背上的主动压力 E_a 或被动压力 E_p。

5.4.2　数解法

1. 无黏性土的主动土压力

设挡土墙如图 5.17（a）所示，墙后为无黏性填土。

取滑动土楔体 ABC 为隔离体，根据静力平衡条件，作用于滑动土楔体 ABC 上的力 W、E、R 组成力的闭合三角形。

由几何关系可计算滑动土楔体 ABC 自重 W；滑动面 BC 上的反力 R，该力是由于土楔体滑动时产生的土与土之间摩擦力在 BC 面上的合力，作用方向与 BC 面的法线的夹角等于土的内摩擦角 φ。土楔体下滑时，R 的位置在法线的下侧；墙背 AB 对滑动土楔体 ABC 的反力 E，与该力大小相等、方向相反的滑动土楔体作用在墙背上的压力，就是主动土压力。反力 E 的作用方向与墙面 AB 的法线的夹角 δ 就是土与墙之间的摩擦角，称为外摩擦角。土楔体下滑时，该力的位置在法线的下侧。

滑动土楔体 ABC 在以上三个力的作用下处于极限平衡状态，则由此三个力构成的力的矢量三角形必然闭合（图 5.17）。

根据几何关系可知：W 与 E 之间的夹角 $\psi=90°-\delta-\alpha$，W 与 R 之间的交角为 $\theta-\varphi$。

利用正弦定律可得式(5-21)。

$$\frac{E}{\sin(\theta-\varphi)}=\frac{W}{\sin[180°-(\theta+\psi-\varphi)]} \tag{5-21}$$

由式(5-21)可得式(5-22)。

$$E=\frac{W\sin(\theta-\varphi)}{\sin(\theta+\psi-\varphi)} \tag{5-22}$$

其中，$W=\gamma\cdot\triangle ABC=\dfrac{\gamma H^2}{2}\cdot\dfrac{\cos(\alpha-\beta)\cdot\cos(\theta-\alpha)}{\cos^2\alpha\cdot\sin(\theta-\beta)}$。

由式(5-22)可得出如下结论。

① 滑动面 BC 是假设的，因此 θ 角是任意的。若改变 θ 角，即假定有不同的滑动面 BC，则有不同的 W、E 值，即：$E=f(\theta)$。

② 当 $\theta=90°+\alpha$ 时，即 BC 与 AB 重合，$W=0$，$E=0$；当 $\theta=\varphi$ 时，R 与 W 方向相

反，$E=0$。因此，当 θ 在 $90°+\alpha$ 和 φ 之间变化时，E 有一个极大值，对应于极大值 E 的滑动面才是所求的主动土压力的滑动面，与极大值 E 大小相等、方向相反的作用于墙背上的土压力才是所求的主动土压力 E_a。

令：$\dfrac{dE}{d\theta}=0$，将求得的 θ 值代入 $E=\dfrac{W\sin(\theta-\varphi)}{\sin(\theta+\psi-\varphi)}$ 得式(5-23)。

$$E_a = \frac{1}{2}\gamma H^2 K_a \tag{5-23}$$

式中 γ——墙后填土的重度，kN/m^3；
　　　H——墙的高度，m；
　　　K_a——库仑主动土压力系数，K_a 的计算见式(5-24)，也可查表 5-2；
　　　α——墙背倾角（墙背与铅直线的夹角，以铅直线为准，顺时针为负，称仰斜；逆时针为正，称俯斜）；
　　　δ——墙背与填土之间的摩擦角，(°)，由试验确定（无试验资料时，一般取 $\delta = \left(\dfrac{1}{3}-\dfrac{2}{3}\right)\varphi$，也可参考表 5-3 中的数值）；
　　　φ——墙后填土的内摩擦角，(°)；
　　　β——填土表面的倾角，(°)。

$$K_a = \frac{\cos^2(\varphi-\alpha)}{\cos^2\alpha \cdot \cos(\alpha+\delta)\left[1+\sqrt{\dfrac{\sin(\varphi+\delta)\cdot\sin(\varphi-\beta)}{\cos(\alpha+\delta)\cdot\cos(\alpha-\beta)}}\right]^2} \tag{5-24}$$

当 $\alpha=0$、$\delta=0$、$\beta=0$ 时；由 $E_a=\dfrac{1}{2}\gamma H^2 K_a$ 得出式(5-25)。

$$E_a = \frac{1}{2}\gamma H^2 \mathrm{tg}^2\left(45°-\frac{\varphi}{2}\right) \tag{5-25}$$

表 5-2　库仑主动土压力系数 K_a 值（仅提供 $\delta=0°$ 的结果供参考，其余均略去）

α	β	φ							
		15°	20°	25°	30°	35°	40°	45°	50°
0°	0°	0.589	0.490	0.406	0.333	0.271	0.217	0.172	0.132
	5°	0.635	0.524	0.431	0.352	0.284	0.227	0.178	0.137
	10°	0.704	0.569	0.462	0.374	0.300	0.238	0.186	0.142
	15°	0.933	0.639	0.505	0.402	0.319	0.251	0.194	0.147
	20°		0.883	0.573	0.441	0.344	0.267	0.204	0.154
	25°			0.821	0.505	0.379	0.288	0.217	0.162
	30°				0.750	0.436	0.318	0.235	0.172
	35°					0.671	0.369	0.260	0.186
	40°						0.587	0.303	0.206
	45°							0.500	0.242
	50°								0.413

续表

α	β	φ							
		15°	20°	25°	30°	35°	40°	45°	50°
10°	0°	0.652	0.560	0.478	0.407	0.343	0.288	0.238	0.194
	5°	0.705	0.601	0.510	0.431	0.362	0.302	0.249	0.202
	10°	0.784	0.655	0.550	0.461	0.384	0.318	0.261	0.211
	15°	1.039	0.737	0.603	0.498	0.411	0.337	0.274	0.221
	20°		1.015	0.685	0.548	0.444	0.360	0.291	0.231
	25°			0.977	0.628	0.491	0.391	0.311	0.245
	30°				0.925	0.566	0.433	0.337	0.262
	35°					0.860	0.502	0.374	0.284
	40°						0.785	0.437	0.316
	45°							0.703	0.371
	50°								0.614
20°	0°	0.736	0.648	0.569	0.498	0.434	0.375	0.322	0.274
	5°	0.801	0.700	0.611	0.532	0.461	0.397	0.340	0.288
	10°	0.896	0.768	0.663	0.572	0.492	0.421	0.358	0.302
	15°	1.196	0.868	0.730	0.621	0.529	0.450	0.380	0.318
	20°		1.205	0.834	0.688	0.576	0.484	0.405	0.337
	25°			1.196	0.791	0.639	0.527	0.435	0.358
	30°				1.169	0.740	0.586	0.474	0.385
	35°					1.124	0.683	0.529	0.420
	40°						1.064	0.620	0.469
	45°							0.990	0.552
	50°								0.904
−10°	0°	0.540	0.433	0.344	0.270	0.209	0.158	0.117	0.083
	5°	0.581	0.461	0.364	0.284	0.218	0.164	0.120	0.085
	10°	0.644	0.500	0.389	0.301	0.229	0.171	0.125	0.088
	15°	0.860	0.562	0.425	0.322	0.243	0.180	0.130	0.090
	20°		0.785	0.482	0.353	0.261	0.190	0.136	0.094
	25°			0.703	0.405	0.287	0.205	0.144	0.098
	30°				0.614	0.331	0.226	0.155	0.104
	35°					0.523	0.263	0.171	0.111
	40°						0.433	0.200	0.123
	45°							0.344	0.145
	50°								0.262
−20°	0°	0.497	0.380	0.287	0.212	0.153	0.106	0.070	0.043
	5°	0.535	0.405	0.302	0.222	0.159	0.110	0.072	0.044
	10°	0.595	0.439	0.323	0.234	0.166	0.114	0.074	0.045
	15°	0.809	0.494	0.352	0.250	0.175	0.119	0.076	0.046
	20°		0.707	0.401	0.274	0.188	0.125	0.080	0.047
	25°			0.603	0.316	0.206	0.134	0.084	0.049
	30°				0.498	0.239	0.147	0.090	0.051
	35°					0.396	0.172	0.099	0.055
	40°						0.301	0.116	0.060
	45°							0.215	0.071
	50°								0.141

表 5-3 墙背与填土之间的摩擦角

挡土墙情况	摩擦角 δ
墙背平滑、排水不良	$(0-0.33)\varphi$
墙背粗糙、排水良好	$(0.33-0.5)\varphi$
墙背很粗糙、排水良好	$(0.5-0.67)\varphi$
墙背与填土之间不可能滑动	$(0.67-1.0)\varphi$

可见此时与朗肯主动土压力的公式完全相同，说明当 $\alpha=0$，$\delta=0$，$\beta=0$ 时，库仑土压力理论与朗肯土压力理论的结果一致。朗肯主动土压力公式是库仑土压力公式的特殊情况。

土压力强度沿墙高的分布形式 $\left(\sigma_{az}=\dfrac{dE_a}{dz}\right)$ 见式(5-26)。

$$\sigma_{az}=\frac{dE_a}{dz}=\frac{d}{dz}\left(\frac{1}{2}\gamma z^2 K_a\right)=\gamma \cdot z \cdot K_a \tag{5-26}$$

σ_{az} 沿墙高呈三角形分布，E_a 作用点在距墙底 $H/3$ 处，作用方向与墙面的法线成 δ 角，与水平面成 $\delta+\alpha$ 角，如图 5.18 所示。

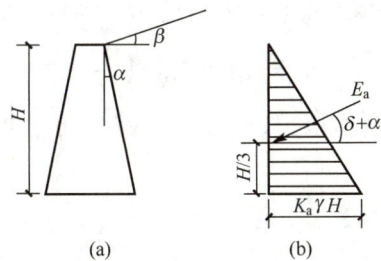

图 5.18 主动土压力分布

但这种分布形式只表示土压力大小，并不代表实际作用在墙背上的土压力，而沿墙背面的土压力强度则为 $\gamma \cdot z \cdot K_a \cdot \cos\alpha$。

2. 无黏性土的被动土压力

被动土压力的计算原理与主动土压力相同，用同样的方法可得出被动土压力 E_p，见式(5-27)。

$$E_p=\frac{1}{2}rH^2 K_p \tag{5-27}$$

式中　K_p——库仑被动土压力系数。

$$K_p=\frac{\cos^2(\varphi+\alpha)}{\cos^2\alpha\cdot\cos(\alpha-\delta)\left[1-\sqrt{\dfrac{\sin(\varphi+\delta)\cdot\sin(\varphi+\beta)}{\cos(\alpha-\delta)\cdot\cos(\alpha-\beta)}}\right]^2}$$

被动土压力强度 σ_{pz} 沿墙高呈三角形分布，其方向与墙面法线夹角 δ，与水平面夹角 $\alpha-\delta$，E_p 作用点在距墙底 $H/3$ 处，如图 5.19 所示。

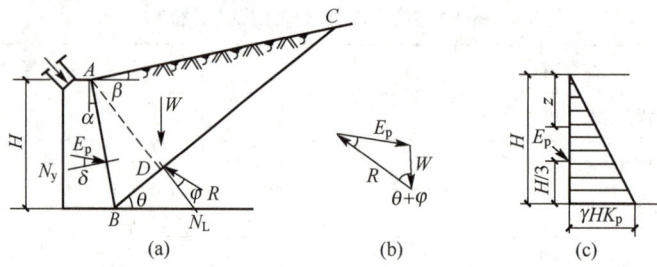

图 5.19 被动土压力分布

5.4.3 黏性土应用库仑土压力公式

在遇到挡土墙墙背倾斜、粗糙,填土表面倾斜的情况,不符合朗肯土压力理论假设条件时,应采用库仑土压力理论。若填土为黏性土,工程中常采用等值内摩擦角法,其具体计算原理分两种:抗剪强度相等原理,土压力相等原理。

1. 根据抗剪强度相等原理计算

由黏性土的抗剪强度 $\tau_f = \sigma \mathrm{tg}\varphi + c$ 和等值抗剪强度 $\tau_f = \sigma \mathrm{tg}\varphi_D$(式中 φ_D 为等值内摩擦角,将黏性土 c 折算在内)相等可得式(5-28)。

$$\varphi_D = \mathrm{tg}^{-1}\left(\mathrm{tg}\varphi + \frac{c}{\sigma}\right) \tag{5-28}$$

式中 σ——滑动面上的平均法向应力,常以土压力作用点处的自重应力来代替,即 $\sigma = 2\gamma H/3$。

2. 根据土压力相等原理计算

为简化计算,不考虑墙的形式与填土的情况,均采用 $\alpha=0$,$\delta=0$,$\beta=0$ 情况的土压力公式来计算等值内摩擦角 φ_D。

填土为黏性土的土压力[式(5-29)]:

$$P_{a1} = \frac{1}{2}\gamma H^2 \mathrm{tg}^2\left(45°-\frac{\varphi}{2}\right) - 2cH\mathrm{tg}\left(45-\frac{\varphi}{2}\right) + \frac{2c^2}{\gamma} \tag{5-29}$$

按等值内摩擦角的土压力[式(5-30)]:

$$P_{a2} = \frac{1}{2}\gamma H^2 \mathrm{tg}^2\left(45°-\frac{\varphi_D}{2}\right) \tag{5-30}$$

令 $P_{a1}=P_{a2}$ 得式(5-31)。

$$\mathrm{tg}\left(45°-\frac{\varphi_D}{2}\right) = \mathrm{tg}\left(45°-\frac{\varphi}{2}\right) \tag{5-31}$$

按土压力相等原理计算等值内摩擦角,考虑了黏聚力和墙高的影响,但公式中未计入挡土墙的边界条件对内摩擦角的影响,因此与实际情况仍有一定的差别。

5.5 土坡稳定分析

土坡就是具有倾斜坡面的土体,包括天然土坡和人工土坡,如图 5.20 所示。天然土坡是由于长期自然地质营力作用形成的土坡,如山坡、天然河道的边坡、山麓堆积的坡积层等;人工土坡是经过人工挖、填的土工构筑物,如基坑、渠道、人工开挖的引河、土坝、防波堤、路堤等的边坡。

(a) 天然土坡 (b) 人工土坡

图 5.20 土坡

一般为了描述方便,我们对土坡不同部位给出名称,如图 5.21 所示。

图 5.21 土坡不同部位的名称

由于土坡表面倾斜,使得土坡在其自身重力及周围其他外力作用下,有从高处向低处滑动的趋势,在土体内产生剪应力。当各种自然因素或人为因素的作用(人工开挖或填筑),如果设计的坡度太陡或工作条件变化破坏了土坡的力学平衡时,如果土体内部某个面上的滑动力超过土体抵抗滑动的能力,土体就要沿着该滑动面形成一个连贯的剪切破坏面发生滑动,土体产生相对位移,丧失原有稳定性,工程中称这一现象为滑坡。土体的滑动一般系指土坡在一定范围内整体地沿某一滑动面向下和向外移动而丧失稳定性。

土坡的失稳受内部和外部因素制约,当超过土体平衡条件时,土坡便发生失稳现象。影响土坡稳定的因素很多,主要有:①土坡所处的地质地形条件;②组成土坡的土的物理力学性质;③土坡的几何条件,如坡度和高度;④水对土体的润滑和膨胀作用,及雨水和河流对土体的冲刷和浸蚀作用、风化作用,地表水浸入坡体使黏性土软化;⑤振动液化现象;⑥土坡作用力发生变化;⑦土的抗剪强度降低;⑧静水压力的作用;⑨地下水在土坝或基坑等边坡中的渗流;⑩因坡脚挖方而导致土坡高度或坡度增大。

所谓土坡的稳定分析,就是用土力学的理论来研究发生滑坡时滑动面可能的位置和形式、滑动面上的剪应力和抗剪强度的大小,抵抗下滑的因素分析以及如何采用措施等问题,以估计土坡是否安全,设计的坡度是否符合技术和经济的要求。

5.5.1 无黏性土土坡稳定分析

处于无渗水的砂、砾、卵石组成的无黏性土土坡,只要坡面上的土颗粒能保持稳定,那么整个土坡便是稳定的。

均质砂性土土坡(图 5.22)或成层的非均质砂性土构成的土坡,坡角为 α。滑坡时其滑动面常接近于平面,在横断面上则为一条直线。对于透水性土构成的路堤(如砂砾和卵石路堤)、其他土坡,或某些透水性土虽具有一定的黏聚力 c 但其抗剪强度主要是由摩擦力部分提供的土坡,皆可采用直线滑面法进行分类。由于均质无黏性土颗粒间无黏结力,$c=0$,只要无黏性土土坡坡面上的土颗粒能保持稳定,则整个土坡都是稳定的。

滑坡演示

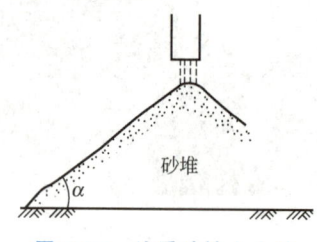

图 5.22 均质砂性土土坡

图 5.23 所示为均质无黏性土土坡,坡角为 β,自坡面上取一微单元土体 M,其重量为 W,由 W 引起的顺坡向下的滑力为 $T=W\sin\beta$,下滑单元体的阻力是土颗粒与坡面间的摩擦力 T_f,为 $T_f=N\text{tg}\varphi=W\cos\beta\text{tg}\varphi$(式中 φ 为无黏性土的内摩擦角)。因此,无黏性土土坡的稳定系数见式(5-32)。

自然休止角演示

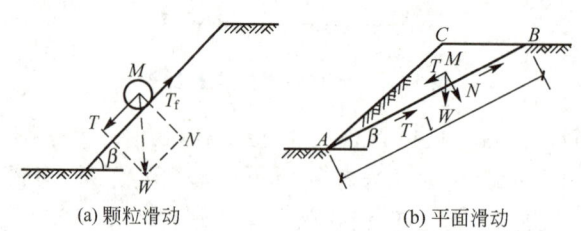

(a) 颗粒滑动   (b) 平面滑动

图 5.23 均质无黏性土土坡

$$K_s = \frac{T_f}{T} = \frac{W\cos\beta\text{tg}\varphi}{W\sin\beta} = \frac{\text{tg}\varphi}{\text{tg}\beta} \tag{5-32}$$

由此可得如下结论:当 $\beta=\varphi$ 时,$K=1$,土坡处于极限稳定状态,此时的坡角 β 称为自然休止角;无黏性土土坡的稳定性与坡高无关,仅取决于 β 角,当 $\beta<\varphi$ 时,$K>1$,土坡稳定。为了保证土坡有足够的稳定性,可取 $K=1.1\sim1.5$,土建工程中可取 1.3。

5.5.2 黏性土土坡稳定分析

黏性土土坡的滑动面多数为一曲面。土坡滑动前一般在坡顶先产生张力裂缝,继而沿某一曲面产生整体滑动。为便于理论分析,可以近似地假设滑动面为一圆弧面,如图 5.24 中虚线所示。滑动体在纵向也有一定的范围,并且也是曲面,在分析中常假设为圆筒面,其在垂直土坡长度方向的投影为一圆弧,这时我们可按通过坡脚的圆弧来分析其稳定性,并按平面应变问题进行分析。

但圆心 O 位置和半径 r 的大小是随土坡形状及土质而改变的,无法预先确定。只有试绘若干圆弧,分别计算其稳定系数,其中最小稳定系数相应的滑动面即为最危险滑动面。

许多计算表明,均匀黏性土的土坡实际滑动面接近圆柱面或对数曲面,由于这两种曲面计算结果很接近,为了简化,工程计算中常将它们作为一个平面问题,假定滑动面的断面为圆弧。对黏性土土坡进行稳定分析的极限平衡法可以分为两类。一类是简单的均质土土坡，将滑动土体作为一个整体来考虑，这类方法包括整体圆弧滑动法（适用于 $\varphi = 0$ 的情况）和泰勒图表法。另一类是 $\varphi \neq 0$ 的均质土土坡或非均质土土坡，就是将滑动土体分成许多个竖向的土条，而后考虑每个土条的静力平衡，这类条分法最著名的是瑞典条分法和毕肖普条分法。

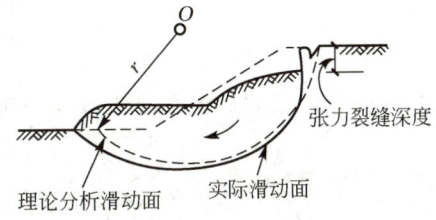

图 5.24 黏性土土坡滑动面

不同的分析方法对土坡稳定系数的表达方式有所不同，稳定系数的取值范围亦不相同。瑞典条分法和毕肖普条分法分别采用滑动面上抗滑力矩与滑动力矩之比和抗剪力与剪切力之比作为稳定系数，而泰勒图表法则多以临界坡高与稳定坡高之比作为稳定系数（其实质是给予黏聚力一定的安全储备）。

1. **整体稳定分析法**

1.1 整体圆弧滑动法（瑞典圆弧法）

整体圆弧滑动法是由瑞典的彼得森于 1915 年提出的，故称瑞典圆弧法，是极限平衡法的一种常用分析方法。此后该法在世界各国的土木工程中得到了广泛的应用。

整体圆弧滑动土体的受力，如图 5.25 所示，设土坡为简单均质土土坡，可能沿圆弧面 AC 滑动，滑动面半径为 R，土坡失去稳定就是滑动土体绕圆心 O 发生转动。这里把滑动土体当成一个刚体，使土体产生滑动的力为滑动土体的重量 W，抵抗滑动的力是沿滑动面上分布的抗剪强度 τ_f。

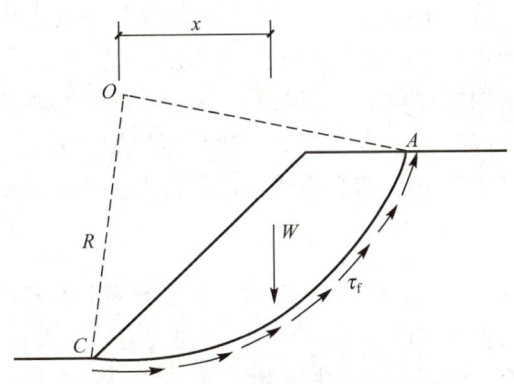

图 5.25 整体圆弧滑动土体的受力

（1）基本假设。均质土土坡滑动时，其滑动面常近似为一圆弧，假定滑动面以上的土体为刚体，即设计中不考虑滑动土体内部的相互作用力，假定土坡稳定属于平面应变问题。

（2）基本公式。取圆弧滑动面以上滑动土体为脱离体，滑动土体同时整体地沿圆弧

AC 向下滑动，对圆心 O 来说，相当于整个滑动土体沿圆弧绕圆心 O 转动。将滑动力与抗滑力分别对圆心 O 取力矩，得滑动力矩 M_s 和抗滑力矩 M_r。土体绕圆心 O 下滑的滑动力矩见式(5-33)。

$$M_s = W \cdot x \tag{5-33}$$

阻止土体滑动的力是滑弧 AC 上的抗滑力，其值等于土的抗剪强度 τ_f 与滑弧 AC 长度 $\hat{L}$ 的乘积，故其抗滑力矩见式(5-34)。

$$M_r = \tau_f \cdot \hat{L} \cdot R \tag{5-34}$$

取抗滑力矩与滑动力矩的比值为土坡的稳定系数 K_s，见式(5-35)。

$$K_s = \frac{M_r}{M_s} = \frac{\tau_f \cdot \hat{L} \cdot R}{W \cdot x} \tag{5-35}$$

式中 τ_f——土的抗剪强度，kPa；

$\hat{L}$——滑动面滑弧长，m；

R——滑动面圆弧半径，m；

W——滑动土体的重量，kN/m；

x——滑动土体重心离滑弧圆心的水平距离（力臂），m。

若滑弧范围内土体是均匀的且内摩擦角 $\varphi = 0$，则抗剪强度 $\tau_f = c_u$，可得式(5-36)。

$$K_s = \frac{c_u \cdot \hat{L} \cdot R}{W \cdot x} \tag{5-36}$$

若土体 $\varphi \neq 0$，τ_f 与滑动面上的法向力 N 有关，土坡的稳定分析应采用条分法。

瑞典圆弧法适用于黏性土土坡。后经费伦纽斯改进，提出 $\varphi = 0$ 的简单土坡最危险的滑弧是通过坡角的圆弧。

1.2 泰勒图表法

土坡稳定分析大多需要经过试算，计算工作量很大，因此，曾有不少人寻求简化的图表法。泰勒根据计算资料整理得到极限状态时均质土坡内摩擦角 φ、坡角 α 与稳定因数 $N = c/\gamma H$ 之间的关系曲线（c 是黏聚力，γ 是重度，H 是土坡高度）。利用这些关系曲线图表，可以很快地解决如下两个主要的土坡稳定问题。

① 已知坡角 α、土的内摩擦角 φ、黏聚力 c，重度 γ，求土坡的容许高度 H。

② 已知土的性质指标 φ、c、γ 及坡高 H，求许可的坡角 α。

此法可用来计算高度小于 10m 的小型堤坝，作初步估算堤坝断面之用。

2. 条分法

当滑动土体的 $\varphi \neq 0$ 时，因滑动面上各点由上覆土自重及荷载引起的法向应力的不同，造成滑动面土体上各点抗剪强度的不同。为确定法向应力，通常将滑弧内的滑动土体分成若干等宽的竖条进行计算，这种方法称为条分法。

图 5.26 所示为一土坡的条分法受力示意图，将滑动土体分为 n 个土条，任取一个土条记为 i，其上的作用力有：①土条重量 W_i；②滑动面上的法向力 N_i 和切向力 T_{si}；③两相邻土条分界面上的法向条间力 E_i 和切向条间力 X_i；④其他作用力如边界面的水压力、地面荷载及地震惯性力等。

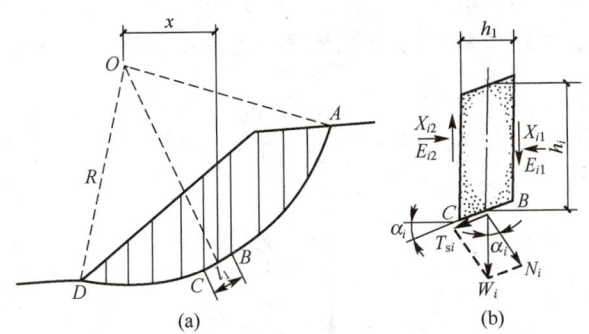

图 5.26　一土坡的条分法受力示意图

下面分析各作用力的未知条件和可能建立的条件方程。

土条的重量 W_i 的大小、方向和作用点是已知的；滑动面上的法向力 N_i 和切向力 T_{si} 的方向和作用点已知（若土条极薄，可近似地认为 N_i 和 T_{si} 作用于土条的中点），但大小未知；土条分界面上切向条间力 X_i 的方向和作用点已知，大小未知；法向条间力 E_i 的方向已知，大小和作用点未知。

综上所述可知，整个滑动土体分为 n 个土条，具有 $n-1$ 个分界面。每个土条上有 2 个未知量（N_i 和 T_{si} 的大小），n 个土条就有 $2n$ 个未知量。每个分界面上有 3 个未知量（X_i 的大小和 T_{si} 的大小、作用点），$n-1$ 个分界面上就有 $(3n-3)$ 个未知量。再加上土坡稳定系数 K_s 这个未知量，未知量总数为 $(5n-2)$ 个。根据静力平衡条件，n 个土条可建立 $3n$ 个条件方程。由此可见，条分法是一个 $(2n-2)$ 次超静定问题。

采用条分法进行土坡稳定分析，首先必须建立 $(2n-2)$ 个补充的条件方程，将超静定问题化为静定问题；然后根据静力平衡条件，求解出作用于土条的抗滑力，将抗滑力及促使土条滑动的滑动力分别对滑动面的圆心 O 取力矩，得出抗滑力矩 M_{ri} 和滑动力矩 M_{si}，将 n 个土条的抗滑力矩与滑动力矩分别求和，取抗滑力矩之和与滑动力矩之和的比值作为土坡的稳定系数 K_s，见式(5-37)。

$$K_s = \frac{\sum M_{ri}}{\sum M_{si}} \quad (5-37)$$

2.1　瑞典条分法

瑞典条分法又称为费伦纽斯法，是条分法中最简单、最古老的一种。该法假定均质黏性土土坡沿着最危险的圆弧面滑动，若土的内摩擦角 $\varphi>3°$，则滑动面过坡脚；土条间的作用力对土坡的整体稳定影响不大，可以忽略（由此而引起的误差一般为 10%～15%），即假定土条两侧的作用力大小相等、方向相反且作用于同一直线上（图 5.27）；假定土坡稳定属于平面应变问题。

（1）基本原理。

当按滑动土体的整体力矩平衡条件计算分析时，由于滑动面上各点的斜率都不相同，自重等荷载对弧面上的法向和切向作用分力不便按整体计算，因而整个滑动面上反力分布不清楚；另外，对于 $\varphi>0$ 的黏性土土坡，特别是土坡为多层土层构成时，求 W 的大小和重心位置就比较麻烦。故在土坡稳定分析中，为便于计算土体的重量，并使计算的抗剪强度更加精确，常将滑动土体分成若干竖向土条，求各土条对滑动圆心的抗滑力矩和滑动力矩，各取其总和，计算稳定系数，这即为条分法的基本原理。该法也假定各土条为刚体，不考虑土条两侧面间的作用力。

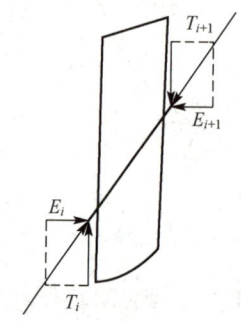

图 5.27 土条侧面作用力

归纳起来主要包含以下过程。

① 将圆弧滑动土体分成若干土条。

② 计算各土条的力系，滑动力和抗滑稳定力。

③ 抗滑稳定力与滑动力之比称为土坡的稳定系数 K_s。

④ 选择多个滑动圆心，就可求出相应不同的 K_{si}，要求其中最小稳定系数 $K_{min}=1.1\sim1.5$，工民建筑中可取 $K_{min}=1.3$。

（2）计算参数。

① 计算公式。费伦纽斯为建立 $(2n-2)$ 个条件方程，用简单条分法假设在土条的分界面上 $X_i=E_i=0$，即忽略土条界面上的条间力。

图 5.28 为简单条分法计算受力图。第 i 个土条上的作用力有：土条重量 W_i、滑动面上的法向力 N_i 和切向力 T_{si}。

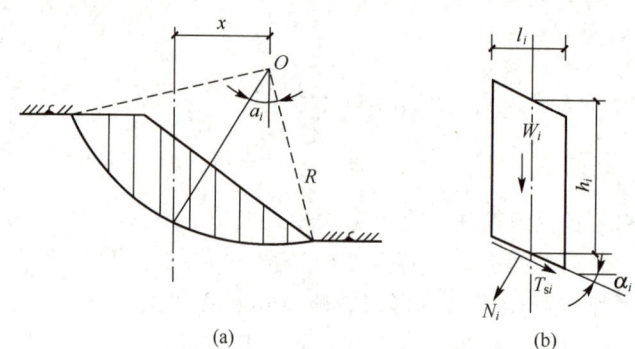

图 5.28 简单条分法计算受力图

a. 土条的重量作用在土条的重垂线上，其计算见式(5-38)。

$$W_i = \gamma b_i h_i \tag{5-38}$$

式中　γ——土的重度，kN/m^3；

b_i、h_i——第 i 土条的宽度和高度，m。

b. 滑动面上的法向力是土条重量沿其与滑动面交点处的法线方向分力，其计算见式(5-39)。

$$N_i = W_i \cos\alpha_i = \gamma b_i h_i \cos\alpha_i \tag{5-39}$$

c. 抗滑力作用于滑动面交点处并与滑动面相切，其方向与滑动方向相反，可按黏性土的库仑抗剪强度理论公式计算，见式(5-40)。

$$T_{fi} = N_i \text{tg}\varphi + c_i l_i = \gamma b_i h_i \cos\alpha_i \cdot \text{tg}\varphi + c_i l_i \tag{5-40}$$

d. 滑动力是土条重量沿其与滑动面交点处的切线方向分力，其计算见式(5-41)。

$$T_{si} = W_i \sin\alpha_i = \gamma b_i h_i \sin\alpha_i \tag{5-41}$$

应当注意，以过圆心的铅垂线为界，铅垂线以右各土条的 T_{si} 对滑动土体起下滑的作用，计算时应取正值；铅垂线以左各土条的 T_{si} 对滑动土体起抗滑和稳定的作用，计算时应取负值。

将抗滑稳定力 T_{fi} 及滑动力 T_{si} 分别对滑弧圆心取力矩，并取抗滑力矩与滑动力矩之比为该滑弧的稳定系数 K_s，即为式(5-42)。

$$K_s = \frac{M_r}{M_s} = \frac{R\sum_{i=1}^{n} T_{fi}}{R\sum_{i=1}^{n} T_{si}} = \frac{\sum_{i=1}^{n}(\gamma b_i h_i \cos\alpha_i \cdot \text{tg}\varphi + c_i l_i)}{\sum_{i=1}^{n} \gamma b_i h_i \sin\alpha_i} \tag{5-42}$$

式中　R——滑弧半径，m；

φ——第 i 土条所在滑动面上土的内摩擦角，(°)；

c_i——第 i 土条所在滑动面上土的黏聚力，kPa；

α_i——第 i 土条滑动面的倾角，(°)；

l_i——第 i 土条滑动面的弧长，一般取直线长，m；

n——分条数。

若整个滑动面上土的 c_i 和 φ_i 均为常量，则式(5-42)可改为式(5-43)。

$$K_s = \frac{\text{tg}\varphi \sum_{i=1}^{n}(\gamma b_i h_i \cos\alpha_i) + cL}{\sum_{i=1}^{n} \gamma b_i h_i \sin\alpha_i} \tag{5-43}$$

式中　L——滑弧总长，m。

② 土条宽度和换算高度。用简单条分法进行土坡稳定分析时，土条宽度是任意的。为减少计算工作量，划分土条时，可按下述方法进行，取土条宽度 $b=R/10$，并将编号为 0 的土条中心线与圆心的铅垂线重合，然后上下对称编号，即向下（坡角方向）的土条编号依次为 -1，-2，…，向上（坡顶方向）的土条编号依次为 1，2，…，如图 5.29 所示。各土条的 $\sin\alpha_i$ [式(5-44)]，分别等于 0，±0.1，±0.2…。

$$\sin\alpha_i = \frac{x_i}{R} = \frac{ib}{R} = \frac{i}{10} \tag{5-44}$$

对于非均质土土坡，滑动土体内包含不同的土层，各土层的重度 γ 不相同。即使是均质土土坡，若地下水位位于滑动土体内，也会造成地下水位上、下土层计算重度的不同。此时可采用换算高度的办法，以简化计算。换算高度的原则是保证换算前后土层的重量相等，如图 5.30 所示，设土的重度为 γ_1，土层厚度为 h_1，换算成重度为 γ_0 的土层，换算高

度 h'_1 见式(5-45)。

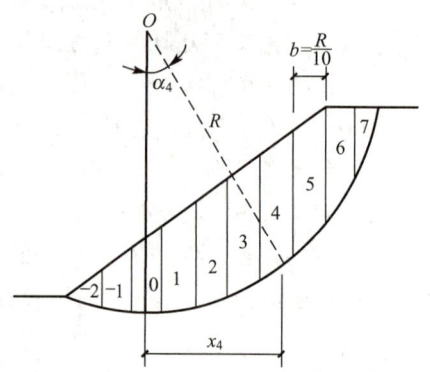

图 5.29 滑动土体分条方法

$$h'_1 = \frac{\gamma_1}{\gamma_0} h_1 \tag{5-45}$$

地面上的均布荷载 q 也可换算成重度为 γ_0，高度为 h_q 的土柱，$h_q = q/\gamma_0$。

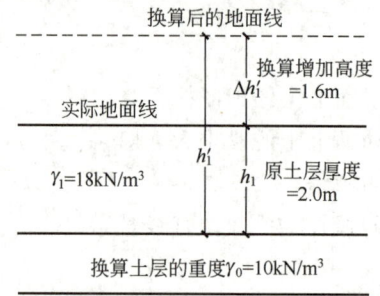

图 5.30 换算高度示意图

将滑动土体中各种不同重度的土层都换算成同一种重度的土层，土条宽度按上述方法选取，得到式(5-46)。

$$K_s = \frac{\sum (h'_i \cos\alpha_i \operatorname{tg}\varphi_i + c_i l_i / \gamma_0 b_i)}{\sum h'_i \sin\alpha_i} \tag{5-46}$$

式中　h'_i——第 i 土条换算后的高度，m；

　　　γ_0——换算土层的重度，kN/m³。

③ 滑动圆弧的圆心。用式(5-46)可以算出某一个试算滑动面的稳定系数 K_s。稳定分析必须确定 K_s 值最小的滑动面即最危险滑动面，因此在分析过程中要假设一系列的滑动面进行试算。工程中把最危险的滑动面称为临界圆弧，其相应的圆心为临界圆心。

确定临界圆弧的计算工作量比较大，一般需编制程序，进行计算机辅助分析。弗伦纽斯通过大量的试算工作总结出下面两条经验。

a. $\varphi = 0$ 的均质黏土，直线边坡的临界圆弧一般通过坡脚，其圆心位置可用表 5-4 确定，临界圆弧圆心的 a、b 角给出的数值用图解法确定。图 5.31 所示的滑动土条中的 a 和 b 两角的交点 O 即为临界圆心的位置。

表 5-4 确定临界圆心的 a、b 角

坡度(高：宽)	坡角 β	角 a	角 b	坡度(高：宽)	坡角 β	角 a	角 b
1：0.50	36°26′	29°30′	40°	1：1.75	29°45′	26°	35°
1：0.75	53°18′	29°00′	39°	1：2.00	26°34′	25°	35°
1：1.00	45°00′	28°	37°	1：3.00	18°26′	25°	35°
1：1.25	48°30′	27°	35°30′	1：5.00	11°19′	25°	37°
1：1.50	33°47′	26°	35°				

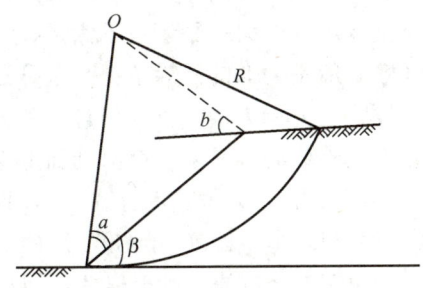

图 5.31 滑动土条

b. $\varphi \neq 0$ 时，O 点的确定方法如图 5.32 所示。随着 φ 角的增大，临界圆心的位置将从 $\varphi=0$ 的圆心 O 沿 OE 线的上方移动，OE 线可用来表示圆心的轨迹线。z 点与坡脚 A 的水平距离为 $4.5H$，垂直距离为 H，H 为土坡的高度。

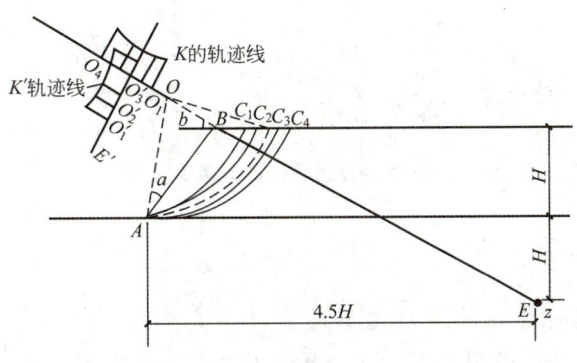

图 5.32 确定 O 点的方法

具体试算时，可在 OE 线上点 O 以外选择适当的点 O_1、O_2、…、O_i，作为可能的滑面圆心，从这些圆心作通过坡脚 A 的圆弧 C_1、C_2、…、C_i，然后按式(5-46)计算相应于各圆弧滑面的稳定系数 K_1、K_2、…、K_i 值，并在它们的圆心处垂直于 OE 线按比例画出各 K_i 值的长度，然后将它们连接成一条光滑的曲线即 K 的轨迹线，其中最小 K_i 所对应的圆心 O_c 可以当作临界圆心。

有时可以进行第二轮滑动面试算的方法：通过前述圆点 O_c 作 OE 的垂线 O_cE'，再在 O_cE' 线上选择适当的 O_1'、O_2'、…、O_i' 作为可能滑动面的圆心，重复前求 K_i 的步骤，求得相应的稳定系数 K_1'、K_2'、…、K_i'，并得到 K' 轨迹线，选最小 K_i' 所对应的圆心即为所要求的临界圆心。

但一般认为该圆心和第一轮的 O_c 很接近,故有的文献建议不作第二轮滑动面试算的要求。

瑞典的费伦纽斯提出的圆弧条分法是土坡稳定分析中的一种基本方法。它不但可以用来验算简单土坡,也可用于验算各种复杂情况的土坡(如不均匀土的土坡、分层土坡、有渗流的土坡及坡顶有荷载作用的土坡等),它在工程中广为应用。

该法计算简便,但工作量大,可用计算机进行,由于它忽略了土条间作用力对 N_i 的影响,可能低估稳定系数 5%~20%。

2.2 毕肖普条分法

费伦纽斯提出的圆弧条分法略去了土条间作用力的影响。严格地说,它对每个土条的力的平衡条件是不满足的,对土条本身的力矩平衡也不满足,只满足整个滑动土体的力矩平衡条件。这样得到的稳定系数一般是偏低的。为了提高条分法的计算精度,毕肖普提出了一个考虑土条间作用力的土坡稳定分析方法,称为毕肖普条分法。

毕肖普条分法提出的土坡稳定系数的含义是整个滑动面上土的抗剪强度 t_f 与实际产生剪应力 t 的比,即 $K=t_f/t$,并考虑了各土条侧面间存在着作用力,其原理与方法如下。

如图 5.33 所示,假定滑动面是以圆心为 O,半径为 R 的滑弧,将滑动面内的滑动土体分成 n 个土条,从中任取一土条 i 为分离体,则分离体的周边作用力如下。

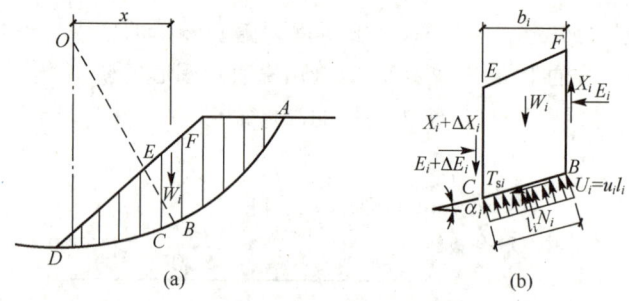

图 5.33 毕肖普条分法的分条及计算单元

① 土条重量 W_i。

② 孔隙水压力 $U_i=u_i l_i$。

③ 滑动面上的法向力 N_i 和切向力 T_{si}。

④ 土条界面上的法向条间力 E_i、$E_i+\Delta E_i$ 和切向条间力 X_i、$X_i+\Delta X_i$。

由前面的分析知该土坡的稳定计算为 $(2n-2)$ 次超静定问题,为解决此问题,需建立 $(2n-2)$ 个条件方程,为此,毕肖普提出分析方法,假定如下。

① 每个土条都与土坡具有相同的安全系数,当 $K_s>1$ 土坡处于稳定状态时,任一土条内的抗剪强度只发挥了一部分,并与此时滑动面上的滑动力相平衡,即 $T_{si}=\dfrac{T_{fi}}{K_s}$。

② 土条界面上条间力的合力是水平的,假定条间力的切向分量为零。

根据这两条假定,可建立 $(2n-2)$ 个条件方程,使问题得到解决。

3. 增加土坡稳定的措施

土坡经验算其稳定系数较小或甚至不能保证其稳定时,需采取必要的工程措施,以防止滑坡。有关的方法在防止滑坡的专门书籍中有详细的叙述，这里只作简要的介绍，以便读者有一个基本概念。

（1）减压与加重。这是从滑坡验算的基本原理出发的。减压的目的是减小下滑力和滑动力矩，加重的目的是增加抗滑力和抗滑力矩，从而使稳定系数 K_s 值增大。

值得注意的是应当正确选择减压与加重的位置。图 5.34 所示为推动式滑坡，滑面上陡下缓，其前缘有一较长的抗滑地段。如在滑体后部减重（图 5.34 中阴影线 A 区），可以减小推力，有利于滑坡的稳定。如将削除的土石填到滑坡前缘加压，则增加前缘抗滑段的抗滑力，增加了滑坡的稳定。相反，如在抗滑地段刷方（图 5.34 中的阴影线 B 区），或在主滑段加载（如弃渣、填筑路堤等）就将加剧滑坡的滑动。可见减压与加重是有条件的。而且还应注意，在滑坡后部减压时，应保证不危及滑坡范围以外山体的稳定，开挖顺序从上而下，开挖后的坡面和平台须平整，并作好排水和防渗措施；在滑坡前缘加压时，须防止基底软弱地层的滑动，而且不能堵塞原有的渗水孔道，以免因积水而软化土体。

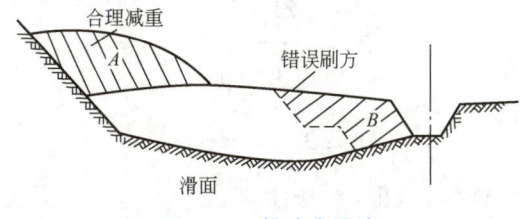

图 5.34　推动式滑坡

图 5.35 所示为减压（刷方）与加重措施在具体边坡中的应用情况，图 5.35（a）、(b)、(c) 所示为移去（刷去）部分土体减小下滑力；图 5.35（d）所示为在坡底反压加载以增加抗滑力。

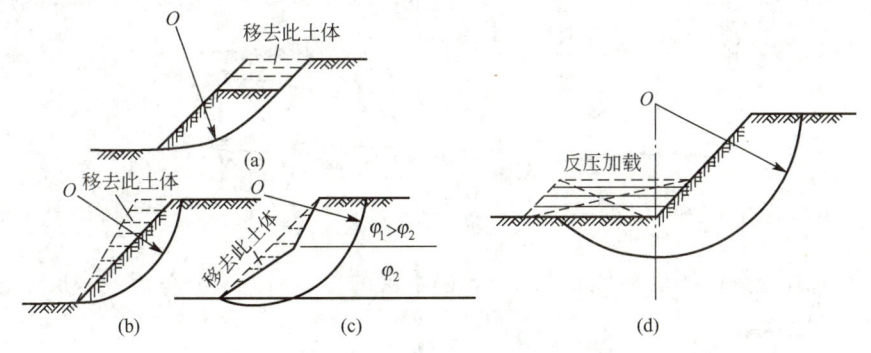

图 5.35　增加土坡稳定的措施

（2）排水措施。水对土坡稳定性的影响很大，观察资料表明，绝大部分滑坡皆因降水时受到浸蚀和排水不良所引起，它们一般都发生在阴雨潮湿的季节。因此，良好的排水措施对保持土坡的稳定具有积极的作用。

排水分两个方面。一方面是调节和排除地表水，防止水流对土坡的浸蚀和冲刷。这种排水措施要适应地形和地质条件以及雨量的情况。在滑坡区外修建截水沟，以防水流进入；在滑坡区内，要疏通、加固和铺砌自然沟谷等，以防积水下渗。

另一方面是排除地下水。地下水的进入使滑动土体的抗滑能力大大降低。例如，滑动土体内的流动水层将产生动水压下滑力,且使含水层的土发生潜蚀,甚至产生管涌现象,地下水对软弱夹层的长期作用,还能引起其中不稳定矿物质发生物理化学变化而降低其力学性能。处理地下水的措施按其作用分为拦截、疏干和降低地下水位等。

拦截地下水工程应设置在滑坡范围以外,如渗水暗沟(图 5.36)等构造,它垂直于地下水流设置,其基础应置于不透水层上,迎水面处为防止水流携入细颗粒和杂物而堵塞水流通道,应设置反滤层,背水面应设置防渗层。

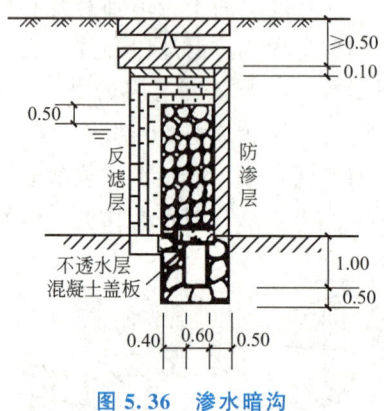

图 5.36 渗水暗沟

疏干地下水工程设置在滑坡范围内,如边坡渗沟等构造,它的每侧都需设置反滤层,以便地下水进入渗沟并排出。

当拦截和疏干地下水皆有困难时,可根据需要把地下水水位降低到对土坡稳定无害的部位。图 5.37 所示为平孔排水,在滑动土体的含水层内水平钻孔插入带孔排水管(钢管或塑料管),用以疏干或降低地下水水位。钻孔的方向原则上与滑动的方向一致。这种方法布孔灵活,不需开挖滑坡,施工安全,工期快,造价较低,但对施工技术要求较高。

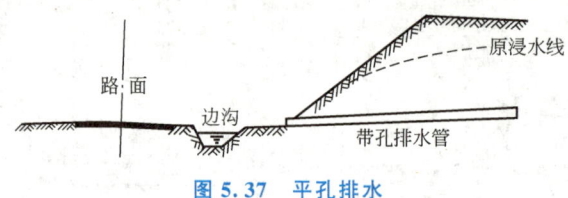

图 5.37 平孔排水

带孔排水管应布置在地下水水位以下,隔水层的顶板以上,分单层或多层布置,间距一般可为 5～15 m。

本章小结

本章从介绍静止土压力、主动土压力和被动土压力的概念、形成条件和三者的关系入手,重点学习了朗肯和库仑两种土压力理论的基本原理、假设条件和具体的计算方法,在此基础上讨论两种土压力理论的异同点和在实际工程中的应用范围。本章介绍了无黏性土土坡稳定分析的方法,条分法的基本概念及在黏土土坡稳定分析中的应用、确定黏性土土坡最危险滑动面的方法,增加土坡稳定的措施。

土压力的类型与墙体位移有很大的依存关系,并由此形成了三种土压力:静止土压力、主动土压力和被动土压力。静止土压力的计算方法由竖向自重应力计算公式演变而来,而朗肯土压力计算公式是由土的极限平衡条件推导得出的,库仑土压力公式则是由滑动土楔体的静力平衡条件推导得出的。各种土压力公式都有其适用条件,在实际使用中应注意。

土坡失稳是土体内部应力状态发生显著改变的结果。对无黏性土土坡,其滑动面可假设为平面,通过滑动平面上的受力平衡条件导出土坡稳定系数的计算公式;对均质黏土土坡可以采用圆弧滑动面假设用整体稳定分析方法进行验算;对成层黏土土坡,一般可采用条分法进行分析计算。土坡稳定系数与滑动面位置有关,故需要求出临界圆心位置对应的最小稳定系数。

课后习题

一、思考题

1. 土压力有哪几种?影响土压力的各种因素中最主要的因素是什么?
2. 试阐述主动土压力、静止土压力和被动土压力的定义和产生的条件并比较三者数值的大小。
3. 比较朗肯土压力理论和库仑土压力理论的基本原理、假设条件和计算方法。
4. 填土中有地下水时,作用在挡土墙上的力有何变化?
5. 减小主动土压力的主要措施有哪些?
6. 为什么一般挡土墙按主动土压力设计?哪些情况的挡土墙应按静止土压力或被动土压力设计?被动土压力在设计时为什么只能考虑一部分?
7. 土坡失稳破坏的原因有哪几种?
8. 土坡稳定系数的意义是什么?在本章中有哪几种表达形式?
9. 无黏性土土坡的稳定只要坡角不超过其内摩擦角,坡高可不受限制,而黏性土土坡的稳定还同坡高有关,试分析其原因。
10. 边坡稳定分析的条分法原理是什么?如何确定最危险滑动面?
11. 试从滑动面形式、土条受力条件及稳定系数定义简述瑞典条分法的基本原理。
12. 直接应用整体圆弧滑动法进行稳定分析有什么困难?为什么要进行分条?试绘出第 i 个土条上全部作用力(假定地下水位很深)。
13. 如何确定临界圆心及最危险的滑动面?
14. 瑞典条分法和毕肖普条分法计算土坡稳定的公式推导中,各引入了哪几条基本假设?这些假设中哪一条对计算稳定系数与实际情况不符产生的影响最大?

二、计算题

1. 挡土墙高 10m,墙背垂直,填土表面水平。填土的 $\gamma=17.5\text{kN/m}^3$, $\varphi=30°$, $c=0$。试分别求出静止土压力、主动土压力、被动土压力,并加以比较。
2. 如图 5.38 所示的挡土墙,墙背垂直光滑,填土表面水平,填土由两层土组成,上层为无黏性土，下层为黏性土。土的性质指标列于图中。试用朗肯土压力理论求主动土压力。

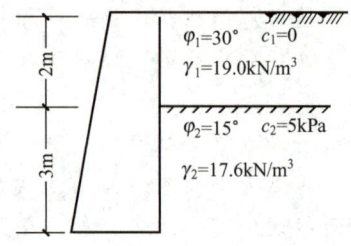

图 5.38 计算题 2 图

3. 挡土墙高 $H=10\text{m}$，墙背垂直光滑，填土表面水平，填土上作用均布荷载 $q=20\text{kPa}$。墙后填土上层为中砂，$\gamma_1=18.5\text{kN/m}^3$，$\varphi_1=30°$，厚 3m。下层为粗砂，$\gamma_2=20\text{kN/m}^3$，$\varphi_2=35°$，地下水位在离墙顶 6m 位置，水下粗砂的饱和重度 $\gamma_{\text{sat}}=20\text{kN/m}^3$。计算作用在挡土墙上的主动土压力和水压力。

4. 如图 5.39 所示的挡土墙，墙背垂直且光滑，墙高 10m，墙后填土表面水平，其上作用着连续均布的荷载 $q=20.0\text{kN/m}^2$，填土由两层无黏性土组成，土的物理力学性质指标和地下水位如图 5.39 所示。

① 绘主动土压力和水压力分布图。
② 求总压力（土压力和水压力之和）的大小。
③ 求总压力的作用点。

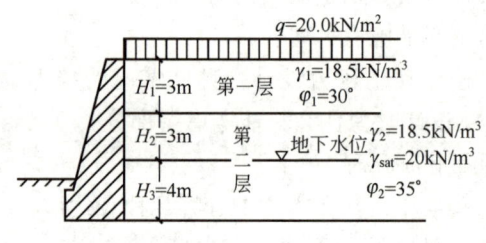

图 5.39 计算题 4 图

5. 已知某挖方土坡，土的物理力学指标为 $\gamma=18.93\text{kN/m}^3$，$\varphi=10°$，$c=12\text{kPa}$，若取稳定系数 $K_s=1.5$，试问：①将坡角做成 60° 时，边坡的最大高度是多少；②若挖方的开挖高度为 6m 时，求最大坡角。

第 6 章
浅 基 础

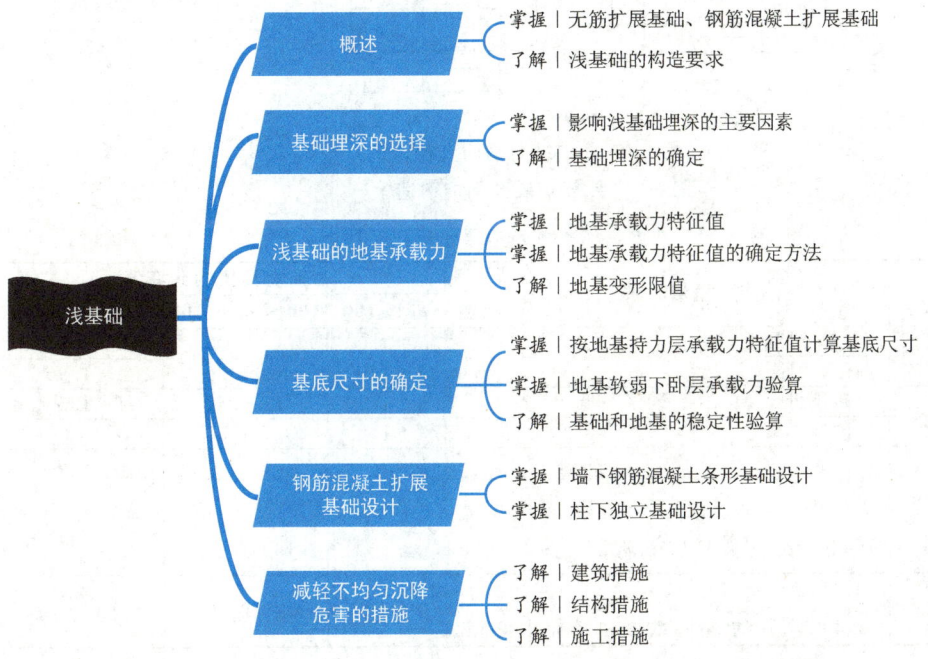

思维导图

浅基础
- 概述
  - 掌握｜无筋扩展基础、钢筋混凝土扩展基础
  - 了解｜浅基础的构造要求
- 基础埋深的选择
  - 掌握｜影响浅基础埋深的主要因素
  - 了解｜基础埋深的确定
- 浅基础的地基承载力
  - 掌握｜地基承载力特征值
  - 掌握｜地基承载力特征值的确定方法
  - 了解｜地基变形限值
- 基底尺寸的确定
  - 掌握｜按地基持力层承载力特征值计算基底尺寸
  - 掌握｜地基软弱下卧层承载力验算
  - 了解｜基础和地基的稳定性验算
- 钢筋混凝土扩展基础设计
  - 掌握｜墙下钢筋混凝土条形基础设计
  - 掌握｜柱下独立基础设计
- 减轻不均匀沉降危害的措施
  - 了解｜建筑措施
  - 了解｜结构措施
  - 了解｜施工措施

6.1 概 述

6.1.1 无筋扩展基础

无筋扩展基础的抗拉强度和抗剪强度较低,因此必须控制基础内的拉应力和剪应力。基础结构设计时,可以通过控制材料强度等级和台阶宽高比(台阶的宽度与高度之比)来确定基础的截面尺寸,而无须进行内力分析和截面强度计算。无筋扩展基础的构造如图6.1所示,要求基础每个台阶的宽高比($b_2:h$)都不得超过表6-1所列的台阶宽高比的允许值。设计时一般选择适当的基础埋深和基础底面尺寸,设基础底面宽度为b,则按上述要求,基础高度应满足式(6-1)的条件。

$$h \geqslant \frac{b - b_0}{2\tan\alpha} \tag{6-1}$$

式中 b_0——基础顶面处的墙体宽度或柱脚宽度;
α——基础的刚性角。

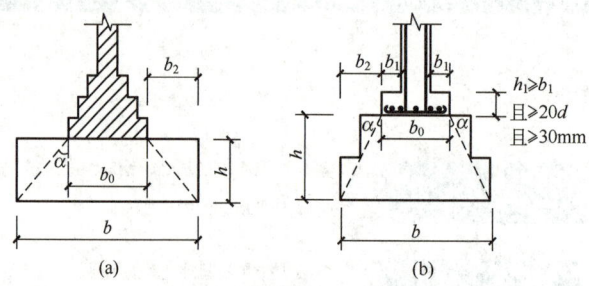

注:d—柱中纵向钢筋直径。

图6.1 无筋扩展基础的构造

表6-1 无筋扩展基础台阶宽高比的允许值

基础	质量要求	台阶宽高比的允许值		
		$p_k \leqslant 100$	$100 < p_k \leqslant 200$	$200 < p_k \leqslant 300$
混凝土基础	C15 混凝土	1∶1.00	1∶1.00	1∶1.25
毛石混凝土基础	C15 混凝土	1∶1.00	1∶1.25	1∶1.50
砖基础	砖不低于 MU10、砂浆不低于 M5	1∶1.50	1∶1.50	1∶1.50
毛石基础	砂浆不低于 M5	1∶1.25	1∶1.50	—
灰土基础	体积比为 3∶7 或 2∶8 的灰土,其最小干密度:粉土 1550kg/m³;粉质黏土 1500kg/m³;黏土 1450kg/m³	1∶1.25	1∶1.50	—
三合土基础	体积比1∶2∶4~1∶3∶6(石灰∶砂∶骨料),每层约虚铺220mm,夯至150mm	1∶1.50	1∶2.00	—

注:① p_k 为作用标准组合时的基础底面处的平均压力(kPa)。
② 阶梯形毛石基础的每个台阶伸出宽度,不宜大于 200mm。
③ 当基础由不同材料叠合组成时,应对接触部分作抗压验算。
④ 混凝土基础单侧扩展范围内基础底面处的平均压力值超过 300kPa 时,尚应进行抗剪验算;对基底反力集中于立柱附近的岩石地基,应进行局部受压承载力验算。

由于台阶宽高比的限制，无筋扩展基础的高度一般都较大，但不应大于基础埋深，否则，应加大基础埋深或选择刚性角较大的基础类型（如混凝土基础），如仍不满足要求，可采用钢筋混凝土基础。

为节约材料和施工方便，基础常做成阶梯形。分阶时，每个台阶除应满足台阶宽高比的要求外，还需符合相关的构造规定。

砖基础俗称大放脚，其各部分的尺寸应符合砖的模数。砌筑方式有两皮一收砌法和二一间隔收砌法两种，如图 6.2 所示。两皮一收砌法是每砌两皮砖，即 120mm，收进 1/4 砖长，即 60mm；二一间隔收砌法是从底层开始，先砌两皮砖，收进 1/4 砖长，再砌一皮砖，收进 1/4 砖长，如此反复。在基础底面宽度相同的情况下，二一间隔收砌法可减小基础高度，并节省用砖量。另外，为保证基础材料有足够的强度和耐久性，根据地基的潮湿程度和地区的气候条件不同，砖、石料、砂浆的最低强度等级应符合表 6-2 的要求。

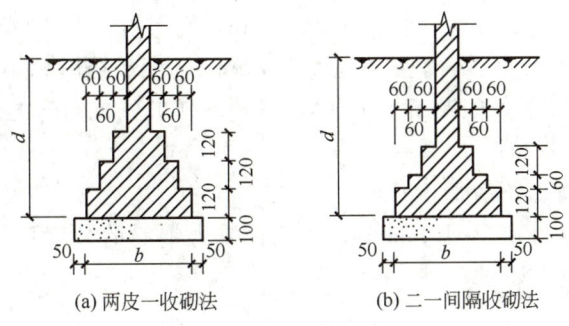

图 6.2　砖基础砌筑方式

表 6-2　砖、石料、砂浆的最低强度等级

地基的潮湿程度	黏土砖		混凝土砌块	石材	混合砂浆	水泥砂浆
	严寒地区	一般地区				
稍潮湿的	MU10	MU10	MU5	MU20	M5	M5
很潮湿的	MU15	MU10	MU7.5	MU20	—	M5
含水饱和的	MU20	MU15	MU7.5	MU30	—	M7.5

注：① 石材的重度不应低于 $18kN/m^3$。
　　② 地面以下或防潮层以下的砌体，不宜采用空心砖。当采用混凝土空心砖砌体时，其孔洞应采用强度等级不低于 C15 的混凝土灌实。
　　③ 各种硅酸盐材料及其他材料制作的块体，应根据相应材料标准的规定选择采用。

毛石基础的每阶伸出宽度不宜大于 200mm，每阶高度通常取 400～600mm，并由两层毛石错缝砌成。混凝土基础每阶高度不应小于 200mm，毛石混凝土基础每阶高度不应小于 300mm。

灰土基础施工时，每层虚铺灰土 220～250mm，夯实至 150mm，称为一步灰土。根据需要可设计成二步灰土或三步灰土，即厚度为 300mm 或 450mm。三合土基础厚度不应小于 300mm。

6.1.2 钢筋混凝土扩展基础

墙下钢筋混凝土条形基础和柱下钢筋混凝土独立基础,统称为钢筋混凝土扩展基础。钢筋混凝土扩展基础的抗弯和抗剪性能良好,可在竖向荷载较大、地基承载力不高等情况下使用。该类基础的高度不受台阶宽高比的限制,其高度比刚性基础小,适宜于需要宽基浅埋的情况。

1. 墙下钢筋混凝土条形基础的构造要求

(1) 条形截面基础的边缘高度,一般不小于 200mm;基础高度小于或等于 250mm 时,可做成等厚度板。

(2) 基础下的垫层厚度一般为 100mm,每边伸出基础 50～100mm,垫层混凝土强度等级应为 C10。

(3) 底板受力钢筋的最小直径不宜小于 10mm,间距不宜大于 200mm 和小于 100mm。当有垫层时,混凝土的保护层净厚度不应小于 40mm,无垫层时则不应小于 70mm。纵向分布钢筋直径不小于 8mm,间距不大于 300mm,每延米分布钢筋的面积应不小于受力钢筋面积的 1/10。

(4) 混凝土强度等级不应低于 C25。

(5) 当基础宽度大于或等于 2.5m 时,底板受力钢筋的长度可取基础同方向边长的 0.9 倍,并宜交错布置,如图 6.3 所示。

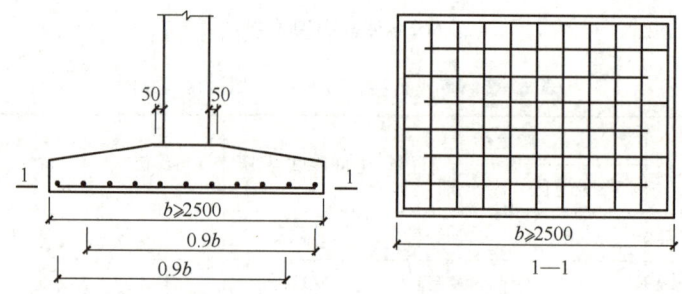

图 6.3 底板受力钢筋布置

(6) 基础底板在 T 形、十字形、L 形交接处,底板横向受力钢筋仅沿一个主要受力方向通长布置,另一个方向的横向受力钢筋可布置到主要受力方向底板宽度 1/4 处。在拐角处底板横向受力钢筋应沿两个方向布置,如图 6.4 所示。

(7) 当地基软弱时,为了减小不均匀沉降的影响,基础截面可采用带肋的板,肋的纵向钢筋按经验确定。

2. 柱下钢筋混凝土独立基础

柱下钢筋混凝土独立基础,除应满足上述墙下钢筋混凝土条形基础的要求外,尚应满足其他一些要求(图 6.5)。当采用锥形基础时,其边缘高度不宜小于 200mm,顶部每边应沿柱边放出 50mm。阶梯形基础每阶高度一般为 300～500mm,当基础高度大于或等于 500mm 而小于 900mm 时,阶梯形基础应分两阶;当基础高度大于或等于 900mm 时,则应分三阶。

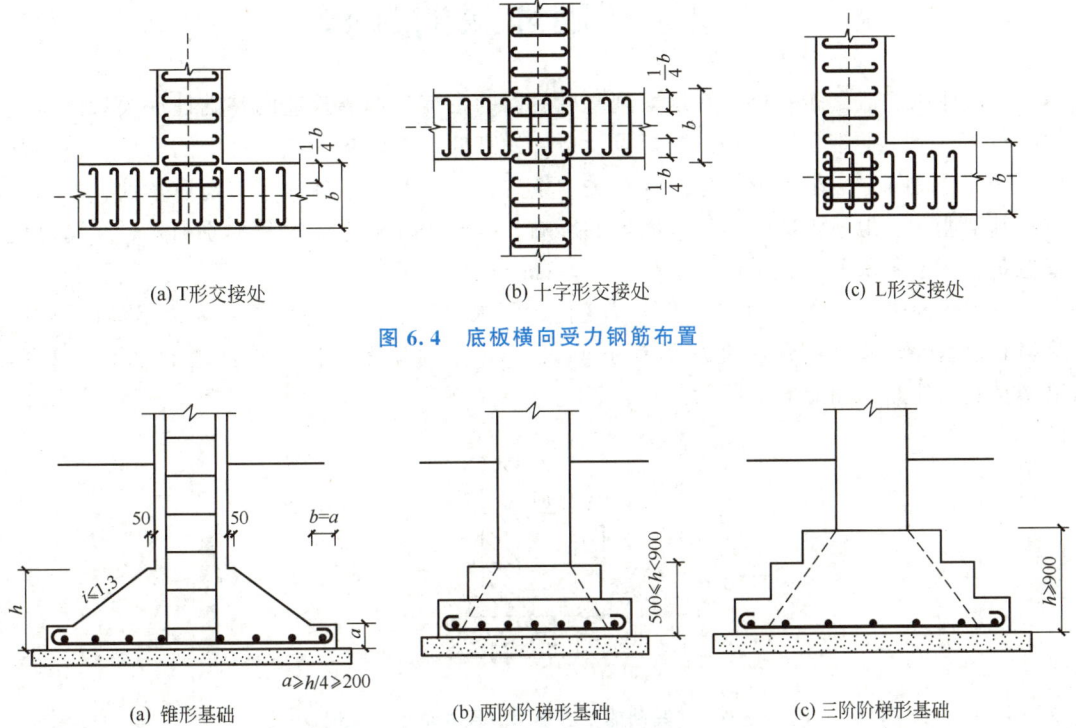

(a) T形交接处　　　　(b) 十字形交接处　　　　(c) L形交接处

图 6.4　底板横向受力钢筋布置

(a) 锥形基础　　　　(b) 两阶阶梯形基础　　　　(c) 三阶阶梯形基础

图 6.5　柱下钢筋混凝土独立基础的构造

基础下垫层厚度不宜小于70mm，垫层混凝土强度等级应为C10，每边伸出基础边缘100mm。基础混凝土强度等级不宜低于C25。

对单独基础底板受力钢筋通常采用HPB300级钢筋，直径不宜小于10mm，间距不宜大于200mm，也不宜小于100mm。当设有垫层时钢筋保护层厚度不宜小于40mm，无垫层时不宜小于70mm。当基础底面边长大于或等于2.5m时，该方向钢筋长度可减少10%，并均匀交错布置。

柱下钢筋混凝土基础的受力筋应双向配置。现浇柱的纵向钢筋可通过插筋锚入基础中。插筋的数量、直径以及钢筋种类应与柱内纵向钢筋相同。插入基础的钢筋，上下至少应有两道箍筋固定。插筋与柱的纵向受力钢筋的连接方法，应按现行的《混凝土结构设计规范（2015版）》(GB 50010—2010)规定执行，插筋的下端宜做成直钩放在基础底板钢筋网上，如图6.6所示。

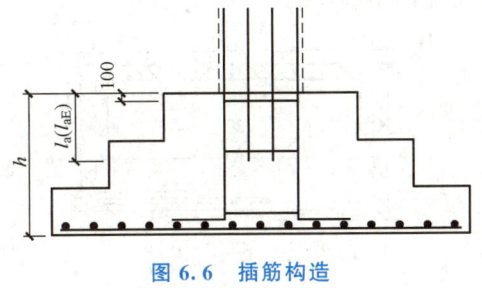

图 6.6　插筋构造

6.2 基础埋深的选择

基础埋深一般是指室外设计地面到基础底面的距离。选择合适的基础埋深关系到地基的稳定性、施工的难易、工期的长短以及造价的高低，是地基基础设计中的重要环节。基础埋深的合理确定必须考虑与建筑物有关的条件、工程地质条件、水文地质条件、相邻建筑物基础埋深、地基土冻融条件等因素的影响。确定浅基础埋深的基本原则是，在满足地基稳定和变形要求及有关条件的前提下，基础应尽量浅埋。

考虑到地表一定深度内，由于气温变化、雨水浸蚀、动植物生长及人为活动的影响，除岩石地基外，基础的最小埋深不宜小于 0.5m，基础顶面应低于设计地面 0.1m 以上，以避免基础外露，如图 6.7 所示。

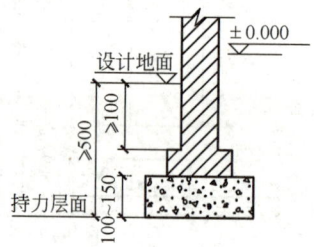

图 6.7　基础的最小埋深（尺寸单位：mm）

6.2.1　与建筑物有关的条件

1. 建筑功能条件

建筑物的使用功能和用途，常常成为基础埋深选择的先决条件。当建筑物设有地下室、带有地下设施，属于半埋式结构物时，都需要较大的基础埋深。有地下室时，基础埋深要受地下室地面标高的影响，在平面上仅局部有地下室时，基础可按台阶形式变化埋深或整体加深，台阶的高宽比一般为 1∶2，每个台阶高度不超过 0.5m，如图 6.8 所示。在确定基础埋深时，需考虑给排水、供热等管道的标高。原则上不允许管道从基础底下通过，一般可以在基础上设洞口，且洞口顶面与管道之间要留有足够的净空高度，以防止基础沉降压裂管道，造成事故。当确定冷藏库或高温炉窑基础埋深时，应考虑热传导引起地基土因低温而冻胀或因高温而干缩的不利影响。

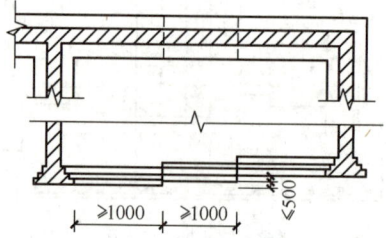

图 6.8　基础埋深变化时台阶做法（尺寸单位：mm）

2. 荷载效应条件

对于竖向荷载大，地震荷载和风荷载等水平荷载作用也大的高层建筑，基础埋深应适当增大，以满足稳定性要求。在抗震设防区，除岩石地基外，天然地基上的箱形基础和筏板基础埋深不宜小于建筑物高度的 1/15，桩箱或桩筏基础的埋深（不计桩长）不宜小于建筑物高度的 1/20～1/18，位于岩石地基上的高层建筑，其基础埋深应满足抗滑要求。

对于受上拔力的结构（如输电塔）基础，应有较大的埋深以满足抗拔要求，对于室内地面荷载较大或有设备基础的厂房、仓库，应考虑对基础内侧的不利作用。中、小跨度的简支梁桥，对确定基础埋深的影响不大；但对超静定结构，如拱桥桥台，基础即使发生较小的不均匀位移也会使内力产生一定的变化。为减小可能产生的水平位移和沉降差，基础有时需设置在埋深较大的坚硬土层上。

6.2.2　工程地质条件

直接支承基础的土层称为持力层，其下的各土层称为下卧层。为了满足建筑物对地基承载力和地基变形的要求，基础应尽可能埋置在良好的持力层上。当地基持力层（或沉降计算深度）范围内存在软弱下卧层时，软弱下卧层的承载力和地基变形也应满足要求。

在选择持力层和基础埋深时，应通过工程地质勘察报告详细了解拟建场地的地层分布、各土层的物理力学性质和地基承载力等资料。为了便于讨论，对于中小型建筑，不妨把处于坚硬、硬塑或可塑状态的黏性土层，密实或中密状态的砂土层和碎石土层，以及属于低、中压缩性的其他土层视作良好土层；而把处于软塑、流塑状态的黏性土层，处于松散状态的砂土层、未经处理的填土和其他高压缩性土层视作软弱土层。

① 在地基持力层范围内，自上而下都是良好土层时，基础埋深由其他条件和最小埋深确定。

② 自上而下都是软弱土层时，对于轻型建筑，仍可考虑按情况①处理。如果地基承载力或地基变形不能满足要求，则应考虑采用连续基础、人工地基或深基础方案。哪一种方案较好，需要从安全可靠、施工难易、造价高低等方面综合确定。

③ 上部为软弱土层而下部为良好土层时，持力层的选择取决于上部软弱土层的厚度。一般来说，软弱土层厚度小于 2m 者，应选取下部良好土层作为持力层；若软弱土层较厚，可按情况②处理。

④ 上部为良好土层而下部为软弱土层时，地表普遍存在一层厚度为 2～3m 的所谓硬壳层，硬壳层以下为孔隙比大、压缩性高、强度低的软土层。对于一般中小型建筑或 6 层以下的住宅，宜选择这一硬壳层作为持力层，基础尽量浅埋，即采用宽基浅埋方案，以便加大基底至软弱土层的距离。

6.2.3　水文地质条件

有地下水存在时，基础应尽量埋置在地下水水位以上，以避免地下水对基坑开挖、基础施工和使用期间的影响。对底面低于地下水位的基础，应考虑施工期间的基坑降水、坑壁围护、是否可能产生流砂或涌土等问题，并采取保护地基土不受扰动的措施。对于具有侵蚀性的地下水，应采用抗侵蚀的水泥品种和相应的措施（详见有关勘察规范）。此外，设计时还应该考虑由于地下水的浮托力而引起的基础底板内力的变化、地下室或地下贮罐上浮的可能性以及地下室的防渗问题。

当持力层下埋藏有承压含水层时，为防止基础底土被承压水冲破（即流土），要求基础底土的总覆盖压力大于承压含水层顶部的静水压力（图 6.9），即见式(6-2)

$$\gamma h > \gamma_w h_w \tag{6-2}$$

式中　γ——土的重度，对潜水位以下的土取饱和重度，kN/m³；

γ_w——水的重度，kN/m³；

h——基础底面至承压含水层顶面的距离，m；

h_w——承压水水位，m。

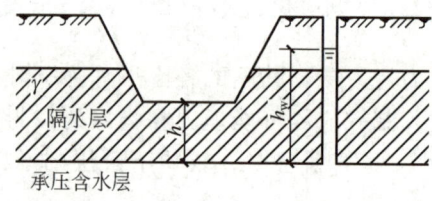

图 6.9　基础下埋藏有承压含水层的情况

如式(6-2)无法得到满足，则应设法降低承压水水位或减小基础埋深。对于平面尺寸较大的基础，在满足式(6-2)的要求时，还应有不小于 1.1 的安全系数。

6.2.4　相邻建筑物基础埋深的影响

在城市建筑密集的地方，为保证原有建筑物的安全和正常使用，新建建筑物基础埋深不宜深于原有建筑物基础的埋深，并应考虑新加荷载对原有建筑物的不利作用。

当新建建筑物荷载大、楼层高，基础埋深要求大于原有建筑物基础埋深时，为避免新建建筑物对原有建筑物的影响，设计时应考虑新建基础与原有基础保持一定的净距，如图 6.10 所示。距离大小根据原有建筑物荷载大小、土质情况和基础形式确定，一般可取相邻基础底面高差的 1～2 倍，即 $L \geqslant (1\sim 2)\Delta H$。当不能满足净距方面的要求时，应采取分段施工，或设临时支撑、打板桩、地下连续墙等措施，或加固原有建筑物地基。

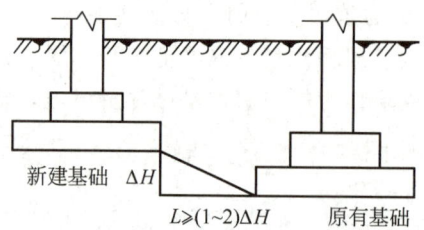

图 6.10　相邻建筑物基础埋深

6.2.5 地基冻融条件

当地基土的温度低于 0℃ 时，土中部分孔隙水将冻结而形成冻土。冻土可分为季节性冻土和多年冻土两类。季节性冻土在冬季冻结而夏季融化，每年冻融交替一次。我国东北、华北和西北地区的季节性冻土层厚度在 0.5m 以上，最厚近 3m。

季节性冻土地区，土体出现冻胀和融沉。土体发生冻胀的机理，主要是由于土层在冻结期周围未冻结区土中的水分向冻结区迁移、积聚所致，出现冻胀现象，有些地区还会出现冻胀丘（图 6.11）和冰锥。当土层解冻时，土层中积聚的冻晶体融化，土体随之下陷，即出现融沉现象。如位于冻胀区内的基础受到的冻胀力大于基底以上的竖向荷载，基础就有被抬起的可能，造成建筑物的门窗不能开启，严重的甚至引起墙体的开裂。当温度升高土体解冻时，由于土中的水分高度集中，使土体变得十分松软而引起融沉，且建筑物各部分的融沉是不均匀的，严重的不均匀融沉可能引起建筑物开裂、倾斜，甚至倒塌。

图 6.11 冻胀丘

季节性冻土地基的场地冻深可按式(6-3)计算。

$$z_d = z_0 \cdot \psi_{zs} \cdot \psi_{zw} \cdot \psi_{ze} \tag{6-3}$$

式中 z_d——场地冻深，m，当有实测资料时按 $z_d = h' - \Delta z$ 计算；

h'——最大冻深出现时场地的最大冻土层厚度，m；

Δz——最大冻深出现时场地的地表冻胀量，m；

z_0——标准冻深，m，在地表平坦、裸露、城市之外的空旷场地中不少于 10 年实测最大冻深的平均值；

ψ_{zs}——土的类别对冻深的影响系数；

ψ_{zw}——土的冻胀性对冻深的影响系数；

ψ_{ze}——环境对冻深的影响系数。

对于埋置于冻胀土中的基础，其最小埋深可按式(6-4)确定。

$$d_{min} = z_d - h_{max} \tag{6-4}$$

式中 h_{max}——基础底面下允许残留冻土层的最大厚度，m。

式(6-3)中的 z_0、ψ_{zs}、ψ_{zw}、ψ_{ze} 及式(6-4)中的 h_{max} 可按《建筑地基基础设计规范》(GB 50007—2011)中规定取值。对于冻胀地基上的建筑物，规范还指明所宜采取的防冻害措施。

6.3 浅基础的地基承载力

地基承载力是指地基承受荷载的能力,地基基础设计首先必须保证荷载作用下地基应具有足够的安全度。在保证地基稳定的条件下,使建筑物的沉降量不超过允许值的地基承载力称为地基承载力特征值。地基承载力特征值的确定方法可归纳为①按土的抗剪强度指标确定;②按地基载荷试验确定;③按规范承载力表确定;④按建筑经验确定。

6.3.1 地基承载力特征值的确定方法

1. 按土的抗剪强度指标确定

(1) 地基极限承载力理论公式。根据地基极限承载力计算地基承载力特征值见式(6-5)。

$$f_{ak} = p_u/K \tag{6-5}$$

式中 p_u——地基极限承载力,kPa;

K——安全系数,其取值与地基基础设计等级、荷载的性质、土的抗剪强度指标的可靠程度以及地基条件等因素有关,安全系数 K 一般取 2~3。

确定地基极限承载力的理论公式有多种,如斯肯普顿公式、太沙基公式、魏锡克公式和汉森公式等。

(2) 规范推荐的理论公式。当偏心距 e 小于或等于 0.033 倍基础底面宽度时,根据土的抗剪强度指标确定地基承载力特征值可按式(6-6)计算,并应满足变形要求。

$$f_a = M_b \gamma b + M_d \gamma_m d + M_c c_k \tag{6-6}$$

式中 f_a——由土的抗剪强度指标确定的地基承载力特征值,kPa;

M_b、M_d、M_c——承载力系数,按表 6-3 确定;

γ——基底以下土的重度,地下水位以下取有效重度,kN/m³;

b——基础底面宽度,m,大于 6m 时按 6m 取值(砂土小于 3m 时按 3m 取值);

d——基础埋深,m;

γ_m——基础底面以上土的加权平均重度,kN/m³,地下水位以下取有效重度;

c_k——基底下一倍短边宽度的深度范围内的黏聚力标准值,kPa。

式(6-6)与 $p_{1/4}$ 的公式稍有差别。根据砂土地基的载荷试验资料,按 $p_{1/4}$ 的公式计算的结果偏小较多,所以对砂土地基,当 b 小于 3m 时按 3m 计算,此外,当 $\varphi_k \geqslant 24°$ 时,采用比 M_b 的理论值大的经验值。

表 6-3 承载力系数 M_b、M_d、M_c

土的内摩擦角标准值 $\varphi_k/(°)$	M_b	M_d	M_c
0	0	1.00	3.14
2	0.03	1.12	3.32
4	0.06	1.25	3.51

续表

土的内摩擦角标准值 φ_k/(°)	M_b	M_d	M_c
6	0.10	1.39	3.71
8	0.14	1.55	3.93
10	0.18	1.73	4.17
12	0.23	1.94	4.42
14	0.29	2.17	4.69
16	0.36	2.43	5.00
18	0.43	2.72	5.31
20	0.51	3.06	5.66
22	0.61	3.44	6.04
24	0.80	3.87	6.45
26	1.10	4.37	6.90
28	1.40	4.93	7.40
30	1.90	5.59	7.95
32	2.60	6.35	8.55
34	3.40	7.21	9.22
36	4.20	8.25	9.97
38	5.00	9.44	10.80
40	5.80	10.84	11.73

注：φ_k 为基底下 1 倍短边宽度的深度范围内土的内摩擦角标准值。

若建筑物施工速度较快，而地基持力层的透水性和排水条件不良时（例如厚度较大的饱和软黏土），地基土可能在施工期间或施工完工后不久因未充分排水固结而破坏，此时应采用土的不排水抗剪强度计算短期承载力。取不排水内摩擦角 $\varphi_u=0$，由表 7-3 知 $M_b=0$，$M_d=1$，$M_c=3.14$，将 c_k 改为 c_u（c_u 为土的不排水抗剪强度），由式(6-6)得短期地基承载力特征值计算式[式(6-7)]。

$$f_a = 3.14c_u + \gamma_m d \tag{6-7}$$

2. 按地基载荷试验确定

载荷试验（图 6.12）是工程地质勘察工作中的一项原位测试。载荷试验包括浅层平板载荷试验、深层平板载荷试验及螺旋板载荷试验。前者适用于浅层地基，后两者适用于深层地基。

载荷试验的优点是压力的影响深度可达 1.5～2 倍承压板宽度，故能较好地反映天然土体的压缩性。对于成份或结构很不均匀的土层，如杂填土、裂隙土、风化岩等，它则显出用别的方法所难以代替的作用。其缺点是试验工作量和费用较大，时间较长。

根据载荷试验成果 p-s 曲线确定地基承载力特征值的方法如下。

图 6.12　载荷试验装置照片

对于密实砂土、硬塑黏土等低压缩性土，其 $p-s$ 曲线通常有较明显的起始直线段和极限值，即呈急进破坏的陡降型，如图 6.13（a）所示。考虑到低压缩性土的承载力特征值一般由强度安全控制，故可取图中的 p_1（比例界限荷载）作为承载力特征值。此时从 p_1 发展到破坏还有很长的过程，地基的沉降量很小，能为一般建筑物所允许，强度安全贮备也足够。对于少数呈脆性破坏的土，从 p_1 发展到破坏（极限荷载）过程较短，从安全角度出发，当 $p_u<2p_1$ 时，取 $p_u/2$ 作为承载力特征值。

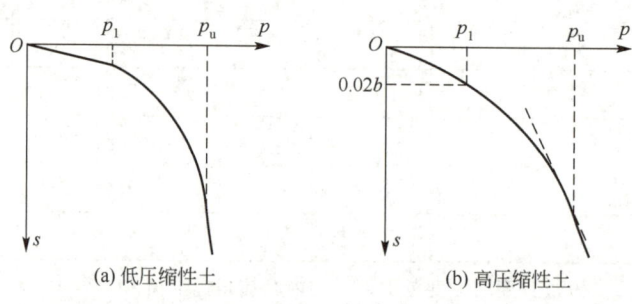

图 6.13　按载荷试验成果确定地基承载力特征值

对于松砂、填土、可塑黏土等中、高压缩性土，其 $p-s$ 曲线往往无明显的转折点，但曲线的斜率随荷载的增大而逐渐增大，最后稳定在某个最大值，即呈渐进性破坏的缓变型，如图 6.13（b）所示，此时，极限荷载可取曲线斜率开始到达最大值时所对应的荷载。但此时要取得 p_u 值，必须把载荷试验进行到载荷板有很大的沉降，而实践中往往因受加载设备的限制，或出于对试验安全的考虑，不便使沉降过大，因而无法取得 p_u 值；此外，对中、高压缩性土，地基承载力往往受建筑物基础沉降量的控制，故应从允许沉降的角度出发来确定承载力特征值。规范总结了许多实测资料，当载荷板面积为 $0.25\sim0.50\text{m}^2$ 时，可取 $s/b=0.01\sim0.015$（b 为载荷板的宽度）所对应的荷载为地基承载力特征值，但其值不应大于最大加载量的一半。

对同一层土，宜选取三个以上的试验点，当各试验点所得的承载力特征值的极差（最大值与最小值之差）不超过其平均值的 30% 时，则取此平均值作为该土层的承载力特征值 f_a。

现场载荷试验所测得的结果一般能反映相当于 1~2 倍载荷板宽度的深度以内土体的平均性质。《建筑地基基础设计规范》（GB 50007—2011）列入的深层平板载荷试验，可测得较深下卧层土的力学性质。另外，对于成分或结构很不均匀的土层，无法取得原状土样,载荷试验方法显示出难以代替的作用。载荷试验比较可靠,但该方法费时、耗资相对较大。

3. 按规范承载力表格确定

我国各地区规范给出了按野外鉴别结果、室内物理力学性质指标,或现场动力触探试验锤击数查取地基承载力特征值 f_{ak} 的表格,这些表格是将各地区载荷试验资料经回归分析并结合经验编制的。表 6-4 给出的是砂土按标准贯入试验锤击数 N 查取承载力特征值。

地基条件对基础受力的影响

表 6-4 砂土按标准贯入试验锤击 N 查取承载力特征值   单位:kPa

土类	N			
	10	15	30	50
中砂、粗砂	180	250	340	500
粉砂、细砂	140	180	250	340

当基础宽度大于 3m 或埋深大于 0.5m 时,从载荷试验或其他原位测试、规范表格等方法确定的地基承载力特征值,应按式(6-8)进行修正。

$$f_a = f_{ak} + \eta_b \gamma (b-3) + \eta_d \gamma_m (d-0.5) \quad (6-8)$$

式中 f_a——修正后的地基承载力特征值,kPa;

f_{ak}——地基承载力特征值,kPa;

η_b、η_d——基础宽度和埋深的地基承载力修正系数,按基底下土的类别查表 6-5;

γ——基础底面以下土的重度,地下水位以下取浮重度,kN/m³;

b——基础底面宽度,m,当基础底面宽度小于 3m 时按 3m 取值,大于 6m 时按 6m 取值;

γ_m——基础底面以上土的加权平均重度,位于地下水位以下的土层取有效重度,kN/m³;

d——基础埋深,m,宜自室外地面标高算起。在填方整平地区,可自填土地面标高算起,但填土在上部结构施工后完成时,应从天然地面标高算起。对于地下室,如采用箱形基础或筏基时,基础埋深自室外地面标高算起;当采用独立基础或条形基础时,应从室内地面标高算起。对于主楼裙楼一体的主体结构基础,可将裙楼荷载视为基础两侧的超载,当超载宽度大于基础宽度两倍时,可将超载折算成土层厚度作为基础的附加埋深。

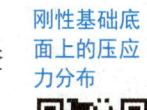

刚性基础底面上的压应力分布

表 6-5 承载力修正系数

土的类别	η_b	η_d
淤泥和淤泥质土	0	1.0
人工填土, e 或 I_L 大于等于 0.85 的黏性土	0	1.0

续表

土的类别		η_b	η_d
红黏土	含水比 $a_w > 0.8$	0	1.2
	含水比 $a_w \leq 0.8$	0.15	1.4
大面积压实填土	压实系数大于 0.95、黏粒含量 $\rho_c \geq 10\%$ 的粉土	0	1.5
	最大干密度大于 2100kg/m³ 的级配砂石	0	2.0
粉土	黏粒含量 $\rho_c \geq 10\%$ 的粉土	0.3	1.5
	黏粒含量 $\rho_c < 10\%$ 的粉土	0.5	2.0
e 及 I_L 均小于 0.85 的黏性土		0.3	1.6
粉砂、细砂(不包括很湿与饱和时的稍密状态)		2.0	3.0
中砂、粗砂、砾砂和碎石土		3.0	4.4

注：① 强风化和全风化的岩石，可参照所风化成的相应土类取值，其他状态下的岩石不修正。
② 地基承载力特征值按深层平板载荷试验确定时，η_d 取 0。
③ 含水比是指土的天然含水量与液限的比值。
④ 大面积压实填土是指填土范围大于两倍基础宽度的填土。

4. 按建筑经验确定

在拟建场地附近，常有不同时期建造的各类建筑物。调查这些建筑物的结构类型、基础形式、地基条件和使用现状，对于确定拟建场地的地基承载力特征值具有一定的参考价值。

在按建筑经验确定承载力时，需要了解拟建场地是否存在人工填土、暗浜或暗沟、土洞、软弱夹层等不利情况。对于地基持力层，可以通过现场开挖，根据土的名称和所处的状态估计地基承载力特征值。这些工作还需在基坑开挖验槽时进行验证。

6.3.2 地基变形限值

按前述方法确定的地基承载力特征值，虽然已可保证建筑物在防止地基剪切破坏方面具有足够的安全度，但不一定能保证地基变形满足要求。如果地基变形超出了允许的范围，就必须降低地基承载力特征值，以保证建筑物的正常使用和安全可靠。

在常规设计中，一般的步骤是先确定持力层的承载力特征值，然后按要求选定基础底面尺寸，最后（必要时）验算地基变形。地基变形验算的要求是：建筑物的地基变形计算值 Δ 应不大于地基变形允许值 $[\Delta]$，即：

$$\Delta \leq [\Delta] \tag{6-9}$$

地基变形指标按其特征可分为 4 种，相应的基础沉降分类见表 6-6。
① 沉降量：独立基础中心点的沉降量或整幢建筑物基础的平均沉降量。
② 沉降差：相邻两个柱基的沉降量之差。
③ 倾斜：基础倾斜方向两端点的沉降差与其距离的比值。
④ 局部倾斜：砌体承重结构沿纵向 6~10m 基础两点的沉降差与其距离的比值。

表 6-6 基础沉降分类

地基变形指标	图例	计算方法
沉降量	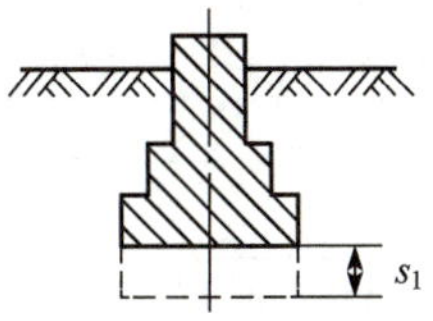	独立基础中心点的沉降值 s_1
沉降差	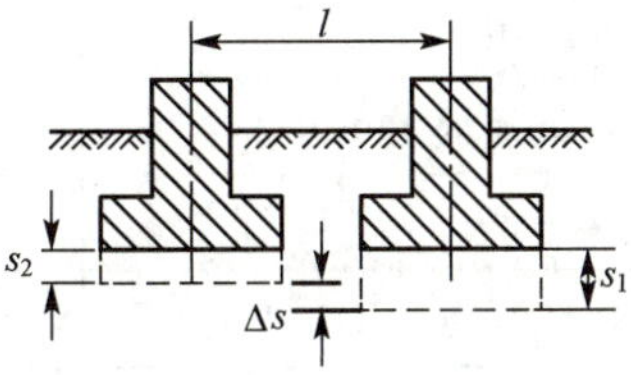	相邻两个柱基的沉降值之差 $\Delta s = s_1 - s_2$
倾斜	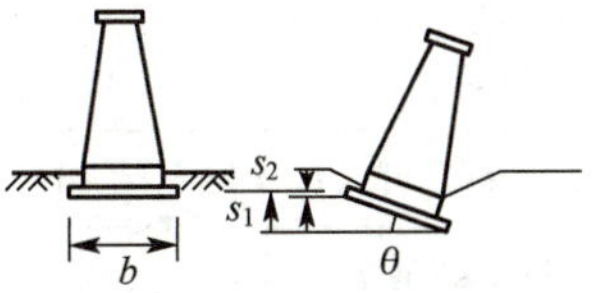	$\mathrm{tg}\theta = \dfrac{s_1 - s_2}{b}$
局部倾斜	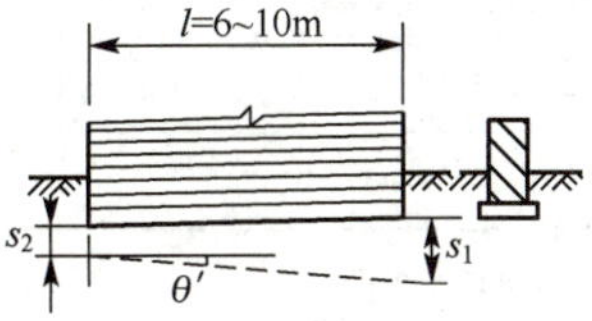	$\mathrm{tg}\theta' = \dfrac{s_1 - s_2}{l}$

地基变形允许值的确定涉及许多因素,如建筑物的结构特点和具体使用要求、对地基不均匀沉降的敏感程度以及结构强度储备等。《建筑地基基础设计规范》(GB 50007—2011)综合分析了国内外各类建筑物的有关资料,提出了表 6-7 所列建筑物的地基变形允许值。对表中未包括的其他建筑物的地基变形允许值,可根据上部结构对地基变形特征的适应能力和使用要求确定。

表 6-7 建筑物的地基变形允许值

地基变形特征		地基土类别	
		中、低压缩性土	高压缩性土
砌体承重结构基础的局部倾斜/m		0.002	0.003
工业与民用建筑相邻柱基的沉降差/mm	框架结构	$0.002l$	$0.003l$
	砌体墙填充的边排柱	$0.0007l$	$0.001l$
	当基础不均匀沉降时不产生附加应力的结构	$0.005l$	$0.005l$
单层排架结构(柱距为 6m)柱基的沉降量/mm		(120)	200
桥式吊车轨面的倾斜(按不调整轨道考虑)/m	纵向	0.004	
	横向	0.003	

续表

地基变形特征		地基土类别	
		中、低压缩性土	高压缩性土
多层和高层建筑的整体倾斜/m	$H_g \leqslant 24$	0.004	
	$24 < H_g \leqslant 60$	0.003	
	$60 < H_g \leqslant 100$	0.0025	
	$H_g > 100$	0.002	
体型简单的高层建筑基础的平均沉降量/mm		200	
高耸结构基础的倾斜/m	$H_g \leqslant 20$	0.008	
	$20 < H_g \leqslant 50$	0.006	
	$50 < H_g \leqslant 100$	0.005	
	$100 < H_g \leqslant 150$	0.004	
	$150 < H_g \leqslant 200$	0.003	
	$200 < H_g \leqslant 250$	0.002	
高耸结构基础的沉降量/mm	$H_g \leqslant 100$	400	
	$100 < H_g \leqslant 200$	300	
	$200 < H_g \leqslant 250$	200	

注：① 本表数值为建筑物地基实际最终变形允许值。

② 有括号者仅适用于中压缩性土。

③ l 为相邻柱基的中心距离，mm；H_g 为自室外地面起算的建筑物高度，m。

④ 倾斜指基础倾斜方向两端点的沉降差与其距离的比值。

⑤ 局部倾斜指砌体承重结构沿纵向 6～10m 基础两点的沉降差与其距离的比值。

一般来说，如果建筑物均匀下沉，那么即使沉降量较大，也不会对结构本身造成损坏，但可能会影响到建筑物的正常使用，或使邻近建筑物倾斜，或导致与建筑物有联系的其他设施的损坏。例如，单层排架结构的沉降量过大会造成桥式吊车净空不够而影响使用；高耸结构（如烟囱、水塔等）沉降量过大会将烟道（或管道）拉裂。

如果地基变形计算值 Δ 大于地基变形允许值 $[\Delta]$，一般可以先考虑适当调整基底尺寸（如增大基底面积或调整基底形心位置）或埋深，如仍未满足要求，再考虑是否可从建筑、结构、施工诸方面采取有效措施以防止不均匀沉降对建筑物的损害，或改用其他地基基础设计方案。

6.4　基底尺寸的确定

在初步选择基础类型和埋深后，就可以根据持力层的承载力特征值计算基底尺寸。如果地基持力层范围内存在着承载力明显低于持力层的下卧层，则所选择的基底尺寸尚须满足对软弱下卧层验算的要求。必要时还应对地基变形或地基稳定性进行验算。

6.4.1 按地基持力层承载力特征值计算基底尺寸

除烟囱等圆形结构常采用圆形（或环形）基础外，一般柱、墙的基础通常为矩形或条形。按荷载对基底形心的偏心情况，上部结构作用在基础顶面处的荷载可以分为轴心荷载作用和偏心荷载作用两种。

1. 轴心荷载作用

当基础承受轴心荷载作用时，地基反力均匀分布（图 6.14），按地基持力层承载力计算基底尺寸时，要求基底压力满足式(6-10)的要求。

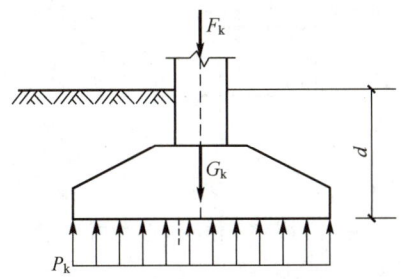

图 6.14 轴心荷载作用下的地基反力

$$p_k \leqslant f_a \tag{6-10}$$

式中 f_a——修正后的地基持力层承载力特征值，kPa；

p_k——相应于荷载效应标准组合时，基础底面处的平均压力，按式(6-11)计算：

$$p_k = (F_k + G_k)/A \leqslant f_a \tag{6-11}$$

A——基础底面面积，m²；

F_k——相应于荷载效应标准组合时，上部结构传至基础顶面的竖向力；

G_k——基础自重和基础上的土重，对一般实体基础，可近似地取 $G_k = \gamma_G A d$（γ_G 为基础及回填土的平均重度，可取 $\gamma_G = 20 \text{kN/m}^3$，$d$ 为基础平均埋深），但在地下水位以下部分应扣去浮托力，即 $G_k = \gamma_G A d - \gamma_w A h_w$（$h_w$ 为地下水位至基础底面的距离）。

在轴心荷载作用下，柱下独立基础一般采用方形；对于墙下条形基础，可沿基础长方向取单位长度 1m 进行计算，荷载也为相应的线荷载。

在上面的计算中，一般先要对地基承载力特征值 f_{ak} 进行基础埋深修正，然后按计算得到的基底宽度 b，考虑是否需要对 f_{ak} 进行基底宽度修正。如需要，修正后重新计算基底宽度，如此反复计算一两次即可。最后确定的基底尺寸 b 和 l 均应为 100mm 的整数倍。

2. 偏心荷载作用

当作用在基底形心处的荷载不仅有竖向荷载，而且有力矩或水平力存在时，为偏心受压荷载（图 6.15）。偏心荷载作用下基底压力分布仍假设为线性分布，基底压力除应满足式(6-10)的要求，尚应满足式(6-12)的条件。

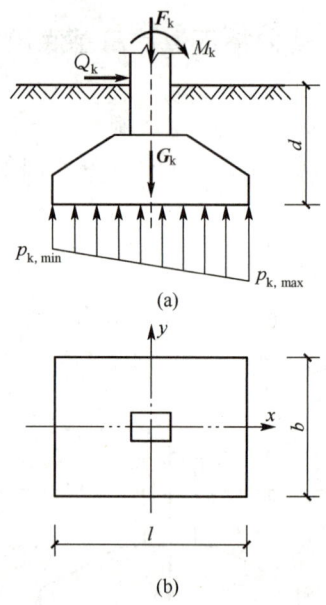

图 6.15 偏心受压荷载

$$p_{k,\max} \leqslant 1.2 f_a \tag{6-12}$$

式中 $p_{k,\max}$——相应于荷载效应标准组合时，按直线分布假设计算的基底边缘处的最大压力值，kPa；

f_a——修正后的地基承载力特征值，kPa。

对常见的单向偏心矩形基础，当偏心距 $e \leqslant l/6$ 时，基底最大压力可按式(6-13)、式(6-14)计算。

$$p_{k,\max} = \frac{F_k}{bl} + \gamma_G d - \gamma_w h_w + \frac{6M_k}{bl^2} \tag{6-13}$$

$$p_{k,\max} = p_k \left(1 + \frac{6e}{l}\right) \tag{6-14}$$

式中 l——偏心方向的基础边长，一般为基础长边边长，m；

b——垂直于偏心方向的基础边长，一般为基础短边边长，m；

M_k——相应于荷载效应标准组合时，基础所有荷载对基底形心的合力矩，kN·m；

e——偏心距，$e = M_k / (F_k + G_k)$，m。

为了保证基础不致过分倾斜，通常还要求偏心距 e 应满足式(6-15)的条件。

$$e \leqslant l/6 \tag{6-15}$$

一般认为，在中、高压缩性地基上的基础，或有吊车的厂房柱基础，e 不宜大于 $l/6$；对低压缩性地基上的基础，当考虑短暂作用的偏心荷载时，e 可放宽至 $l/4$。

确定矩形基底尺寸时，为了同时满足式(6-10)和式(6-12)的条件，一般可按下述步骤进行。

① 对地基承载力特征值进行基础埋深修正，初步确定修正后的地基承载力特征值。

② 根据荷载偏心情况，将按轴心荷载作用计算得到的基底面积增大 10%～40%，即见式(6-16)。

$$A = (1.1 \sim 1.4) \frac{F_k}{f_a - \gamma_G d + \gamma_w h_w} \quad (6-16)$$

③ 选取基底长边 l 与短边 b 的比值 n（一般取 $n \leq 2$），于是可得式(6-17)、式(6-18)。

$$b = \sqrt{A/n} \quad (6-17)$$

$$l = nb \quad (6-18)$$

④ 考虑是否应对地基承载力特征值进行宽度修正。如需要，在承载力特征值修正后，重复上述②、③两个步骤，使所取宽度前后一致。

⑤ 计算偏心距 e 和基底最大压力 $p_{k,\max}$，并验算是否满足式(6-10) 和式(6-12) 的要求。

⑥ 若 b、l 取值不适当（太大或太小），可调整尺寸再进行验算，如此反复一两次，便可定出合适的尺寸。

对带壁柱的条形基础尺寸的确定，取壁柱间距离 l 作为计算单元长度（图 6.16）。通常壁柱基础宽度和条形基础宽度一样，均为 b；壁柱基础突出墙基础的部分长度 a 可近似取壁柱突出墙面的距离。

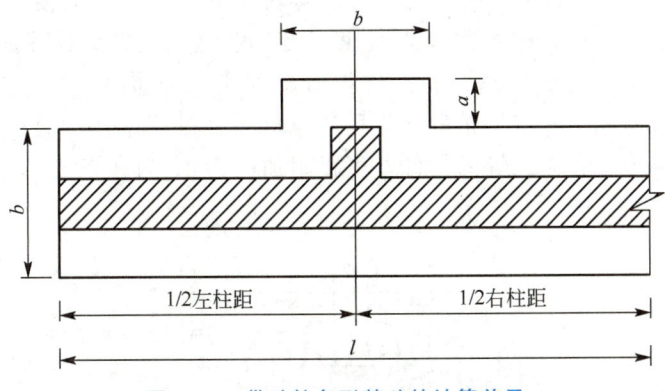

图 6.16 带壁柱条形基础的计算单元

【例 6.1】 某黏性土重度 γ_m 为 18.2kN/m^3，孔隙比 $e = 0.7$，液性指数 $I_L = 0.75$，地基承载力特征值 f_{ak} 为 220kPa。现修建一外柱基础，作用在基础顶面的轴心荷载 $= 830$kN，基础埋深（自室外地面起算）为 1.0m，室内地面高出室外地面 0.3m，试确定方形基础底面宽度。

【解】 先对地基承载力特征值进行埋深修正。自室外地面起算的基础埋深 $d = 1.0$m，查表 6-5，得 $\eta_d = 1.6$，由式(6-8)得修正后的地基承载力特征值：

$$\begin{aligned} f_a &= f_{ak} + \eta_d \gamma_m (d - 0.5) \\ &= 220 + 1.6 \times 18.2 \times (1.0 - 0.5) \\ &\approx 235 (\text{kPa}) \end{aligned}$$

计算基础及其上土的重力 G_k 时的基础埋深：$d = (1.0 + 1.3)/2 = 1.15$ (m)。由于埋深范围内没有地下水，$h_w = 0$。由式(6-6)得基础底面宽度。

$$b \geq \sqrt{\frac{F_k}{f_a - \gamma_G d}} = \sqrt{\frac{830}{235 - 20 \times 1.15}} \approx 1.98(\text{m})$$

取 $b = 2$m。因 $b < 3$m，不必对地基承载力特征值进行宽度修正。

6.4.2 地基软弱下卧层承载力验算

建筑场地土大多数是成层的,一般土层的强度随深度而增加,而外荷载引起的附加应力则随深度而减小,因此,只要基础底面持力层的承载力满足设计要求即可。但是,也有不少情况,持力层不厚,在持力层以下受力层范围内存在软弱土层,如我国沿海地区表层土较硬,在其下有很厚一层较软的淤泥、淤泥质土层,其承载力很低,此时仅满足持力层的要求是不够的,还需验算软弱下卧层的强度。要求传递到软弱下卧层顶面处土体的附加应力与自重应力之和不超过它的承载力特征值,即见式(6-19)。

$$p_z + p_{cz} \leqslant f_{az} \tag{6-19}$$

式中 p_z——相应于荷载效应标准组合时,软弱下卧层顶面的附加应力,kPa;

p_{cz}——软弱下卧层顶面处土的自重应力,kPa;

f_{az}——软弱下卧层顶面处经深度修正后的地基承载力特征值,kPa。

《建筑地基基础设计规范》(GB 50007—2011)通过试验研究并参照双层地基中附加应力分布的理论解答提出了简化方法:当持力层与软弱下卧层的压缩模量比值 $E_{s1}/E_{s2} \geqslant 3$ 时,对矩形和条形基础,式(6-19)中 p_z 可按压力扩散角的概念计算,如图 6.17 所示,假设基底处的附加压力($p_0 = p_k - p_c$)在持力层内往下传递时按某一角度 θ 向外扩散,且均匀分布于较大面积上,根据扩散前作用于基底平面处附加压力合力与扩散后作用于下卧层顶面处附加压力合力相等的条件,可得附加应力 p_z 的计算式[式(6-20)、式(6-21)]。

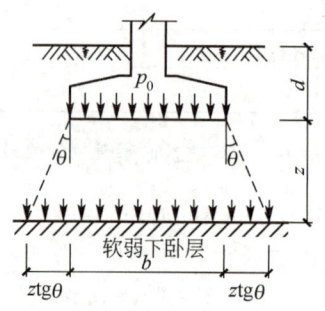

图 6.17 软弱下卧层顶面附加应力计算

条形基础: $$p_z = \frac{b(p_k - p_c)}{b + 2z\mathrm{tg}\theta} \tag{6-20}$$

矩形基础: $$p_z = \frac{lb(p_k - p_c)}{(b + 2z\mathrm{tg}\theta)(l + 2z\mathrm{tg}\theta)} \tag{6-21}$$

式中 l、b——基础的长度和宽度,m;

p_k——相应于荷载效应标准组合时的基底压力,kPa;

p_c——基础底面处土的自重应力,kPa;

z——基础底面至软弱下卧层顶面的距离,m;

θ——地基压力扩散角,(°),可按表 6-8 采用。

表6-8 地基压力扩散角 θ

E_{s1}/E_{s2}	z/b	
	0.25	0.50
3	6°	23°
5	10°	25°
10	20°	30°

注：① E_{s1} 为上层土压缩模量；E_{s2} 为下层土压缩模量。
② $z/b<0.25$ 时，$\theta=0°$，必要时，宜由试验确定；$z/b>0.50$ 时，θ 值不变。
③ z/b 为 $0.25\sim0.50$，可采用内插法求取。

由式(6-21)可知，如要减小作用于软弱下卧层顶面的附加应力 p_z，可以采取加大基底面积（使扩散面积加大）或减小基础埋深（使 z 值加大）的措施，前一措施虽然可以有效地减小 p_z，但却可能使基础的沉降量增加。因为附加应力的影响深度会随着基底面积的增加而加大，从而可能使软弱下卧层的沉降量明显增加。反之，减小基础埋深可以使基底与软弱下卧层的距离增加，使附加应力在软弱下卧层中的影响减小，因而基础沉降随之减小。因此，当存在软弱下卧层时基础宜浅埋，这样不仅使硬壳层充分发挥应力扩散作用，同时也减小了基础沉降。

【例6.2】 图6.18中的柱下矩形基础底面尺寸为 $5.4m\times2.7m$，试根据图中各项资料验算持力层和软弱下卧层的承载力是否满足要求。

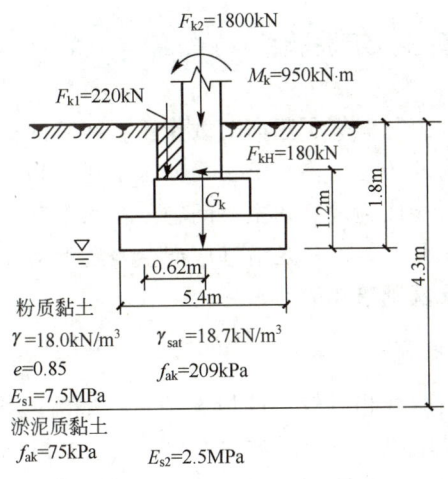

图6.18 例7.5图

【解】
① 持力层承载力特征值计算。
先对持力层承载力特征值 f_{ak} 进行修正，查表6-5，得 $\eta_b=0$，$\eta_d=1.0$，由式(6-8)得
$f_a=209+1.0\times18.0\times(1.8-0.5)=232.4(kPa)$
基底处的总竖向力：$F_k+G_k=1800+220+20\times2.7\times5.4\times1.8\approx2545(kN)$

基底处的总力矩：$M_k = 950 + 180 \times 1.2 + 220 \times 0.62 \approx 1302 (\text{kN} \cdot \text{m})$

基底压力：$p_k = \dfrac{F_k + G_k}{A} = \dfrac{2545}{2.7 \times 5.4} = 174.6 (\text{kPa}) < f_a = 232.4 (\text{kPa})$（满足要求）

偏心距：$e = \dfrac{M_k}{F_k + G_k} = \dfrac{1302}{2545} \approx 0.512 (\text{m}) < \dfrac{l}{6} = 0.9 (\text{m})$（满足要求）

基底最大压力：
$$p_{k,\max} = p_k \left(1 + \dfrac{6e}{l}\right) = 174.6 \times \left(1 + \dfrac{6 \times 0.512}{5.4}\right)$$
$$\approx 273.9 (\text{kPa}) < 1.2 f_a = 278.9 (\text{kPa})\ (\text{满足要求})$$

② 软弱下卧层承载力验算。

由 $E_{s1}/E_{s2} = 7.7/2.5 \approx 3$，$z/b = 2.5/2.7 > 0.50$，查表 6-8 得 $\theta = 23°$，$\text{tg}\theta \approx 0.424$。

下卧层顶面处的附加应力：
$$p_z = \dfrac{lb(p_k - p_c)}{(b + 2z\text{tg}\theta)(l + 2z\text{tg}\theta)}$$
$$= \dfrac{5.4 \times 2.7 \times (174.6 - 18.0 \times 1.8)}{(5.4 + 2 \times 2.5 \times 0.424)(2.7 + 2 \times 2.5 \times 0.424)} \approx 57.2 (\text{kPa})$$

下卧层顶面的自重应力：$p_{cz} = 18.0 \times 1.8 + (18.7 - 10) \times 2.5 \approx 54.2 (\text{kPa})$

下卧层承载力特征值：
$$\gamma_m = \dfrac{p_{cz}}{d + z} = \dfrac{54.2}{4.3} \approx 12.6 (\text{kN/m}^3)$$
$$f_{az} = 75 + 1.0 \times 12.6 \times (4.3 - 0.5) \approx 122.9 (\text{kPa})$$

下卧层承载力验算：$p_z + p_{cz} = 54.2 + 57.2 = 111.4 (\text{kPa}) < f_{ak}$

经验算，基底尺寸及埋深满足要求。

6.4.3 基础和地基的稳定性验算

在承载力验算中，实际上只验算了竖向荷载作用下地基的稳定性，而未涉及水平荷载的作用。对经常承受水平荷载的建（构）筑物，如水工建筑物、挡土结构、高层建筑和高耸建筑，地基的稳定问题可能成为地基的主要问题。在水平和竖向荷载共同作用下，地基失去稳定而破坏的形式有三种：第一种是沿基底产生表层滑动；第二种是偏心荷载过大而使基础倾覆；第三种是深层基础整体滑动破坏。

1. 地基抗水平滑动的稳定性验算

当水平荷载较大而竖向荷载相对较小的情况下，一般需验算地基抗水平滑动稳定性，目前地基的稳定性验算仍采用单一安全系数的方法，当表层滑动时，定义基础底面的抗滑动摩擦阻力与作用于基底的水平力之比为安全系数，即见式(6-22)。

$$K = \dfrac{(F + G) \cdot f}{H} \tag{6-22}$$

式中　K——安全系数，根据建筑物安全等级，取 1.2~1.4；
　　　$F + G$——作用于基底的竖向力的总和，kN；
　　　H——作用于基底的水平力的总和，kN；
　　　f——基底与地基土的摩擦系数。

2. 基础倾覆稳定性验算

基础倾覆或倾斜除了地基的强度和变形原因外,往往发生在承受较大的单向水平推力而其合力作用点距基础底面较高的结构物上,如挡土墙或高桥台受土压力作用;大跨径拱桥在施工中墩、台受到不平衡的推力;以及在多孔拱桥中一孔被毁等,此时在单向恒载推力作用下,均可能引起墩、台连同基础的倾覆和倾斜。此时,除了按式 $p_k \leqslant f_a$ 及式 $p_{k,max} \leqslant 1.2 f_a$ 验算地基承载力外,尚应考虑基础的倾覆稳定性。理论和实践证明,基础倾覆稳定性与其受到的合力偏心距有关,合力偏心距愈大,则基础抗倾覆的安全储备愈小。因此,在设计时,可以用限制合力偏心距来保证基础的倾覆稳定性。

设基底截面重心至压力最大一边的距离为 y,外力合力偏心距为 e_0,则两者的比值 $K = y/e_0$ 可反映基础倾覆稳定性的安全度,称为抗倾覆稳定系数。

不同的荷载组合,在不同的设计规范中,对抗倾覆稳定系数有不同的要求值。一般主要荷载组合时,要求高些,$K \geqslant 1.5$;各种附加荷载组合时,可相应降低,$K = 1.1 \sim 1.3$。

3. 地基整体滑动稳定性验算

在竖向和水平向荷载共同作用下,若地基内又存在软土或软土夹层,则需进行地基整体滑动稳定性验算。实际观察表明,地基整体滑动形成的滑裂面在空间上通常形成一个弧形面,对于均质土体可简化为平面问题的圆弧面。稳定计算通常采用土力学中介绍的圆弧滑动法,滑动稳定安全系数是指最危险滑动面上的合力对滑动中心所产生的抗滑力矩与滑动力矩之比值,即 $K = M_R/M_S$。一般要求 $K \geqslant 1.2$;若考虑深层滑动时,滑动面可为软弱土层界面,即为一平面,此时应 $K > 1.3$。

6.5 钢筋混凝土扩展基础设计

6.5.1 墙下钢筋混凝土条形基础设计

墙下钢筋混凝土条形基础(图 6.19)的内力计算一般可按平面应变问题处理,在长度方向可取单位长度计算。截面设计验算的内容主要包括基底宽度 b、基础的高度 h 及基础底板配筋等。

1. 地基净反力的概念

如前所述,基底反力为作用于基底上的总竖向荷载(包括墙或柱传下的荷载及基础自重)除以基底面积。通常认为仅由基础顶面标高以上部分传下的荷载所产生的地基反力为地基净反力,并以 p_j 表示。在进行基础的结构设计中,常需用到地基净反力,因为基础自重及其周围土重所引起的基底反力恰好可以相抵,对基础本身不产生内力。

2. 轴心荷载作用

(1) 基础高度的验算。基础内不配箍筋和弯起筋,故基础高度由混凝土的受剪承载力确定见式(6-23)。

刚性基础受弯破坏

图 6.19　墙下钢筋混凝土条形基础

$$V \leqslant 0.7 f_\text{t} h_0 \quad (6-23)$$

式中　V——剪力设计值，kN/m，可按式(6-24)计算。

$$V = p_\text{j} b_1$$

于是可得式(6-24)。

$$h_0 \geqslant \frac{V}{0.7 f_\text{t}} \quad (6-24)$$

式中　p_j——相应于荷载效应基本组合时的地基净反力，$p_\text{j}=F/b$，kPa，F 为相应于荷载效应基本组合时上部结构传至基础顶面的竖向力，b 为基础宽度；

　　　b_1——基础悬臂部分计算截面的挑出长度（图 6.20），m，当为混凝土墙时，b_1 为基础边缘至墙脚的距离；当为砖墙且放脚不大于 1/4 砖长时，为基础边缘至墙脚距离加上 0.06m。

　　　h_0——基础有效高度，m；

　　　f_t——混凝土轴心抗拉强度设计值，kPa；

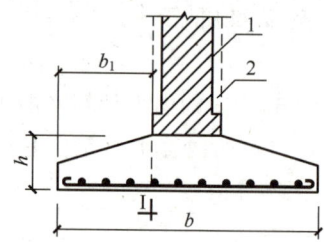

注：1—砖墙；2—混凝土墙。

图 6.20　墙下条形基础的计算示意图

（2）基础底板配筋。悬臂根部的最大弯矩设计值 M 见式(6-25)。

$$M = \frac{1}{2} p_\text{j} b_1^2 \quad (6-25)$$

基础每米受力钢筋的截面面积见式(6-26)。

$$A_\text{s} = \frac{M}{0.9 h_0 f_\text{y}} \quad (6-26)$$

式中　A_s——钢筋截面面积，m^2；

　　　f_y——钢筋抗拉强度设计值，kPa；

　　　h_0——基础有效高度，$0.9h_0$ 为截面内力臂的近似值，m。

3. 偏心荷载作用

在偏心荷载作用下，基础边缘处的最大和最小净反力设计值见式(6-27)、式(6-28)。

$$\begin{matrix} p_{j,\max} \\ p_{j,\min} \end{matrix} = \frac{F}{b} \pm \frac{6M}{b^2} \tag{6-27}$$

或

$$\begin{matrix} p_{j,\max} \\ p_{j,\min} \end{matrix} = \frac{F}{b}\left(1 \pm \frac{6e_0}{b}\right) \tag{6-28}$$

式中　M——相应于荷载效应基本组合时作用于基础底面的力矩，kN·m；

　　　e_0——荷载的净偏心距，$e_0 = M/F$，m。

基础的高度和底板配筋仍按式(6-24)和式(6-26)计算，但式中的剪力和弯矩设计值应改按式(6-29)、式(6-30)计算。

$$V = \frac{1}{2}(p_{j,\max} + p_{j,\text{I}})b_1 \tag{6-29}$$

$$M = \frac{1}{6}(2p_{j,\max} + p_{j,\text{I}})b_1^2 \tag{6-30}$$

式中 $p_{j,\text{I}}$ 为计算截面处的净反力设计值，按式(6-31)计算。

$$p_{j,\text{I}} = p_{j,\min} + \frac{b-b_1}{b}(p_{j,\max} - p_{j,\min})$$

6.5.2　柱下独立基础设计

与墙下钢筋混凝土条形基础一样，在进行柱下独立基础设计时，一般先由地基承载力特征值确定基底尺寸，然后再进行基础截面的设计验算。基础截面的设计验算内容主要包括基础截面的抗冲切验算和抗弯验算，由抗冲切验算确定基础的合适高度，由抗弯验算确定基础底板的双向配筋。

1. 轴心荷载作用

（1）基础高度。基础高度由混凝土受冲切承载力确定。在轴心荷载作用下，如果基础高度（或阶梯高度）不足，则将沿柱周边（或阶梯高度变化处）产生冲切破坏，形成45°斜裂面的角锥体，如图6.21所示。因此，由冲切破坏角锥体以外的地基净反力所产生的冲切力应小于冲切面处混凝土的抗冲切力。矩形基础一般沿柱短边一侧先产生冲切破坏，所以只需根据短边一侧的冲切破坏条件确定基础的高度，即符合式(6-31)的要求。

$$F_l \leqslant 0.7\beta_{hp}f_t b_m h_0 \tag{6-31}$$

式(6-31)右边部分为混凝土抗冲切能力，式(6-31)左边部分为冲切力，其计算见式(6-32)。

$$F_l = p_j A_l \tag{6-32}$$

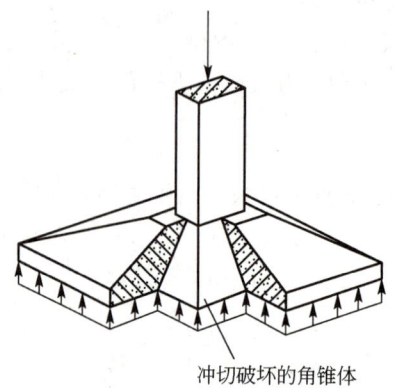

图 6.21 基础冲切破坏

式中 p_j——相应于荷载效应基本组合的地基净反力，$p_j = F/bl$，kPa；

A_l——冲切力的作用面积（图 6.22 中的斜线面积），具体计算方法见后述，m²；

β_{hp}——受冲切力的截面高度影响系数（当基础高度 h 不大于 800mm 时，取 1.0；当 h 大于等于 2000mm 时，取 0.9；其间按线性内插法取用）；

f_t——混凝土轴心抗拉强度设计值，kPa；

b_m——冲切破坏角锥体斜裂面上、下（顶、底）边长 b_t、b_b 的平均值，如图 6.23 所示，m；

h_0——基础有效高度，m。

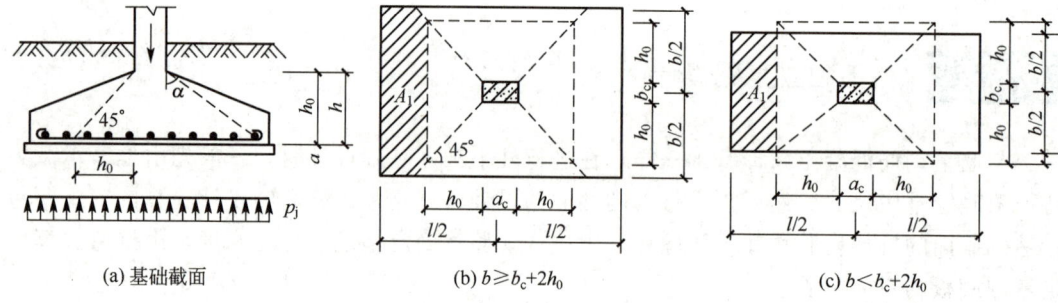

图 6.22 冲切力的作用面积

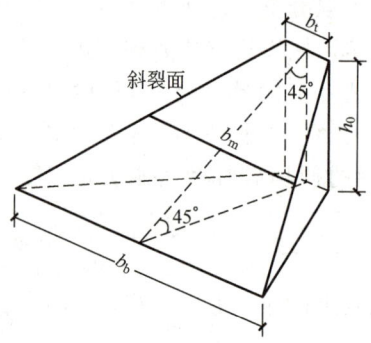

图 6.23 冲切破坏角锥体斜裂面边长

设计时一般先按经验假定基础高度,得出 h_0,再代入式(6-31)进行验算,直至抗冲切力稍大于冲切力。

如柱截面长边、短边分别用 a_c、b_c 表示,则沿柱边产生冲切时,有 $b_t = b_c$。

对于阶梯形基础(图6.24),例如分成二阶的阶梯形,除了对柱边进行抗冲切验算外,还应对上阶底边变阶处进行下阶的抗冲切验算,验算方法与上面柱边抗冲切验算相同。

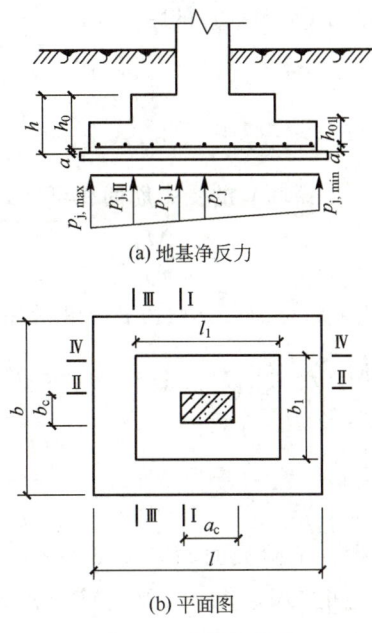

图 6.24 阶梯形基础

当基础底面全部落在45°冲切破坏角锥体底边以内时,则成为刚性基础,无须进行抗冲切验算。

(2)底板配筋。在地基净反力作用下,基础沿柱的周边向上弯曲。一般矩形基础的长宽比小于2,故为双向受弯。当弯曲应力超过了基础的抗弯强度时,就发生弯曲破坏,其破坏特征是裂缝沿柱角至基础角将基础底面分裂成四块梯形,如图6.25所示。故底板配筋计算时,将基础底板看成四块固定在柱边的梯形悬臂板。

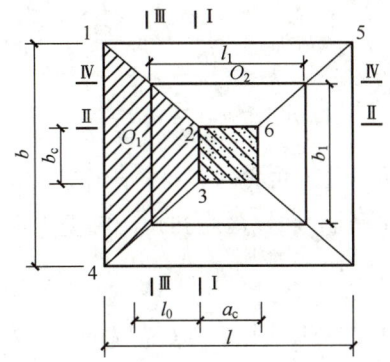

图 6.25 产生弯曲破坏的地基净反力作用面积

当基础台阶宽高比 $tg\alpha \leqslant 2.5$ 时，底板弯矩设计值可按下述方法计算。

地基净反力 p_j 对柱边Ⅰ－Ⅰ截面产生的弯矩（图6.25）。

$$M_{\text{I}} = p_j A_{1234} l_0$$

式中 A_{1234}——梯形1234的面积，$A_{1234} = \dfrac{1}{4}(b+b_c)(l-a_c)$，$m^2$；

l_0——梯形1234的形心 O_1 至柱边的距离，$l_0 = \dfrac{(l-a_c)(b_c+2b)}{6(b_c+b)}$，m；

于是可得式(6-33)。

$$M_{\text{I}} = \frac{1}{24}p_j(l-a_c)^2(2b+b_c) \tag{6-33}$$

平行于 l 方向（垂直于Ⅰ－Ⅰ截面）的受力筋面积可按式(6-34)计算。

$$A_{s\text{I}} = \frac{M_{\text{I}}}{0.9 f_y h_0} \tag{6-34}$$

同理，由面积1265上的地基净反力可得柱边Ⅱ－Ⅱ截面的弯矩，见式(6-35)。

$$M_{\text{II}} = \frac{1}{24}p_j(b-b_c)^2(2l+a_c) \tag{6-35}$$

受力筋面积见式(6-36)。

$$A_{s\text{II}} = \frac{M_{\text{II}}}{0.9 h_0 f_y} \tag{6-36}$$

阶梯形基础在变阶处是抗弯的危险截面，按式(6-34)~式(6-36)可以分别计算上阶底边Ⅲ－Ⅲ和Ⅳ－Ⅳ截面的弯矩 M_{III} 和 M_{IV} 受力筋面积 $A_{s\text{III}}$ 和 $A_{s\text{IV}}$，只要把各式中的 a_c、b_c 换成上阶的长边 l_1 和短边 b_1，把 h_0 换成下阶的有效高度 h_{01} 便可。然后按 $A_{s\text{I}}$ 和 $A_{s\text{III}}$ 中的大值配置平行于 l 边方向的钢筋，并放置在下层；按 $A_{s\text{II}}$ 和 $A_{s\text{IV}}$ 中的大值配置平行于 b 边方向的钢筋，并放置在上层。

当基底和柱截面均为正方形时，$M_{\text{I}} = M_{\text{II}}$，$M_{\text{III}} = M_{\text{IV}}$，这时只需计算一个方向即可。

2. 偏心荷载作用

如果只在矩形基础长边方向产生偏心，则当荷载偏心距 $e \leqslant l/6$ 时，地基净反力设计值的最大值和最小值为式(6-37)、式(6-38)。

$$p_{j;\min}^{j;\max} = \frac{F}{lb}\left(1 \pm \frac{6e_0}{b}\right) \tag{6-37}$$

$$p_{j;\min}^{j;\max} = \frac{F}{lb} \pm \frac{6M}{bl^2} \tag{6-38}$$

(1) 基础高度。可按式(6-31)和式(6-32)计算，但应以 $p_{j,\max}$ 代替式中的 p_j。

(2) 底板配筋。可按式(6-34)和式(6-36)计算受力筋面积，但 M_{I} 应按式(6-39)、式(6-40)计算。

$$M_{\text{I}} = \frac{1}{48}[(p_{j,\max} + p_{j\text{I}})(2b+b_c) + (p_{j,\max} - p_{j,\text{I}})b](l-a_c)^2 \tag{6-39}$$

$$p_{j,\text{I}} = p_{j,\min} + \frac{l+a_c}{2l}(p_{j,\max} - p_{j,\min}) \tag{6-40}$$

6.6 减轻不均匀沉降危害的措施

在实际工程中，由于地基软弱，土层薄厚变化大或在水平方向软硬不一，建筑物荷载相差悬殊等原因，使地基产生过量的不均匀沉降，造成建筑物倾斜，墙体、楼地面开裂的事故屡见不鲜。因此，如何采取有效措施，防止或减轻不均匀沉降造成的危害，是设计中必须认真考虑的问题。

解决这一问题的具体措施：①采用柱下条形基础、筏板基础、箱形基础等刚度大的基础，以减小地基的不均匀沉降；②采用桩基等深基础，以减小建筑物沉降量，不均匀沉降相应减小；③对地基进行人工处理；④从地基、基础、上部结构共同作用的观点出发，在建筑、结构和施工方面采取措施以增强上部结构对不均匀沉降的适应能力。

对于一般的中小型建筑物，应首先考虑在建筑、结构和施工方面采取减轻不均匀沉降危害的措施，必要时才采用上述另几种地基基础处理措施。

6.6.1 建筑措施

1. 建筑物的体型应力求简单

箱形基础

建筑物的体型指的是其在平面和立面上的轮廓形状。体型简单的建筑物，其整体刚度大，抵抗变形的能力强。因此。在满足使用要求的前提下，软弱地基上的建筑物应尽量采用简单的体型，如等高的"一"字形。

平面形状复杂的建筑物（如 L、T、H 形等）。在纵横单元交接处的基础密集，地基中附加应力相互重叠，导致建筑物转折处的沉降往往大于其他部位。尤其当一些翼缘尺度大时，建筑物的整体性差，各部分的刚度不对称，很容易因地基不均匀沉降而引起建筑物墙体开裂。图 6.26 所示为软土地基上某幢 L 形平面的建筑物墙身开裂的示例。

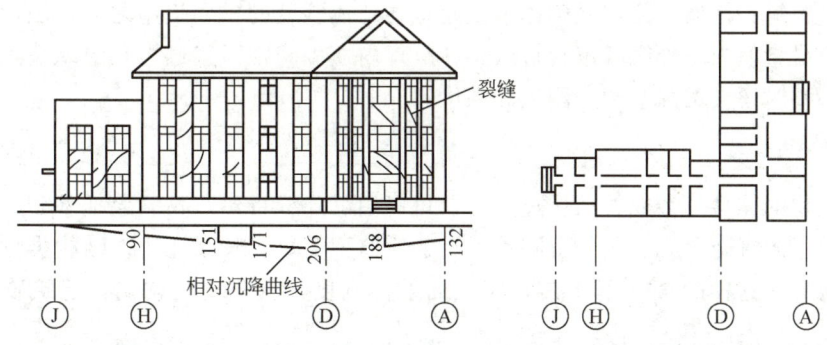

图 6.26 软土地基上某幢 L 形平面的建筑物墙身开裂的示例

建筑物高度变化太大，在高度突变的部位，常由于荷载轻重不一而产生过量的不均匀沉降。据调查，软土地基上紧接高差超过一层的砌体承重建筑物，低建筑物很容易开裂（图 6.27）。因此，地基软弱时，建筑物的紧接高差以不超过一层为宜。

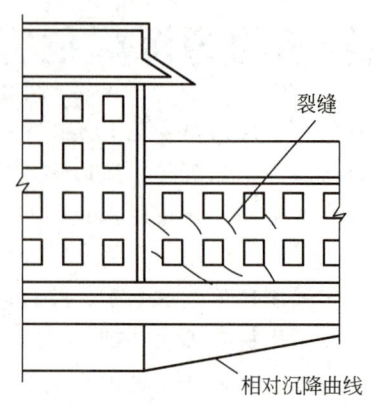

图 6.27 建筑物因高度变化太大而开裂

2. 控制建筑物的长高比及合理布置墙体

建筑物在平面上的长度和从基础底面起算的高度之比,称为建筑物的长高比。长高比大的砌体承重建筑物,其整体刚度差,纵墙很容易因挠曲过度而开裂(图 6.28)。调查结果表明,当预估的最大沉降量超过 120mm 时,对三层和三层以上建筑物的长高比不宜大于 2.5。对于平面体型简单,内、外墙贯通,横墙间隔较小的房屋,建筑物的长高比的控制可适当放宽,但一般不大于 3.0。当建筑物的长高比不符合上述要求时,一般要设置沉降缝。

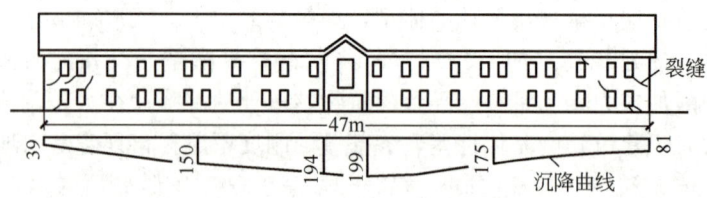

图 6.28 建筑物因长高比过大而开裂

合理布置纵、横墙,是增强砌体承重建筑物整体刚度的重要措施之一。因此,当地基不良时,应尽量使内、外纵墙不转折或少转折,内横墙间距不宜过大且与纵墙之间的连接应牢靠,必要时还应增强基础的刚度和强度。

3. 设置沉降缝

当建筑物的体型复杂或长高比过大时,可以用沉降缝将建筑物(包括基础)分割成两个或多个独立的沉降单元。每个沉降单元一般应体型简单、长高比小、结构类型相同以及地基比较均匀。这样的沉降单元具有较大的整体刚度,沉降比较均匀,建筑物一般不会开裂。

为了使各沉降单元的沉降均匀,宜在建筑物的下列部位设置沉降缝。

① 建筑物平面的转折处。
② 建筑物高度或荷载有很大差别处。
③ 长高比不符合要求的砌体承重结构以及钢筋混凝土框架结构的适当部位。

④ 地基土的压缩性有显著变化处。
⑤ 建筑结构或基础类型不同处。
⑥ 分期建造建筑物的交界处。
⑦ 拟设置伸缩缝处（沉降缝可兼作伸缩缝）。

沉降缝的构造如图 6.29 所示。沉降缝两侧的地基基础设计和处理是一个难点。沉降缝两侧基础常通过改变基础类型、交错布置或采取基础后退悬挑作法进行处理。为避免沉降缝两侧的结构相向倾斜而相互挤压，沉降缝应有足够的宽度，沉降缝的宽度可参照表 6-9 确定，沉降缝内一般不得填塞材料（寒冷地区需填松软材料）。若在地基土的压缩性显著不同或土层变化处，单纯设沉降缝难以达到预期效果，往往须结合地基处理设沉降缝。图 6.30 是沉降缝处双墙处理的照片。

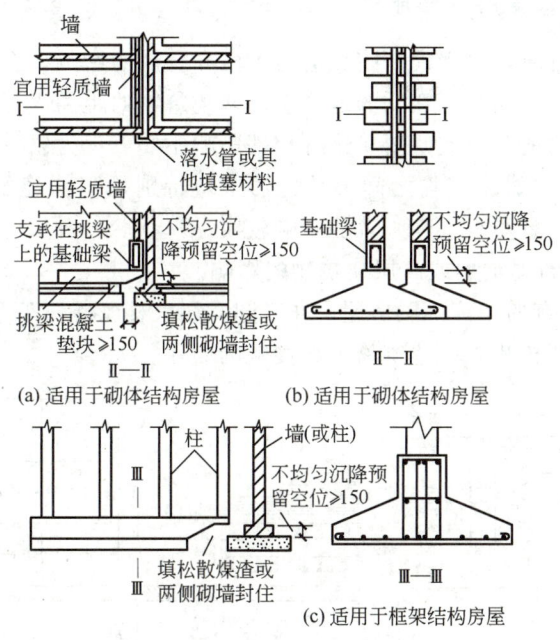

图 6.29 沉降缝的构造

表 6-9 建筑物沉降缝的宽度

建筑物层数/层	沉降缝宽度/mm
2（含）～3（含）	50（含）～80
4（含）～5（含）	80（含）～120
5 以上	不小于 120

注：当沉降缝两侧单元层数不同时，沉降缝宽度按层数大者取用。

沉降缝的造价颇高，且要增加建筑及结构处理上的困难，所以不宜轻率设置。

有防渗要求的地下室一般不宜设置沉降缝。因此，对于具有地下室和裙房的高层建筑物，为减少高层部分与裙房间的不均匀沉降，常在施工时采用后浇带将两者断开，待两者间的后期沉降差能满足设计要求时再连接成整体。

图 6.30 沉降缝处双墙处理的照片

4. 控制相邻建筑物基础间的净距

当两基础相邻过近时,由于地基附加应力扩散和叠加的影响,会使两基础的沉降比各自单独存在时增大很多。因此,在软弱地基上,两建筑物的距离太近时,产生的附加不均匀沉降可能造成建筑物的开裂或倾斜,这种相邻影响主要表现为以下两方面。

① 同期建造的两相邻建筑物之间会彼此影响,特别是当两建筑物轻(低)重(高)差别较大时,轻(低)者受重(高)者的影响较大。

② 原有建筑物受新建重型或高层建筑物的影响。

图 6.31 所示是原有的一幢二层房屋,在新建六层大楼影响下开裂的示例。图 6.32 是由于沉降相互影响,两栋相邻的建筑物上部接触的照片。

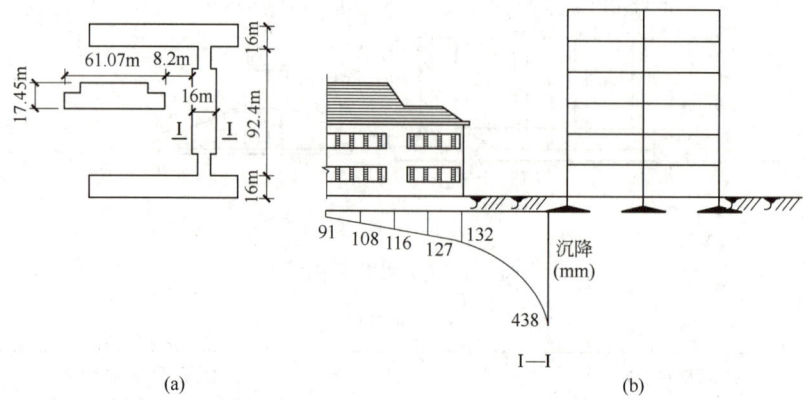

图 6.31 原有二层房屋受新建六层大楼影响而开裂的示例

图 6.32 相邻建筑物受沉降影响而上部接触的照片

相邻建筑物基础间所需的净距，可按表 6-10 选用。从该表中可见，决定基础间净距的主要指标是受影响建筑物（被影响者）的刚度（用长高比来衡量）和影响建筑物（产生影响者）的预估平均沉降量，后者综合反映了地基的压缩性、影响建筑的规模和质量等。

表 6-10　相邻建筑物基础间的净距

影响建筑物的预估平均沉降量 s/mm	受影响建筑物的长高比/mm	
	$2.0 \leqslant L/H_f < 3.0$	$3.0 \leqslant L/H_f < 5.0$
70～150	2～3	3～6
150～250	3～6	6～9
250～400	6～9	9～12
>400	9～12	≥12

注：① 表中 L 为房屋长度或沉降缝分隔的单元长度，m；H_f 为自基础底面算起的建筑物高度，m。
② 当受影响建筑物的长高比 $1.5 < L/H_f < 2.0$ 时，净距可适当缩小。

相邻高耸结构（或对倾斜要求严格的构筑物）的外墙间隔距离，可根据倾斜允许值计算确定。

5. 调整某些设计标高

建筑物的沉降量过大时，就会改变建筑物原有的标高，将可能引起管道破损、雨水倒灌、设备运行受阻等情况，影响建筑物的正常使用，这时可采取下列措施调整设计标高。
① 根据预估的沉降量，适当提高室内地面或地下设施的标高。
② 建筑物各部分（或设备之间）有联系时，可将沉降较大者的设计标高适当提高。
③ 在建筑物与设备之间，应留有足够的净空。
④ 有管道穿过建筑物时，应预留足够尺寸的孔洞或采用柔性管道接头等。

6.6.2　结构措施

1. 减轻建筑物的自重

建筑物的自重（包括基础及上覆土重）在基底压力中所占的比例很大。因此，减轻建筑物自重可以有效地减小地基沉降量，具体的措施如下。
① 减小墙体的质量，如采用空心砌块、多孔砖或其他轻质墙体材料。
② 选用轻型结构，如采用预应力混凝土结构、轻钢结构及各种轻型空间结构。
③ 减小基础及其上回填土的质量。可以选用覆土少、自重轻的基础形式，如采用补偿性基础、可浅埋的钢筋混凝土扩展基础。如果室内地面标高较高，可以采用架空地板减小室内回填土厚度。

2. 设置圈梁

圈梁的作用在于提高砌体结构抵抗弯曲的能力，即增强建筑物的抗弯刚度。它是防止砖墙出现裂缝和阻止裂缝开展的一项有效措施。当建筑物产生碟形沉降时，墙体产生正向挠曲，下层的圈梁则起作用；反之，墙体产生反向挠曲时，上层的圈梁则起作用，故通常在墙体的上、下层都设置圈梁。

圈梁截面、配筋以及平面布置等，可结合建筑抗震设计规范要求进行。多层房屋宜在基础面附近和顶层门窗顶处各设置一道圈梁，其他各层可隔层设置圈梁；当地基软弱、建筑体型较复杂、荷载差异较大时，可层层设置圈梁。对于单层工业厂房及仓库可结合基础梁、连系梁、过梁等酌情设置圈梁。

圈梁必须与砌体结合成整体，每道圈梁应尽量贯通全部外墙、承重内纵墙及主要内横墙，即在平面上形成封闭系统。当圈梁无法连通（如某些楼梯间的窗洞处）时，应按图 6.33 所示的要求搭接圈梁。如果墙体因开洞过大而刚度受到严重削弱，且地基又很软弱时，可考虑在削弱部位适当配筋或利用钢筋混凝土边框。

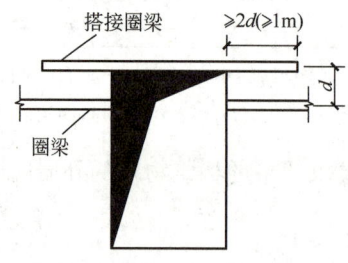

图 6.33　圈梁的搭接

3. 设置基础梁（基础连系梁）

钢筋混凝土框架结构对不均匀沉降很敏感，很小的沉降差就足以引起可观的附加应力。对于采用单独柱基础的框架结构，在基础间设置基础梁（图 6.34）是加大结构刚度、减小不均匀沉降的有效措施之一。基础梁的设置常带有一定的经验性（仅起承墙作用时例外），其底面一般置于基础表面（或略高些），过高则作用下降，过低则施工不便。基础梁的截面高度可取柱距的 1/14～1/8，上下均匀通长配筋，每侧配筋率为 0.4%～1.0%。

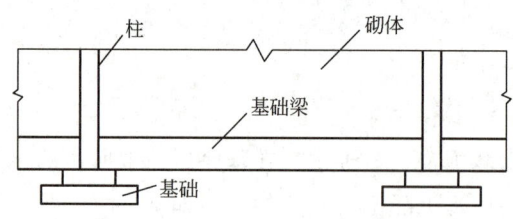

图 6.34　在基础间设置基础梁

4. 减小或调整基底附加压力

（1）设置地下室（半地下室）。采用补偿性基础设计方法，通过挖除的土重可抵消部分甚至全部的建筑物重量，达到减小基底附加压力和沉降的目的。地下室（半地下室）还可只设置于建筑物荷载特别大的部位，通过这种方法可以使建筑物各部分的沉降趋于均匀。

（2）调整基底尺寸。一般来说，加大基础的底面积可以减小沉降量。因此，为了减小沉降差，可以将荷载大的基础的底面积适当加大。对于图 6.35（a）所示的基础，可以加大墙下条形基础的宽度。但是，对于图 6.35（b）所示的基础，如果采用增大框架柱基础的尺寸来减小与廊柱基础之间的沉降差，显然并不经济合理，通常的解决办法是将门廊与主体建筑分离，或取消廊柱（也可另设装饰柱）改用飘檐等。

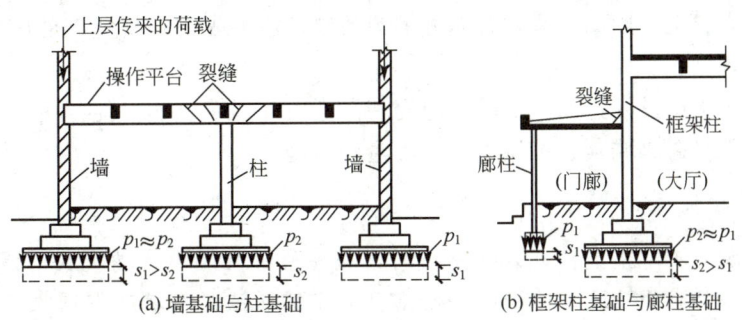

图 6.35　调整基底尺寸的基础

5. 采用对不均匀沉降欠敏感的结构

砌体承重结构、钢筋混凝土框架结构对不均匀沉降很敏感，而排架、三铰拱（架）等铰接结构则对不均匀沉降有很大的顺从性，支座发生相对位移时不会引起很大的附加应力，故可以避免不均匀沉降的危害。铰接结构通常只适用于单层的工业厂房、仓库和某些公共建筑。必须注意的是，严重的不均匀沉降仍会对这类结构的屋盖系统、围护结构、吊车梁及各种纵、横联系构件造成损害，因此应采取相应的防范措施，例如避免用连续吊车梁及刚性屋面防水层，墙体加设圈梁等。油罐、水池等的基础底板常采用柔性底板，以便更好地顺从、适应不均匀沉降。

图 6.36 所示是建造在软土地基上的某仓库所用的三铰门架结构，使用效果良好。

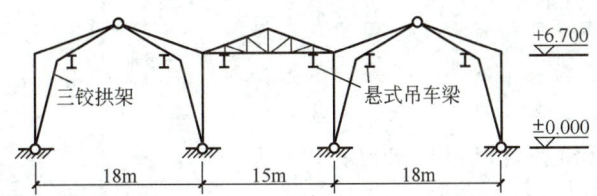

图 6.36　建造在软土地基上的某仓库所用的三铰门架结构

6.6.3　施工措施

在软弱地基上进行工程建设时，采用合理的施工顺序和施工方法至关重要，这是减小或调整不均匀沉降的有效措施之一。

1. 遵照先重（高）后轻（低）的施工顺序

当拟建的相邻建筑物之间轻（低）重（高）悬殊时，一般应按照先重后轻，先高后低的顺序进行施工，必要时还应在重的建筑物竣工后间歇一段时间，再建造轻的邻近建筑物。如果重的主体建筑物与轻的附属建筑物相连时，也应按上述原则处理。

2. 注意堆载、沉桩和降水等对邻近建筑物的影响

在已建成的建筑物周围，不宜堆放大量的建筑材料或土体等重物，以免这些地面荷载引起建筑物产生附加沉降。

拟建的密集建筑群内如有采用桩基础的建筑物，应首先进行桩基础的施工，并应注意采用合理的沉桩顺序。

在降低地下水位及开挖深基坑时，应密切注意对邻近建筑物可能产生的不利影响，必要时可以采用设置截水帷幕、控制基坑变形量等措施。

3. 注意保护坑底土体

在淤泥及淤泥质软土地基上开挖基坑时，需注意尽可能不扰动坑底土体的原状结构。在雨期施工时，要避免坑底土体受雨水浸泡。通常的做法是在坑底保留大约200mm厚的原土层，待施工混凝土垫层时用人工临时挖除。如发现坑底土体被扰动，可挖去扰动部分，用砂、碎石（砖）等回填处理。

本章小结

浅基础是建筑工程中最常用的基础形式，可分为无筋扩展基础与钢筋混凝土扩展基础。无筋扩展基础的抗拉强度和抗剪强度较低，因此必须控制基础内的拉应力和剪应力。钢筋混凝土扩展基础抗弯和抗剪性能良好，适宜于需要"宽基浅埋"的情况。

确定基础埋深是地基基础设计中的重要步骤，必须综合考虑与建筑物有关的条件、工程地质条件、水文地质条件、相邻建筑物基础埋深以及地基土的冻融条件等影响因素。地基承载力是指地基承受荷载的能力。在保证地基稳定的条件下，使建筑物的沉降量不超过允许值的地基承载力称为地基承载力特征值。确定地基承载力特征值的方法主要有按土的抗剪强度指标确定、按地基载荷试验确定、按规范承载力表确定和按建筑经验确定，其中载荷试验仍然是确定地基承载力最可靠的方法。

基础底面尺寸首先要满足地基承载力要求，地基承载力的要求包括持力层承载力要求和软弱下卧层承载力要求。墙下钢筋混凝土条形基础、柱下独立基础截面设计验算包括基础底板的配筋，基底宽度基础高度等；计算和验算时注意采用地基承载力特征值。

课后习题

一、思考题

1. 浅基础有哪些类型？各有什么特点？各适用于什么条件？
2. 何谓基础的埋深？影响基础埋深的因素有哪些？
3. 确定地基承载力的方法有哪些？地基承载力的深度、宽度修正系数与哪些因素有关？
4. 何谓刚性基础？它与钢筋混凝土基础有何区别？适用条件是什么？构造上有何要

求？台阶宽高比的允许限值与哪些因素有关？

5. 钢筋混凝土条形基础、柱下独立基础构造上有何要求？适用条件是什么？如何设计？

6. 为什么要进行地基变形验算？地基变形特征有哪些？

7. 如何进行地基的稳定性验算？

8. 减轻建筑物不均匀沉降危害的措施有哪些？

二、计算题

1. 某建筑物场地地表以下依次为①中砂，厚2.0m，潜水面在地表下1m处，饱和重度$\gamma_{sat}=20kN/m^3$；②黏土，隔水层，厚2.0m，重度$\gamma=19kN/m^3$；③粗砂，承压水，承压水位高出地表2.0m（取$\gamma_w=10kN/m^3$）。问基坑开挖深达1.0m时，坑底有无隆起的危险？若基础埋深$d=1.5m$，施工时除将中砂层内地下水水位降到坑底外，还须设法将粗砂层中的承压水位降低几米？

2. 某条形基础底宽$b=1.8m$，埋深$d=1.2m$，地基土为黏土，内摩擦角标准值$\varphi_k=20°$，黏聚力标准值$c_k=12kPa$，地下水位与基底平齐，土的有效重度$\gamma'=10kN/m^3$，基底以上土的重度$\gamma_m=18.3kN/m^3$。试确定修正后的地基承载力特征值f_a。

3. 某基础宽度为2.0m，埋深为1.0m。地基土为中砂，其重度为$18kN/m^3$，标准贯入试验锤击数$N=21$。试确定修正后的地基承载力特征值f_a。

4. 某柱基础承受的轴心荷载$F_k=1.05MN$，基础埋深为1.0m，地基土为中砂，$\gamma=18kN/m^3$，$f_{ak}=280kPa$。试确定该基础的底面边长。

5. 图6.37所示柱下独立基础的底面尺寸为$3.0m\times4.8m$，持力层为黏土，$f_{ak}=155kPa$，下卧层为淤泥，$f_{ak}=60kPa$，地下水水位在天然地面下1.0m深处，荷载及其他有关数据见图6.37。试分别按持力层和软弱下卧层承载力要求，验算该基础底面尺寸是否合适。

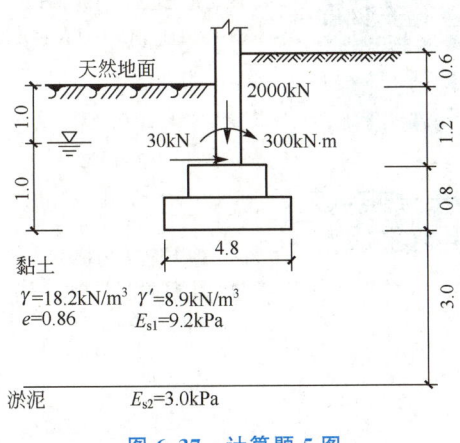

图6.37 计算题5图

第 7 章
桩 基 础

思维导图

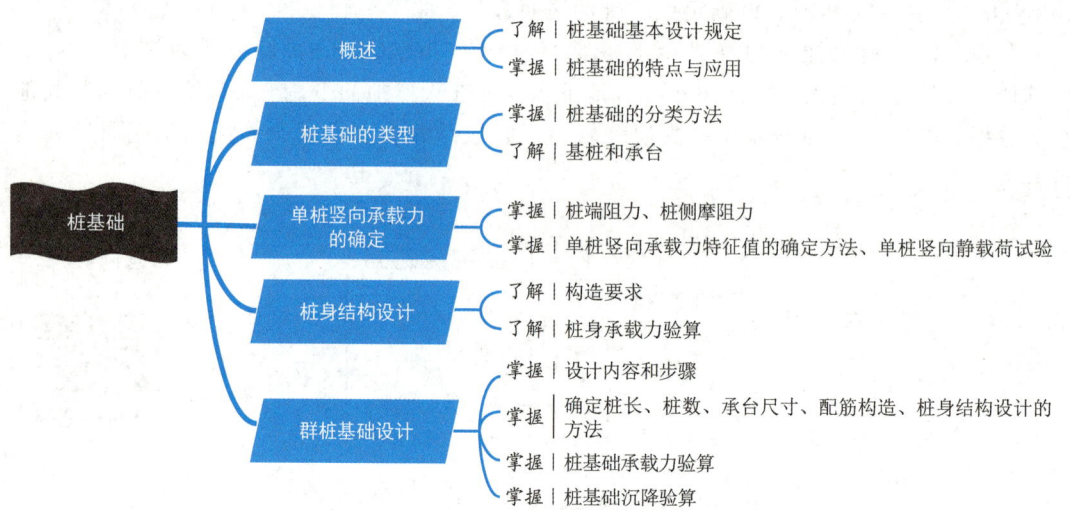

7.1 概 述

天然地基上浅基础一般造价低廉、施工简便，在工程建设中应优先采用。当浅基础不能满足地基基础设计的承载力和变形的要求时，可采用地基加固，或选择深基础将荷载传递到深部土层。深基础常用的有桩基础、墩基础和沉井基础等类型。

桩基础又称桩基，是由设置于岩土中的桩和与桩顶连接的承台共同组成的基础或由柱与桩直接连接的单桩基础，近年来已成为高层建筑、桥梁、码头和海上采油平台等最常用的基础形式，随着生产水平的提高和科学技术的发展，桩基础的类型和形式、施工机具、施工工艺、设计理论和设计方法等，都在高速发展。

7.1.1 桩基础的特点与应用

1. 桩基础的特点

桩基础（以下简称桩基）的特点如下。

① 桩基可将荷载传给桩周土体，或将荷载传至深部的持力层，从而具有较高的承载力。

② 桩基具有很大的竖向刚度，因而沉降较小且比较均匀。

③ 桩基具有很大的侧向刚度和抗拔能力，能抵抗较大的水平荷载，具有较强的抗震能力。

④ 能适应各种复杂地质条件。

⑤ 能改变地基基础的动力特性，如提高地基基础的自振频率、减小振幅，保证机器设备的正常运转。

2. 桩基础的应用

由于桩基的上述特点，因此得到了广泛的应用。目前桩基主要用于以下方面。

(1) 上部荷载很大，地基软弱，采用地基加固措施不合适，只有较深处才有能满足承载力要求的持力层。

(2) 上部结构对基础的不均匀沉降相当敏感时，可利用较少的桩将部分荷载传递到地基深处，从而减小地基的沉降或不均匀沉降。

(3) 承受很大的水平荷载（如土压力、波浪力、风力、地震力、车辆制动力、冻胀力、膨胀力等）时，可采用垂直桩、斜桩或交叉桩。

(4) 在水的浮力作用下，地下室或地下结构可能上浮，可采用抗浮桩。

(5) 如存在可液化土、湿陷性黄土、膨胀土、人工填土、垃圾土及季节性冻土等特殊性土层时，可采用桩基穿过这些土层，保证建筑物的稳定性。

(6) 采用桩基减弱动力机器的振动影响。

(7) 地下水位很高，采用其他基础形式施工困难；或位于水中的构筑物，如桥梁、码头、海上采油平台、输油或输气管道支架的基础。

(8) 基坑的支挡结构、锚固结构、治理滑坡的抗滑桩。

7.1.2 基本设计规定

1. 桩基设计原则

《建筑桩基技术规范》(JGJ 94—2008)(以下简称《桩基规范》)规定:桩基应按下列两类极限状态设计。

(1) 承载能力极限状态:桩基达到最大承载能力、整体失稳或发生不适于继续承载的变形。

(2) 正常使用极限状态:桩基达到建筑物正常使用所规定的变形限值或达到耐久性要求的某项限值。

2. 建筑桩基设计等级

根据建筑规模、功能特征、对差异变形的适应性、场地地基和建筑物形体的复杂性以及由于桩基问题可能造成建筑物破坏或影响正常使用的程度、所造成的后果的严重性(危及人的生命、造成经济损失、产生社会影响等),将建筑桩基设计分为三个等级(表7-1)。

表 7-1 建筑桩基设计等级

设计等级	建筑类型
甲级	(1) 重要的建筑; (2) 30层以上或高度超过100m的高层建筑; (3) 体型复杂且层数相差超过10层的高低层(含纯地下室)连体建筑; (4) 20层以上框架-核心筒结构及其他对差异沉降有特殊要求的建筑; (5) 场地和地基条件复杂的7层以上的一般建筑及坡地、岸边建筑; (6) 对相邻既有工程影响较大的建筑
乙级	除甲级、丙级以外的建筑
丙级	场地和地基条件简单、荷载分布均匀的7层及7层以下的一般建筑

3. 桩基设计验算要求

桩基的设计应力求选型恰当、经济合理、安全适用,要求基桩和承台有足够的强度、刚度和耐久性;要求地基(主要是桩端持力层)和桩基结构有足够的承载力,其变形不超过上部结构安全和正常使用所允许的范围。

桩基承载力设计通过设置合理的桩长、桩径、桩数和桩位布置以保证桩基具有足够的强度和稳定性;沉降验算则为了防止过大的变形引起建筑物的结构损坏或影响建筑物的正常使用;此外桩身配筋和承台设计也是桩基结构设计的内容,以保证桩基具有足够的结构强度,有时尚需进行桩身和承台的抗裂和裂缝宽度验算。

4. 桩基设计荷载组合取值

桩基设计时,所采用的作用效应组合与相应的抗力应符合下列规定。

(1) 确定桩数和布桩时,应采用传至承台底面的荷载效应标准组合;相应的抗力采用基桩或复合基桩承载力特征值。

（2）计算荷载作用下的桩基沉降和水平位移时，应采用荷载效应的准永久组合；计算水平地震作用、风荷载作用下的桩基水平位移时，应采用水平地震作用效应、风荷载效应的标准组合。

（3）验算坡地、岸边桩基的整体稳定性时，应采用传至承台底面的荷载效应标准组合；抗震设防区，应采用地震作用效应和荷载效应的标准组合。

（4）在计算桩基结构承载力、确定桩基尺寸和配筋时，应采用传至承台底面的荷载效应基本组合。当进行承台和桩身裂缝控制验算时，应分别采用荷载效应标准组合和荷载效应准永久组合。

（5）桩基结构安全等级、结构设计使用年限和结构重要性系数 γ_0 应按现行有关建筑结构规范的规定采用，除临时建筑外，结构重要性系数 γ_0 应不小于 1.0。

（6）对桩基结构进行抗震验算时，其承载力调整系数 γ_{RE} 应按现行国家标准《建筑抗震设计规范（2016年版）》（GB 50011—2010）（以下简称《抗震规范》）的规定采用。

7.2 桩基的类型

桩基由基桩和承台两部分组成。根据承台与地面的相对位置，一般可分为低承台桩基和高承台桩基（图 7.1）。当承台底面位于土中时，称为低承台桩基；当承台底面高出地面时，称为高承台桩基。在一般房屋建筑和水工建筑中最常用的是低承台桩基；而高承台桩基则常用于桥梁工程、港口码头及海洋工程中。

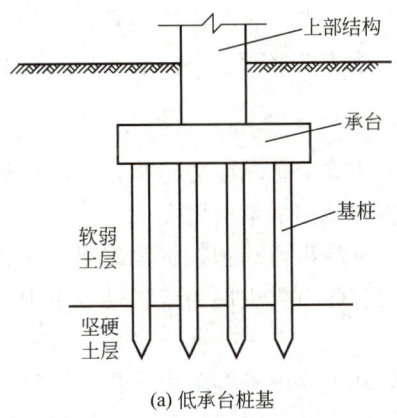
(a) 低承台桩基

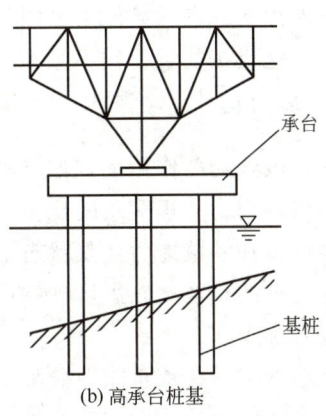
(b) 高承台桩基

图 7.1 桩基

桩基可以是竖直或倾斜的，工业与民用建筑大多以承受竖向荷载为主而多用竖直桩。根据基桩的承载性状、成桩方法、桩径大小，可把桩基划分为各种类型。在桩基设计中，合理地选择桩基的类型是很重要的环节。

7.2.1 按基桩的承载性状分类

在竖向荷载作用下，桩顶荷载由桩身与土的桩侧摩阻力和桩端阻力共同承受。但由于基桩的尺寸、施工方法、桩侧和桩端地基土的物理力学性质等因素的不同，桩侧和桩端所分担荷载的比例是不同的，根据分担荷载的比例可分为摩擦型桩和端承型桩（图7.2）。

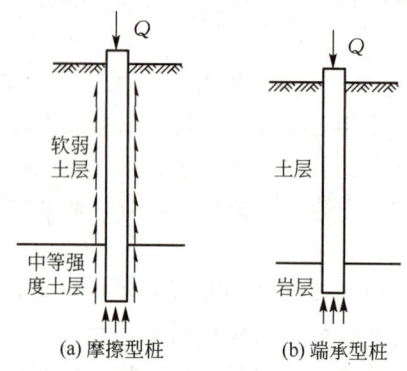

图 7.2　摩擦型桩和端承型桩

1. 摩擦型桩

在承载能力极限状态下，桩顶荷载全部或主要由桩基侧摩阻力承担，这种桩基称摩擦型桩。根据桩侧摩阻力分担荷载的比例，摩擦型桩又分为摩擦桩和端承摩擦桩两类。

摩擦桩：在承载能力极限状态下，桩顶荷载由桩侧摩阻力承担，桩端阻力小到可忽略不计。以下桩基可按摩擦桩考虑：桩长径比很大，桩顶荷载只通过桩身压缩产生的桩侧摩阻力传递给桩周土，桩端土层分担荷载很小；桩端下无较坚硬的持力层；桩底残留虚土或沉渣的灌注桩；桩端出现脱空的打入桩；等等。

端承摩擦桩：在承载能力极限状态下，桩顶荷载主要由桩侧摩阻力承担，桩端阻力占少量比例。这类桩的长径比不很大，桩端持力层一般为较坚硬的黏性土、粉土和砂类土。

2. 端承型桩

在竖向极限荷载作用下，如果桩顶荷载全部或主要由桩端阻力承担，这种桩称端承型桩。根据桩端阻力分担荷载的比例，可分为端承桩和摩擦端承桩两类。

端承桩：在承载能力极限状态下，桩顶荷载由桩端阻力承担，桩侧摩阻力小到可忽略不计。这类桩的长径比较小，桩端设置在密实砂类、碎石类土层中或桩端位于中、微风化及新鲜基岩层中。

摩擦端承桩：在承载能力极限状态下，桩顶荷载主要由桩端阻力承担。这类桩的桩端通常进入中密以上的砂层、碎石类土层中或中、微风化及新鲜基岩顶面。当桩端嵌入岩层一定深度（要求桩的周边嵌入微风化或中等风化岩层的最小深度不小于0.5 m）时，称为嵌岩桩。其桩侧与桩端荷载分担比例与孔底沉渣厚度及进入基岩深度有关，桩的长径比不是制约荷载分担比例的唯一因素。

7.2.2　按成桩方法分类

随着桩的成桩方法（打入或钻孔成桩等）不同，桩周土体所受的排挤作用也很不同。图7.3所示为各种成桩方法的桩基施工照片。排挤作用将使桩周土体的天然结构、应力状态和性质发生很大变化,从而影响桩基的承载力和变形性质,这些影响统称为桩的成桩效应。

(a) 人工挖孔桩

(b) 冲孔灌注桩

(c) 静压预制桩

图 7.3　各种成桩方法的桩基施工照片

1. 非挤土桩

非挤土桩的特点是预先取土成孔［钻机钻孔或人工挖孔（图 7.3（a））］,因成孔过程中清除孔中土体,桩周土体不受排挤作用,随着孔壁侧向应力的解除,桩周土体将出现侧向松弛变形,可能向桩孔内移动,导致桩周土体的抗剪强度降低,桩侧摩阻力有所减小。

干作业法钻（挖）孔灌注桩、泥浆护壁法钻（挖）孔灌注桩、套管护壁法钻（挖）孔灌注桩都属于非挤土桩。

2. 部分挤土桩

部分挤土桩的特点是在成桩过程中对桩周土体稍有排挤作用,但桩周土体的原状结构和工程性质变化不大,一般可用原状土样测得的物理力学性质指标来估算桩基的承载力和沉降量。

冲孔灌注桩［图 7.3（b）］、钻孔挤扩灌注桩、搅拌劲芯桩、预钻孔打入（静压）预制桩、打入（静压）式敞口钢管桩、H型钢桩和敞口预应力混凝土空心桩都属于部分挤土桩。

3. 挤土桩

挤土桩的特点是预制桩（或沉管灌注桩）在锤击、振动贯入或静力压入［图 7.3（c）］过程中,都要将桩位处的土体大量排挤开,使桩周土体的密实度增加或结构严重扰动破坏,土的工程性质发生很大变化。因此必须采用原状土扰动后再恢复的强度指标来估算桩基的承载力及沉降量。对于饱和软黏土,当挤土桩较多、较密时,可能引起地面上抬,造成相邻建筑物或管线损坏,引起已入土的桩基上浮、侧移或断裂；同时也会在地基土中引起较高的超静孔隙水压力。

沉管灌注桩、沉管夯（扩）灌注桩、打入（静压）实心的预制桩、下端封闭的预应力混凝土空心桩、木桩以及闭口钢管桩都属于挤土桩。

7.2.3　按桩径 d 大小分类

1. 小直径桩（$d \leqslant 250\mathrm{mm}$）

由于桩径小,沉桩的施工机械、施工场地与施工方法都比较简单,适用于中小型工程和地基基础加固，如虎丘塔倾斜加固的树根桩，桩径仅为 90mm。

2. 中等直径桩（250mm＜d＜800mm）

承载力较大，有多种成桩方法和施工工艺，是大量使用的桩型。

3. 大直径桩（d≥800mm）

桩径大且桩端还可以扩大，因此单桩承载力高。大直径桩多为端承型桩，通常作为高层建筑、重型设备的基础，如中国国家图书馆采用的人工挖孔扩底桩。

7.3 单桩竖向承载力的确定

单桩承载力是指单桩在外荷载作用下，桩基不丧失稳定性、桩顶不产生过大变形、桩身材料不发生破坏时的承载能力。单桩在竖向荷载作用下到达破坏状态前或出现不适于继续承载的变形时所对应的最大荷载，称为单桩竖向极限承载力。

7.3.1 竖向荷载作用下单桩的工作性能

桩基的作用是将桩顶荷载通过桩与桩周土体间的相互作用传递到下部土层。通过桩土相互作用分析，了解桩土间的传力途径和单桩承载力的构成及其发展过程，以及单桩的破坏机理等，对正确评价单桩竖向承载力特征值具有一定的指导意义。

对于端承型桩，桩侧摩阻力忽略不计，沿整个桩长所有截面的轴向荷载 N_z 为常量，且等于桩顶荷载 Q。

对于摩擦型桩，桩顶荷载 Q 的传递机理较为复杂。假设图 7.4 所示的单桩长度为 l，截面面积为 A，桩直径为 d，桩身周长为 u_p，桩身材料的弹性模量为 E，其顶部在受载前与地面齐平，以地面为原点，向下为 z 轴。桩顶荷载 Q 由零开始逐渐增大，在竖向荷载作用下，桩身压缩并向下位移，桩侧表面和桩侧土体之间产生相对位移，因而桩侧土体对桩身产生向上的桩侧摩阻力。随着桩顶荷载增加，桩身下部的桩侧摩阻力逐渐发挥作用，如果桩侧摩阻力不足以抵抗桩顶荷载，一部分荷载传递到桩底，桩底持力层因受压会对桩端产生阻力。当沿桩身全长的摩阻力都达到极限值后，桩顶荷载增量就全由桩端阻力承担，直到桩底持力层破坏、无力支承更大的桩顶荷载为止。此时桩顶所承受的荷载就是桩的极限承载力。由此可知，桩通过桩侧摩阻力和桩端阻力，将桩顶竖向荷载传给桩周土体，即作用于桩顶的荷载由桩侧摩阻力和桩端阻力共同承担。

桩顶荷载 Q 的传递过程就是桩侧摩阻力与桩端阻力的发挥过程。一般情况下，桩侧摩阻力先于桩端阻力发挥作用；桩身上部土层的桩侧摩阻力先于下部土层的桩侧摩阻力发挥作用；对于一般摩擦型桩，桩侧摩阻力发挥作用的比例明显高于桩端阻力发挥作用的比例；对于 $\frac{l}{d}$ 较大的桩，即使桩端持力层为岩层或坚硬土层，由于桩身本身的压缩，在荷载作用下桩端阻力也很难发挥作用（当 $\frac{l}{d}$≥100 时，桩端阻力基本可以忽略）。

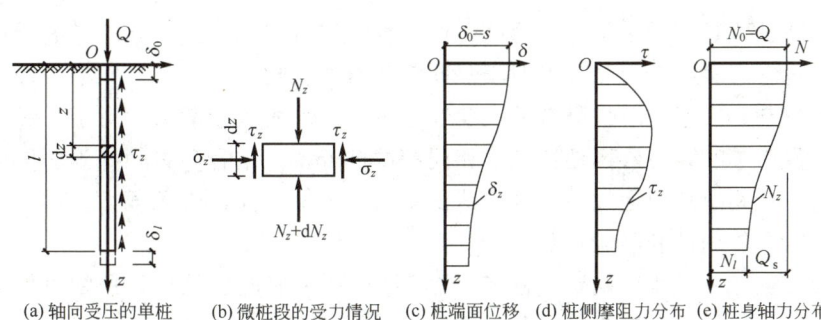

图 7.4　单桩轴向荷载传递

1. 桩的侧摩阻力沿桩身的分布

单桩静载荷试验时，可以测定桩顶荷载 Q 作用下的桩顶位移（沉降）δ_0，如沿桩身若干截面预先埋设应力或位移量测元件（钢筋应力计、应变片、应变杆等）还可以获得桩身轴力 N_z 的分布图。实测的各截面轴力 N_z 沿深度 z 的分布曲线如图 7.4（e）所示。桩侧摩阻力发挥作用的程度与桩和桩周土体间的相对位移有关。

需要指出的是，图 7.4 所示的桩身轴力分布曲线（N_z-z 曲线）、桩侧摩阻力分布曲线（τ_z-z 曲线）、桩端面位移曲线（δ_z-z 曲线）都是随着桩顶荷载的增加而不断变化的。

2. 桩端阻力 q_p

桩端阻力采用基于土为刚塑性假设的经典承载力理论分析，将桩基视为宽度为 b（相当于桩径 d），埋深为入土深度 l 的基础进行计算。由于桩的入土深度相对于桩的断面尺寸大很多，在极限荷载作用下，桩端破坏大多数属于冲剪破坏或局部剪切破坏，只有桩长相对较短，桩穿过软弱土层支承于坚硬土层时，才可能发生类似浅基础下地基的整体剪切破坏。根据太沙基极限承载力理论，可得桩端阻力特征值，见式（7-1）。

$$q_{pu} = \frac{1}{2}\gamma b N_r + c N_c + q N_q \quad (7-1)$$

式中　N_r、N_c、N_q——承载力系数，其值与土的内摩阻角 φ 有关；
　　　　b——桩的宽度或直径，mm；
　　　　c——土的黏聚力，kPa；
　　　　q——桩底标高处土中的竖向应力，$q=\gamma l$，kPa。

3. 桩端阻力 q_p 的主要影响因素

桩端阻力 q_p 与浅基础的承载力一样，主要取决于桩端土的类别和土性。一般而言，粗粒土的比细粒土的大；密实土的比松散土的大。另一个重要影响因素是成桩工艺。

7.3.2　单桩竖向承载力特征值的确定

1. 按单桩竖向静载荷试验确定

静载荷试验既可在施工前进行，用以测定单桩的竖向承载力，也可用于对施工后的工程桩进行检测。静载荷试验是评价单桩竖向承载力最为直观和可靠的方法,其除考虑到地基土的支承能力外,也考虑了桩身材料强度对于竖向承载力的影响。

对于甲级建筑的桩基,应通过单桩静载荷试验确定单桩竖向极限承载力。对于乙级建筑的桩基,当地质条件简单时,可参照地质条件相同的试桩资料,结合静力触探等原位测试和经验参数综合确定;其余均应通过单桩静载荷试验确定单桩竖向极限承载力。对于丙级建筑的桩基,可根据原位测试和经验参数确定。

工程试桩分为两种:一种是用以确定单桩竖向承载力;另一种是校核设计用的单桩竖向承载力。前者在设计前进行一种规格桩或若干种规格桩的竖向静载荷试验,以确定设计所用的单桩竖向承载力,每种规格的桩通常要做若干根,以了解场地单桩竖向承载力的变异性,避免试桩数量过少的偶然性。后者常用于校核实际的单桩竖向承载力是否满足设计要求,设计采用的竖向承载力通常用经验参数法、静力触探法估算。由于此时已进行了桩的设计,故常用工程桩作试桩,以节省费用。若试验所得的单桩竖向承载力远大于设计竖向承载力,则会造成浪费;反之,则必须进行补桩。

图 7.5 所示为工程中常用的两种单桩竖向静载荷试验。试验装置主要包括加载稳压部分、提供反力部分和沉降观测部分。桩上的荷载通过千斤顶逐步施加,且每步加载后都有足够的时间让沉降发展。桩顶的沉降主要用百分表或电子位移计等测量。根据试验记录,可绘制各种试验曲线,如荷载—桩顶沉降($Q-s$)曲线和沉降—时间($s-\lg t$)曲线,并可由这些曲线的特征判断单桩的竖向极限承载力。施加在桩上的每级荷载大约为预估荷载的 $1/10 \sim 1/8$,且预定荷载至少为拟定工作荷载的 2 倍。达到预估荷载后,开始逐渐卸载。

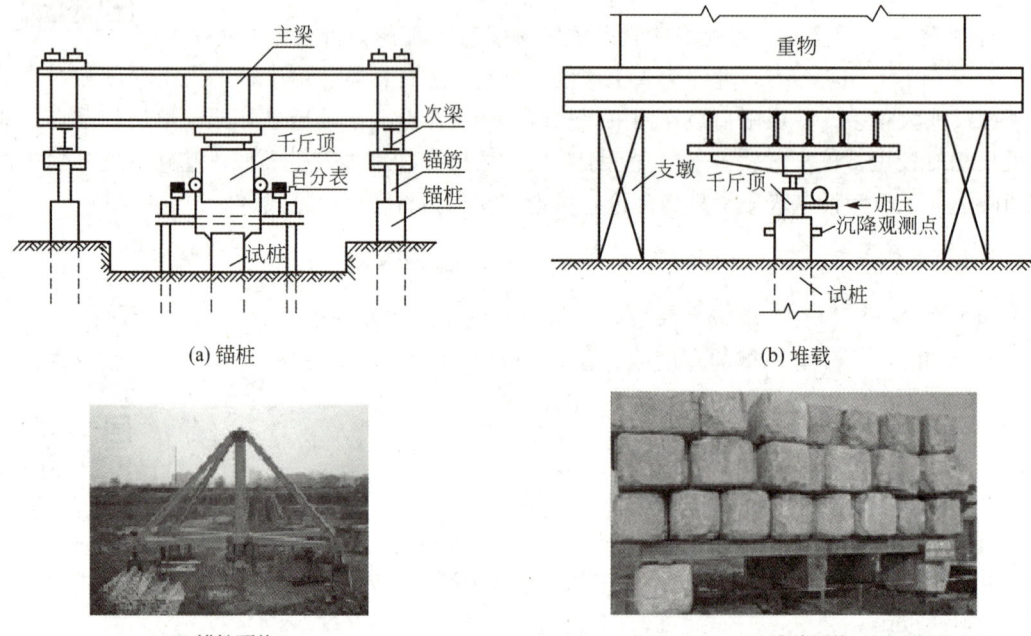

图 7.5 常用的两种单桩竖向静载荷试验

(1) 在每级荷载作用下,桩的沉降量连续两次在每小时内小于 0.1mm 时可视为稳定,终止加载的条件如下。

① 当荷载-桩顶沉降（$Q-s$）曲线上有可判断单桩竖向极限承载力的陡降段，且桩顶的总沉降量超过 40mm。

② $\frac{\Delta s_{n+1}}{\Delta s_n} \geqslant 2$，且 24h 尚未达到稳定（$\Delta s_{n+1}$ 为第 $n+1$ 级荷载的沉降增量，$\Delta s_{n+1} = s_{n+1} - s_n$；$\Delta s_n$ 为第 n 级荷载的沉降增量，$\Delta s_n = s_n - s_{n-1}$）。

③ 桩长 25m 以上的非嵌岩桩，$Q-s$ 曲线呈缓变形时，桩顶的总沉降量大于 60～80mm，特殊情况下可按具体要求加载至桩顶沉降量超过 80mm。

④ 已达到设计要求的最大加载量时。

（2）确定单桩竖向极限承载力。

单桩竖向极限承载力确定方法如下。

① $Q-s$ 曲线的陡降段明显时，取相应陡降段起点的荷载值，如图 7.6 所示的曲线①的点 A。

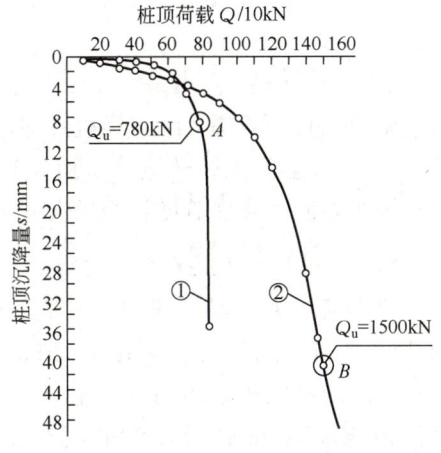

图 7.6 竖向静载荷试验结果曲线

② $Q-s$ 曲线呈缓变形时，取桩顶总沉降量 $s=40$mm 所对应的荷载值，如图 7.6 中曲线②中的点 B；当桩长大于 40m 时，可考虑桩身弹性压缩，适当增加对应的 s 值。

③ 如 $\frac{\Delta s_{n+1}}{\Delta s_n} \geqslant 2$，且 24h 尚未达到稳定时，取 s_n 所对应的荷载值；或取沉降-时间（$s-\lg t$）曲线尾部出现明显向下弯曲的前一级荷载值。

④ 按上述方法判定有困难时，可结合其他辅助方法综合判定，对地基沉降有特殊要求者，可根据具体情况选取判定方法。

在同一条件下的试桩数量，不宜少于总数的 1%，并不应少于 3 根；工程总桩数在 50 根以内时不应少于 2 根。

（3）测出每根试验桩的竖向极限承载力 Q_{ui}。

可根据下列规定确定单桩竖向极限承载力 Q_u。

① 参加统计的所有试桩，各单桩竖向极限承载力极差不超过平均值的 30% 时，可取其平均值作为单桩竖向极限承载力。

② 若极差超过平均值的 30%，应分析其原因，结合工程具体情况确定单桩竖向极限承载力，必要时增加试桩数量。

③ 对桩数为3根及3根以下的柱下桩承台，或工程桩抽检数量少于3根时，则取最小值。单桩竖向极限承载力 Q_u 除以安全系数2作为单桩竖向承载力特征值。

竖向静载荷试验是确定单桩竖向极限承载力最可靠的方法，但试验费用比较昂贵、时间比较长、数量不可能太多。特别是在工程勘察阶段，难以进行竖向静载荷试验，就需要采用经验参数法或静力触探法预估单桩竖向极限承载力，以满足勘察和设计的要求。

2. 按经验参数法确定

当根据土的物理指标与承载力参数之间的经验关系确定单桩竖向极限承载力标准值时，宜按下列各式估算。

(1) 一般预制桩及桩径 $d<800$mm 的灌注桩的单桩竖向极限承载力标准值 Q_{uk} 计算见式(7-2)。

$$Q_{uk} = Q_{sk} + Q_{pk} = u \sum q_{sik} l_i + q_{pk} A_p \tag{7-2}$$

式中 q_{sik}——第 i 层土的极限侧摩阻力标准值，kPa；

q_{pk}——极限桩端阻力标准值，kPa。

(2) 桩径 $d \geqslant 800$ mm 的大直径灌注桩。

要考虑桩侧摩阻力及桩端阻力的尺寸效应。大直径桩一般为钻、挖、冲孔灌注桩，在无黏性土中的成孔过程中会出现孔壁土的松弛效应，从而导致桩侧摩阻力降低，孔径越大，降幅越大；大直径桩的极限桩端阻力存在着随桩径增大而呈双曲线关系下降的现象。

$$Q_{uk} = Q_{sk} + Q_{pk} = u \sum \psi_{si} q_{sik} l_i + \psi_p q_{pk} A_p \tag{7-3}$$

式中 q_{sik}——第 i 层土的极限侧摩阻力标准值，无当地经验值时，也可按规范表格取值，扩底桩变截面以下不计土的极限侧摩阻力，kPa；

q_{pk}——桩径 $d=800$ mm 时的极限桩端阻力标准值（可采用深层载荷板试验确定；当不能进行深层载荷板试验时，可采用当地经验值或按规范表格取值），kPa。

ψ_{si}，ψ_p——大直径桩侧摩阻力、桩端阻力尺寸效应系数；

u——桩身周长，当人工挖孔桩桩周护壁为振捣密实的混凝土时，桩身周长可按护壁外直径计算，m。

(3) 嵌岩桩。

桩端置于完整、较完整基岩的嵌岩桩的单桩竖向极限承载力，由桩周土总极限侧摩阻力和嵌岩段总极限阻力组成。当根据岩石单轴抗压强度确定单桩竖向极限承载力标准值时，可按式(7-4)～式(7-6) 计算。

$$Q_{uk} = Q_{sk} + Q_{rk} \tag{7-4}$$

$$Q_{sk} = u \sum q_{sik} l_i \tag{7-5}$$

$$Q_{rk} = \zeta_r f_{rk} A_p \tag{7-6}$$

式中 Q_{sk}、Q_{rk}——桩周土的总极限侧摩阻力、嵌岩段总极限阻力，kPa；

q_{sik}——第 i 层土的极限侧摩阻力，kPa；

f_{rk}——岩石饱和单轴抗压强度标准值，黏土取天然湿度单轴抗压强度标准值，kPa；

ζ_r——嵌岩段桩侧摩阻力和桩端阻力综合系数,与嵌岩深径比 h_r/d、岩石软硬程度和成桩工艺有关。

3. 按静力触探法确定

静力触探法是将圆锥形的金属探头,以静力方式按一定的速率均匀压入土中,借助探头的传感器,测出探头的侧摩阻力及端阻力。探头由浅入深测出各土层的这些参数后,即可算出单桩竖向极限承载力。根据探头构造的不同,可分为单桥探头和双桥探头两种。

静力触探与桩的静载荷试验虽有很大区别,但与桩打入土中的过程基本相似,所以可把静力触探近似看成小尺寸打入桩的现场模拟试验,且由于其设备简单、自动化程度高等优点,被认为是一种很有发展前途的确定单桩竖向极限承载力的方法。

当根据单桥探头静力触探资料确定混凝土预制桩单桩竖向极限承载力标准值时,如无当地经验,可按式(7-7)~式(7-9)计算。

$$Q_{uk} = Q_{sk} + Q_{pk} = u\sum q_{sik}l_i + \alpha p_{sk}A_p \tag{7-7}$$

当 $p_{sk1} \leqslant p_{sk2}$ 时:

$$p_{sk} = \frac{1}{2}(p_{sk1} + \beta \cdot p_{sk2}) \tag{7-8}$$

当 $p_{sk1} > p_{sk2}$ 时:

$$p_{sk} = p_{sk2} \tag{7-9}$$

式中 Q_{sk}、Q_{pk}——分别为桩周土总极限侧摩阻力标准值和总极限端阻力标准值,kPa;

   u——桩身周长,m;

   q_{sik}——用静力触探比贯入阻力值估算的桩周第 i 层土的极限侧摩阻力,kPa;

   l_i——桩周第 i 层土的厚度,m;

   α——桩端阻力修正系数;

   p_{sk}——桩端附近的静力触探比贯入阻力标准值(平均值),kPa;

   A_p——桩端面积,m²;

   p_{sk1}——桩端全截面以上 8 倍桩径范围内的比贯入阻力平均值,kPa;

   p_{sk2}——桩端全截面以下 4 倍桩径范围内的比贯入阻力平均值(如桩端持力层为密实的砂土层,其比贯入阻力平均值 p_s 超过 20MPa 时,则需乘以系数 C 予以折减后,再计算 p_{sk2} 及 p_{sk1} 值),kPa;

   β——折减系数,按规范选用。

7.3.3 桩侧负摩阻力

1. 负摩阻力的概念

在桩顶荷载作用下,桩相对于桩周土体产生向下的位移时,桩周土体对桩产生向上的摩阻力,称之为正摩阻力。

如果桩周土体由于某原因发生下沉,且下沉量大于相应深度处桩的下沉量,即桩周土体相对于桩产生向下的位移,此时桩周土体对桩产生向下的摩阻力,称为负摩阻力。通常,在下列情况下应考虑桩侧负摩阻力。

① 在软土地区，大范围地下水位下降，使土中有效应力增加，导致桩周土层沉降。
② 桩周有大面积地面堆载使桩周土层压缩。
③ 桩周有较厚的欠固结土或新填土，这些土层在自重下沉降。
④ 在自重湿陷性黄土地区，由于浸水而引起桩周土层湿陷。
⑤ 在冻土地区，由于温度升高而引起桩周土层融陷。
⑥ 桩周欠固结的软黏土或新填土在重力作用下产生固结。

必须指出，桩侧负摩阻力产生的条件是桩周土体下沉量必须大于桩的沉降量，否则可不考虑负摩阻力的问题。

2. 负摩阻力分布特征

图 7.7（a）所示为一根承受竖向荷载的单桩，桩身穿过正在固结的土层而达到坚硬土层。图 7.7（b）曲线 1 为土层竖向位移曲线，曲线 2 为桩的截面位移曲线，曲线 1 和曲线 2 之间的位移差（图中画横线部分）为桩土之间的相对位移，曲线 1 和曲线 2 的交点 (O_1) 为桩土之间不产生相对位移的截面位置，称为中性点。图 7.7（c）、（d）分别为桩侧摩阻力和桩身轴力分布曲线，其中 F_n 为负摩阻力的累计值，又称为下拉荷载；F_p 为中性点以下正摩阻力的累计值。中性点是摩阻力、桩土之间的相对位移和桩身轴力沿桩身变化的特征点。从图中可知，在中性点 O_1 之上，土层产生相对于桩身的向下位移，出现负摩阻力 τ_{nz}，桩身轴力沿深度增加；在中性点 O_1 点之下，土层产生相对于桩身的向上位移，因而在桩侧产生正摩阻力 τ_z，桩身轴力沿深度递减。在中性点处桩身轴力达到最大值 ($Q+F_n$)，而桩端总阻力则等于 $Q+(F_n-F_p)$。可见，桩侧负摩阻力的发生，将使桩侧土体的部分重力和地面荷载通过负摩阻力传递给桩，因此，桩的负摩阻力非但不能成为桩承载力的一部分，反而相当于是施加于桩上的外荷载，这就必然导致桩的承载力相对降低、桩基础沉降加大。

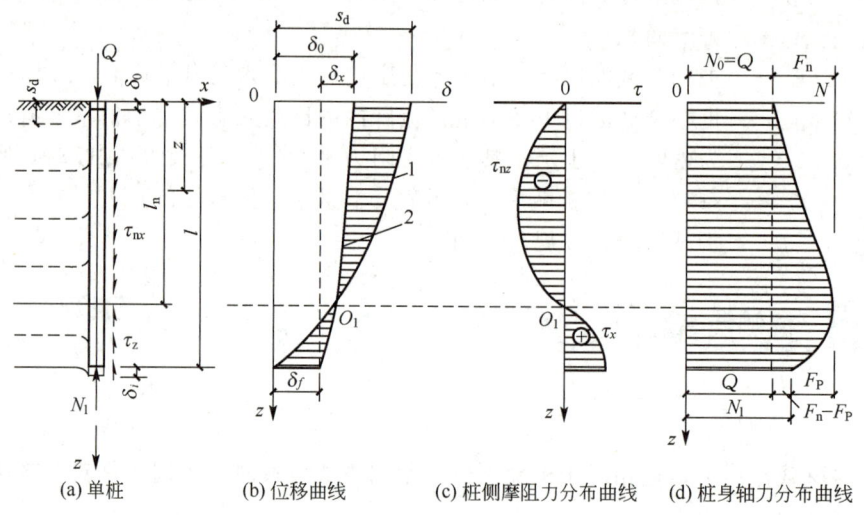

(a) 单桩　　(b) 位移曲线　　(c) 桩侧摩阻力分布曲线　　(d) 桩身轴力分布曲线

注：1—土层竖向位移曲线；2—桩的截面位移曲线。

图 7.7　单桩在产生负摩阻力时的荷载传递

桩侧负摩阻力并不一定发生于整个软弱压缩土层中，而是在桩周土体相对于桩产生下沉的范围内。在地面发生沉降的地基中，长桩的上部为负摩阻力而下部往往仍为正摩阻力。中性点处的摩阻力为零，桩与桩周土体的相对位移也为零，故可按桩周土层沉降与桩沉降相等的条件计算中性点深度。

负摩阻力对桩是一种不利因素。负摩阻力相当于在桩上施加了附加的下拉荷载 F_n，它的存在降低了桩的承载力，并可导致桩发生过量的沉降。所以，在可能发生负摩阻力的情况下，设计时应考虑其对桩基承载力和沉降的影响。

3. 消除或减小负摩阻力的工程措施

（1）减小桩与桩周土体相对位移。对填土建筑场地，填筑时要保证填土的密实度符合要求，软土场地填土前应预设塑料排水板等措施，待填土地基沉降稳定后成桩；当建筑场地有大面积堆载时，成桩前采取预压措施，减小堆载时引起的桩侧土体沉降；对湿陷性黄土地基，先进行强夯、素土或灰土挤密桩等方法处理，消除或减轻湿陷性；对于欠固结土宜采取先期排水预压等。

（2）减小摩阻力系数。在预制桩中性点以上的表面涂一薄层沥青，或者对钢桩再加一层厚度为3mm的塑料薄膜（兼作防锈蚀用）；对于灌注桩，在桩与桩周土体之间灌注斑脱土浆或铺设塑料薄膜等。

7.3.4 桩的抗拔承载力确定

主要承受竖向抗拔荷载的桩称竖向抗拔桩。某些建筑，如海洋建筑，高耸的烟囱，高压输电铁塔、受巨大浮托力的地下建筑，膨胀土和冻土上的建筑，等等，它们所受的荷载往往会使其下的桩基中的某部分受到上拔力的作用。桩的抗拔承载力主要取决于桩身材料强度及桩与土之间的抗拔侧摩阻力和桩身自重。

对于甲级和乙级建筑桩基，单桩抗拔极限承载力应通过现场单桩抗拔静载荷试验确定。

1. 单桩抗拔静载荷试验

同抗压静载荷试验一样，抗拔静载荷试验也有多种方法。按加载方法的不同，可分为以下几种。

① 慢速维持荷载法。此法与竖向抗压静载荷试验相似，每级荷载下位移达到相对稳定后再加下一级荷载。许多国家采用此方法，也是我国《桩基规范》推荐的方法。

② 等时间间隔法。此法每级荷载维持1h，然后加下一级荷载，没有相应的稳定标准。美国材料与试验协会（ASTM）推荐此法。

③ 连续上拔法。以一定的速率连续加载，美国材料与试验协会（ASTM）推荐的加载速率为 0.5～1.0 mm/min。

④ 循环加载法。加载分级进行，每级荷载均进行加载和卸载（到零）多次循环，稳定后再加下一级荷载。

2. 经验公式法

桩基受拔可能会出现下列情形：①单桩基础受拔；②群桩基础中部分基桩受拔，此时拔力引起的破坏对群桩基础来讲不是整体性的；③群桩基础的所有基桩均承受拔力，此时群桩基础便可能整体受拔破坏。

当无当地经验时，群桩基础及丙级建筑桩基，基桩的抗拔极限承载力可按下列规定计算。

群桩基础呈非整体破坏时，基桩的抗拔极限承载力标准值可按式(7-10)计算。

$$T_{uk} = \sum \lambda_i q_{sik} u_i l_i \tag{7-10}$$

式中　T_{uk}——基桩抗拔极限承载力标准值，kN；

　　　u_i——桩身周长（对于等直径桩取 $u=\pi d$，对于扩底桩按规范取值），m；

　　　q_{sik}——桩侧第 i 层土的抗压极限侧摩阻力标准值，可按规范取值，kPa；

　　　λ_i——抗拔系数，可按规范取值。

群桩基础呈整体破坏时，基桩的抗拔极限承载力标准值可按式(7-11)计算。

$$T_{gk} = \frac{1}{n} u_l \sum \lambda_i q_{sik} l_i \tag{7-11}$$

式中　u_l——群桩基础的外围周长，m。

承受拔力的群桩基础，应按式(7-12)、式(7-13)同时验算群桩基础呈整体破坏和呈非整体破坏时基桩的抗拔承载力。

$$N_k \leqslant T_{gk}/2 + G_{gp} \tag{7-12}$$

$$N_k \leqslant T_{uk}/2 + G_p \tag{7-13}$$

式中　N_k——按荷载效应标准组合计算的基桩拔力，kN；

　　　T_{gk}——群桩基础呈整体破坏时基桩的抗拔极限承载力标准值，kN；

　　　T_{uk}——群桩基础呈非整体破坏时基桩的抗拔极限承载力标准值，kN；

　　　G_{gp}——群桩基础所包围体积的桩土总自重除以总桩数，地下水位以下取有效重度，kN；

　　　G_p——基桩自重，地下水位以下取有效重度，kN。

7.4　桩身结构设计

桩身结构设计应进行承载力和裂缝控制计算。计算时应考虑桩身材料强度、成桩工艺、吊运与沉桩、约束条件等因素，除本节有关规定外，尚应符合现行国家标准《混凝土结构设计规范（2015年版）》（GB 50010—2010）（以下简称《混凝土规范》）、《钢结构设计标准》（GB 50017—2017）和《建筑与市政工程抗震通用规范》（GB 55002—2021）的有关规定。

7.4.1　构造要求

1. 灌注桩

（1）配筋率。当桩身直径为 300～2000mm 时，正截面配筋率可取 0.2%～0.65%（小直径桩取高值）；对受荷载特别大的桩、抗拔桩和嵌岩桩应根据计算确定配筋率，并不应小于上述规定值。

（2）配筋长度。

① 端承型桩和位于坡地岸边的基桩应沿桩身等截面或变截面通长配筋。

② 摩擦型桩配筋长度不应小于 2/3 桩长；当受水平荷载时，配筋长度尚不宜小于 $4.0/\alpha$（α 为桩的水平变形系数）。

③ 对于受地震作用的基桩，桩身配筋长度应穿过可液化土层或软弱土层。

④ 受负摩阻力的桩、因先成桩后开挖基坑而随地基土回弹的桩，其配筋长度应穿过软弱土层并进入坚硬土层，进入的深度不应小于 3 倍桩身直径。

⑤ 抗拔桩及因地震作用、冻胀或膨胀力作用而受拔的桩基，应等截面或变截面通长配筋。

(3) 对于受水平荷载的桩基，主筋不应小于 8φ12；对于抗压桩和抗拔桩，主筋不应少于 6φ10；纵向主筋应沿桩身周边均匀布置，其净距不应小于 60mm。

(4) 箍筋应采用螺旋式，直径不应小于 6mm，间距宜为 200～300mm；受水平荷载较大的桩基、承受水平地震作用的桩基以及考虑主筋作用计算桩身受压承载力时，桩顶以下 $5d$ 范围内的箍筋应加密，间距不应大于 100mm；当桩身位于液化土层范围内时，箍筋应加密；当考虑箍筋受力作用时，箍筋配置应符合现行国家标准《混凝土规范》有关规定；当钢筋笼长度超过 4m 时，应每隔 2m 设一道直径不小于 12mm 的焊接加劲箍筋。

(5) 桩身混凝土强度等级及混凝土保护层厚度应符合下列要求。

① 桩身混凝土强度等级不得低于 C25，预制桩混凝土强度等级不得低于 C30。

② 灌注桩主筋的混凝土保护层厚度不应小于 35mm，水下灌注桩主筋的混凝土保护层厚度不得小于 50mm。

2. 混凝土预制桩

(1) 混凝土预制桩的截面边长不应小于 200mm；预应力混凝土预制实心桩的截面边长不宜小于 350mm。

(2) 预制桩的混凝土强度等级不宜低于 C30；预应力混凝土实心桩的混凝土强度等级不应低于 C40；预制桩纵向钢筋的混凝土保护层厚度不宜小于 30mm。

(3) 预制桩的桩身配筋应按吊运、打桩及桩在使用中的受力等条件计算确定。采用锤击法沉桩时，预制桩的最小配筋率不宜小于 0.8%。静压法沉桩时，最小配筋率不宜小于 0.6%，主筋直径不宜小于 14mm，打入桩顶以下 4～5 倍桩身直径长度范围内箍筋应加密，并设置钢筋网片。

(4) 预制桩的分节长度应根据施工条件及运输条件确定，每根桩的接头数量不宜超过 3 个。

(5) 预制桩的桩尖可将主筋合拢焊在桩尖辅助钢筋上，对于持力层为密实砂和碎石类土时，宜在桩尖处包以钢板桩靴，加强桩尖。

7.4.2 桩身承载力验算

1. 受压桩

钢筋混凝土轴心受压桩正截面受压承载力应符合下列规定。

(1) 当桩顶以下 $5d$ 范围内桩身箍筋间距不大于 100mm 且符合相关构造要求时，才考虑纵向主筋对桩身受压承载力 [式(7-14)] 的作用。

$$N \leqslant \psi_c f_c A_{ps} + 0.9 f'_y A'_s \qquad (7-14)$$

（2）当桩身配筋不满足上述要求时，桩身受压承载力计算见式(7-15)。

$$N \leqslant \psi_c f_c A_{ps} \qquad (7-15)$$

式中　N——荷载效应基本组合下的桩顶轴向压力设计值，kN；

　　　f_c——混凝土轴心抗压强度设计值，kPa；

　　　f'_y——纵向主筋抗压强度设计值，kPa；

　　　A_{ps}——桩身的横截面面积，m²；

　　　A'_s——纵向主筋截面面积，m²；

　　　ψ_c——基桩成桩工艺系数，按表7-2取值。

表7-2　基桩成桩工艺系数ψ_c

桩型	ψ_c
混凝土预制桩、预应力混凝土空心桩	0.85
干作业非挤土灌注桩	0.9
泥浆护壁和套管护壁非挤土灌注桩、部分挤土灌注桩及挤土灌注桩	0.7~0.8
软土地区挤土灌注桩	0.6

2. 抗拔桩

钢筋混凝土轴心抗拔桩的正截面受拉承载力应符合式(7-16)的规定。

$$N \leqslant f_y A_s + f_{py} A_{py} \qquad (7-16)$$

式中　N——荷载效应基本组合下的桩顶轴向拉力设计值，kN；

　　　f_y、f_{py}——普通钢筋、预应力钢筋的抗拉强度设计值，kPa；

　　　A_s、A_{py}——普通钢筋、预应力钢筋的截面面积，m²。

抗拔桩的裂缝控制计算应符合下列规定。

① 对于严格要求不出现裂缝的一级裂缝控制等级预应力混凝土基桩，在荷载效应标准组合下的混凝土不应产生拉应力，应符合式(7-17)的要求。

$$\sigma_{ck} - \sigma_{pc} \leqslant 0 \qquad (7-17)$$

② 对于一般要求不出现裂缝的二级裂缝控制等级预应力混凝土基桩，在荷载效应标准组合下的拉应力不应大于混凝土轴心抗拉强度标准值，应符合式(7-18)或式(7-19)的要求。

在荷载效应标准组合下：　　$\sigma_{ck} - \sigma_{pc} \leqslant f_{tk}$ 　　(7-18)

在荷载效应准永久组合下：　　$\sigma_{cq} - \sigma_{pc} \leqslant 0$ 　　(7-19)

式中　σ_{ck}、σ_{cq}——荷载效应标准组合、准永久组合下正截面法向应力，kPa；

　　　σ_{pc}——扣除全部应力损失后，桩身混凝土的预应力，kPa；

　　　f_{tk}——混凝土轴心抗拉强度标准值，kPa；

③ 对于允许出现裂缝的三级裂缝控制等级基桩，按荷载效应标准组合计算的最大裂缝宽度应符合式(7-20)的规定。

$$w_{max} \leqslant w_{lim} \qquad (7-20)$$

式中　w_{max}——按荷载效应标准组合计算的最大裂缝宽度，可按现行国家标准《混凝土规范》计算，mm；

w_{lim}——最大裂缝宽度限值,mm。

7.5 群桩基础设计

群桩基础设计的目的是使作为支承上部结构的地基和基础结构必须具有足够的承载能力,其变形不超过上部结构安全和正常使用所允许的范围;作为传递荷载的结构,基桩和承台有足够的强度、刚度和耐久性;因此应力求选型恰当、经济合理、安全适用。其设计内容和步骤如图7.8所示。

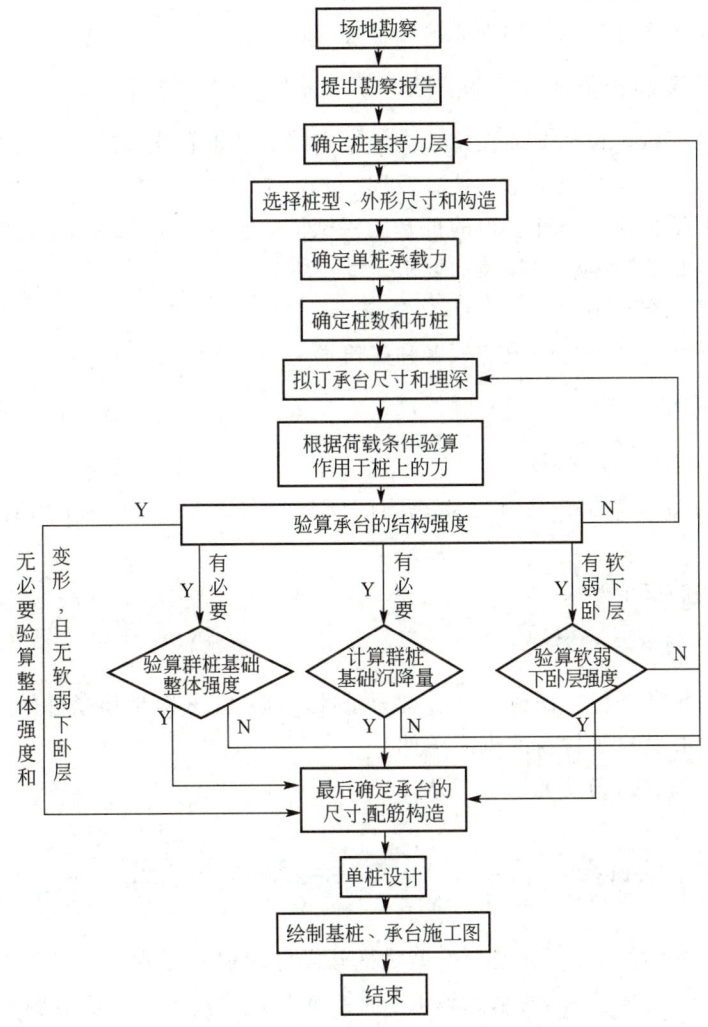

图7.8 群桩基础设计内容和步骤

7.5.1 收集设计资料

设计桩基之前必须充分掌握设计原始资料,包括建筑类型、荷载、工程地质勘察资料、材料来源及施工技术设备等情况，并尽量了解当地使用桩基的经验。

1. 岩土工程勘察文件

① 桩基按两类极限状态进行设计所需用岩土物理力学性质参数及原位测试参数。

② 对建筑场地的不良地质作用，如滑坡、崩塌、泥石流、岩溶、土洞等，有明确判断、结论和防治方案。

③ 地下水位埋藏情况、类型和水位变化幅度及抗浮设计水位，土、水的腐蚀性评价，地下水浮力计算的设计水位。

④ 抗震设防区按设防烈度提供的液化土层资料。

⑤ 有关地基土冻胀性、湿陷性、膨胀性评价。

2. 建筑场地与环境条件有关的资料

① 建筑场地现状，包括交通设施、高压架空线、地下管线和地下构筑物的分布等。

② 相邻建筑物安全等级、基础形式及埋深。

③ 附近类似工程地质条件场地的桩基工程试桩资料和单桩承载力设计参数。

④ 周围建筑物的防振、防噪声的要求。

⑤ 泥浆排放、弃土条件。

⑥ 建筑物所在地区的抗震设防烈度和建筑场地类别。

3. 建筑物的有关资料

① 建筑物的总平面布置图。

② 建筑物的结构类型、荷载，建筑物的使用条件和设备对基础竖向和水平位移的要求。

③ 建筑结构的安全等级。

4. 施工条件的有关资料

① 施工机械设备条件、制桩条件、动力条件、施工工艺对地质条件的适应性。

② 水、电及有关建筑材料的供应条件。

③ 施工机械的进出场及现场运行条件。

7.5.2 桩型的选择

确定桩基持力层后，合理地选择桩型是桩基设计的重要环节。桩型的选择应根据上部结构的要求、地质条件、环境要求、施工条件、质量控制及工程造价等因素，按照安全适用、经济合理的原则选择。

同一建筑物应尽量采用同一类型的桩，否则应用沉降缝分开。在场地土层分布比较均匀的条件下，采用质量易于保证的预应力高强混凝土管桩比较合理；一般高层建筑的荷载大而集中，对沉降控制要求较严；水平荷载（风荷载或地震荷载）很大时，应采用大直径桩，且应支承于岩层（如采用嵌岩桩）或坚实而稳定的砂层、卵砾石或硬土层（如采用端承型桩或摩擦型桩）；周围环境不允许打桩时，可选用钻孔桩或人工挖孔桩；当要穿过较厚砂层时则宜选用钢桩；多层建筑，只能选用较短的小直径桩，且宜选用廉价的桩型，如沉管灌注桩；当浅层有较好持力层时，扩底短桩更具有优势；一般当土中存在大孤石、废金属以及花岗岩残积层中有未风化的石英脉时，预制桩将难以穿越这些土层；当土层分布很不均匀时，混凝土预制桩的预制长度较难掌握，优先考虑各种灌注桩。可参照表 7-3 选择桩型。

表 7-3　桩型选择参照表

桩型	建筑物类型	地层条件	施工条件
预制桩	重要的、有纪念性的大型公共建筑或高层住宅；对基础沉降有严格要求的工业与民用建筑物和构筑物	表层土质及厚度不均匀；地下水位浅、有缩孔现象；在一定深度内有可利用的较好的持力层；上部无难以穿越的硬夹层	场地空旷，邻近无危险建筑，没有对噪声、振动及侧向挤压等限制
灌注桩	一般高层建筑及多层建筑	可供利用的桩端持力层起伏较大或持力层以上有不易穿透的硬夹层；无缩孔现象	① 要求有一定的场地，供施工机械装卸与运输；② 施工时能解决出土堆放的问题；③ 地下无障碍物
扩底短桩	一般 6 层以下建筑	表土较差，填土厚度在 6m 以下有可供利用的土，而硬土层及地下水位都比较深	① 要求有一定的场地，供施工机械装卸与运输；② 施工时能解决出土堆放的问题；③ 地下无障碍物
大直径桩	重要的大型公共建筑或高层住宅，对基础沉降有严格要求的工业与民用建筑物和构筑物	表层土质及厚度不均匀，水位较深，不缩孔，在一定深度内有较好的持力层	如采用机械成孔要求有一定的场地，供施工机械装卸与运输，如采用人工成孔，应具有充分的安全及质量保障措施

7.5.3　桩长和截面尺寸的选择

桩基设计时，确定桩的类型后，需要进一步确定桩长和截面尺寸。

桩长主要取决于桩端持力层的选择，应选择较硬土层作为桩端持力层。持力层必须满足承载力和沉降两方面的要求。就承载力而言，单桩承载力和群桩承载力都须满足要求；对于沉降而言，一般情况下，在所选持力层和压缩层范围内不宜存在高压缩性土层，当存在高压缩性土层时，应验算群桩基础的沉降。

机械截桩头

桩端全断面进入持力层的深度：对于黏性土、粉土不宜小于 $2d$，砂类土不宜小于 $1.5d$，碎石类土不宜小于 $1d$；当存在软弱下卧层时，桩端以下硬持力层厚度不宜小于 $3d$。当硬土层埋藏很深时，则宜采用摩擦型桩，桩端应尽量达到低压缩性、中等强度的土层。

对于嵌岩桩，嵌岩深度应综合荷载、上覆土层、基岩、桩径、桩长诸因素确定；对于嵌入倾斜的完整和较完整岩的全断面深度不宜小于 $0.4d$ 且不小于 $0.5m$；倾斜度大于 30% 的中风化岩，宜根据倾斜度及岩石完整性适当加大嵌岩深度；对于嵌入平整、完整的坚硬岩和较硬岩的深度不宜小于 $0.2d$，且不应小于 $0.2m$。

同一基础相邻桩的桩底标高差：对于非嵌岩桩不宜超过相邻桩的中心距；对于摩擦型桩，在相同土层中不宜超过桩长的 1/10。

桩型及桩长初步确定后，桩的截面尺寸通常根据桩顶荷载大小、当地施工机具及建筑经验确定。如钢筋混凝土预制桩：中小工程常用 250mm×250mm 或 300mm×300mm；大工程常用 350mm×350mm 或 400mm×400mm。大工程用小截面桩，因单桩承载力低，需要的桩数较多，不仅桩的排列难、承台尺寸大，而且增加费用。一般若建筑物楼层高、荷载大，宜采用大直径桩，尤其是大直径人工挖孔桩比较经济实用。

7.5.4 桩数的确定及桩位布置

在实际工程中，除了少量的独立柱下采用大直径单桩基础外，一般都是采用承台将多根桩连接的群桩基础。

1. 桩的根数

根据结构物对桩功能的要求及荷载特性，明确单桩承载力的类型，如抗压、抗拔及水平承载力等，根据 7.3 节、7.4 节的方法确定单桩承载力特征值。按照式(7-21)、式(7-22)初步估算桩的根数（以下简称桩数）。

当桩基轴心受压时：
$$n > \frac{F_k}{R_a} \tag{7-21}$$

当桩基偏心受压时：
$$n > \mu \frac{F_k}{R_a} \tag{7-22}$$

式中 n——桩数；

F_k——作用于桩基承台顶面的竖向力标准值，kN；

R_a——单桩竖向承载力特征值，kN；

μ——桩基偏心受压系数，通常取 1.1～1.2。

承受水平荷载的桩基，在确定桩数时还应满足桩水平承载力的要求。此时，可粗略地以各单桩水平承载力之和作为桩基的水平承载力，这样偏于安全。

此外，在层厚较大的高灵敏度流塑黏土中，不宜采用桩距小而桩数多的打入式桩基。否则，软黏土结构破坏严重，使土体强度明显降低，加之相邻各桩的相互影响，桩基的沉降和不均匀沉降都将显著增加。

2. 桩的中心距

为了避免桩基施工可能引起土的松弛效应和挤土效应对相邻桩基的不利影响，布桩时应根据土类与成桩工艺、桩端排数及其他情况按表 7-4 来确定桩的最小中心距。若桩的中心距过大，承台尺寸增加，造价提高；若桩的中心距过小，桩的承载能力不能充分发挥，且施工时互相干扰，影响桩的质量，灌注桩成孔可能会相互打通，锤击法打预制桩时会使邻桩上抬。对于大面积桩群，尤其是挤土桩，桩的最小中心距还应按表7-4的数值适当加大。当施工中采取减小挤土效应的可靠措施时，可根据当地经验适当减小桩的中心距。

表7-4 桩的最小中心距

土类与成桩工艺		排数不少于3排且桩数不少于9根的摩擦型桩基	其他情况
非挤土灌注桩		3.0d	3.0d
部分挤土桩		3.5d	3.0d
挤土桩	非饱和土	4.0d	3.5d
	饱和黏性土	4.5d	4.0d
钻、挖孔扩底桩		2D 或 D+2.0m（当 D>2m）	1.5D 或 D+1.5m（当 D>2m）
沉管夯扩、钻孔挤扩桩	非饱和土	2.2D 且 4.0d	2.0D 且 3.5d
	饱和黏性土	2.5D 且 4.5d	2.2D 且 4.0d

注：① d 为圆桩直径或方桩边长，D 为扩大端设计直径。
② 当纵横向桩距不相等时，其最小中心距应满足"其他情况"一栏的规定。
③ 当为端承型桩时，非挤土灌注桩的"其他情况"一栏可减小至 $2.5d$。

3. 桩位的布置

桩在平面内可布置成方形（或矩形）、三角形和梅花形（图7.9）。

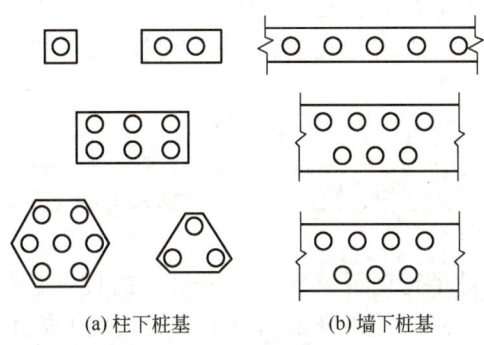

(a) 柱下桩基　　　(b) 墙下桩基

图7.9 桩的平面布置形式

为了使桩基中各桩受力比较均匀，排列基桩时，宜使桩群承载力合力作用点与竖向永久荷载合力作用点重合；并使基桩受水平力和力矩较大方向即承台的长边，有较大抗弯截面模量。

① 对柱下单独桩基和整片式桩基，宜采用外密内疏的布置方式；对横墙下桩基，可在外纵墙之外布设一两根"探头"桩，如图7.10所示。此外，在有门洞的墙下布桩应将桩设置在门洞的两侧；梁式或板式基础下的群桩，布置时应注意使梁板中的弯矩尽量减小，即多在柱、墙下布桩，以减少梁和板跨中的桩数。

② 条形基础下的桩，通常布置成一字形，小型工程采用单排桩，大中型工程采用多排桩（图7.9），也可采用不等距布置。

③ 烟囱、水塔基础通常为圆形，桩的平面布置为圆环形。

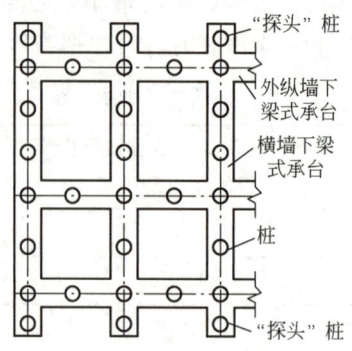

图 7.10 横墙下"探头"桩的布置

④ 对于桩箱基础、剪力墙结构桩筏（含平板和梁板式承台）基础，宜将桩布置于墙下；带梁（肋）的桩筏基础，宜将桩布置于梁（肋）下。

⑤ 对于框架-核心筒结构桩筏基础，应按荷载分布考虑相互影响，将桩相对集中布置于核心筒和柱下，外围框架柱宜采用复合桩基，桩长宜小于核心筒下基桩（有合适桩端持力层时）。

⑥ 大直径桩基础宜采用一柱一桩基础。

7.5.5 承台设计

桩基承台可分为柱下独立承台、柱下或墙下条形承台（梁式承台）、筏板承台和箱形承台等。承台的作用是将基桩连成一个整体，并把建筑物的荷载传到基桩上，因而承台应有足够的强度和刚度。

1. 构造要求

桩基承台的构造应满足受冲切、受剪切、受弯承载力和上部结构要求外，尚应符合下列要求。

(1) 柱下独立承台的最小宽度不应小于500mm，边桩中心至承台边缘的距离不应小于基桩的直径或边长，且基桩的外边缘至承台边缘的距离不应小于150mm。对于墙下条形承台梁，基桩的外边缘至承台梁边缘的距离不应小于75mm。承台的最小厚度不应小于300mm。高层建筑平板式和梁板式筏形承台的最小厚度不应小于400mm，墙下布桩的剪力墙结构筏形承台的最小厚度不应小于200mm。

(2) 承台混凝土材料及其强度等级应符合结构混凝土耐久性的要求和抗渗要求。

(3) 承台的钢筋配置应符合下列规定。

① 柱下独立承台纵向受力钢筋应通长配置 [图 7.11 (a)]，对四桩以上（含四桩）承台宜按双向均匀布置，对三桩的三角形承台应按三向板带均匀布置，且最里面的三根钢筋围成的三角形应在柱截面范围内 [图 7.11 (b)]。纵向钢筋锚固长度自边桩内侧（当为圆桩时，应将其直径乘以0.8等效为方桩）算起，不应小于$35d_g$（d_g为钢筋直径）；当不满足时应将纵向钢筋向上弯折，此时水平段的长度不应小于$25d_g$，弯折段长度不应小于$10d_g$。承台纵向受力钢筋的直径不应小于12mm，间距不应大于200mm。柱下独立承台的

最小配筋率不应小于0.15%。

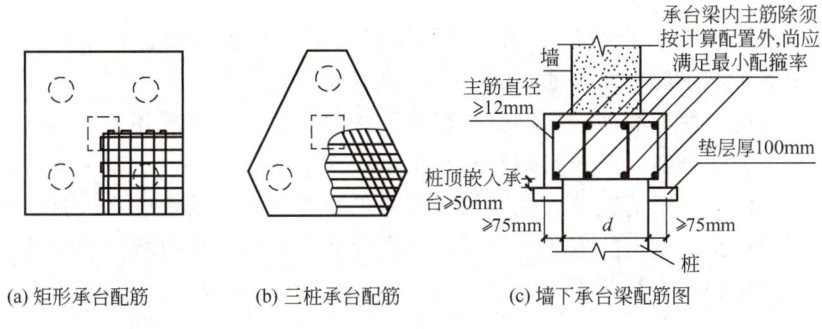

(a) 矩形承台配筋　　(b) 三桩承台配筋　　(c) 墙下承台梁配筋图

图 7.11　承台配筋

② 柱下独立两桩承台，应按现行《混凝土规范》中的受弯构件配置纵向受拉钢筋、水平及竖向分布钢筋。承台纵向受力钢筋端部的锚固长度及构造应与柱下多桩承台的规定相同。

③ 墙下承台梁的纵向主筋应符合《混凝土规范》关于最小配筋率的规定〔图 7.11 (c)〕，主筋直径不应小于12mm，架立筋直径不应小于10mm，箍筋直径不应小于6mm。承台梁端部纵向受力钢筋的锚固长度及构造应与柱下多桩承台的规定相同。

④ 筏板承台或箱形承台板在计算中当仅考虑局部弯矩作用时，考虑到整体弯曲的影响，在纵横两个方向的下层钢筋配筋率不宜小于0.15%；上层钢筋应按计算配筋率全部连通。当筏板的厚度大于2000mm时，宜在板厚中间部位设置直径不小于12mm、间距不大于300mm 的双向钢筋网。

⑤ 承台底面钢筋的混凝土保护层厚度：当有混凝土垫层时，不应小于50mm；当无混凝土垫层时，不应小于70mm；此外尚不应小于桩头嵌入承台内的长度。

（4）基桩与承台的连接构造应符合下列规定。

① 基桩嵌入承台内的长度对中等直径桩不宜小于50mm；对大直径桩不宜小于100mm。

② 混凝土桩的桩顶纵向主筋应锚入承台内，其锚入长度不宜小于 35 倍纵向主筋直径。对于抗拔桩，桩顶纵向主筋的锚固长度应按《混凝土规范》确定。

③ 对于大直径灌注桩，当采用一柱一桩基础时可设置承台或将桩与柱直接连接。

④ 对于一柱一桩基础，柱与桩直接连接时，柱纵向主筋锚入桩身内长度不应小于 35 倍纵向主筋直径。

⑤ 对于多桩承台，柱纵向主筋应锚入承台不应小于 35 倍纵向主筋直径；当承台高度不满足锚固要求时，竖向锚固长度不应小于 20 倍纵向主筋直径，并向柱轴线方向呈 90°弯折。

⑥ 当有抗震设防要求时，对于一、二级抗震等级的柱，纵向主筋锚固长度应乘以 1.15 的系数；对于三级抗震等级的柱，纵向主筋锚固长度应乘以 1.05 的系数。

（5）承台与承台之间的连接构造应符合下列规定。

① 采用一柱一桩基础时，应在桩顶两个主轴方向上设置联系梁。当桩基与柱的截面直径之比大于 2 时，可不设置连系梁。

② 两桩桩基的承台，应在其短向设置连系梁。

③ 有抗震设防要求的柱下承台，宜沿两个主轴方向设置连系梁。

④ 连系梁顶面宜与承台顶面位于同一标高。连系梁宽度不宜小于 250mm，高度可取承台中心距的 1/15～1/10，且不宜小于 400mm。

⑤ 连系梁配筋应按计算确定，梁上下部位配筋不宜小于 2 根直径 12mm 钢筋；位于同一轴线上的连系梁纵向钢筋宜通长配置。

（6）承台和地下室外墙与基坑侧壁间隙应灌注素混凝土，或采用灰土、级配砂石、压实性较好的素土分层夯实，其压实系数不宜小于 0.94。

（7）承台埋深，一般情况下，主要从结构要求和方便施工的角度来选择。季节性冻土上的承台埋深应根据地基土的冻胀性考虑，并应考虑是否需要采取相应的防冻害措施。膨胀土的承台，其埋深选择与此类似。

2. 承台计算

（1）受弯计算。桩基承台应进行正截面受弯承载力计算。承台弯矩可按《建筑桩基技术规范》（JGJ 94—2008）中相关规定计算，受弯承载力和配筋可按《混凝土规范》的规定进行。

（2）受冲切计算。桩基承台厚度应满足柱（墙）和基桩对承台的冲切承载力要求。

（3）受剪计算。柱（墙）下桩基承台，应分别对柱（墙）边、变阶处和桩边连线形成的贯通承台的斜截面的受剪承载力进行验算。当承台悬挑边有多排基桩形成多个斜截面时，应对每个斜截面的受剪承载力进行验算。

（4）局部受压验算：当承台的混凝土强度等级低于柱或桩的，尚应验算柱下或桩上承台的局部受压承载力。

7.5.6 桩基础承载力验算

1. 桩顶作用效应计算

对于一般建筑物和受水平力（包括力矩与水平剪力）较小的高层建筑群桩基础，应按式(7-23)～式(7-25)计算柱、墙、核心筒群桩中基桩或复合基桩的桩顶作用效应。

（1）竖向力。

轴心竖向力作用下：

$$N_k = \frac{F_k + G_k}{n} \qquad (7-23)$$

偏心竖向力作用下：

$$N_{ik} = \frac{F_k + G_k}{n} \pm \frac{M_{xk} y_i}{\sum y_j^2} \pm \frac{M_{yk} x_i}{\sum x_j^2} \qquad (7-24)$$

（2）水平力。

$$H_{ik} = \frac{H_k}{n} \qquad (7-25)$$

式中　　F_k——荷载效应标准组合下，作用于承台顶面的竖向力，kN；
　　　　G_k——桩基承台和承台上土自重标准值，对稳定的地下水位以下部分应扣除水的浮力，kN；
　　　　N_k——荷载效应标准组合轴心竖向力作用下，基桩或复合基桩的平均竖向力，kN；

N_{ik}——荷载效应标准组合偏心竖向力作用下，第 i 基桩或复合基桩的竖向力，kN；

M_{xk}、M_{yk}——荷载效应标准组合下，作用于承台底面，绕通过桩群形心的 x、y 主轴的力矩，kN·m；

x_i、x_j、y_i、y_j——第 i、j 基桩或复合基桩至 y、x 轴的距离，m；

H_k——荷载效应标准组合下，作用于桩基承台底面的水平力，kN；

H_{ik}——荷载效应标准组合下，作用于第 i 基桩或复合基桩的水平力，kN；

n——桩数。

2. 基桩竖向承载力特征值

采用单根桩的形式来承受和传递上部结构荷载的桩基础，称为单桩基础。但绝大多数桩基础是由2根或以上桩组成的，称为群桩基础，群桩基础中的单桩称为基桩。

（1）对于端承型桩基，桩数少于4根的摩擦型柱下独立桩基，或由于地层土性、使用条件等因素不宜考虑承台效应时，基桩竖向承载力特征值应取单桩竖向承载力特征值。

（2）对于符合下列条件之一的摩擦型桩基，宜考虑承台效应确定其复合基桩的竖向承载力特征值。

① 上部结构整体刚度较好、体型简单的建（构）筑物。
② 对差异沉降适应性较强的排架结构和柔性构筑物。
③ 按变刚度调平原则设计的桩基刚度相对弱化区。
④ 软土地基的减沉复合疏桩基础。

（3）考虑承台效应的复合基桩竖向承载力特征值可按式(7-26)、式(7-27)确定。

不考虑地震作用时：
$$R = R_a + \eta_c f_{ak} A_c \qquad (7-26)$$

考虑地震作用时：
$$R = R_a + \frac{\zeta_a}{1.25} \eta_c f_{ak} A_c \qquad (7-27)$$

式中 η_c——承台效应系数；

f_{ak}——承台下 1/2 承台宽度且不超过 5m 深度范围内各层土的地基承载力特征值按厚度加权的平均值，kPa；

A_c——计算基桩所对应的承台底净面积，m²，$A_c = (A - nA_{ps})/n$；

A_{ps}——桩身截面面积，m²；

A——承台计算域面积，m²（对于柱下独立桩基，A 为承台总面积；对于桩筏基础，A 为柱、墙筏板的 1/2 跨距和悬臂边 2.5 倍筏板厚度所围成的面积；桩集中布置于单片墙下的桩筏基础，取墙两边各 1/2 跨距围成的面积，按条基计算 η_c）；

ζ_a——地基抗震承载力调整系数，应按《建筑与市政工程抗震通用规范》（GB 55002—2021）采用。

当承台底为可液化土、湿陷性土、高灵敏度软土、欠固结土、新填土时，沉桩引起超孔隙水压力和土体隆起时，不考虑承台效应，取 $\eta_c = 0$。

3. 桩基竖向承载力验算

（1）荷载效应标准组合的桩基竖向承载力需满足式(7-28)、式(7-29)的要求。

轴心竖向力作用下：
$$N_k \leqslant R \tag{7-28}$$

偏心竖向力作用下，除满足式(7-28)外，尚应满足式(7-29)的要求。
$$N_{k,\max} \leqslant 1.2R \tag{7-29}$$

(2) 地震作用效应和荷载效应标准组合的桩基承载力需满足式(7-30)、式(7-31)的要求。

轴心竖向力作用下：
$$N_{Ek} \leqslant 1.25R \tag{7-30}$$

偏心竖向力作用下，除满足式(7-30)外，尚应满足式(7-31)的要求。
$$N_{Ek,\max} \leqslant 1.5R \tag{7-31}$$

式中 N_k——荷载效应标准组合轴心竖向力作用下，基桩或复合基桩的平均竖向承载力，kN；

$N_{k,\max}$——荷载效应标准组合偏心竖向力作用下，桩顶最大竖向承载力，kN；

N_{Ek}——地震作用效应和荷载效应标准组合下，基桩或复合基桩的平均竖向承载力，kN；

$N_{Ek,\max}$——地震作用效应和荷载效应标准组合下，基桩或复合基桩的最大竖向承载力，kN；

R——基桩或复合基桩竖向承载力特征值，kN。

(3) 对于主要承受竖向荷载的抗震烈度设防低的地区的承台桩基，在同时满足下列条件时，桩顶作用效应计算可不考虑地震作用。

① 按《建筑与市政工程抗震通用规范》(GB 55002—2021)规定可不进行桩基抗震承载力验算的建筑物。

② 建筑场地位于建筑抗震的有利地段。

4. 软弱下卧层承载力验算

对于桩距不超过 $6d$ 的群桩基础，桩端持力层下存在承载力低于桩端持力层承载力 $1/3$ 的软弱下卧层时，可按式(7-32)、式(7-33)验算软弱下卧层的承载力（图 7.12）。

$$\sigma_z + \gamma_m z \leqslant f_{az} \tag{7-32}$$

$$\sigma_z = \frac{(F_k + G_k) - \frac{3}{4} \times 2(A_0 + B_0) \cdot \sum q_{sik} l_i}{(A_0 + 2t \cdot \mathrm{tg}\theta)(B_0 + 2t \cdot \mathrm{tg}\theta)} \tag{7-33}$$

式中 σ_z——作用于软弱下卧层顶面的附加应力，kPa；

γ_m——软弱下卧层顶面以上各土层重度（地下水位以下取浮重度）的厚度加权平均值，kN/m³；

t——硬持力层厚度，m；

f_{az}——软弱下卧层经深度 z 修正的地基承载力特征值，深度修正系数 $\eta_d = 1.0$，kPa；

A_0、B_0——桩群外缘矩形底面的长边、短边长度，m；

q_{sik}——桩周第 i 层土的极限侧阻力标准值，无当地经验时，可根据成桩工艺按表 7-2 取值，kPa；

θ——桩端硬持力层压力扩散角，(°)，按表 7-5 桩端硬持力层压力扩散角 θ 取值。

$\frac{3}{4}$——考虑到极限侧阻力是沿实体基础外表面从上到下逐渐发挥作用，而不是同时发生所采用的系数。

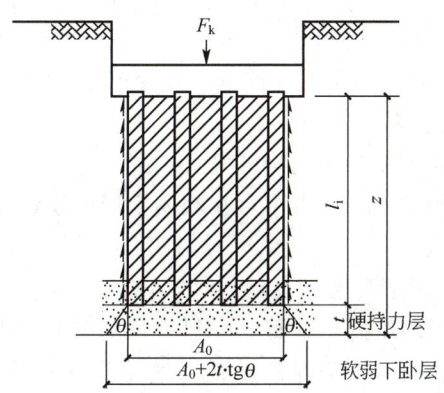

图 7.12　软弱下卧层承载力验算示意

表 7-5　桩端硬持力层压力扩散角 θ

E_{s1}/E_{s2}	$t=0.25B_0$	$t \geqslant 0.50B_0$
1	4°	12°
3	6°	23°
5	10°	25°
10	20°	30°

注：① E_{s1}、E_{s2} 为硬持力层、软弱下卧层的压缩模量。

② 当 $t<0.25B_0$ 时，取 $\theta=0°$，必要时，宜通过试验确定；当 $0.25B_0<t<0.50B_0$ 时，可内插取值。

对于存在软弱下卧层的桩基，由于其沉降时间较长，除验算承载力是否满足要求外，特别要验算变形是否满足要求，并考虑变形的时效性。当桩可穿透软弱下卧层时，宜采用穿透软弱下卧层的桩基方案；如桩不能穿透时，宜使硬持力层厚度 t 尽可能大，目的是减小作用在软弱下卧层上的附加压力。

5. 考虑负摩阻力的基桩承载力验算

当缺乏可参照的工程经验时，可按下列规定验算基桩承载力。

（1）对于摩擦型基桩可取桩身计算中性点以上桩侧摩阻力为零，并可按式(7-34)验算基桩承载力。

$$N_k \leqslant R_a \tag{7-34}$$

（2）对于端承型基桩除应满足式(7-34)要求外，尚应考虑负摩阻力引起基桩的下拉荷载 Q_g^n，并可按式(7-35)验算基桩承载力。

$$N_k + Q_g^n \leqslant R_a \tag{7-35}$$

式(7-35)中基桩的竖向承载力特征值 R_a 只计中性点以下部分桩侧摩阻力值及桩端阻力值。

7.5.7 桩基沉降验算

1. 基本要求

建筑桩基沉降变形计算值,不应大于桩基沉降变形允许值。
(1) 应进行沉降验算的桩基。
① 地基基础设计等级为甲级的建筑物桩基。
② 体形复杂、荷载不均匀或桩端以下存在软弱土层的设计等级为乙级的建筑物桩基。
③ 摩擦型桩基。
(2) 桩基沉降变形,可用下列指标表示。
① 沉降量:指基础的平均沉降,计算时一般计算基础的中点沉降。
② 沉降差:同一建筑物两点沉降量的差值,这个指标特别适用于柱基,相邻柱基沉降量之差除以两个柱子的中心距,就得到沉降差的相对值,与绝对值相比,便于相互比较,故通常采用相对值。
③ 整体倾斜:建筑物桩基倾斜方向两端点的沉降差与其距离之比值。
④ 局部倾斜:墙下条形承台沿纵向某一长度范围内桩基两点的沉降差与其距离之比值。
(3) 计算桩基沉降变形时,桩基变形指标应按下列规定选用。
① 由于土层厚度与性质不均匀、荷载差异、体型复杂、相互影响等因素引起的地基沉降变形,对于砌体承重结构应由局部倾斜控制。
② 对于多层或高层建筑、高耸结构应由整体倾斜控制。
③ 当其结构为框架、框架-剪力墙、框架-核心筒结构时,尚应控制柱(墙)之间的差异沉降。
(4) 建筑桩基沉降变形允许值,应按相关规范规定采用。

2. 桩中心距不大于 6 倍桩径的桩基

对于桩中心距不大于 6 倍桩径的桩基,可将群桩基础按假想实体深基础计算,其最终沉降量计算可采用等效作用分层总和法。等效作用面位于桩端平面,等效作用面面积为桩承台投影面积,等效作用附加压力近似取承台底平均附加压力。等效作用面以下的应力分布采用各向同性均质直线变形体理论,计算模式如图 7.13 所示。
(1) 桩基任一点最终沉降量。可用角点法按式(7-36)计算。

$$s = \psi \cdot \psi_e \cdot s' = \psi \cdot \psi_e \cdot \sum_{j=1}^{m} p_{0j} \sum_{i=1}^{n} \frac{z_{ij}\bar{\alpha}_{ij} - z_{(i-1)j}\bar{\alpha}_{(i-1)j}}{E_{si}} \quad (7-36)$$

式中　　s——桩基最终沉降量,mm;
　　　　s'——采用布辛奈斯克解,按实体深基础等效作用分层总和法计算出的桩基沉降量,mm;
　　　　ψ——桩基沉降计算经验系数;
　　　　ψ_e——桩基等效沉降系数;
　　　　m——角点法计算点对应的矩形荷载分块数;

p_{0j} ——第 j 块矩形底面在荷载效应准永久组合下的附加压力，kPa；

n ——桩基沉降计算深度范围内所划分的土层数；

E_{si} ——等效作用面以下第 i 层土的压缩模量，采用地基土在自重压力至自重压力加附加压力作用时的压缩模量，MPa；

z_{ij}、$z_{(i-1)j}$ ——桩端平面第 j 荷载作用面至第 i 层土、第 $i-1$ 层土底面的距离，m；

$\bar{\alpha}_{ij}$、$\bar{\alpha}_{(i-1)j}$ ——桩端平面第 j 荷载计算点至第 i 层土、第 $i-1$ 层土底面深度范围内平均附加应力系数，可按《建筑桩基技术规范》(JGJ 94—2008) 附录 D 选用。

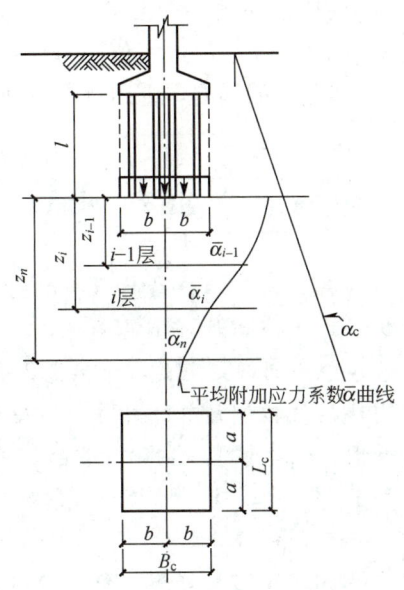

图 7.13 等效作用分层总和法沉降计算模式

(2) 计算矩形桩基中点沉降时，桩基沉降量可按式(7-37)简化计算。

$$s = \psi \cdot \psi_e \cdot s' = 4 \cdot \psi \cdot \psi_e \cdot p_0 \sum_{i=1}^{n} \frac{z_i \bar{\alpha}_i - z_{i-1} \bar{\alpha}_{i-1}}{E_{si}} \quad (7-37)$$

式中 p_0 ——在荷载效应准永久组合下承台底的平均附加压力，kPa；

$\bar{\alpha}_i$、$\bar{\alpha}_{i-1}$ ——平均附加应力系数，根据矩形长宽比 a/b 及深宽比 $\frac{z_i}{b} = \frac{2z_i}{B_c}$，$\frac{z_{i-1}}{b} = \frac{2z_{i-1}}{B_c}$，可按《建筑桩基技术规范》(JGJ 94—2008) 附录 D 选用。

(3) 桩基沉降计算深度 z_i 应按应力比法确定，即计算深度处的附加应力 σ_z 与土的自重应力 σ_c 应符合式(7-38)、式(7-39)的要求。

$$\sigma_z \leqslant 0.2\sigma_c \quad (7-38)$$

$$\sigma_z = \sum_{j=1}^{m} \alpha_j p_{0j} \quad (7-39)$$

式中 α_j ——附加应力系数，可根据角点法划分的矩形长宽比及深宽比按《建筑桩基技术规范》(JGJ 94—2008) 附录 D 选用。

桩基等效沉降系数 ψ_e 可按式(7-40)简化计算。

$$\psi_e = C_0 + \frac{n_b - 1}{C_1(n_b - 1) + C_2} \quad (7-40)$$

式中　　n_b——矩形布桩时的短边布桩数，$n_b = \sqrt{n \cdot B_c/L_c}$；

C_0、C_1、C_2——根据群桩距径比 s_a/d、长径比 l/d 及基础长宽比 L_c/B_c，按《建筑桩基技术规范》（JGJ 94—2008）附录 E 确定；

L_c、B_c、n——分别为矩形承台的长、宽及总桩数。

当无当地可靠经验时，桩基沉降计算经验系数 ψ 可按相应规范选用。对于采用后注浆施工工艺的灌注桩，桩基沉降计算经验系数应根据桩端持力土层类别，乘以 0.7（砂、砾、卵石）～0.8（黏性土、粉土）折减系数；饱和土中采用预制桩（不含复打、复压、引孔沉桩）时，应根据桩距、土质、沉桩速率和顺序等因素，乘以 1.3～1.8 挤土效应系数，土的渗透性低、桩距小、桩数多、沉降速率快时取大值。

计算桩基沉降时，应考虑相邻基础的影响，采用叠加原理计算；桩基等效沉降系数可按独立基础计算。

本章小结

桩基础是由设置于岩土中的桩和与桩顶连结的承台共同组成的群桩基础或由柱与桩直接连结的单桩基础。单桩竖向承载力特征值的确定主要有静载荷试验法、经验参数法和静力触探法；单桩抗拔承载力的确定主要有单桩抗拔静载试验和经验公式法。

桩身结构设计包括承载力和裂缝控制计算，计算时应考虑桩身材料强度、成桩工艺、吊运与沉桩、约束条件等因素。群桩基础的设计内容主要包括收集相关设计资料，在此基础上选择桩型、桩长和截面尺寸、确定桩数和桩位布置、确定承台尺寸和配筋。群桩基础的设计要满足承载力与变形的要求，需要验算承载力是否满足要求；建筑桩基沉降变形计算值不应大于桩基沉降变形允许值。作为传递荷载的结构，基桩和承台要有足够的强度、刚度和耐久性，桩身在满足构造要求的同时还需进行承载力验算；承台在满足构造要求的同时还需进行受弯承载力、受冲切承载力、受剪承载力验算。

课后习题

一、思考题

1. 试简述桩基的适用场合及设计原则。
2. 试根据桩基的承载性状对其进行分类。
3. 简述单桩在竖向荷载下的工作性能以及其破坏性状。
4. 什么叫负摩阻力、中性点？如何确定中性点的位置及负摩阻力的大小？
5. 如何确定单桩竖向承载力特征值？
6. 在工程实践中如何选择桩型、桩长和截面尺寸？
7. 如何确定承台的平面尺寸及厚度？设计时应做哪些验算？

二、计算题

1. 某建筑工程混凝土预制桩截面为 350mm×350mm，桩长 12.5m，桩长范围内有两层土：第一层，淤泥层，厚 5m；第二层，黏土层，厚 7.5m，液性指数 $I_L = 0.275$，拟采用 3 桩承台，试确定该预制桩的基桩竖向承载力特征值。

2. 某框架结构办公楼柱下采用预制钢筋混凝土桩基。桩的截面为 300mm×300mm，柱的截面尺寸为 500mm×500mm，承台底标高 -1.70m，作用于承台顶标高的竖向力标准值 $F_k=1800$kN，水平剪力标准值 $H_k=40$kN，弯矩标准值 $M_k=200$kN·m，如图 7.14 所示。基桩竖向承载力特征值 $R_a=230$kN，承台配筋采用 I 级钢筋。试设计该桩基。

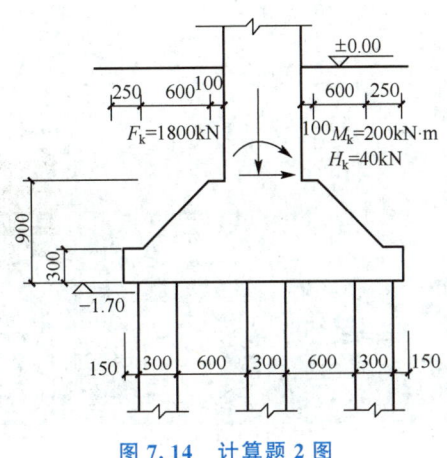

图 7.14　计算题 2 图

第 8 章
基 坑 工 程

思维导图

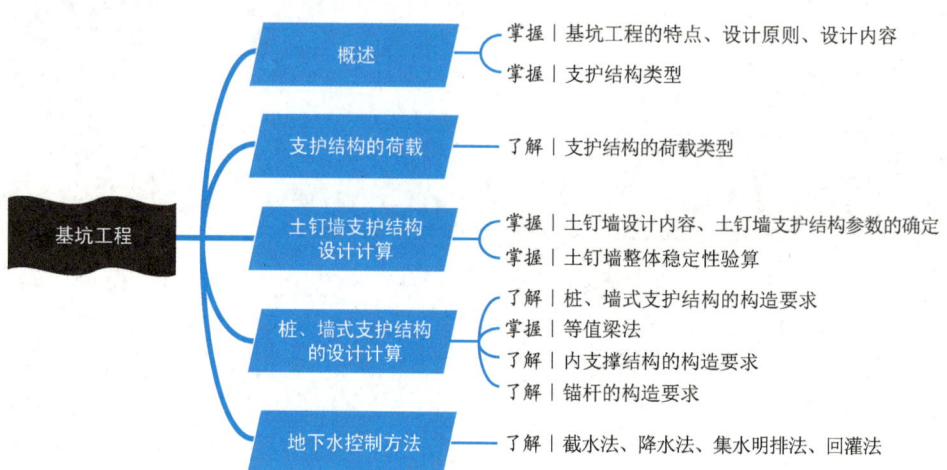

第8章 基坑工程

8.1 概　　述

8.1.1 基坑工程的概念及现状

基坑是为进行建（构）筑物地下部分的施工由地面向下开挖出的空间。基坑的开挖必然对周边环境造成一定的影响，与基坑开挖相互影响的周边建（构）筑物、地下管线、道路、岩土体与地下水体统称为基坑周边环境。放坡大开挖，既经济又方便，适用于空旷场地；由于场地小而没有足够空间安全放坡时，就需要附加结构的基坑支护。为保护地下主体结构施工和基坑周边环境的安全，对基坑采用的临时性支挡、加固、保护与地下水控制的措施称为基坑支护。基坑工程是为保护基坑施工、地下结构的安全和周边环境不受损害而采取的支护、基坑土体加固、地下水控制、开挖等工程的总称，包括勘察、设计、施工、监测、试验等。

为满足地震及其他横向荷载作用下高层建筑的稳定要求，除岩石地基外，高层建筑的埋深不宜小于建筑物高度的 1/15。随着大量高层建筑的建造，相应的基坑开挖深度也越来越深。地下空间的开发，如地下管线、地下商场、停车场、地下铁道、地下存储空间等的修建，也不可避免地涉及地下工程及基坑的开挖、支护和降水。当前，中国的深基坑工程在数量、开挖深度、平面尺寸及使用领域等方面都得到了高速发展。

8.1.2 基坑工程的特点

1. 综合性强的系统工程

基坑工程不仅涉及结构、岩土、工程地质及环境等多门学科，而且还与勘察、设计、施工、监测等工作环环相扣，紧密相连。

2. 临时性、高风险性大及高灵活性

在我国的高层建筑总造价中，地基基础部分常占 1/4～1/3，地基基础的工期常占总工期的 1/3 以上；基坑工程是保证地基基础工程完成的关键，由于基坑工程一般是临时性工程，在设计施工中常有很大的节省造价和缩短工期的空间；一般情况下，基坑工程的基坑支护是临时结构，支护结构的安全储备较小，风险性大。因此基坑工程具有很大风险的同时还有很高的灵活性。

3. 较强的区域性和个案性

基坑工程由场地的工程水文地质条件、岩土的工程性质以及周边环境条件的差异性所决定，因此，设计必须因地制宜，切忌生搬硬套。

4. 对周边环境会产生较大影响

基坑开挖、降水势必引起周边场地土的应力和地下水水位发生改变，使土体产生变形,对相邻建(构)筑物和地下管线等产生影响,严重者将危及它们的安全和正常使用。

5. 较强的时空效应

基坑支护结构所受荷载(如土压力)及其产生的应力和变形在时间上和空间上具有较强的变异性,在软黏土和复杂体型基坑工程中尤为突出。

以上特点决定了基坑工程设计、施工的复杂性。多种不确定因素,导致在基坑工程中经常发生概念性的错误,成为基坑工程事故的主要原因。

8.1.3 基坑工程的设计原则

1. 基坑支护应满足的功能要求

(1)保证基坑周边建(构)筑物、地下管线、道路的安全和正常使用。
(2)保证主体地下结构的施工空间。

2. 支护结构的安全等级

基坑支护设计时,应综合考虑基坑周边环境和地质条件的复杂程度、基坑深度等因素,按表8-1采用支护结构的安全等级。对同一基坑的不同部位,可采用不同的安全等级。

表8-1 支护结构的安全等级

安全等级	破坏后果
一级	支护结构失效、土体过大变形对基坑周边环境或主体结构施工安全的影响很严重
二级	支护结构失效、土体过大变形对基坑周边环境或主体结构施工安全的影响严重
三级	支护结构失效、土体过大变形对基坑周边环境或主体结构施工安全的影响不严重

3. 支护结构设计时应采用的状态

(1)承载能力极限状态。

① 支护结构构件或连接因超过材料强度而破坏,或因过度变形而不适于继续承受荷载,或出现压屈、局部失稳。
② 支护结构及土体整体滑动。
③ 坑底土体隆起而丧失稳定。
④ 对支挡式结构,坑底土体丧失嵌固能力而使支护结构滑移或倾覆。
⑤ 对锚拉式支挡结构或土钉墙,土体丧失对锚杆或土钉的锚固能力。
⑥ 重力式水泥挡土墙整体倾覆或滑移。
⑦ 重力式水泥挡土墙、支挡式结构因其持力土层丧失承载能力而破坏。
⑧ 地下水渗流引起的土体渗透破坏。

(2)正常使用极限状态。

① 造成基坑周边建(构)筑物、地下管线、道路等损坏或影响其正常使用的支护结构位移。
② 因地下水位下降、地下水渗流或施工因素而造成基坑周边建(构)筑物、地下管

线、道路等损坏或影响其正常使用的土体变形。

③ 影响主体地下结构正常施工的支护结构位移。

④ 影响主体地下结构正常施工的地下水渗流。

4. 支护结构、基坑周边建筑物和地面沉降、地下水控制的计算和验算式

(1) 承载能力极限状态。

① 支护结构构件或连接因超过材料强度或过度变形的承载能力极限状态设计,应符合式(8-1)的要求。

$$\gamma_0 S_d \leqslant R_d \tag{8-1}$$

式中 γ_0——支护结构重要性系数,对安全等级为一级、二级、三级的支护结构,其值分别不应小于 1.1、1.0、0.9;

S_d——作用基本组合的效应(轴力、弯矩等)设计值;

R_d——结构构件的抗力设计值。

对临时性支护结构,作用基本组合的效应设计值应按式(8-2)确定。

$$S_d = \gamma_F S_k \tag{8-2}$$

式中 γ_F——作用基本组合的综合分项系数,不应小于 1.25;

S_k——作用标准组合的效应。

② 坑体滑动、坑底隆起、挡土构件嵌固段推移、锚杆与土钉拔动、支护结构倾覆与滑移、基坑土的渗透变形等稳定性计算和验算,应符合式(8-3)的要求。

$$\frac{R_k}{S_k} \geqslant K \tag{8-3}$$

式中 R_k——抗滑力、抗滑力矩、抗倾覆力矩、锚杆和土钉的极限抗拔承载力等抗力标准值;

S_k——滑动力、滑动力矩、倾覆力矩、锚杆和土钉的拉力等作用标准组合的效应;

K——稳定性安全系数。

(2) 正常使用极限状态。

由支护结构的位移、基坑周边建筑物和地面的沉降等控制的正常使用极限状态设计,应符合式(8-4)的要求。

$$C_d \leqslant C \tag{8-4}$$

式中 C_d——作用标准组合的效应(位移、沉降等)设计值;

C——支护结构的位移、基坑周边建筑物和地面的沉降的限值。

5. 支护结构内力设计值表达式

弯矩设计值 M 见式(8-5)。

$$M = \gamma_0 \gamma_F M_k \tag{8-5}$$

剪力设计值 V 见式(8-6)。

$$V = \gamma_0 \gamma_F V_k \tag{8-6}$$

轴向力设计值 N 见式(8-7)。

$$N = \gamma_0 \gamma_F N_k \tag{8-7}$$

式中 M_k——按作用标准组合计算的弯矩值,kN·m;

V_k——按作用标准组合计算的剪力值,kN;

N_k——按作用标准组合计算的轴向拉力值或轴向压力值,kN。

8.1.4 基坑工程设计内容

1. 基坑工程设计依据

基坑工程设计时,应掌握以下设计资料(即设计依据)。

(1)岩土工程勘察报告。区别基坑工程的安全等级进行专门的岩土工程勘察,或与主体建筑勘察一并进行,但应满足基坑工程勘察的深度和要求。区别基坑工程的规模和地质环境条件复杂程度进行分阶段勘察和施工勘察。

(2)建筑总平面图、工程用地红线图、地下工程的建筑和结构设计图。

(3)邻近建筑物的平面位置,基础类型及结构图、埋深及荷载,周围道路、地下设施、市政管道及通信工程管线图、基坑周围环境对基坑支护结构系统的设计要求。在基坑工程的设计中,支护结构、降水井、观测井、止水帷幕、锚拉系统等构件,均不得超过用地红线。

2. 基坑支护结构的设计内容

① 支护结构体系的选型及地下水控制方式。
② 支护结构的承载力、稳定和变形计算。
③ 基坑内外土体稳定计算。
④ 基坑降水、止水帷幕设计以及围护墙的抗渗设计。
⑤ 基坑开挖与地下水位变化引起的基坑内外土体的变形及其对基础桩、邻近建筑物和周边环境的影响。
⑥ 基坑施工监测设计及应急措施的制定。
⑦ 施工期可能出现的不利工况验算。

8.1.5 支护结构的类型

支护结构由挡土结构、锚撑结构组成。当支护结构不能起到止水作用时,可同时设置止水帷幕或采取坑外降水。

1. 基坑支护结构的类型

(1)放坡开挖及简易支护。

放坡开挖是指选择合理的坡比进行开挖。放坡开挖施工简便、费用低,但挖土及回填土方量大。为了增加边坡稳定性和减少土方量,常采用简易支护(图8.1)。

(2)土钉墙支护结构。

土钉墙支护结构是由被加固的原位土体、布置较密的土钉和喷射于坡面上的混凝土面板组成的(图8.2)。土钉一般是通过钻孔、插筋、注浆来设置的,但也可通过直接打入较粗的钢筋或型钢形成。

(3)喷(拉)锚式支护结构。

喷(拉)锚式支护结构由支护桩或墙和锚杆组成。支护桩、墙同样采用钢筋混凝土桩和地下连续墙。锚杆通常有地面拉锚[图 8.3（a）]和土层拉锚[图 8.3（b）]两种类型。地面拉锚需要有足够的场地设置锚桩或其他锚固装置。土层锚杆因需要土层提供较大的锚固力，不宜用于软黏土地层中。

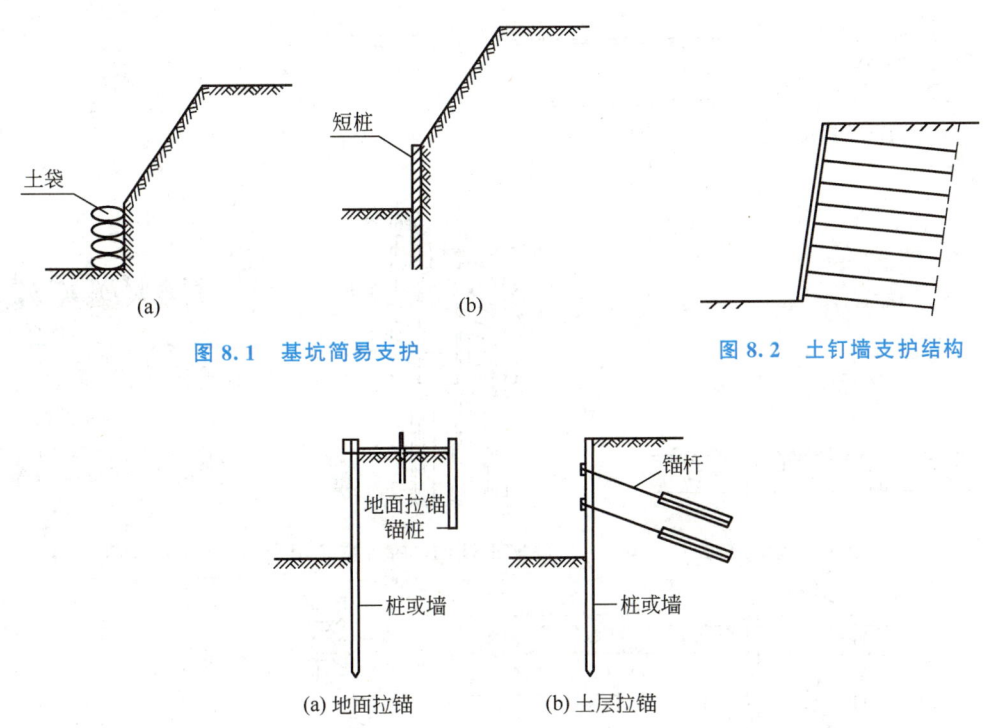

图 8.1　基坑简易支护　　　　　图 8.2　土钉墙支护结构

图 8.3　锚杆类型

（4）水泥土桩墙支护结构。

利用水泥作为固化剂，通过特制的深层搅拌机械在地基深部将水泥和土体强制拌和，便可形成具有一定强度和遇水稳定的水泥土桩墙。水泥土桩与桩或排与排之间可相互咬合紧密排列，也可按网格式排列（图 8.4）。

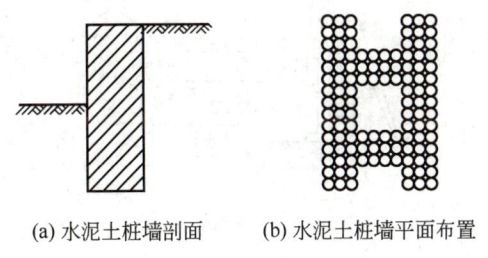

图 8.4　网格式水泥土桩墙

（5）桩、墙式支护结构。

由支护桩、墙和内支撑组成，桩、墙式支护结构常采用钢板桩、钢筋混凝土板桩、灌注桩、地下连续墙、挡土墙等，如图 8.5 所示。支护桩墙插入坑底土中一定深度（一般均插入至较坚硬土层），上部呈悬臂或设置内支撑。悬臂式支护结构依靠其入土深度和抗弯能力来维持坑壁稳定和结构的安全。由于悬臂式支护结构的水平位移是深度的 5 次方，所以它对开挖深度很敏感,容易产生较大的变形,只适用于土质较好、开挖深度较浅的基坑工程。内支撑常采用木方、钢筋混凝土或钢管(或型钢)做成。内支撑支护结构适合各种地基土层,但设置的内支撑会占用一定的施工空间。

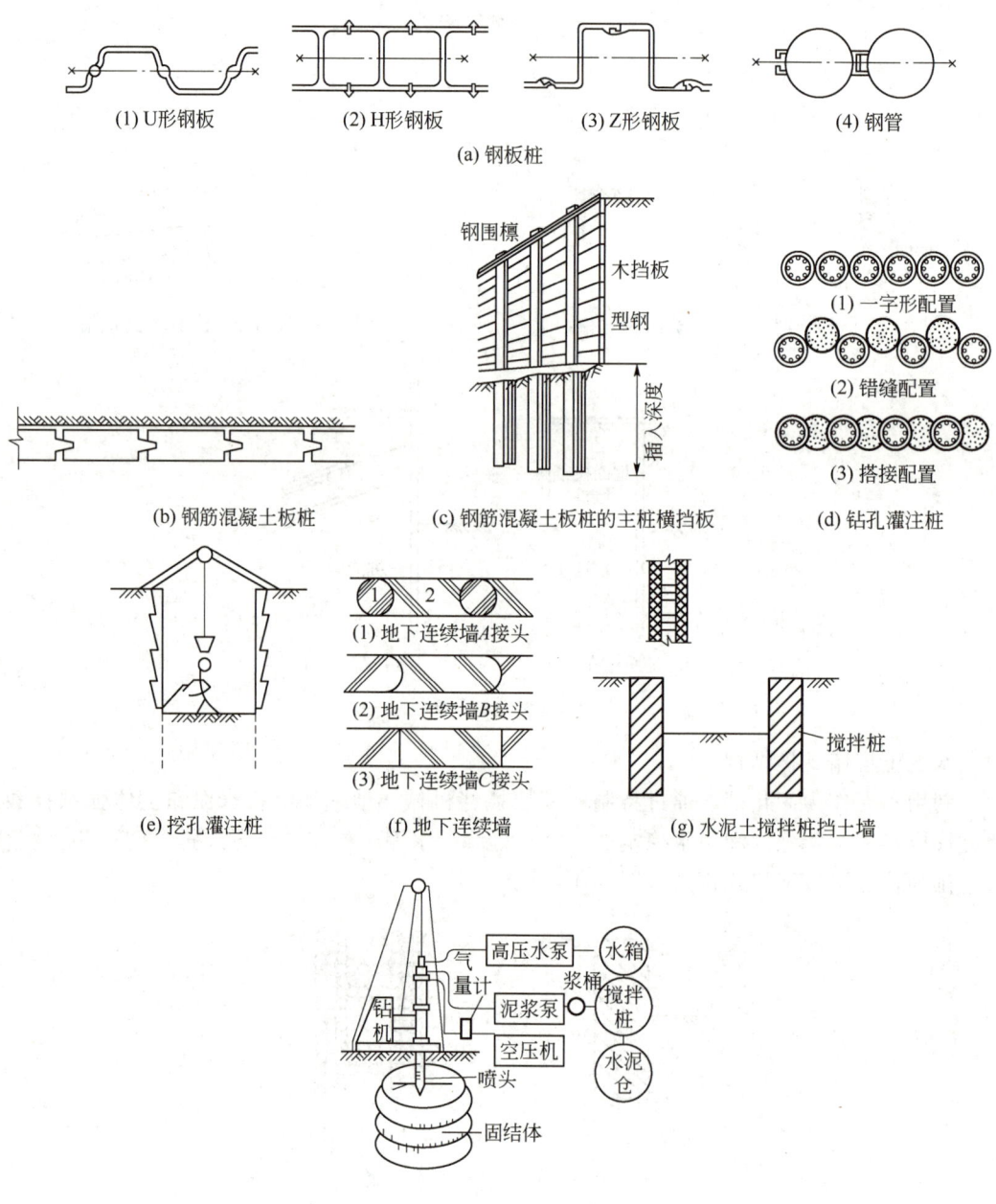

图 8.5　桩墙式支护结构形式

(6)其他支护结构。

其他支护结构形式有双排桩支护结构、逆作拱墙支护、连拱式支护结构、加筋水泥土拱墙支护结构以及各种组合支护结构。

2. 支护结构选型

基坑开挖是否采用支护结构，采用何种支护结构，应根据基坑周边环境、地下结构的条件、开挖方式、基坑深度、工程地质和水文地质、施工作业设备、施工季节等条件，综合比较经济、技术、环境因素因地制宜确定。常用基坑支护结构选型见表8-2。

表8-2　常用基坑支护结构选型

开挖方式	支护方式		适用条件
放坡开挖	无支护		① 基坑安全等级宜为三级； ② 施工场地应满足放坡要求； ③ 当地下水位高于坡脚时，应采用降水措施
支护开挖	锚式支护	土钉墙支护	① 基坑安全等级宜为二、三级的非软土场地； ② 基坑深度不宜大于12m； ③ 当地下水位高于基坑底面时，应采用降水或截水措施
	挡墙式支护	水泥土墙支护	① 基坑安全等级宜为二、三级； ② 基坑深度不宜大于6m； ③ 水泥土桩墙施工范围地基土承载力不宜大于150kPa
		逆作拱墙支护	① 基坑安全等级宜为二、三级； ② 基坑深度不宜大于12m； ③ 淤泥和淤泥质土场地不宜采用； ④ 拱墙轴线的矢跨比不宜小于1/8； ⑤ 当地下水位高于基坑底面时，应采用降水或截水措施
	板桩支护		① 基坑安全等级为二、三级； ② 基坑深度不宜大于10m； ③ 适于软弱的含水地层，采用榫槽连接
	排桩、地下连续墙支护	内支撑	① 基坑安全等级为一、二、三级； ② 悬臂式结构在软土场地中不宜大于5m； ③ 当地下水位高于基坑底面时，应采用降水、排桩加截水帷幕或地下连续墙止水
		锚杆	① 基坑安全等级宜为二、三级的非软土场地； ② 基坑深度一般不超过18m，风化岩层可不受此限制； ③ 适用于地下水位较低或坑外有降水条件
	逆作法（用地下结构的梁、柱、墙作为支撑）		适用于四周建筑物林立、施工场地狭窄的条件

8.2 支护结构的荷载

支护结构的荷载应包括①土压力;②水压力(静水压力、渗流压力、承压水压力);③基坑周围的建筑物荷载、施工荷载、地震荷载以及其他附加荷载引起的侧向压力;④温度应力;⑤临水支护结构的波浪作用力和水流退落时的渗透力;⑥作为永久结构时的相关荷载。对一般支护结构而言,其荷载主要是土压力和水压力。

对地下水水位以上的各类土,土压力计算、土的滑动稳定性验算,对黏性土、黏质粉土,土的抗剪强度指标应采用三轴固结不排水抗剪强度指标 c_{cu}、φ_{cu} 或直剪固结快剪强度指标 c_{cq}、φ_{cq},对砂质粉土、砂土、碎石土,土的抗剪强度指标应采用有效应力强度指标 c'、φ'。

对地下水水位以下的黏性土、黏质粉土,可采用土压力、水压力合算方法,土压力计算、土的滑动稳定性验算可采用总应力法;此时,对正常固结和超固结土,土的抗剪强度指标应采用三轴固结不排水抗剪强度指标 c_{cu}、φ_{cu} 或直剪固结快剪强度指标 c_{cq}、φ_{cq},对欠固结土,宜采用有效自重压力下预固结的三轴不固结不排水抗剪强度指标 c_{uu}、φ_{uu}。

对地下水水位以下的砂质粉土、砂土和碎石土,应采用土压力、水压力分算方法,土压力计算、土的滑动稳定性验算应采用有效应力法;此时,土的抗剪强度指标应采用有效应力强度指标 c'、φ',对砂质粉土,缺少有效应力强度指标时,也可采用三轴固结不排水抗剪强度指标 c_{cu}、φ_{cu} 或直剪固结快剪强度指标 c_{cq}、φ_{cq} 代替;对砂土和碎石土,有效应力强度指标 φ' 可根据标准贯入试验实测击数和水下休止角等物理力学指标取值;土压力、水压力采用分算方法时,水压力可按静水压力计算;当地下水渗流时,宜按渗流理论计算水压力和土的竖向有效应力;当存在多个含水层时,应分别计算各含水层的水压力。

有可靠的地方经验时,土的抗剪强度指标尚可根据室内试验、原位试验得到的其他物理力学指标,按经验方法确定。

8.3 土钉墙支护结构设计计算

土钉墙是用于土体开挖和边坡稳定的一种挡土支护结构,它以土钉作为主要受力构件,由被加固的原位土体、放置于原位土体中密集的土钉群、附着于坡面上的混凝土面层和必要的防排水系统组成,形成一个类似于重力式挡土墙的支护结构。土钉是在土中钻孔、置入变形钢筋并沿孔全长注浆的方法形成的细长杆件。

土体的抗剪强度较低,抗拉强度几乎为零,但原位土体一般具有一定的结构整体性。如在土体中放置土钉,土钉具有箍束骨架、分担荷载、传递和扩散应力、坡面变形约束等作用,使之与土体形成复合土体,则可有效地提高土体的整体强度。土钉墙支护设计应满足规定的强度、稳定性、变形和耐久性等要求。

8.3.1 土钉墙的组成及设计内容

土钉墙一般由土钉、面层、防排水系统三部分组成,常用的土钉有钻孔注浆土钉、击入式土钉。前者先钻孔,然后置入变形钢筋,最后沿全长注浆;后者多用角钢、圆钢或钢管，击入方式一般有振动冲击、液压锤击、高压喷射和气动射击。面层由喷射混凝土（图 8.6）、纵横主筋、网筋构成。地下水水位高于基坑底面时，应采取降水或截水措施。坡顶和坡脚应设排水措施，坡面可根据具体情况设置泄水孔。坡面泄水孔为插入坡面的内填滤水材料的带孔塑料管。

图 8.6 土钉墙喷射混凝土施工照片

土钉通过与承压板或加强钢筋螺栓连接或焊接把压力传到面层，土钉与面层的连接如图 8.7 所示。

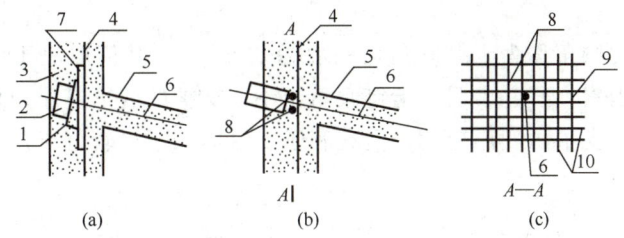

注：1—垫块；2—螺母；3—喷射混凝土；4—钢筋网；5—土钉钻孔；6—土钉钢筋；
7—钢垫板；8—井字形钢筋；9—网筋；10—纵横主筋。

图 8.7 土钉与面层的连接

土钉墙支护设计内容主要包括以下几个方面。
① 确定基坑侧壁的平面和剖面尺寸以及分段施工高度。
② 设计土钉的布置方式、间距、直径、长度、倾角及土钉在空间的方向。
③ 设计土钉内钢筋的类型、直径及构造。
④ 注浆配方设计、注浆方式、浆体强度指标。
⑤ 喷射混凝土面层设计。
⑥ 坡顶防护措施。
⑦ 土钉抗拔力验算及整体稳定性验算。
⑧ 现场监测与反馈设计。

8.3.2 土钉墙支护结构参数的确定

土钉墙支护结构参数包括土钉的长度、间距、筋材尺寸、倾角，注浆材料以及支护面层厚度等。

1. 土钉长度

一般对非饱和土，土钉长度 L 与开挖深度 H 之比取 $L/H=0.6\sim1.2$；密实砂土及干硬性黏土取小值。为减小变形，顶部土钉长度宜适当增加。非饱和土底部土钉长度可适当减小，但不宜小于 $0.5H$。对于饱和软土，由于土体抗剪能力很低，设计时取 L/H 值大于 1 为宜。

2. 土钉间距

土钉间距的大小影响土体的整体作用效果，目前尚不能给出有足够理论依据的定量指标。土钉的水平间距和垂直间距一般宜为 $1.2\sim2.0\mathrm{m}$。垂直间距依据土层及计算确定，且与开挖深度相对应。上下插筋交错排列，遇局部软弱土层时，垂直间距可小于 $1.0\mathrm{m}$。

3. 土钉筋材尺寸

土钉中采用的筋材有钢筋、角钢、钢管等，其常用尺寸：当采用钢筋时，一般为 $\phi 18\sim32\mathrm{mm}$，II 级以上螺纹钢筋；当采用角钢时，一般为∟$5\mathrm{mm}\times50\mathrm{mm}\times50\mathrm{mm}$ 角钢；当采用钢管时，一般为 $\phi 50\mathrm{mm}$ 钢管。

4. 土钉倾角

土钉与水平线的倾角称为土钉倾角，一般为 $0°\sim20°$，其值取决于注浆钻孔工艺与土体分层特点等多种因素。研究表明，土钉倾角越小，支护的变形越小，但注浆质量较难控制；土钉倾角越大，支护的变形越大，但有利于土钉插入下层较好土层，注浆质量也易于保证。

5. 注浆材料

注浆材料用水泥砂浆或素水泥浆。水泥采用不低于 425# 的普通硅酸盐水泥，水灰比 $1:0.40\sim1:0.50$。

6. 支护面层厚度

临时性土钉墙支护的面层通常用 $50\sim150\mathrm{mm}$ 厚的钢筋网喷射混凝土，混凝土强度等级不低于 C20。钢筋网常用 $\phi 6\sim8\mathrm{mm}$，I 级钢筋焊成 $150\sim300\mathrm{mm}$ 方格网片。

永久性土钉墙支护面层厚度为 $150\sim250\mathrm{mm}$，可设两层钢筋网，分两层喷成。

8.3.3 土钉的设计计算

假定土钉为受拉工作，不考虑其抗弯刚度。土钉设计内力可按图 8.8 所示的侧压力分布图式计算。

1. 土钉所受的侧压力

土钉所受侧压力是上覆土体自重和地面均布荷载引起的土压力，计算见式(8-8)。

$$e = e_m + e_q \tag{8-8}$$

式中 e——土钉长度中点所处深度位置上的侧压力，kPa；

e_m——土钉长度中点所处深度位置上土体自重引起的土压力，kPa；

e_q——地面均布荷载引起的土压力，kPa。

其中，砂土和粉土：$e_m = 0.55 K_a \gamma h$；一般黏性土：$0.2\gamma h \leqslant e_m = (1 - 2c/\sqrt{K_a}\gamma h) K_a \gamma h \leqslant 0.55 K_a \gamma h$。

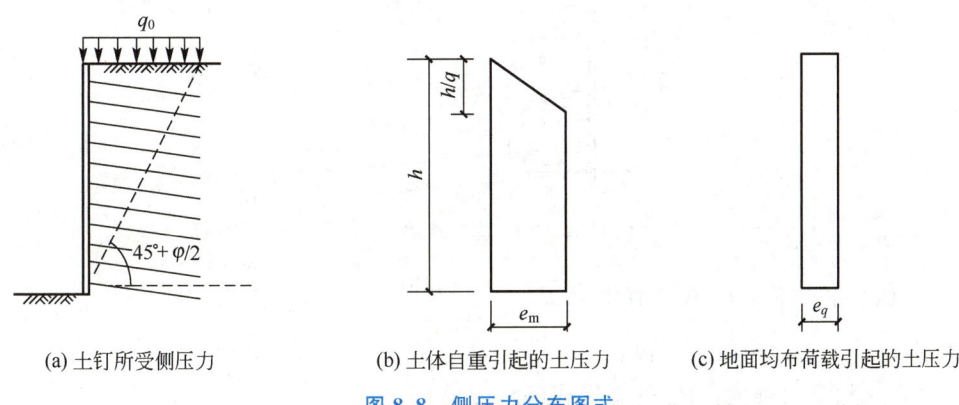

(a) 土钉所受侧压力　　(b) 土体自重引起的土压力　　(c) 地面均布荷载引起的土压力

图 8.8　侧压力分布图式

2. 土钉拉力计算

在土体自重和地面均布荷载作用下，土钉所受最大拉力或设计内力 N 可由式(8-9)求出。

$$N = \frac{1}{\cos\theta} e S_v S_h \tag{8-9}$$

式中　θ——土钉倾角，(°)；

　　　e——土钉长度中点所处深度位置上的侧压力，kPa；

　　　S_v——土钉垂直间距，m；

　　　S_h——土钉水平间距，m。

3. 土钉筋材抗拉强度验算

此时土钉在拉应力作用下不发生屈服破坏，故各层土钉在设计内力作用下应满足式(8-10)的强度条件。

$$F_{s,d} N \leqslant 1.1 \frac{\pi d^2}{4} f_{yk} \tag{8-10}$$

式中　$F_{s,d}$——土钉的局部稳定安全系数，取 1.2~1.4，基坑深度较大时取较大值；

　　　N——土钉设计拉力，由式(8-9)确定，kN；

　　　d——土钉钢筋直径，m；

　　　f_{yk}——钢筋抗拉强度标准值，kN/m²。

4. 土钉抗拔出验算

为防止土钉从破坏面内侧土体中拔出，各排土钉的长度 l（图 8.9）宜满足式(8-10)的要求。

$$l \geqslant l_1 + F_{s,d} N / \pi d_0 \tau \tag{8-11}$$

式中　l_1——破坏面内土钉长度，m；
　　　d_0——土钉孔径，m；
　　　τ——土钉与土体之间的界面黏结强度，由试验确定，kPa。

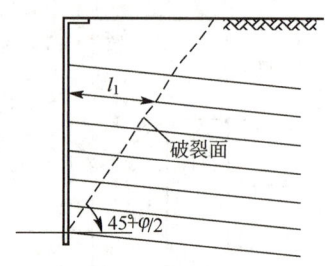

图 8.9　土钉长度

5. 土钉的极限抗拉承载力标准值 R_k

R_k 取以下三者之中的较小值。

（1）按土钉筋材强度，R_k 计算见式(8-12)。

$$R_k = 1.1\pi d^2 f_{yk}/4 \tag{8-12}$$

（2）按破裂面外土钉体抗拔出能力，R_k 计算见式(8-13)。

$$R_k = \pi d_0 l_a \tau \tag{8-13}$$

式中　l_a——破坏面外土钉锚固长度。

（3）按破坏面内土钉体抗拔出能力，R_k 计算见式(8-14)。

$$R_k = \pi d_0 (l - l_a)\tau + R_1 \tag{8-14}$$

式中　R_1——土钉端部与混凝土面层连接处的极限抗拔力，kN。

8.3.4　土钉墙整体稳定性验算

土钉与原位土体组成复合土体，形成类似重力式挡土墙的土钉墙，其整体分析包括抗倾覆稳定性、抗滑移稳定性（图 8.10）、整体滑动稳定性、抗隆起稳定性、喷射混凝土面板验算五方面。

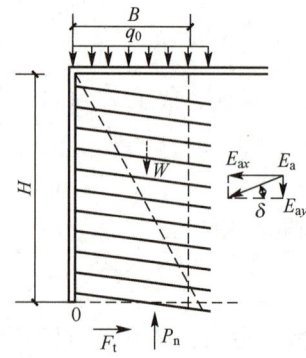

图 8.10　土钉墙抗倾覆稳定性、抗滑移稳定性分析

1. 按倾覆稳定性验算

抗倾覆安全系数 K_q 应满足式(8-15)的要求。

$$K_q = \frac{M_R}{M_S} = \frac{\frac{1}{2}B(W+q_0B)+E_{ay}B}{E_{ax}z_{Ea}} \geqslant 1.3 \tag{8-15}$$

式中　E_{ax}、E_{ay}——作用于土钉墙后主动土压力水平、垂直分量，kN；

　　　z_{Ea}——土钉墙后主动土压力作用点与墙底的垂直距离，m。

2. 抗滑移稳定性验算

抗滑移安全系数 K_h 应满足式(8-16)的要求。

$$K_h = \frac{F_t}{E_{ax}} \geqslant 1.2 \tag{8-16}$$

式中　E_{ax}——作用于土钉墙后主动土压力水平分量，kN；

　　　F_t——土钉墙底面上产生的抗滑力，$F_t = (W+q_0B)\tan\varphi + cB$；

　　　W——墙体自重，kN；

　　　B——土钉墙计算宽度，$B = (11/12)L\cos\alpha$，m；

　　　α——土钉与水平面之间的夹角，(°)。

3. 整体滑动稳定性验算

土钉墙整体稳定性验算是指边坡土体中可能出现的破坏面发生在支护内部并穿过全部或部分土钉。

假定破坏面上的土钉只承受拉力且达到极限抗拉力 R_k，整体稳定性验算采用圆弧破坏面简单条分法，如图 8.11 所示，在土条 i 上作用有土体自重 W_i，地表荷载 Q_i，土钉抗拉力 R_k。

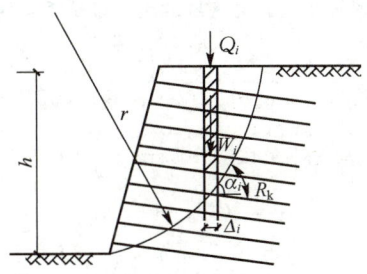

图 8.11　圆弧破坏面简单条分法

整体稳定安全系数 F_s 计算见式(8-17)。

$$F_s = \frac{\sum\left[(W_i+Q_i)\cos\alpha_i \operatorname{tg}\varphi_j + \left(\frac{R_k}{S_{hk}}\right)\sin\beta_k \operatorname{tg}\varphi_j + c_j(\Delta_i/\cos\alpha_i) + \left(\frac{R_k}{S_{hk}}\right)\cos\beta_k\right]}{\sum\left[(W_i+Q_i)\sin\alpha_i\right]}$$

$$\tag{8-17}$$

式中　α_i——土条 i 底面中点切线与水平面之间的夹角，(°)；

　　　Δ_i——土条 i 的宽度，m；

φ_j——土条 i 底面所处第 j 层土的内摩擦角，(°)；

c_j——土条 i 底面所处第 j 层土的黏聚力，kPa；

R_k——破坏面上第 i 排土钉的抗拉力；

β_k——第 i 排土钉轴线与该处破坏面切线之间的夹角，(°)；

S_{hk}——第 i 排土钉的水平间距，m；

F_s——整体稳定安全系数，$H \leqslant 6m$ 时，$F_s \geqslant 1.2$；$H = 6 \sim 12m$，$F_s \geqslant 1.3$；$H \geqslant 12m$，$F_s \geqslant 1.4$。

如果整个土钉支护连同外部土体沿深部的圆弧滑动面失稳，此时可能破坏面在土钉设置范围外，取土钉抗拉力为零。

当基坑面以下存在软弱下卧土层时，整体稳定性验算滑动面中尚应包括由圆弧与软弱土层面组成的复合滑动面。

4. 抗隆起稳定性验算

基坑底面下有软弱土层的土钉墙结构应进行坑底抗隆起稳定性验算（图 8.12），验算可采用式(8-18)~式(8-22)。

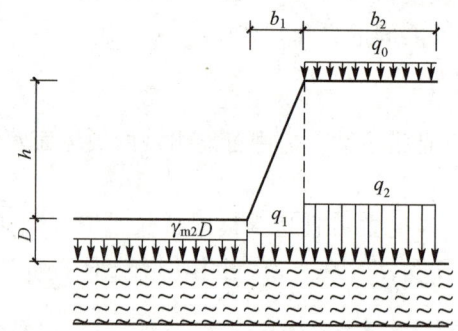

图 8.12 基坑底面下有软弱土层的土钉墙抗隆起稳定性验算简图

$$\frac{\gamma_{m2}DN_q + cN_c}{(q_1b_1 + q_2b_2)/(b_1+b_2)} \geqslant K_{he} \tag{8-18}$$

$$N_q = \text{tg}^2\left(45° + \frac{\varphi}{2}\right)e^{\pi \text{tg}\varphi} \tag{8-19}$$

$$N_c = (N_q - 1)/\text{tg}\varphi \tag{8-20}$$

$$q_1 = 0.5\gamma_{m1}h + \gamma_{m2}D \tag{8-21}$$

$$q_2 = \gamma_{m1}h + \gamma_{m2}D + q_0 \tag{8-22}$$

式中　q_0——地面均布荷载，kPa；

γ_{m1}——基坑底面以上土的重度，多层土取各层土按厚度加权的平均重度，kN/m^3；

h——基坑深度，m；

γ_{m2}——基坑底面至抗隆起计算平面之间土层的重度，多层土取各层土按厚度加权的平均重度，kN/m^3；

D——基坑底面至抗隆起计算平面之间土层的厚度，当抗隆起计算平面为基坑底平面时，D 等于 0，m；

N_c、N_q——承载力系数；

c——抗隆起计算平面以下土的黏聚力,kPa;

φ——抗隆起计算平面以下土的内摩擦角,(°);

b_1——土钉墙坡面的宽度,当土钉墙坡面垂直时取 b_1 等于 0,m;

b_2——地面均布荷载的计算宽度,可取 b_2 等于 h,m;

K_{he}——抗隆起稳定安全系数,安全等级为二级、三级的土钉墙,K_{he} 分别不应小于 1.6、1.4。

5. 喷射混凝土面板验算

喷射混凝土面板是以连续板按混凝土结构设计规范的要求进行板的跨中和支座截面的受弯验算以及支座截面的受冲切验算。

支座分为两种情况:第一种是沿土钉的布置设置梁(明或暗),此时连续板以梁为支座;第二种是未设置梁,此时连续板以土钉为点支座。无论以梁为支座还是以土钉为点支座,其支座力均为土钉的抗拉力。

8.4 桩、墙式支护结构的设计计算

8.4.1 概述

若施工场地狭窄、地质条件较差、基坑较深或对开挖引起的变形控制较严,可采用桩、墙式支护结构。

桩可采用钻孔灌注桩、人工挖孔桩、预制钢筋混凝土板桩和钢板桩等。桩的排列方式有柱列式、连续式和组合式。墙式支护结构是采用成槽机械在泥浆护壁下,逐段开挖出沟槽并浇注钢筋混凝土板而形成的。墙式支护结构能挡土止水,可作地下结构外墙,具有刚度大、整体性好、振动噪声小、可逆作法施工以及适用各种地质条件等优点,但废泥浆处理不好会影响城市环境,而且造价也较高,因此适合于开挖深度大于 10m、对变形控制要求较高的重要工程。

桩、墙式支护结构的常用形式(图 8.13)有悬臂式支护结构、单层支点桩、墙式支护结构和多层支点桩、墙式支护结构等,支点指的是内支撑、锚杆或两者的组合。内支撑按材料不同有钢筋混凝土支撑、钢管支撑、型钢支撑及组合支撑,按支撑方式不同有角撑、对撑等。当地基土质较好、基坑开挖深度较浅时,通常采用施工方便、受力简单的悬臂式支护结构;当土质较差、基坑开挖深度较深时,悬臂式支护结构无法满足强度和变形要求,则采用单层或多层支点支护结构。

桩、墙式支护结构的设计计算包括以下内容。

① 支护桩、墙嵌固深度的计算。

② 支护桩、墙内力与截面承载力计算。

③ 内支撑结构设计计算。

④ 锚杆设计计算。

⑤ 基坑内外土体的稳定性验算。

⑥ 基坑降水设计和渗流稳定性验算。
⑦ 基坑周围地面变形的控制措施。
⑧ 施工监测设计。

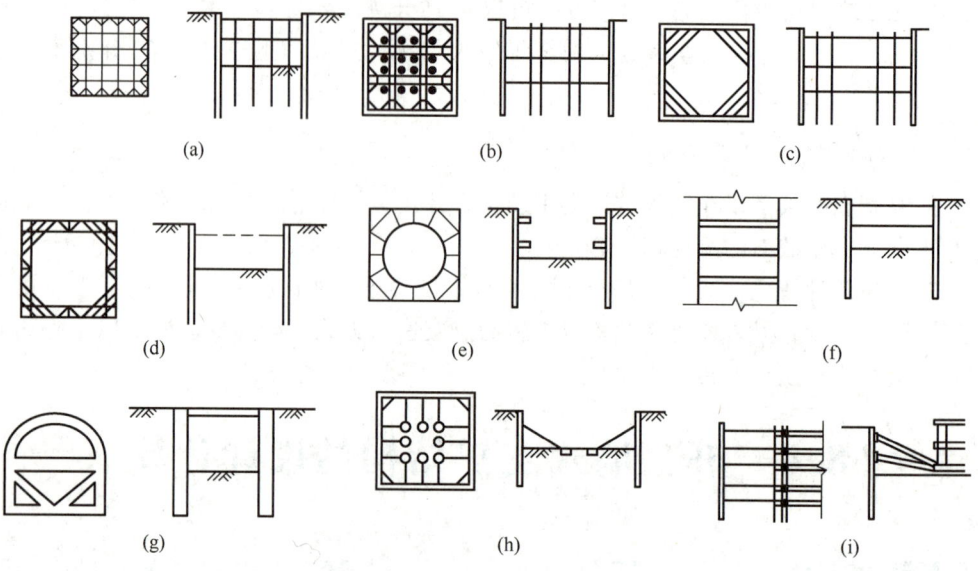

图 8.13 桩、墙式支护结构的常用形式

桩、墙式支护结构设计，应按基坑开挖过程的不同深度、基础底板施工完成后逐步拆除支撑的工况设计。

8.4.2 桩、墙式支护结构的构造要求

1. 支护桩

支护桩可分为钢筋混凝土、型钢、钢管、钢板支护桩。

(1) 采用混凝土灌注桩时，对悬臂式排桩，支护桩的桩径宜大于或等于 600mm；对锚拉式排桩或支撑式排桩，支护桩的桩径宜大于或等于 400mm；排桩的中心距不宜大于桩直径的 2 倍。

(2) 采用混凝土灌注桩时，支护桩的桩身混凝土强度等级、钢筋配置和混凝土保护层厚度应符合下列规定。

① 桩身混凝土强度等级不宜低于 C25。

② 支护桩的纵向受力钢筋宜选用 HRB400、HRB500 级钢筋，单桩的纵向受力钢筋不宜少于 8 根，净间距不应小于 60mm；支护桩顶部设置钢筋混凝土构造冠梁时，纵向钢筋锚入冠梁的长度宜取冠梁厚度；冠梁按结构受力构件设置时，桩身纵向受力钢筋伸入冠梁的锚固长度应符合《混凝土结构设计规范（2015 年版）》（GB 50010—2010）（以下简称《混凝土规范》）对钢筋锚固的有关规定；当不能满足锚固长度的要求时，其钢筋末端可采取机械锚固措施。

③ 箍筋可采用螺旋式箍筋，箍筋直径不应小于纵向受力钢筋最大直径的 1/4，且不应

小于 6mm；箍筋间距宜取 100～200mm，且不应大于 400mm 及桩的直径。

④ 沿桩身配置的加强箍筋应满足钢筋笼起吊安装要求，宜选用 HPB300、HRB335 级钢筋，其间距宜取 1000～2000mm。

⑤ 纵向受力钢筋的保护层厚度不应小于 35mm；采用水下灌注混凝土工艺时，不应小于 50 mm。

⑥ 当采用沿截面周边非均匀配置纵向钢筋时，受压区的纵向钢筋根数不应少于 5 根；当施工方法不能保证钢筋的方向时，不应采用沿截面周边非均匀配置纵向钢筋的形式。

⑦ 当沿桩身分段配置纵向受力钢筋时，纵向受力钢筋的搭接应符合《混凝土规范》的相关规定。

(3) 在有主体建筑地下管线的部位，排桩冠梁宜低于地下管线。

(4) 支护桩顶部应设置混凝土冠梁。冠梁的宽度不宜小于桩径，高度不宜小于桩径的 0.6 倍。冠梁钢筋应符合现行《混凝土规范》对梁的构造配筋要求。冠梁用作支撑或锚杆的传力构件或按空间结构设计时，尚应按受力构件进行截面设计。

(5) 排桩的桩间土应采取防护措施。桩间土防护措施宜采用内置钢筋网或钢丝网的喷射混凝土面层。喷射混凝土面层的厚度不宜小于 50mm，混凝土强度等级不宜低于 C20，混凝土面层内配置的钢筋网的纵横向间距不宜大于 200mm。钢筋网或钢丝网宜采用横向拉筋与两侧桩体连接，拉筋直径不宜小于 12mm，拉筋锚固在桩内的长度不宜小于 100mm。钢筋网宜采用桩间土内打入直径不小于 12mm 的钢筋钉固定，钢筋钉打入桩间土中的长度不宜小于排桩净间距的 1.5 倍且不应小于 500mm。

2. 地下连续墙

(1) 地下连续墙的墙体厚度宜按成槽机的规格，选取 600mm、800mm、1000mm 或 1200mm。

(2) 一字形槽段长度宜取 4～6m。当成槽施工可能对周边环境产生不利影响或槽壁稳定性较差时，应取较小的槽段长度。必要时，宜采用搅拌桩对槽壁进行加固。

(3) 地下连续墙的转角处或有特殊要求时，单元槽段的平面形状可采用 L 形、T 形等。

(4) 地下连续墙的混凝土设计强度等级宜取 C30～C40。地下连续墙用于截水时，墙体混凝土抗渗等级不宜小于 P6，槽段接头应满足截水要求。当地下连续墙同时作为主体地下结构构件时，墙体混凝土抗渗等级应满足《地下工程防水技术规范》（GB 50108—2008）及其他相关规范的要求。

(5) 地下连续墙的纵向受力钢筋应沿墙身每侧均匀配置，可按内力大小沿墙体纵向分段配置，且通长配置的纵向钢筋不应小于 50%；纵向受力钢筋宜采用 HRB300 级或 HRB400 级钢筋，直径不宜小于 16mm，净间距不宜小于 75mm。水平钢筋及构造钢筋宜选用 HRB300 级或 HRB400 级钢筋，直径不宜小于 12mm，水平钢筋间距宜取 200～400mm。冠梁按构造设置时，纵向钢筋锚入冠梁的长度宜取冠梁厚度。冠梁按结构受力构件设置时，墙身纵向受力钢筋伸入冠梁的锚固长度应符合《混凝土规范》对钢筋锚固的有关规定。当不能满足锚固长度的要求时，其钢筋末端可采取机械锚固措施。

(6) 地下连续墙纵向受力钢筋的保护层厚度，在基坑内侧不宜小于 50mm，在基坑外侧不宜小于70mm。

（7）钢筋笼两侧的端部与槽段接头之间、钢筋笼两侧的端部与相邻墙段混凝土接头面之间的间隙应不大于150mm，纵向钢筋下端500mm长度范围内宜按1∶10的斜度向内收口。

（8）地下连续墙墙顶应设置混凝土冠梁。冠梁宽度不宜小于墙厚，高度不宜小于墙厚的0.6倍。冠梁钢筋应符合《混凝土规范》对梁的构造配筋要求。冠梁用作支撑或锚杆的传力构件或按空间结构设计时，尚应按受力构件进行截面设计。

8.4.3 嵌固深度和桩、墙式支护结构内力计算

排桩、地下连续墙支护结构的内力计算主要包括结构内力（弯矩和剪力）和支点力。其内力与变形计算是十分复杂的问题，计算的合理模型是考虑支护结构-土-支点三者共同作用的空间分析。只有当支护结构周边条件完全相同，支撑体系才可简化为平面问题。根据受力条件分段按平面问题计算时，分段长度可根据具体结构及土质条件确定，一般情况下的水平荷载，对于排桩计算宽度取桩的中心距，地下连续墙由于其连续性可取单位宽度。地下连续墙按照竖向弹性地基梁法计算。

桩、墙式支护结构可能出现倾覆、滑移、踢脚等破坏现象，产生很大的内力和变形，其内力与变形计算常用的方法有极限平衡法、弹性抗力法，其中极限平衡法在工程设计中较为常用。

极限平衡法假设基坑外侧土体处于主动极限平衡状态，基坑内侧土体处于被动极限平衡状态，桩、墙式支护结构在水压力、土压力等侧向荷载作用下满足平衡条件。常用的计算方法有静力平衡法和等值梁法。静力平衡法和等值梁法分别适用于特定条件；静力平衡法和等值梁法计算支护结构内力时假设：①施工自上而下，②在开挖下部土体时上部锚杆内力不变，③立柱在锚杆处为不动点。

1. 悬臂式支护结构内力计算

悬臂式支护结构主要靠桩插入土内形成嵌固端，以平衡上部土压力、水压力及地面荷载形成的侧压力。

静力平衡法假设悬臂式支护结构在侧向荷载作用下可以产生向坑内移动的足够的位移，使基坑内外两侧的土体达到极限平衡状态。悬臂式支护结构在主动土压力作用下，绕桩、墙上某一点转动，形成在基坑开挖深度范围外侧的主动土压力区及在插入深度区内的被动土压力区，悬臂式支护结构的土压力分布模式计算简图如图8.14所示。

对于悬臂式支护结构，可采用三角形分布土压力模式，计算简图如图8.14所示。当单位宽度桩、墙两侧所受的净土压力相平衡时，桩、墙则处于稳定状态，相应的桩、墙入土深度即为其保证稳定所需的最小入土深度，可根据静力平衡条件求出，具体计算步骤如下。

① 计算桩、墙底端后侧主动土压力e_{a3}及前侧被动土压力e_{p3}，然后叠加求出第一个土压力为零的点O距基坑底面的距离u。

② 计算O点以上土压力合力ΣE，求出ΣE作用点至O点的距离y。

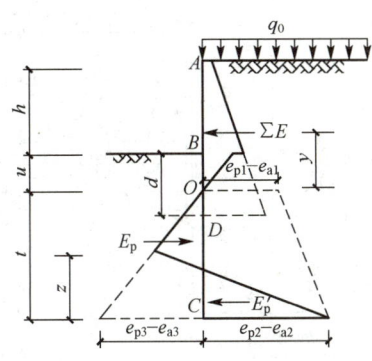

图 8.14　悬臂式支护结构的土压力分布模式计算简图

③ 计算桩、墙底端前侧主动土压力 e_{a2} 和后侧被动土压力 e_{p2}。

④ 计算 O 点处桩、墙前侧主动土压力 e_{a1} 及后侧被动土压力 e_{p1}。

⑤ 根据作用在支护结构上的全部水平作用力平衡条件（$\sum N=0$）和绕桩、墙底端力矩平衡条件（$\sum M=0$）可得式(8-23)、式(8-24)。

$$\sum E + [(e_{p3}-e_{a3})+(e_{p2}-e_{a2})]\frac{z}{2} - (e_{p3}-e_{a3})\frac{t}{2} = 0 \quad (8-23)$$

$$\sum (t+y)E + [(e_{p3}-e_{a3})+(e_{p2}-e_{a2})]\frac{z}{2}\cdot\frac{z}{3} - (e_{p3}-e_{a3})\frac{t}{2}\cdot\frac{t}{3} = 0 \quad (8-24)$$

式(8-23)、式(8-24)中，只有 z 和 t 两个未知数，将 e_{a2}、e_{p2}、e_{a3}、e_{p3} 计算公式代入并消去 z，可得一个关于 t 的方程式，求解该方程，即可求出 O 点以下桩、墙的入土深度（即有效嵌固深度）t。

为安全起见，实际桩、墙嵌入基坑底面以下的最小入土深度见式(8-25)。

$$t_c = u + (1.1\sim 1.2)t \quad (8-25)$$

⑥ 计算桩墙最大弯矩 M_{max}。根据最大弯矩点剪力为零，求出最大弯矩点 D 离基坑底的距离 d，再根据 D 点以上所有力对 D 点取矩，可求得最大弯矩 M_{max}。

2. 单层支点桩、墙式支护结构内力计算

单层支点桩、墙式支护结构因在顶端附近设有一支撑或拉锚，可认为在支撑或拉锚点处无水平移动而简化成一简支支撑，但桩、墙下端的支承情况则与其入土深度有关，因此，单层支点桩、墙支护结构内力的计算与桩、墙的入土深度有关。

(1) 入土较浅时单层支点桩、墙式支护结构内力计算。

当桩、墙入土深度较浅时，桩、墙前侧的被动土压力全部发挥，桩、墙的底端可能有少许向前位移的现象发生。桩、墙前后的被动土压力和主动土压力对支撑或拉锚点的力矩相等，桩、墙处于极限平衡状态。此时桩、墙可看作在支撑或拉锚点铰支而下端自由的结构（图 8.15）。

取单位墙宽作为分析单元，对于排桩则以每根桩的控制宽度作为分析单元。

桩、墙的有效嵌固深度 t，根据对支撑或拉锚点 A 的力矩平衡条件（$M_A=0$）可得式(8-26)。

$$\sum E(h_a - h_0) - E_p\left(h - h_0 + u + \frac{2}{3}t\right) = 0 \quad (8-26)$$

由式(8-26)经试算可求出 t。

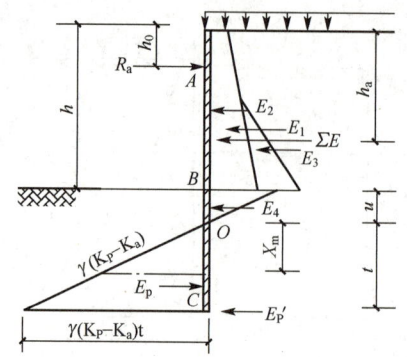

图 8.15　单层支点桩、墙式支护结构计算简图

桩、墙在基坑底以下的最小入土深度 $t_c = u + (1.1 \sim 1.2)t$。

支点 A 处的水平力 R_a 根据水平力平衡条件求出，见式(8-27)。

$$R_a = \sum E - E_p \tag{8-27}$$

根据最大弯矩截面的剪力等于零，可求得最大弯矩截面距土压力零点的距离 x_m 见式(8-28)。

$$x_m = \sqrt{\frac{2(\sum E - R_a)}{\gamma(K_p - K_a)}} \tag{8-28}$$

由此可求出最大弯矩 [式(8-29)]。

$$M_{\max} = \sum E(h - h_a + u + x_m) - R_a(h - h_0 + u + x_m) - \frac{1}{6}\gamma(K_p - K_a)x_m^3 \tag{8-29}$$

(2) 入土较深时单层支点桩、墙式支护结构内力计算。

当桩、墙入土深度较深时，桩、墙的底端向后倾斜，桩、墙前后均出现被动土压力，桩、墙在土中处于弹性嵌固状态，相当于上端简支而下端嵌固的超静定梁。工程上常采用等值梁法来计算。

等值梁法的计算简图如图 8.16 所示。一端固定另一端简支的梁 AB [图 8.16 (a)]，由弯矩图可知，反弯点在 B 点，该点弯矩为零 [图 8.16 (b)]。如果将梁在 B 点切开，并加一个自由支撑形成简支点，这样在 AB 段内的弯矩将保持不变，由此，简支梁 AB 称为图 8.16 (a) 中 AC 梁 AB 段的等值梁。

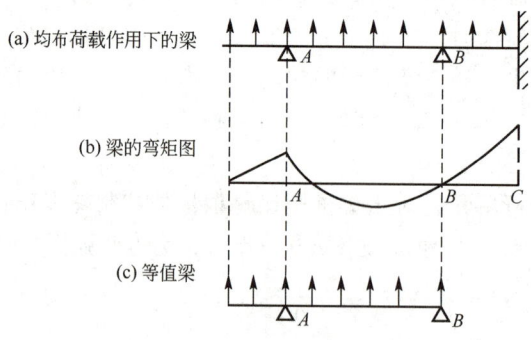

图 8.16　等值梁法计算简图

对于单层支点的桩、墙支护结构，当底端为固定端时，其弯矩包络图将有一个反弯点 O，将等值梁法应用于单层支点桩、墙支护结构内力计算（图 8.17），其计算步骤如下。

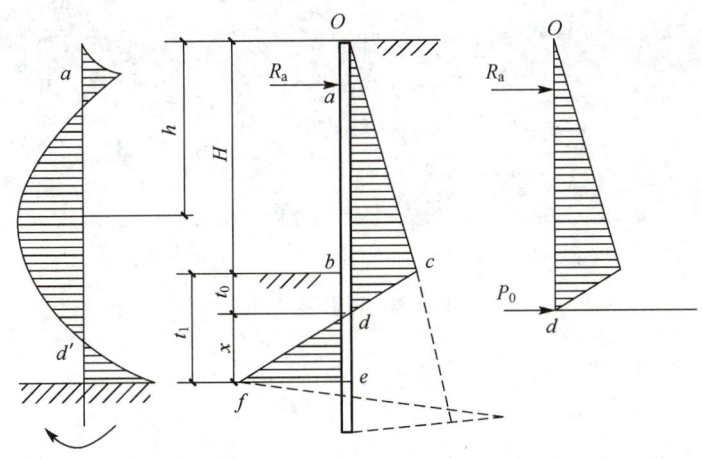

图 8.17　单层支点桩、墙式支护结构内力等值梁法计算简图

① 确定正负弯矩反弯点的位置。实测结果表明净土压力为零的位置与弯矩为零的位置很接近，因此可假定反弯点就在净土压力为零的 d 点处。它距基坑底面的距离 t_0 根据 d 点的主动土压力强度与被动土压力强度相当的条件求出，见式(8-30)、式(8-31)。

$$\gamma t_0 K_p = \gamma (H + t_0) K_a \tag{8-30}$$

$$t_0 = \frac{HK_a}{K_p - K_a} \tag{8-31}$$

② 等值梁 od 按简支梁，根据静力平衡方程计算支撑或拉锚点反力 R_a 和 d 点剪力 P_0 以及最大弯矩 M_{max}。

③ 取桩、墙下段 de 为隔离体，取 $\sum M_e = 0$，可求出桩、墙有效嵌固深度 x。由 $P_0 x = \frac{1}{6} \gamma (K_p - K_a) x^3$，得式(8-32)。

$$x = \sqrt{\frac{6P_0}{\gamma(K_p - K_a)}} \tag{8-32}$$

④ 求出桩、墙的有效嵌固深度 t 后，为了保证桩、墙的稳定，基坑底面以下的最小入土深度 $t_1 = t_0 + x$，实际桩、墙入土深度 $t = (1.1 \sim 1.2) t_1$。

等值梁法计算的关键是明确反弯点的位置，即弯矩为零的位置。

8.4.4　内支撑结构设计计算

内支撑结构可选用钢结构支撑、混凝土结构支撑、钢与混凝土的混合结构支撑，如图 8.18 所示。通常应优先采用钢结构支撑，对于形状比较复杂或环境保护要求较高的基坑，宜采用现浇混凝土结构支撑。

(a) 钢与混凝土混合结构支撑　　　　　　(b) 钢结构支撑

图 8.18　内支撑结构

1. 内支撑结构的构造要求

（1）内支撑结构的形式。

内支撑结构应综合考虑基坑平面的形状、尺寸、开挖深度、周边环境条件、主体结构的形式等因素。内支撑结构的形式主要有以下。

① 水平对撑或斜撑，可采用单杆、桁架、八字形支撑。

② 正交或斜交的平面杆系支撑。

③ 环形杆系或板系支撑。

④ 竖向斜撑。

一般情况下应优先采用平面杆系支撑，对于开挖深度不大、基坑平面尺寸较大或形状比较复杂的基坑也可以采用竖向斜撑。一般情况下，平面杆系支撑应由腰梁、水平支撑和立柱三部分构件组成。竖向斜撑通常由斜撑、腰梁和斜撑基础等构件组成；当斜撑长度大于 15m 时，宜在斜撑中部设置立柱。

（2）内支撑结构的平面布置应符合下列规定。

① 内支撑结构的平面布置应满足主体结构的施工要求，宜避开地下主体结构的柱、墙。

② 相邻支撑的水平间距应满足土方开挖的施工要求；采用机械挖土时，应满足挖土机械作业的空间要求，且不宜小于 4m。

③ 基坑形状有阳角时，阳角处的斜撑应在两边同时设置。

④ 当采用环形杆系或板系支撑时，环梁宜采用圆形、椭圆形等封闭曲线形式；并应按使环梁弯矩、剪力最小的原则布置辐射支撑；宜采用环形杆系或板系支撑与腰梁或冠梁相切的布置形式。

⑤ 水平支撑应设置与挡土构件连接的腰梁；当支撑设置在挡土构件顶部所在的平面时，应与挡土构件的冠梁连接；在腰梁或冠梁上支撑点的间距，对钢结构腰梁不宜大于 4m，对混凝土结构腰梁不宜大于 9m。

⑥ 当需要采用相邻水平间距较大的支撑时，宜根据支撑冠梁、腰梁的受力和承载力要求，在支撑端部两侧设置八字形斜撑杆与冠梁、腰梁连接，八字形斜撑杆宜在主撑两侧对称布置，且八字形斜撑杆的长度不宜大于 9m，斜撑杆与冠梁、腰梁之间的夹角宜取 45°～60°。

⑦ 当设置立柱时，临时立柱应避开主体结构的梁、柱及承重墙；对纵横双向交叉的支撑结构，立柱宜设置在支撑的交汇点处；对用作主体结构柱的立柱，立柱在基坑支护阶段的负荷不得超过主体结构的设计要求；立柱与支撑端部及立柱之间的间距应根据支撑构件的稳定要求和竖向荷载的大小确定，且对混凝土结构支撑不宜大于15m，对钢结构支撑不宜大于20m。

⑧ 当采用竖向斜撑时，应设置斜撑基础，但应考虑与主体结构底板施工的关系。

(3) 内支撑结构的竖向布置应符合下列规定。

① 支撑与挡土构件之间不应出现拉力。

② 支撑应避开主体地下结构底板和楼板的位置，并应满足主体地下结构施工对墙、柱钢筋连接长度的要求；当支撑下方的主体结构楼板在支撑拆除前施工时，支撑底面与下方主体结构楼板间的净距不宜小于700mm。

③ 支撑至坑底的净高不宜小于3m。

④ 采用多层水平支撑时，各层水平支撑宜布置在同一竖向平面内，层间净高不宜小于3m。

(4) 混凝土结构支撑的构造应符合下列规定。

① 混凝土的强度等级不应低于C25。

② 支撑构件的截面高度不宜小于其竖向平面内计算长度的1/20；腰梁的截面高度（水平方向）不宜小于其水平方向计算跨度的1/10，截面宽度不应小于支撑的截面高度。

③ 支撑构件的纵向钢筋直径不宜小于16mm，沿截面周边的间距不宜大于200mm；箍筋的直径不宜小于8mm，间距不宜大于250mm。

(5) 钢结构支撑的构造应符合下列规定。

① 钢结构支撑构件可采用钢管、型钢及其组合截面。

② 钢结构支撑受压杆件的长细比不应大于150，受拉杆件长细比不应大于200。

③ 钢结构支撑连接宜采用螺栓连接，必要时可采用焊接。

④ 当水平支撑与腰梁斜交时，腰梁上应设置牛腿或采用其他能够承受剪力的连接措施。

⑤ 采用竖向斜撑时，腰梁和支撑基础上应设置牛腿或采用其他能够承受剪力的连接措施；腰梁与挡土构件之间应采用能够承受剪力的连接措施；斜撑基础应满足竖向承载力和水平承载力要求。

(6) 立柱的构造应符合下列规定。

① 立柱可采用钢格构、钢管、型钢或钢管混凝土等形式。

② 当采用灌注桩作为立柱的基础时，立柱锚入桩内的长度不宜小于立柱长边或直径的4倍。

③ 立柱长细比不宜大于25。

④ 立柱与水平支撑的连接可采用铰接。

⑤ 立柱穿过主体结构底板的部位，应有有效的止水措施。

2. 冠梁和腰梁设计计算

冠梁通常作为连系梁，其主要目的是协调桩（墙）顶变形，其设计按构造要求配筋。

腰梁的截面承载力计算，一般情况下按以支撑为支座的多跨连续梁计算，计算跨度可取相邻支撑点的中心距；现浇混凝土腰梁的支座弯矩，可乘以0.8～0.9的调幅系数，但跨中弯矩需相应增加。当腰梁与水平支撑斜交，或腰梁作为边桁架的弦杆时，尚应计算支撑轴力在腰梁长度方向所引起的轴向压力，按偏心受压构件进行验算，此时腰梁的受压计算长度可取相邻支撑点的中心距。钢结构腰梁宜按简支梁计算，计算跨度取相邻支撑中心距。

3. 内支撑设计计算

内支撑设计计算包括竖向荷载和水平荷载作用产生的内力。

内支撑上的竖向荷载包括构件自重及施工荷载。设有立柱时，在竖向荷载作用下内支撑结构宜按空间框架计算，当作用在内支撑结构上的施工荷载较小时，内撑结构水平构件可按多跨连续梁计算，计算跨度可取相邻立柱的中心距。

内支撑上的水平荷载可沿冠梁、腰梁长度方向分段简化为均布荷载，内支撑的轴向压力可近似取支点力乘以支撑点中心距。

（1）内支撑结构分析应符合下列原则。

① 水平对撑、水平斜撑和竖向斜撑，应按偏心受压构件进行计算。

② 矩形平面形状的正交支撑，可分解为纵横两个方向的结构单元，并分别按偏心受压构件进行计算。

③ 不规则平面形状的平面杆系支撑、环形杆系或环形板系支撑，可按平面杆系结构采用平面有限元法进行计算；计算时应考虑基坑不同方向上的荷载不均匀性；当基坑各边的土压力相差较大时，在简化为平面杆系支撑时，尚应考虑基坑各边土压力的差异产生的土体被动变形的约束作用，此时，可在水平位移最小的角点设置水平约束支座，在基坑阳角处不宜设置支座。

④ 当有可靠经验时，宜采用三维结构分析方法，对支撑、腰梁与冠梁、挡土构件进行整体分析。

（2）内支撑结构分析时，应考虑下列作用。

① 当简化为平面结构计算时，由挡土构件传至内支撑结构的水平荷载。

② 内支撑结构自重；当内支撑作为施工平台时，尚应考虑施工荷载。

③ 当温度改变引起的内支撑结构内力不可忽略不计时，应考虑温度应力。

④ 当内支撑的立柱下沉量或隆起量较大时，应考虑内支撑立柱与挡土构件之间差异沉降产生的作用。

（3）内支撑构件的受压计算长度应按下列规定确定。

① 水平支撑在竖向平面内的受压计算长度：不设置立柱时，取支撑的实际长度；设置立柱时，取相邻立柱的中心间距。

② 水平支撑在水平平面内的受压计算长度：对无水平支撑杆件交汇的支撑，取支撑的实际长度；对有水平支撑杆件交汇的支撑，取与支撑相交的相邻水平支撑杆件的中心间距；当水平支撑杆件的交汇点不在同一水平面内时，其水平平面内的受压计算长度宜取与支撑相交的相邻水平支撑杆件中心间距的1.5倍。

4. 立柱设计计算

（1）在竖向荷载作用下，内支撑结构按空间框架计算时，立柱应按偏心受压构件计算；内支撑结构按连续梁计算时，立柱可按轴心受压构件计算。

（2）立柱的受压计算长度应按下列规定确定。

① 单层支撑的立柱、多层支撑底层立柱的受压计算长度应取底层支撑至基坑底面的净高度与立柱直径或边长的 5 倍之和。

② 相邻两层水平支撑间的立柱受压计算长度应取水平支撑的中心间距。

(3) 开挖面以下立柱的竖向承载力可按单桩竖向、水平承载力验算。立柱的基础应满足抗压和抗拔的要求。

(4) 立柱的偏心弯矩包括竖向荷载对立柱截面形心的偏心距；使水平支撑纵向稳定所需的横向作用力对立柱计算截面的弯矩，此项横向作用力可取支撑轴向压力的 1/50；作用于立柱的单向土压力对验算截面的弯矩。

8.4.5 锚杆设计

锚杆是在岩土层中钻孔，在孔中安放钢拉杆，并在钢拉杆尾部一定长度范围内注浆，形成锚固体，成为锚杆（图 8.19）。深基坑支护工程中，为增强锚杆的锚固作用，减小变形，通常采用预应力土层锚杆，土层锚杆可达 30m 以上，在黏性土中最大锚固力可达 1000kN。锚杆通过腰梁对支护桩施加拉力。在基坑工程中采用的锚杆，其使用期限不超过 2 年，属于临时性锚杆。

(a) 中空注浆锚杆　　　　　　　　(b) 锚杆施工

图 8.19　锚杆

锚杆由外露的锚头（包括锚具、承压板、腰梁和台座）和埋在土体中的锚杆杆体组成，锚杆杆体由提供锚固力的锚固段和不提供锚固力的自由段组成。其剖面形状一般为圆柱形，当需要提供较大的锚杆轴向受拉承载力时，可采用扩孔工艺将锚固段端部扩大。

锚杆设计内容包括以下各方面。

① 调查研究，掌握设计资料，作出可行性判断。

② 确定锚杆设计轴向力、锚杆的抗力安全系数及极限承载力。

③ 确定锚杆布置和安设角度。

④ 确定锚杆施工工艺并进行锚杆杆体设计（包括长度、直径、形状等），确定锚杆结构和杆件断面。

⑤ 计算自由段长度和锚固段长度。

⑥ 锚头及腰梁设计，确定锚杆锁定荷载值、张拉荷载值。

⑦ 必要时应进行锚杆整体稳定性验算。

⑧ 浆体强度设计并提出施工技术要求。
⑨ 对试验和监测的要求。

1. 锚杆的适用条件

根据场地的工程地质及水文地质条件判断是否适宜采用锚杆，尤其是锚杆对周围环境及邻近场地后期开发使用的影响。锚杆锚固段不宜设置在淤泥、淤泥质土、泥炭、泥炭质土及松散填土层内。

2. 锚杆的构造要求

（1）锚杆成孔直径宜取 100~150mm。

（2）普通钢筋锚杆的杆体宜选用 HRB400、HRB500 级螺纹钢筋。

（3）应沿锚杆杆体全长设置定位支架；定位支架应能使相邻定位支架中点处锚杆杆体的注浆固结体保护层厚度不小于10mm，定位支架的间距宜根据锚杆杆体的组装刚度确定，对自由段宜取 1.5~2.0m；对锚固段宜取 1.0~1.5m；定位支架应能使各根钢绞线相互分离。

（4）锚杆注浆应采用水泥浆或水泥砂浆，注浆固结体强度不宜低于 20MPa。

3. 锚杆布置

（1）锚固体的上覆土层的厚度不宜小于 4.0m，锚固区离现有建筑物的距离不小于 5m。

（2）锚杆的水平间距不宜小于 1.5m；多层锚杆的竖向间距不宜小于 2.0m；当锚杆的间距小于1.5m 时，应根据群锚效应对锚杆抗拔承载力进行折减或相邻锚杆应取不同的倾角。

（3）锚杆倾角宜取 15°~25°，且不应大于 45°，不应小于 10°；锚杆的锚固段宜设置在土的黏结强度高的土层内。

（4）当锚杆穿过的地层上方存在天然地基的建筑物或地下构筑物时，宜避开易塌方、变形的地层。

4. 锚杆杆件材料及强度验算

锚杆杆件可选用普通钢筋和预应力钢筋，预应力钢筋宜选用钢绞线、高强钢丝或高强螺纹钢筋。材料强度的验算应满足锚杆杆体的受拉承载力要求［式(8-33)］。

$$N \leqslant f_{py} A_p \tag{8-33}$$

式中 N——锚杆轴向拉力设计值，kN；

f_{py}——预应力钢筋抗拉强度设计值，当锚杆杆体采用普通钢筋时，取普通钢筋强度设计值 f_y，kPa；

A_p——预应力（普通）钢筋的截面面积，m^2。

5. 锚杆的极限抗拔承载力验算［式(8-34)］

$$\frac{R_k}{N_k} \geqslant K_t \tag{8-34}$$

式中 K_t——锚杆抗拔安全系数，安全等级为一级、二级、三级的支护结构，K_t 分别不应小于1.8、1.6、1.4；

N_k——锚杆轴向拉力标准值，kN；

R_k——锚杆极限抗拔承载力标准值，kN。

(1) 锚杆的轴向拉力标准值应按式(8-35)计算。

$$N_k = \frac{F_h s}{b_a \cos\alpha} \tag{8-35}$$

式中 N_k——锚杆的轴向拉力标准值，kN；

　　　F_h——挡土构件计算宽度内的弹性支点水平反力，kN；

　　　s——锚杆水平间距，m；

　　　b_a——结构计算宽度，m；

　　　α——锚杆倾角，(°)。

(2) 锚杆极限抗拔承载力标准值的确定应符合下列规定。

① 锚杆极限抗拔承载力标准值应通过抗拔试验确定。

② 锚杆极限抗拔承载力标准值也可按式(8-36)估算，但应按抗拔试验进行验证。

$$R_k = \pi d \sum q_{sik} l_i \tag{8-36}$$

式中 d——锚杆的锚固体直径，m；

　　　l_i——锚杆的锚固段在第i土层中的长度，锚固段长度(l_a)为锚杆在理论直线滑动面以外的长度（图8.20），m；

　　　q_{sik}——锚固体与第i土层之间的极限黏结强度标准值，kPa。

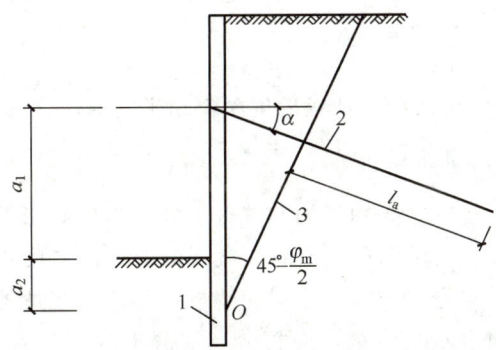

注：1—挡土构件；2—锚杆。

图 8.20　锚固段长度示意图

6. 锚杆的长度计算

锚杆的长度应为锚杆自由段长度、锚固段长度及外露长度之和，如图8.21所示。根据构造要求：锚杆自由段的长度不应小于5m，且穿过潜在滑动面进入稳定土层的长度不应小于1.5m；土层中的锚杆锚固段长度不宜小于6m；锚杆的外露长度应满足腰梁、台座尺寸及张拉锁定的要求。

锚杆自由段长度见式(8-37)。

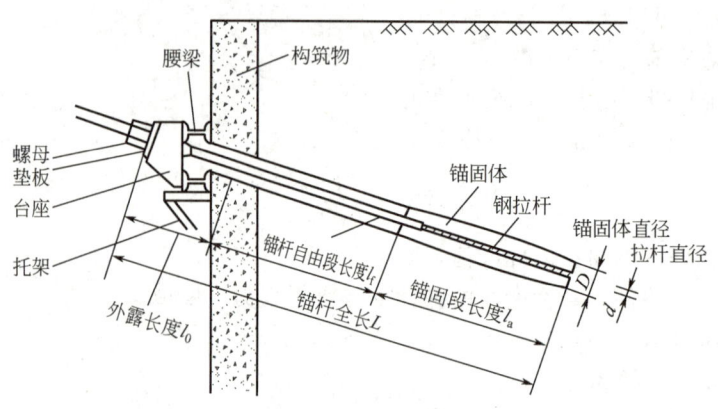

图 8.21 锚杆构造

$$l_f \geqslant \frac{(a_1 + a_2 - d\,\mathrm{tg}\alpha)\sin\left(45° - \dfrac{\varphi_m}{2}\right)}{\sin\left(45° + \dfrac{\varphi_m}{2} + \alpha\right)} + \frac{d}{\cos\alpha} + 1.5 \quad (8-37)$$

式中 l_f——锚杆自由段长度，m；

α——锚杆的倾角，(°)；

a_1——锚杆的锚头中点至基坑底面的距离，m；

a_2——基坑底面至挡土锚杆锚固段上基坑外侧主动土压力强度与基坑内侧被动土压力强度等值点 O 的距离；对多层土地层，当存在多个等值点时应按其中最深的等值点计算，m；

d——锚杆的尺寸，m；

φ_m——O 点以上各土层按厚度加权的内摩擦角平均值，(°)。

7. 锚杆腰梁、冠梁的设计计算

锚杆的混凝土腰梁、冠梁宜采用斜面与锚杆轴线垂直的梯形截面；腰梁、冠梁的混凝土强度等级不宜低于 C25。采用梯形截面时，截面的上边水平尺寸不宜小于 250mm。

锚杆腰梁可采用型钢组合梁或混凝土梁。锚杆腰梁应按受弯构件设计。锚杆腰梁的正截面、斜截面承载力：对混凝土腰梁，应符合《混凝土规范》的规定；对型钢组合腰梁，应符合《钢结构设计规范》(GB 50017—2017) 的规定。当锚杆锚固在混凝土冠梁上时，冠梁应按受弯构件设计，其截面承载力应符合上述国家标准的规定。

锚杆腰梁应根据实际约束条件按连续梁或简支梁计算。计算腰梁的内力时，腰梁的荷载应取结构分析时得出的支点力设计值。

型钢组合腰梁可选用双槽钢或双工字钢，槽钢之间或工字钢之间应用缀板焊接为整体构件，焊缝连接应采用贴角焊。双槽钢或双工字钢之间的净间距应满足锚杆杆体平直穿过的要求。采用型钢组合腰梁时，腰梁应满足在锚杆集中荷载作用下的局部受压稳定与受扭稳定的构造要求。当需要增加局部受压和受扭稳定性时，可在型钢翼缘端口处配置加劲肋板。

8.4.6 稳定性验算

1. 抗倾覆、抗滑移稳定性验算

(1) 悬臂式支护结构（图 8.22）。

抗倾覆、抗滑移稳定性验算，应满足式(8-38)、式(8-39)的条件。

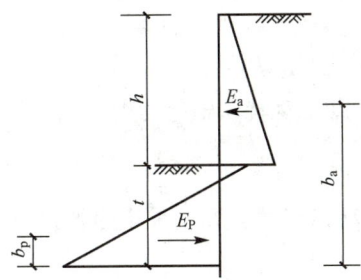

图 8.22 悬臂式支护结构

抗倾覆稳定性验算： $\dfrac{E_p b_p}{E_a b_a} \geqslant K_{em}$ (8-38)

抗滑移稳定性验算： $\dfrac{E_p}{E_a} \geqslant 1.2$ (8-39)

式中 E_p——被动土压力的合力，kN；

b_p——被动土压力合力对支护结构底端的力臂，m；

E_a——主动土压力的合力，kN；

b_a——主动土压力合力对支护结构底端的力臂，m；

K_{em}——抗倾覆稳定安全系数，安全等级为一级、二级、三级的悬臂式支护结构，K_{em} 分别不应小于 1.25、1.20、1.15。

(2) 锚撑式支护结构（图 8.23）。

抗倾覆、抗滑移稳定性验算应满足式(8-40)、式(8-41)。

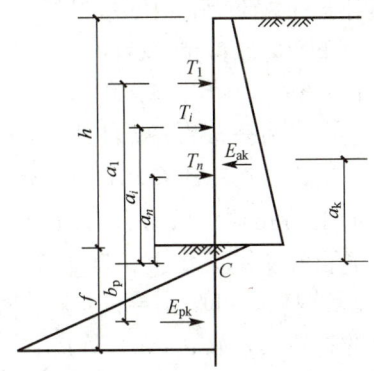

图 8.23 锚撑式支护结构

抗倾覆稳定性验算：
$$\frac{E_{pk}b_k + \sum T_i a_i}{E_{ak}a_k} \geqslant 1.3 \qquad (8-40)$$

抗滑移稳定性验算：
$$\frac{E_{pk} + \sum T_i}{E_{ak}} \geqslant 1.2 \qquad (8-41)$$

式中 E_{pk}——被动土压力的合力，kN；

b_k——被动土压力的合力对支护结构底端的力臂，m；

E_{ak}——主动土压力的合力，kN；

a_k——主动土压力的合力对支护结构底端的力臂，m；

T_i——第 i 层锚撑的支点力，kN；

a_i——第 i 层锚撑的支点力对转动轴的力臂，m。

2. 整体滑动稳定性验算

悬臂式支护结构的整体滑动稳定性验算可采用圆弧滑动条分法（图 8.24）时，其稳定性应符合式（8-42）的规定。

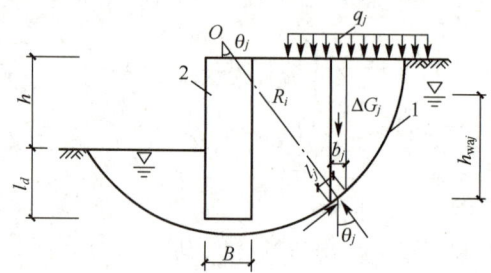

注：1—滑动面；2—桩墙。

图 8.24　圆弧滑动条分法

$$\frac{\sum\{c_j l_j + [(q_j b_j + \Delta G_j)\cos\theta_j - u_j l_j]\mathrm{tg}\varphi_j\}}{\sum(q_j b_j + \Delta G_j)\sin\theta_j} \geqslant K_s \qquad (8-42)$$

式中 K_s——圆弧滑动稳定安全系数，其值不应小于 1.3；

c_j——第 j 土条滑弧面处土的黏聚力，kPa；

φ_j——第 j 土条滑弧面处土的内摩擦角，(°)；

b_j——第 j 土条的宽度，m；

q_j——作用在第 j 土条上的附加分布荷载标准值，kPa；

ΔG_j——第 j 土条的自重，按天然重度计算，分条时，水泥土墙可按土体考虑，kN；

u_j——第 j 土条在滑弧面上的孔隙水压力（对地下水位以下的砂土、碎石土、粉土，当地下水是静止的或渗流水力梯度可忽略不计时，在基坑外侧，可取 $u_j = \gamma_w h_{waj}$，在基坑内侧，可取 $u_j = \gamma_w h_{wpj}$；对地下水水位以上的各类土和地下水水位以下的黏性土，取 $u_j = 0$)，kPa；

γ_w——地下水水重度，kN/m³；

h_{waj}——基坑外地下水水位至第 j 土条滑弧面中点的深度，m；

h_{wpj}——基坑内地下水水位至第 j 土条滑弧面中点的深度，m；

θ_j——第 j 土条滑弧面中点处的法线与垂直面的夹角，（°）。

当墙底以下存在软弱土层时，整体稳定性验算的滑动面中尚应包括由圆弧与软弱土层层面组成的复合滑动面。

3. 抗隆起稳定性验算

悬臂式支护结构可不进行抗隆起稳定性验算。锚撑式支护结构可按地基规范推荐的式(8-43)~式(8-45)进行抗隆起稳定性验算（图8.25）。

$$N_q = tg^2\left(45°+\frac{\varphi}{2}\right)e^{\pi tg\varphi} \qquad (8-43)$$

$$N_c = (N_q - 1)/tg\varphi \qquad (8-44)$$

$$\frac{N_c\tau_0 + \gamma t N_q}{\gamma(h+t)+q} \geqslant K_b \qquad (8-45)$$

式中　N_c、N_q——承载力系数，条形基础时 $N_c=5.14$；

　　　τ_0——抗剪强度，由十字板试验或三轴不固结不排水试验确定，kPa；

　　　γ——土的重度，kN/m^3；

　　　t——支护结构入土深度，m；

　　　h——基坑开挖深度，m；

　　　q——地面荷载，kPa；

　　　K_b——抗隆起安全系数；安全等级为一级、二级、三级的支护结构，K_b 分别不应小于1.8、1.6、1.4。

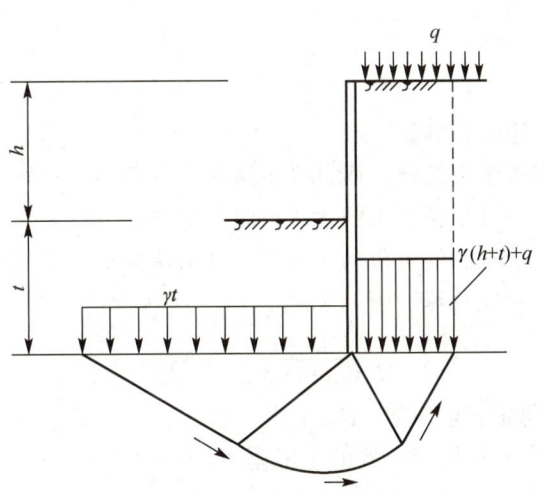

基坑渗流模拟

图 8.25　抗隆起稳定性验算图式

4. 基坑渗流稳定性验算

基坑采用悬挂式截水帷幕或坑底以下存在水头高于坑底的承压含水层时，基坑渗流稳定性验算包括坑底抗流砂稳定性验算和抗承压水突涌稳定性验算。

当渗流力（或动水压力）大于土的有效重度时，土颗粒则处于流动状态，即流土（或流砂）。当坑底土上部为不透水层，坑底下部某深度处有承压含水层时，应进行坑底抗承压水突涌稳定性验算。

（1）坑底抗流砂稳定性验算。

地下水由高处向低处渗流，在基坑底部，当向上的动水压力（渗透力）$j \geqslant \gamma'$（γ' 为土的有效重度）时，将会产生流砂现象，须对坑底进行抗流砂稳定性验算（图 8.26）。

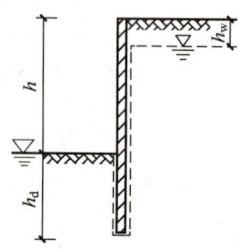

图 8.26 坑底抗流砂稳定性验算示意图

试验证明，流土（或流砂）首先发生在离坑壁大约为挡土结构嵌入深度一半的范围（$h_d/2$），近似地按紧贴挡土结构的最短路线来计算最大渗流力，则最大渗流力（或动水压力）$j_{\max} = \dfrac{h'}{h' + 2h_d}\gamma_w$，则抗流砂稳定安全系数 K_{LS} 应满足式(8-46)。

$$K_{LS} = \frac{\gamma'}{j_{\max}} = \frac{(h - h_w + 2h_d)\gamma'}{(h - h_w)\gamma_w} \geqslant 1.5 \sim 2.0 \qquad (8-46)$$

式中　h_w——墙后地下水水位，m；

　　　γ_w——地下水重度，kN/m³；

　　　h_d——挡土结构入土深度，m；

　　　h'——坑内外水头差，$h' = h - h_w$，m；

　　　h——基坑深度，m。

（2）坑底抗突涌稳定性验算。

如果在坑底下的不透水层较薄，而且在不透水层下面存在有较大水压的滞水层或承压水层时，当上覆土重不足以抵挡下部的水压力时，基坑底土体将会发生突涌破坏。

坑底以下有水头高于坑底的承压水含水层，且未用截水帷幕隔断其基坑内外的水力联系时，应进行抗突涌稳定性验算（图 8.27）。

$$\frac{D\gamma}{(\Delta h + D)\gamma_w} \geqslant K_{ty} \qquad (8-47)$$

式中　K_{ty}——抗突涌稳定安全系数；K_{ty} 不应小于 1.1；

　　　D——承压含水层顶面至坑底的土层厚度，m；

　　　γ——承压含水层顶面至坑底土层的天然重度，kN/m³；对成层土，取按土层厚度加权的平均天然重度；

　　　Δh——基坑内外的水头差，m；

　　　γ_w——水的重度，kN/m³。

若坑底抗突涌稳定安全系数不满足要求，可采用隔水挡墙隔断滞水层，加固基坑底部地基等处理措施。

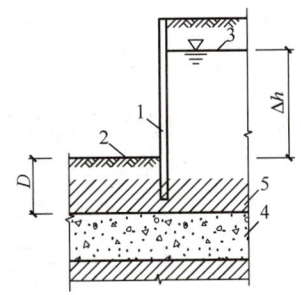

注：1—截水帷幕；2—基底；3—承压水水位；4—承压水含水层；5—隔水层。

图 8.27　坑底抗突涌稳定性验算示意图

8.5　地下水控制方法

当地下水水位高于基坑坑底高程时，开挖中可能因基坑积水影响施工，扰动地基土，增加支护结构上的荷载，甚至使基坑发生渗流破坏。为此常常需要降低地下水水位，一方面降低地下水水位，附近地面及邻近建筑物、管线可能因此发生沉降和变形；另一方面大量地抽取地下水是对水资源的严重浪费。因而需要对地下水进行控制。

地下水控制应根据工程地质和水文地质条件、基坑周边环境要求及支护结构形式选用截水法、集水明排法、降水法、回灌法。

8.5.1　截水法

当降水会对基坑周边建筑物、地下管线、道路等造成危害或对环境造成长期不利影响时，应采用截水法控制地下水。基坑截水法应根据工程地质条件、水文地质条件及施工条件等，选用水泥土搅拌桩帷幕、高压旋喷或摆喷注浆帷幕、搅拌—喷射注浆帷幕、地下连续墙或咬合式排桩。支护结构采用咬合式排桩时，可采用高压喷射注浆与排桩相互咬合的组合帷幕。

截水帷幕宜采用沿基坑周边闭合的平面布置形式。当采用沿基坑周边非闭合的平面布置形式时，应对地下水沿帷幕两端绕流引起的基坑周边建筑物、地下管线、地下构筑物的沉降进行分析。

采用水泥土搅拌桩截水帷幕时，搅拌桩桩径宜取 450～800mm，搅拌桩的搭接宽度应符合下列规定：

① 单排搅拌桩的搭接宽度：当搅拌深度不大于 10m 时，不应小于 150mm；当搅拌深度为 10～15m 时，不应小于 200mm；当搅拌深度大于 15m 时，不应小于 250mm。

② 对地下水位较高、渗透性较强的地层，宜采用双排搅拌桩截水帷幕；搅拌桩的搭接宽度：当搅拌深度不大于 10m 时，不应小于 100mm；当搅拌深度为 10～15m 时，不应小于 150mm；当搅拌深度大于 15m 时，不应小于 200mm。

③ 搅拌桩水泥浆液的水灰比宜取 0.6～0.8。搅拌桩的水泥掺量宜取土的天然重度的 15%～20%。

8.5.2 集水明排法

当基坑深度不大,降水深度小于5m,地基土为黏性土、粉土、砂土或填土,地下水为上层滞水或水量不大的潜水时,可考虑集水明排法。首先在地表采用截水、导流措施,然后在坑底沿基坑侧壁距拟建建筑物基础0.4m以外设排水沟,排水沟比基坑底面低0.3~0.4m,沿排水沟宜每隔30~50m设置一口集水井,在基坑排水与市政管网连接前设置沉淀池,形成明排系统。

对基底表面汇水、基坑周边地表汇水及降水井抽出的地下水,可采用明沟排水;对坑底以下渗出的地下水,可采用盲沟排水;当地下室底板与支护结构间不能设置明沟时,基坑坡脚处也可采用盲沟排水;对降水井抽出的地下水,可采用管道排水。

明沟和盲沟坡度不宜小于0.3%。采用明沟排水时,沟底应采取防渗措施。采用盲沟排出坑底渗出的地下水时,其构造、填充料及其密实度应满足主体结构的要求。

基坑支护止水帷幕施工

集水井的净截面尺寸应根据排水量确定。集水井应采取防渗措施。采用盲沟时,集水井宜采用钢筋笼外填碎石滤料的构造形式。采用管道排水时,排水管道的直径应根据排水量确定。排水管的坡度不宜小于0.5%。排水管道可选用钢管、PVC管。排水管道上宜设置清淤孔,清淤孔的间距不宜大于10m。

明沟、集水井使用时应排水畅通并应随时清理淤积物。

8.5.3 降水法

基坑降水可采用水下开挖或堵截、电渗、轻型井点、管井、真空井点、喷射井点和深井泵井点等方法,选择降水法时,中砂和细砂颗粒的土用轻型井点法和管井法;黏性土用真空井点法、真空井点法、喷射井点法。降水法必须经过充分调查,并注意含水层埋藏条件及其水位或水压,含水层的透水性(渗透系数、导水系数)及富水性,地下水的排泄能力,场地周围地下水的利用情况,场地条件(周围建筑物及道路情况、地下水管线埋设情况)等,并宜按表8-3各种降水法的适用条件选用。

基坑降水

表8-3 各种降水法的适用条件

降水法	土类	渗透系数/(m/d)	降水深度/m
轻型井点法	黏性土、粉土、砂土(中砂和细砂)	0.1~20.0	单级井点<6 多级井点<20
管井法	粉土、砂土、碎石土(中砂和细砂)	0.1~200.0	不限
真空井点法	黏性土、粉土、砂土	0.005~20.0	单级井点<6 多级井点<20
喷射井点法	黏性土、粉土、砂土	0.005~20.0	<20

基坑内的设计降水水位应低于基坑底面0.5m。当主体结构的电梯井、集水井等部

位使基坑局部加深时，应按其深度考虑设计降水水位或对其另行采取局部地下水控制措施。采用截水法结合坑外减压降水的地下水控制方法时，尚应规定降水井水位的最大降深值。

各降水井井位应沿基坑周边以一定间距形成闭合状。当地下水流速较小时，降水井宜等间距布置；当地下水流速较大时，在地下水补给方向宜适当减小降水井间距。对宽度较小的狭长形基坑，降水井也可在基坑一侧布置。

真空井点降水的井间距宜取 0.8mm～2.0m；喷射井点降水的井间距宜取 1.5～3.0m；当真空井点、喷射井点的井口至设计降水水位的深度大于 6m 时，可采用多级井点降水，多级井点上下级的高差宜取 4～5m。

采用悬挂式帷幕时，应同时采用坑内降水，并宜根据水文地质条件结合坑外回灌法。

8.5.4　回灌法

基坑降水时，在周围会形成降水漏斗，在降水漏斗范围内的地基土由于有效应力的增加而产生压缩沉降，对基坑周边环境产生不利影响时，宜采用回灌法减小地基变形。回灌法宜采用管井回灌，应符合下列规定。

（1）回灌井应布置在降水井外侧，回灌井与降水井的距离不宜小于 6m；回灌井的间距应根据回灌水量的要求和降水井的间距确定。

（2）回灌井深度宜进入稳定水面以下 1m，回灌井过滤器应位于渗透性强的土层中，其长度不应小于降水井过滤器的长度。

（3）回灌水量应根据水位观测孔中水位变化进行控制和调节，回灌后的地下水位不应超过降水前的水位。采用回灌水箱时，其距地面的水头高度应根据回灌水量的要求确定。

（4）回灌用水应采用清水，宜用抽水井进行回灌。回灌水质应符合环境保护要求。

本章小结

基坑工程是一个复杂的系统工程。基坑工程的特点决定了其设计、施工的复杂性，基坑工程不仅依赖理论的指导，还离不开工程师们丰富的经验，因此基坑工程注重概念设计。

土钉墙支护结构的设计参数包括土钉的长度、间距、筋材尺寸、倾角、注浆材料以及支护面层厚度等，在土体自重和地表均布荷载产生的土压力作用下，要防止土钉从破坏面内侧稳定土体中拔出；桩、墙式支护结构有悬臂式支护、单层支点支护和多层支点桩、墙式支护结构等，支点指的是内支撑、锚杆或两者的组合，其设计计算包括（1）支护桩、墙嵌固深度的计算；（2）支护桩、墙内力与截面承载力计算；（3）内支撑结构设计计算；（4）锚杆设计计算。

地下水控制应根据工程地质和水文地质条件、基坑周边环境要求及支护结构形式选用截水法、集水明排法、降水法、回灌法。

一、思考题

1. 支护结构有哪些类型？各适用于什么条件？
2. 基坑支护结构中土压力的计算模式有哪些？适用条件是什么？
3. 支护结构内力计算中的静力平衡法和等值梁法有何区别？各有什么局限性？
4. 土钉墙支护设计的主要内容是什么？
5. 支护结构设计中，锚杆的长度如何确定？
6. 如何进行支护桩、墙截面承载力计算？

二、计算题

1. 土层中开挖深 5m 的基坑，采用悬臂式灌注桩支护，$\gamma=19.5\text{kN/m}^3$，黏聚力 $c=10\text{kPa}$，内摩擦角 $\varphi=18°$。地面施工荷载 $q_0=20\text{kPa}$，不计地下水影响，试计算支护桩入土深度 t、桩身最大弯矩 $M_{\max}$ 及最大弯矩点位置 x_m。

2. 基坑开挖深度 8m，采用下端自由支撑、上部有锚拉支点的板桩支护结构，锚拉支点距地表 1.5m，水平间距 2.0m。基坑周围土层重度为 19kN/m^3，内摩擦角为 $28°$，黏聚力为 10kPa。试按静力平衡法计算板桩的入土深度、板桩的最大弯矩和锚拉力。

第 9 章
地基处理

思维导图

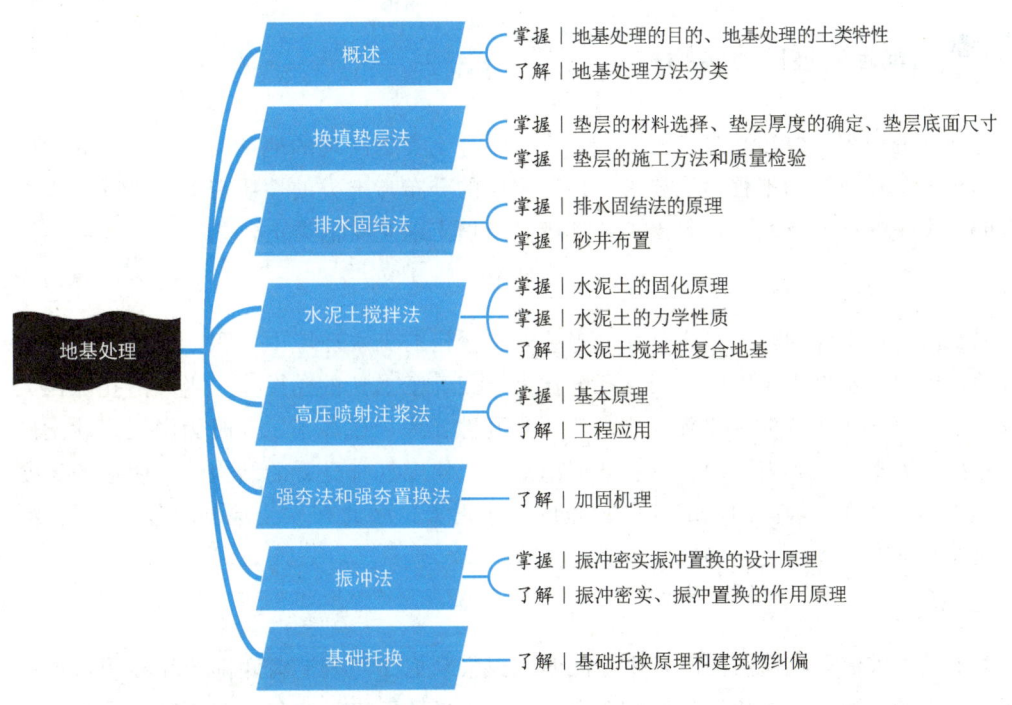

9.1 概 述

对于新建工程，原则上首先应考虑利用天然地基，若天然地基不良，不能满足地基承载力和变形等要求，则先要经过人工加固后再建造基础，这种人工处理地基的方法称为软弱地基处理。据调查统计，地基处理不当常常是造成各种土木工程事故的主要原因，并与整个工程的质量、投资和进度等密切相关。因此，在建筑物的设计和施工过程中都应予以高度重视。

根据工程情况及地基土质条件或组成的不同，地基处理目的可能是单一的，也可能是同时在几个方面要达到一定要求。地基处理的目的有以下内容。

① 提高土的抗剪强度，保持地基稳定性。

② 降低土的压缩性或改善地基组成，使地基的沉降和不均匀沉降控制在容许范围内。

③ 降低土的渗透性或渗流的水力梯度，防止或减少水的渗漏，避免渗流造成地基破坏。

④ 改善土的动力性能，防止地基产生震陷变形或因土的振动液化而丧失稳定性。

⑤ 消除或减小土的湿陷性或胀缩性引起的地基变形，避免建筑物破坏或影响其正常使用。

地基处理除用于新建工程的不良地基外，也可作为事后补救措施用于已建工程加固。

9.1.1 地基处理的土类特性

地基处理的内容与方法来自工程实践，来自各种土类中出现的地基问题。地基处理内容与方法与工程对地基的工程性能要求、地基土层的分布与土类的性质有关。工程上常需要处理的土类主要有如下几种：软土、冲填土、杂填土以及其他类土。

1. 软土

淤泥及淤泥质土称为软土。它是在静水或非常缓慢的流水环境中沉积，经生物化学作用形成的，天然含水率大于液限、天然孔隙比大于或等于 1.0 的黏性土。当天然孔隙比大于或等于 1.0 而小于 1.5 时为淤泥质土；当天然孔隙比大于或等于 1.5 时为淤泥。软土广泛分布在我国沿海地区、内陆地区以及江河湖泊处。软土具有显著的结构性、明显的流变性、较低的抗剪强度、较高的压缩性和较差的透水性等，因此在软土地基上修建建筑物，必须重视地基的变形和稳定问题。

2. 冲填土

冲填土是在整治和疏通江河时，用挖泥船或泥浆泵把江河或港湾底部的泥砂用水力冲填或吹填形成的沉积土。在长江、黄浦江和珠江两岸以及天津等地分布着不同性质的冲填土。冲填土的物质成分比较复杂，以粉土、黏土为主，属于欠固结的软弱土，而主要由中砂粒以上的粗颗粒组成的冲填土，则不属于软弱土。冲填土的工程性质主要取决于颗粒组成、均匀性和排水固结条件。

3. 杂填土

杂填土是由于人类活动而产生的人工杂物，包括建筑垃圾、工业废料和生活垃圾等。杂填土的成因没有规律，组成的物质杂乱，分布极不均匀，结构松散。其主要特性是强度低、压缩性高和均匀性差，一般还具有浸水湿陷性。即使在同一建筑场地的不同位置，地基承载力和压缩性也有较大差异。对有机质含量较高的生活垃圾和对地基有侵蚀性的工业废料等杂填土，设计时尤应注意。杂填土一般未经处理不宜作为持力层。

4. 其他类土

饱和松散粉细砂（包括部分粉土）应属于软弱地基范畴。其在动力荷载（机械振动、地震等）重复作用下将产生液化；基坑开挖时会产生管涌。

黄土具有湿陷性，膨胀土具有胀缩性，红黏土具有特殊的结构性，以及岩溶易出现塌陷等，它们的地基处理方法应针对其特殊的性质。

9.1.2 常用地基处理方法分类

地基处理方法众多，按其处理原理和效果大致可分为置换法、拌入法、排水固结法、振密或挤密法、灌浆法、加筋法、基础托换等类型。

1. 置换法

置换法是用砂、碎石、矿渣或其他合适的材料置换地基中的不良土层，夯压密实后作为基底垫层，或用上述材料填筑成一根根桩体，由桩和桩间土组成复合地基，从而达到处理目的。它包括开挖置换法（或称填换垫层法）和振冲置换法，常用于处理软弱地基，前者也可用于处理湿陷黄土地基和膨胀土地基。从经济合理方面考虑，开挖置换法一般适用于处理浅层地基（深度通常不超过 3m）。

现浇X形混凝土桩复合地基技术

2. 拌入法

拌入法是在土中掺入水泥浆或能固化的其他浆液，或者直接掺入水泥、石灰等能固化的材料，经拌和固化后，在地基中形成一根根柱状固化体，并与周围土体组成复合地基而达到处理地基的目的。其中主要有水泥土搅拌法等，可适用于处理软弱黏性土、冲填土、砂土及砂砾石等多种地基。

3. 排水固结法

排水固结法是采用预压、降低地下水位、电渗等方法促使土层排水固结，以减小地基的沉降和不均匀沉降，提高其承载力。当采用预压法时，通常在地基内设置一系列就地灌筑砂井、袋装砂井或塑料排水板，形成竖向排水通道，以加速土层固结，为处理软弱黏性土地基常用的方法之一。

4. 振密或挤密法

振密或挤密法是借助机械、夯锤或爆破产生的振动和冲击使土的孔隙比减小，或在地基内打砂桩、碎石桩、土桩或灰土桩，振密或挤密桩间土体而达到处理地基的目的。其中主要有重锤夯实法、强夯法、振冲挤密法以及砂桩、土桩或灰土桩挤密法等，可用于处理无黏性土、杂填土、非饱和黏性土及湿陷性黄土等地基，但振冲挤密法的适用范围一般只限于砂土和黏粒含量较低的黏性土。

5. 灌浆法

灌浆法是靠压力传送或利用电渗原理，把含有胶结物质并能固化的浆液灌入土层，使其渗入土的孔隙或充填土岩中的裂缝和洞穴，或者把很稠的浆体压入事先打好的钻孔中，借助于浆体传递的压力挤密土体，达到加固或处理地基的目的。其适用性与灌浆方法和浆液性能有关，主要有高压喷射注浆法，一般可用于处理砂土、砂砾石、湿陷性黄土及黏性土等地基。

6. 加筋法

加筋法是在土中埋设土工聚合物（即土工织物）或拉筋，形成加筋土或各种复合土工结构，或沿不同方向设置直径为 75~250mm 的桩，形成树根状桩群，即所谓树根桩，以减小地基沉降，提高地基承载力或增强土体稳定性。土工聚合物还可起到排水、反滤和隔离作用。主要有强夯法与强夯置换法，在地基处理中，加筋法可用于处理软弱地基。

7. 基础托换（或称托换技术）

托换技术是指需对原有建筑物地基和基础进行处理、加固或改建，或在原有建筑物基础下修建地下工程或因邻近建造新工程而影响到原有建筑物的安全时，所采取的技术措施的总称。

9.2 换填垫层法

当建筑物基础持力层比较软弱，不能满足设计荷载或变形的要求时，而软弱土层厚度又不是很大时，可将基底下处理范围内的软弱土层部分或全部挖去，然后分层换填强度较大的砂、碎石、素土、灰土、高炉干渣、粉煤灰或其他性能稳定、无侵蚀性的材料，并夯实或振实至要求的密实度为止，这种地基处理方法称为换填垫层法。按回填材料可分为砂垫层、碎石垫层、素土垫层、灰土垫层等。

换填垫层法适用于淤泥、淤泥质土、松散素填土、杂填土地基及暗沟、暗塘等不良地基的浅层处理，还适用于一些特殊土的处理，如用于膨胀土地基可消除地基土的胀缩作用，用于湿陷性黄土地基可消除黄土的湿陷性，用于山区地基可处理岩面倾斜、破碎、软硬不匀以及岩溶等，用于季节性冻土地基可消除地基土的冻胀作用和防止冻胀损坏等。

9.2.1 垫层的主要作用

1. 提高地基承载力

地基中的剪切破坏是从基底开始的，随着基底压力的增大，破坏逐渐向纵深发展。故强度较大的砂石等材料代替可能产生剪切破坏的软弱土，就可避免地基的破坏。

2. 减小地基沉降量

一般基础下浅层部分的沉降量在总沉降量中所占的比例较大,若以密实的砂石替换上部软弱土层,就可减小这部分沉降量。此外,砂石垫层对基底压力的扩散作用,可使作用在软弱下卧层上的压力减小,也相应地减小软弱下卧层的沉降量。

3. 垫层用透水材料可加速软弱土层的排水固结

在各类工程中,砂垫层的作用是不同的:房屋建筑物基础下的砂垫层主要起置换的作用,路堤和土坝等主要是利用其排水固结作用。其他透水材料做垫层,为基底下软弱土层提供了良好的排水面,不仅可使基础下面的孔隙水迅速消散,避免地基土的塑性破坏,还可加速垫层下软弱土层的固结使强度提高。但固结效果仅限于土层表层,对深部土层的影响并不显著。

4. 防止冻胀

砂本身为不冻胀土,砂垫层切断了下卧软弱土层中地下水的毛细上升,因此可以防止冬季结冰造成的冻胀。

5. 消除膨胀土的胀缩作用

在膨胀土地基中采用换填垫层法,应将基底与两侧一定范围的膨胀土挖除,换填非膨胀材料,则可消除胀缩作用。但是垫层的厚度应根据变形计算确定,一般不小于300mm,且垫层的宽度应大于基础的宽度,而基础两侧宜用与垫层相同的材料回填。

综合起来,垫层的作用主要有以下几个方面。

(1) 置换作用。将基底以下软弱土层全部或部分挖出,换填为较密实材料,可提高地基承载力,增强地基稳定。

(2) 应力扩散作用。基底下一定厚度垫层的应力扩散作用,可减小垫层下天然土层所受的压力和附加压力,从而减小基础沉降量,并使下卧层满足承载力的要求。

(3) 加速固结作用。用透水性大的材料作垫层时,软土中的水分可部分通过它排出,在建筑物施工过程中,可加速软土的固结,减小建筑物的工后沉降。

(4) 防止冻胀。由于垫层材料是不冻胀材料,采用换填垫层法对基底以下冻胀土层全部或部分置换后,可防止土的冻胀。

(5) 消除胀缩作用,挖除部分膨胀土,换填非膨胀材料,可消除胀缩作用。

(6) 均匀地基反力与沉降作用。对石芽出露的山区地基,将石芽间软弱土层挖出,换填压缩性低的土料,并在石芽以上设置垫层;或对于建筑物范围内局部存在松填土、暗沟、暗塘、古井、古墓或拆除旧基础后的坑穴,可进行局部换填,保证基底范围内土层压缩性和反力趋于均匀。

9.2.2 垫层设计

垫层的设计主要是确定垫层的材料;垫层的厚度、垫层底面尺寸、承载力和沉降。设计的垫层不但要满足建筑物对地基变形及稳定的要求,而且要符合经济合理的原则。

1. 垫层的材料选择

垫层用性能稳定、无侵蚀性的材料，可选用：砂石（应级配良好，不含动植物残体、垃圾等杂质）、粉质黏土（有机质含量不得超过5%，且不得含有冻土或膨胀土）、灰土（不得使用块状黏土和砂质粉土，不得含有松软杂质，并应过筛）、矿渣、粉煤灰、其他工业废渣、土工合成材料等。但应注意：①对湿陷性黄土地基，不得选用砂石等透水材料；②用于湿陷性黄土或膨胀土地基的粉质黏土垫层，土料中不得夹有砖、瓦和石块；③易受酸、碱影响的基础或地下管网不得采用矿渣垫层；④作为建筑物垫层的粉煤灰和矿渣应符合有关放射性安全标准的要求，大量填筑粉煤灰和矿渣时，应考虑对地下水或土壤的环境影响；⑤所用土工合成材料的品种、性能及填料的土类应根据工程特性和地基土条件，按照现行国家标准《土工合成材料应用技术规范》（GB/T 50290—2014）的要求，通过设计并进行现场试验后确定。

2. 垫层厚度的确定

从垫层的作用原理出发，垫层的厚度必须满足如下要求：当上部荷载通过垫层按一定的扩散角传至软弱下卧层时，该软弱下卧层顶面所受的自重压力与附加应力之和不大于该处软弱下卧层的地基承载力设计值，即垫层底面的附加应力与自重应力之和不大于软弱下卧层的地基承载力设计值，如图9.1所示。其表达式为式（9-1）。

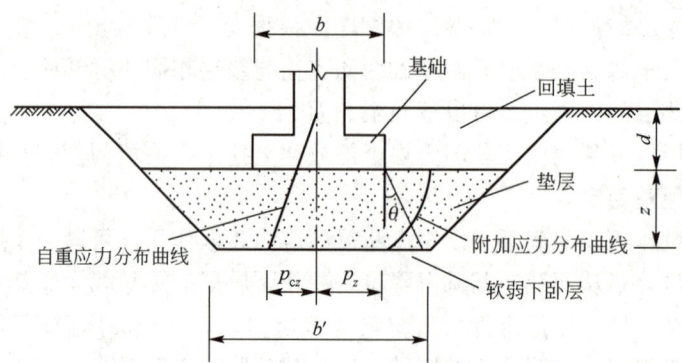

图 9.1　垫层底面的附加应力与自重应力

$$p_z + p_{cz} \leqslant f_{az} \tag{9-1}$$

式中　p_z——垫层底面的附加应力，kPa；

　　　p_{cz}——垫层底面的自重应力，kPa；

　　　f_{az}——软弱下卧层的地基承载力设计值，kPa。

垫层底面的附加应力 p_z，除可用土中应力的弹性理论计算公式求得外，还可按应力扩散角法进行简化计算，见式（9-2）、式（9-3）。

条形基础：
$$p_z = \frac{b(p_k - p_{cz})}{b + 2z\mathrm{tg}\theta} \tag{9-2}$$

矩形基础：
$$p_z = \frac{bl(p_k - p_{cz})}{(b + 2z\mathrm{tg}\theta)(l + 2z\mathrm{tg}\theta)} \tag{9-3}$$

式中　b——矩形基础底面的宽度，m；

l——矩形基础底面的长度，m；

p_k——相应于荷载效应标准组合时的基础底面平均应力，kPa；

p_{cz}——基础底面的自重压力，kPa；

z——基础底面垫层的厚度，m；

θ——应力扩散角，(°)，见表 9-1。

表 9-1　应力扩散角 θ　　　　　　　　　　　单位：(°)

z/b	垫层材料		
	中砂、粗砂、砾砂、圆砾、角砾、卵石、碎石	粉质黏土和粉土 ($8 < I_p < 14$)	灰土
0.25	20	6	28
$\geqslant 0.50$	30	23	

注：1. 当 $z/b < 0.25$ 时，除灰土仍取 $\theta = 28°$ 外，其余材料均取 $\theta = 0°$。
　　2. 当 $0.25 < z/b < 0.50$ 时，θ 值可用内插法求得。

一般计算时，先根据初步拟定的垫层厚度，再用式(9-2)、式(9-3)进行复核。如不符合要求，则需加大或减小垫层厚度，重新验算，直至满足要求为止。垫层厚度一般为 1～2m，不宜大于 3m，若垫层太厚，则施工困难；也不宜小于 0.5m，若垫层太薄，则垫层的作用不显著。

3. 垫层底面尺寸的确定

垫层底面尺寸的确定，应从两方面考虑：一方面要满足应力扩散的要求；另一方面要防止基础受力时，因垫层两侧土质较软弱出现两侧土被挤出，使基础沉降增大。关于垫层宽度的计算，目前还缺乏可行的理论方法，在实践中常常按照当地某些经验数据（考虑垫层两侧土的性质）或按经验方法确定。常用的经验方法是应力扩散角法。此时（图 9.2）矩形基础的垫层底面的长度 l' 及宽度 b' 分别见式(9-4)、式(9-5)。

$$l' \geqslant l + 2z \mathrm{tg}\theta \tag{9-4}$$

$$b' \geqslant b + 2z \mathrm{tg}\theta \tag{9-5}$$

式中　b'、l'——垫层底面的宽度、长度，m；

　　　θ——垫层的应力扩散角，(°)，按表 9-1 取值。

条形基础则只按式(9-5)计算垫层底面宽度 b'。

垫层顶面每边最好比基础底面大 300mm，或从垫层底面两侧向上按当地开挖基坑经验的要求放坡延伸至地面。整片垫层的宽度可根据施工的要求适当加宽。当垫层的厚度、宽度和放坡线一经确定，即得垫层的设计断面。

4. 垫层的承载力和沉降

垫层的承载力一般应通过现场试验确定，当无试验资料时，一般工程可按表 9-2 选用，并应验算下卧层的承载力。

垫层剖面确定后，对于比较重要的建筑，还要求按分层总和法计算基础的沉降量，以便使建筑物基础的最终沉降量小于建筑物的容许沉降值。建筑物沉降由两部分组成：一部分是垫层的沉降,另一部分是软弱下卧层的沉降。对粗粒换填材料,由于在施工期间垫层的自身压缩变形已基本完成,且变形值很小,因此对碎石、卵石、砂夹石、矿渣、砂垫层,当换填垫层厚度、宽度及压实程度均满足设计及相关规范的要求后,一般可不考虑垫层的沉降而仅计算软弱下卧层的变形。

表 9-2 各种垫层的承载力

施工方法	垫层材料	压实系数 λ_c	承载力标准值 f_k/kPa
碾压或振密	碎石、卵石	0.94~0.97	200~300
	砂夹石(其中碎石、卵石占全重的30%~50%)		200~250
	土夹石(其中碎石、卵石占全重的30%~50%)		150~200
	中砂、粗砂、砾砂、石屑		150~200
	黏性土和粉土($8<I_P<14$)		130~180
	灰土	0.93~0.95	200~250
重锤夯实	土或灰土	0.93~0.95	150~200

注:1. 压实系数小的垫层,承载力标准值取低值,反之取高值。
2. 重锤夯实土的承载力标准值取低值,灰土取高值。
3. 压实系数 λ_c 为土的控制干密度 ρ_d 与最大干密度 $\rho_{d,max}$ 的比值;土的最大干密度通过击实试验确定,碎石或卵石的最大干密度可取 $2.0\times10^3 \sim 2.2\times10^3 \text{kg/m}^3$。

【例9.1】 某四层砖混结构的住宅建筑,承重墙下为条形基础,宽1.2m、埋深1m,上部建筑物作用于基础的荷载为120kN/m,基础的平均重度为20kN/m³。地基土表层为粉质黏土,厚1m,重度为17.5kN/m³;第二层为淤泥,厚15m,重度为17.8kN/m³,地基承载力特征值 $f_{ak}=50$kPa;第三层为密实的砂砾石($\theta=30°$)。地下水距地表为1m。因为地基土较软弱,不能承受建筑物的荷载,试设计砂垫层。

解:
① 先假设砂垫层的厚度为1m,并要求分层碾压夯实,干密度大于 $1.5\times10^3\text{kg/m}^3$。
② 砂垫层厚度的验算。

根据题意,基础底面自重应力:

$$p_k = \frac{F_k+G_k}{b} = \frac{120+1.2\times1\times20}{1.2} = 120(\text{kPa})$$

砂垫层底面的附加应力:

$$\sigma_z = \frac{1.2\times(120-17.5\times1)}{1.2+2\times1\times\tan30°} = 52.2(\text{kPa})$$

$$\sigma_{cz} = 17.5\times1+(17.8-10)\times1 = 25.3(\text{kPa})$$

根据下卧层淤泥地基承载力特征值 $f_{ak}=50$kPa,再经深度修正后得砂垫层承载力设计值:

$$f_{az} = 50+\frac{17.5\times1+(17.8-10)\times1}{2}\times1\times(2-0.5) \approx 69.0(\text{kPa})$$

则 $\sigma_z+\sigma_{cz}=52.2+25.3=77.5\text{kPa}>f_{az}=69.0(\text{kPa})$

这说明所设计的砂垫层厚度不够,再假设砂垫层厚度为1.5m,同理可得

$\sigma_z + \sigma_{cz} = 42.0 + 29.2 = 71.2 (\text{kPa}) < f_{az} = 73.4 (\text{kPa})$

③ 确定砂垫层的底宽 b' 为：
$b' = b + 2z \text{tg}\theta = 1.2 + 2 \times 1.5 \times \text{tg}30° \approx 2.93\text{m}$，取 $b' = 3\text{m}$

④ 绘制砂垫层设计剖面图，如图9.2所示。

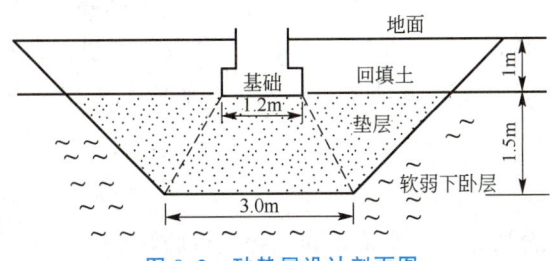

图 9.2　砂垫层设计剖面图

9.2.3　垫层的施工

1. 施工方法

（1）机械碾压法。

机械碾压法是采用各种压实机械，如压路机、羊足碾、振动碾等来压实地基土的一种压实方法。这种方法常用于大面积填土的压实、杂填土地基处理、道路工程基坑面积较大的换填垫层的分层压实。施工时，先按设计挖掉要处理的软弱土层，把基底土碾压密实后，再分层填土，逐层压密填土。碾压的效果主要决定于被压实土的含水量和压实机械的压实能量。在实际工程中若要求获得较好的压实效果，应根据碾压机械的压实能量，控制碾压土的含水量，选择适合的分层碾压厚度和碾压遍数，一般可以通过现场碾压试验确定。关于黏性土的碾压，通常用80~100kN的平碾或120kN的羊足碾，每层铺土厚度200~300mm，碾压8~12遍，碾压后填土地基的质量常以压实系数和现场含水量控制，压实系数为换填土干密度与最大干密度的比值，在主要受力层范围内一般要求大于0.96。

（2）重锤夯实法。

重锤夯实法是利用起重设备将夯锤提升到一定高度，然后自由落锤，利用重锤自由下落时的冲击能来夯实浅层土层，重复夯打，使浅层地基土或分层填土夯实。主要设备为起重机、夯锤、钢丝绳和吊钩等。重锤夯实法一般适用地下水位距地表0.8m以上非饱和的黏土、砂土、杂填土和分层填土，用以提高其强度，减小其压缩性和不均匀性，也可用于消除或减小湿陷性黄土的表层湿陷性，但在有效夯实深度内存在软弱土层因为饱和土在瞬间冲击力作用下水不易排出，很难夯实时，或当夯击振动对邻近建筑物或设备有影响时，不得采用。

（3）振动压实法。

振动压实法是利用振动压实机将松散土振动密实。土颗粒受振动而发生相对运动，移动至稳固位置，减小土的孔隙而被压实。此法适用于处理无黏性土或黏粒含量少、透水性较好的松散杂填土以及碎石、砾砂、砾石、砂砾石等地基。振动压实的效果主要决定于被压实土的成分和振动的时间，振动的时间越长，效果越好。但超过一定时间后，振动的效果就趋于稳定。所以在施工之前先进行试振，确定振动所需的时间和产生的下沉量。炉灰和细粒填土，振动时间为3～5min，有效的振实深度为1.2～1.5m。一般杂填土经过振动压实后，地基承载力基本值可以达到100～120kPa。地下水水位太高，则将影响振动的效果。另外应注意振动对周围建筑物的影响，振源与建筑物的距离应大于3m。

总的来说，垫层施工应根据不同的换填材料选择施工机械。粉质黏土、灰土宜采用平碾、振动碾和羊足碾，中小型工程可采用蛙式夯、柴油打夯机；砂石等宜采用振动碾；粉煤灰宜用平碾、振动碾、平板式振动器、蛙式夯；矿渣宜采用平碾、振动碾、平板式振动器。

2. 质量检验

垫层质量检验包括分层施工质量检查和工程质量验收。

分层施工的质量检查和工程质量验收是使垫层达到设计要求的密实度，检验方法主要有环刀法和贯入法（可用钢叉或钢筋贯入代替）两种。对粉质黏土、灰土、砂垫层和砂石垫层可用环刀法、贯入法、静载荷试验、静力触探试验、标准贯入试验、轻型动力触探试验，对砂垫层、矿渣垫层可用中型或重型以及超重型动力触探试验，现场试验。并均应通过现场试验以设计压实系数所对应的贯入度为标准检验垫层的施工质量。压实系数的检验可采用环刀法、灌砂法或其他方法。

垫层的质量检验必须分层进行。每夯压完一层，应检验该层的平均压实系数。当平均压实系数符合设计要求后，才能铺填上层土。

（1）环刀法。

用容积不小于200mm^{3}的环刀压入垫层中的每层2/3的深度处取样，测定其干密度，干密度应不小于该垫层材料在中密状态的干密度。中砂在中密状态时的干密度一般为1.55～1.60kg/m^3。

对砂石或碎石垫层的质量检验，可以在垫层中设置纯砂检查点，在同样施工条件下，按上述方法检验，或用灌砂法进行检验。

（2）贯入法。

先将砂垫层表面30mm左右的砂刮去，然后用贯入仪、钢叉或钢筋以贯入度的大小来定性地检验砂垫层质量，以不大于通过相关试验所确定的贯入度为质量合格标准。钢筋贯入法所用的钢筋为ϕ20mm，长1.25m的平头钢筋，垂直举离砂垫层表面70cm时自由下落，测其贯入深度。钢叉贯入法所用的钢叉（有四齿，重40N），它于50cm高处自由落下，测其贯入深度。

（3）静载荷试验。

工程竣工质量验收的检测、试验方法有静载荷试验，即根据垫层静载荷实测资料，确定垫层的承载力和变形模量。

（4）静力触探试验。

根据现场静力触探试验的比贯入阻力曲线资料，确定垫层的承载力及其密实状态。

（5）标准贯入试验。

由标准贯入试验的贯入锤击数，换算出垫层的承载力及其密实状态。当采用贯入法或动力触探试验检验垫层的施工质量时，每层检验点的间距应小于4m。

(6) 轻型动力触探试验。

利用轻型动力触探试验的锤击数,确定垫层的承载力、变形模量和垫层的密实度。

(7) 中型或重型以及超重型动力触探试验。

根据动力触探试验锤击数,确定垫层的承载力、变形模量和垫层的密实度。

(8) 现场试验。

检验垫层竣工后的密实度,估算垫层的承载力及压缩模量。

上述试验检测项目,对于中小型工程不需全部采用,对于大型或重点工程项目应进行全面的检查验收。其检验数量每项工程不应少于 3 点;1000m² 以上的工程,每 50~100m² 至少应有 1 点;3000m² 以上的工程,每 300m² 至少应有 1 点。每个独立基础下至少应有 1 点,基槽每 10~20m 应有 1 点。

9.3 排水固结法

饱和软黏土地基的特点是含水量大、孔隙比大、颗粒细,因而压缩性高、强度低、透水性差。在该地基上直接修建筑物或进行填方工程时,会产生很大的固结沉降和沉降差,且地基土强度不够,其承载力和稳定性也往往不能满足工程要求,在工程实践中,常采用排水固结法对软黏土地基进行处理。

排水固结法是对地基进行堆载或真空预压,使地基土固结的地基处理方法。该法常用于解决饱和软黏土地基的沉降和稳定问题,可使地基的沉降在加载期间基本完成或大部分完成,使建筑物在使用期间不致产生过大的沉降量和沉降差。同时,可增加地基土的抗剪强度,从而提高地基的承载力和稳定性。

排水固结法是由排水系统和加压系统两部分共同组成的(图 9.3)。

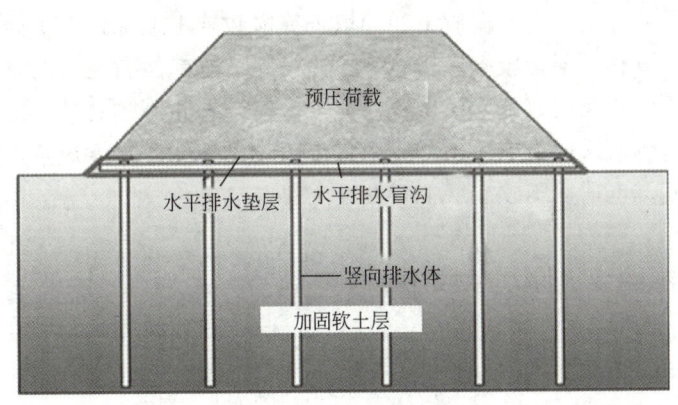

图 9.3 排水固结法的组成

排水系统,主要用于改变原有地基的排水条件,缩短排水距离。该系统是由水平排水垫层和竖向排水体构成的。当软土层较薄,或土的渗透性较好而施工期较长时,可仅在地面铺设一定厚度强透水性的水平排水体砂垫层,然后加载。当软土层较厚且土的渗透性较差时,可在地基中设置砂井(如图 9.4 所示的袋装砂井)、塑料排水板等竖向排水体,在地面连接砂垫层,构成排水系统,加快土体固结。

加压系统,是指对地基施加的预压荷载,它使地基土的附加压力增加而产生固结。其材料有固体（土石料等）、液体（水等）、真空负压力等。根据所施加的预压荷载不同，预压法可分为堆载预压法、真空预压法和降低地下水水位法。堆载预压法是直接在地基上加载而使地基固结的方法；真空预压法是通过对覆盖于竖井地基表面的不透气薄膜内抽真空，而使地基固结的方法；降低地下水水位法是通过降低地基土中的地下水水位，增加土的有效自重应力，促使地基固结的方法。在实际工程中，可单独使用一种方法，也可将几种方法联合使用。

图 9.4　袋装砂井施工现场照片

排水系统是一种手段，若没有加压系统，孔隙中的水没有压力差就不会自然排出，地基就得不到加固。如果只增加固结压力，不缩短土层的排水距离，则不能在预压期间尽快地完成设计所要求的地基沉降量，强度不能及时提高，加载也不能顺利进行。所以上述两个系统是紧密联系的。

预压法适用于处理淤泥、淤泥质土和冲填土等饱和软土地基。对于砂类土和粉土，以及软土层厚度不大或软土层含较多薄粉砂夹层，当固结速率能满足工期要求时，可直接用堆载预压法；对深厚软黏土地基，应设置塑料排水板或砂井等竖向排水体。真空预压法适用于能在加固区（包括采取措施后）形成稳定负压边界条件的软土地基；降低地下水水位法适用于砂土地基，也适用于软土层上存在砂土层的情况。

9.3.1　排水固结法原理与应用

1. 排水固结法原理

在荷载作用下，饱和软土地基孔隙中的水逐渐地排出，孔隙体积不断减小，地基发生固结变形，同时，随着孔隙水压力逐渐消散，有效应力逐渐提高。土体在受固结压力时，因孔隙比的减小，地基土的抗剪强度逐渐增长。

如果在建筑场地加一个和上部建筑物相同的荷载进行预压，使土层固结完后卸除荷载再建造建筑物，建筑物所引起的沉降即可大大减小。如果预压荷载大于建筑物荷载，即所谓超载预压，固结压力大于使用荷载下的固结压力时，原来的正常固结土层将处于超固结状态，从而使土层在使用荷载下的变形大为减小，效果更好。但施加荷载过快易发生地基失稳，工程施工中需逐步施加荷载。

土层的排水固结效果和它的排水边界条件有关。当土层厚度相对荷载宽度（或直径）比较小时，土层中孔隙水将从上下的透水层排出而使土层发生固结，如图9.5（a）所示，称为竖向排水固结。根据太沙基固结理论，软土固结所需时间与排水距离的平方成正比。因此，为了加速土层的固结，常在被加固地基中置入砂井、塑料排水板等竖向排水体，如图9.5（b）所示，以增加土层的排水途径，缩短排水距离，达到加速地基固结的目的。

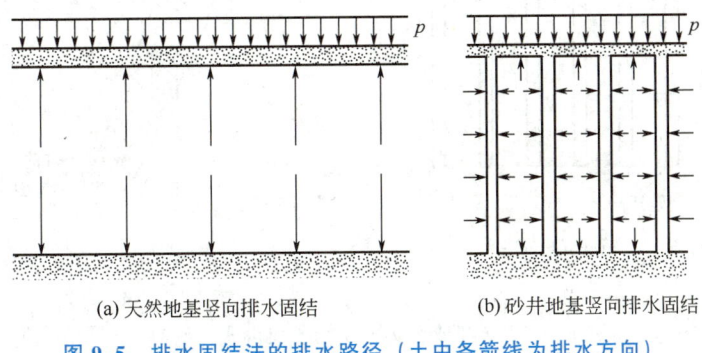

(a) 天然地基竖向排水固结　　　(b) 砂井地基竖向排水固结

图 9.5　排水固结法的排水路径（土中各箭线为排水方向）

2. 用排水固结原理加固地基的方法

排水固结原理加固地基的方法，一个是预压方法；另一个是排水方法，即在地基中做排水通道，以缩短孔隙水渗流距离，加速地基土固结过程。

（1）预压方法。

① 堆载预压法。在荷载作用下，饱和软土的固结过程就是孔隙水压力消散和有效应力增加的过程。如地基内某点的总应力增量为 $\Delta\sigma$，有效应力增量为 $\Delta\sigma'$，孔隙水压力增量为 Δu，由有效应力原理 $\Delta\sigma' = \Delta\sigma - \Delta u$，用填土等外加荷载对地基进行预压，是通过增加总应力 $\Delta\sigma$ 并使孔隙水压力 Δu 消散而增加有效应力的方法。

堆载预压法是在地基中形成孔隙水压力的条件下排水固结（称为正压固结）。根据一维固结理论，在达到同一固结度时，软土层固结所需的时间与排水距离的平方成正比。软土层越厚，一维固结所需的时间越长。

堆载预压法是工程上常用的有效方法，堆载一般用填土、砂石等散粒材料，当采用加载预压时必须控制加载速度，制订出分级加载计划，以防地基在预压过程中丧失稳定性，因而所需工期较长。

② 真空预压法。

真空预压法是利用大气压力作为预压荷载的一种排水固结法，其加固机理如图9.6所示。在需要加固的软土地基内设置砂井或塑料排水板等竖向排水体，然后在地面铺设水平排水砂垫层，其上覆盖二、三层不透气的密封膜并沿四周埋入黏土中，与大气隔绝，通过埋设于砂垫层中的吸水管道，用真空泵抽取地基中的孔隙水和气体，因而在膜内产生一个负压。由于砂垫层和竖向排水体与地基土界面存在这一压差，使土体中的孔隙水发生向竖向排水体的渗流，孔隙水压力不断降低，有效应力不断提高，从而使软土层压缩固结，强度提高。

真空负压作用下地基内有效应力增量是各向相等的，地基在竖向压缩的同时，侧向产生向内的收缩位移，地基在预压过程中不会发生失稳破坏。因此真空预压加固地基的过程是在总应力不变的条件下，孔隙水压力降低，有效应力增加的过程。

真空预压法适用于一般软土地基，但在软土层与透水层相间的地基，抽真空时地下水会大量流入，不可能得到规定的负压，故不宜采用此法。

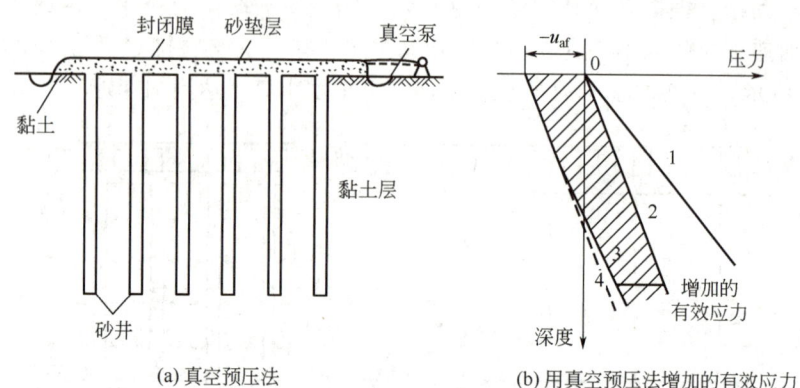

(a) 真空预压法　　(b) 用真空预压法增加的有效应力

注：1—总应力线；2—原来的水位线；3—降低后的水压线；
4—不考虑排水井内水头损失时的水压力线。

图 9.6　真空预压法的加固机理

③ 降低地下水水位法。

地基土中地下水水位下降，则土的自重有效应力增加，促使地基土体固结。降低地下水水位法最适宜于砂土或砂性土地基，也适用于软土层上存在砂土或砂性土的情况。对于深厚的软土层，为加速其固结，可设置砂井，并采用井点降低地下水水位。但降低地下水水位可能引起邻近建筑物基础的附加沉降，对此必须引起足够的重视。

（2）排水方法。

排水方法是在地基中置入排水体，以缩短土层排水距离。

竖向排水体可用普通砂井、袋装砂井、塑料排水板等做成。

普通砂井一般采用管端封闭的套管法、射水法及螺旋钻法施工。

袋装砂井是一种预制的小直径砂井。袋子采用聚丙烯编织布，内灌满砂制成细长砂袋，然后用闭口套管法成孔，放入砂袋，拔出套管即成袋装砂井。与普通砂井相比，袋装砂井具有用料省、施工简便、进度快、能适应地基变形等优点，但由于直径小，长径比大，砂井对渗流水的阻力即井阻影响较大，为了减小井阻影响，要求砂料有更高的渗透系数，并适当增大袋装砂井的直径。

塑料排水板是由纸袋发展起来的一种竖向排水井。由于纸带强度较低、耐久性差、透水性比砂料低得多，在侧向土压力作用下易变形等缺点，纸带已逐步被塑料排水板所代替。与砂井相比，塑料排水板由于是工厂制作，具有质量指标较稳定、重量轻、运输方便、连续性好、施工简便、效率高等优点。但由于施工时对周围土的扰动，塑料排水板的井阻影响依然存在。

水平排水体一般由地基表面的通水性好的中粗砂垫层组成，若理想的砂料来源困难时，也可因地制宜地选用符合要求的其他材料，或采用连通砂井的砂沟来代替整片砂垫层。对于堆载预压加固工程施工，砂垫层起着聚积各竖向排水体所排出的水，再通过外排水工艺排出加固范围，与固结沉降同步排水，使堆载填料处于水面以上的作用。对于真空预压加固工程施工，砂垫层不仅起到聚水作用，更重要的是对真空预压荷载起着分布和传递作用，即将真空预压荷载通过砂垫层传递到地基加固的任何点、边、角，再通过砂垫层与竖向排水体的连接点分布到各竖向排水体，最终传递到设计加固深度的地基。

对于厚度大、透水性又很差的软黏土，需同时用水平排水体和竖向排水体构成排水系统，使土层孔隙水由竖向排水体流入水平排水体。

一般工程总是综合应用预压和排水两种排水固结方法，最常用的是砂井堆载预压法。

9.3.2 砂井堆载预压法

砂井堆载预压法的设计，其实质是合理安排排水系统与预压荷载之间的关系，在逐级加载过程中使地基通过排水系统排水固结，地基强度逐渐增长，以满足每级加载条件下地基的稳定性要求，并加速地基固结沉降，在尽可能短的时间内，使地基承载力达到设计要求。

1. 砂井布置

砂井布置包括砂井直径、间距和深度的选择，确定砂井的排列、砂垫层的材料和厚度等。通常砂井直径、间距和深度的选择应满足预压过程中，在不太长的时间内，地基能达到 70%～80% 的固结度。

（1）砂井直径。

① 普通砂井直径 $d_w = 300 \sim 500 \text{mm}$。直径越小，越经济，但要防止颈缩。

② 袋装砂井直径 $d_w = 70 \sim 100 \text{mm}$。

③ 塑料排水板，由于其截面呈条带状，而固结计算是用圆形截面的砂井理论计算的，所以要把条带状截面换算成相当于砂井的直径（当量换算直径），以两者的周长相等用式(9-6)计算。

当量换算直径：
$$D_P = \frac{2(b+\delta)}{\pi} \qquad (9-6)$$

式中 b、δ——塑料排水板的宽度、厚度，m。

（2）砂井的平面布置。

砂井的平面布置有正方形布置和梅花形布置（或正三角形）两种，如图 9.7 所示。在大面积荷载作用下，假设每根砂井（直径为 d_w）为一独立排水系统。正方形布置时，每根砂井的影响范围为正方形；梅花形布置时，每根砂井的影响范围则为正六边形。为简化起见，每根砂井的影响范围以等面积圆代替，其等效影响直径 d_e 与布置间距 l 的关系见式(9-7)、式(9-8)。

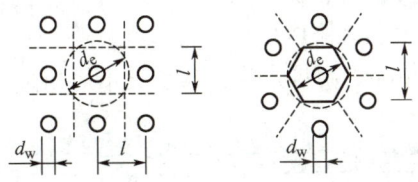

(a) 正方形布置　　(b) 梅花形布置

图 9.7　砂井的平面布置

梅花形布置时：
$$d_e = \sqrt{\frac{2\sqrt{3}}{\pi}} l \approx 1.05 l \qquad (9-7)$$

正方形布置时：
$$d_e = \sqrt{\frac{4}{\pi}} l \approx 1.128 l \qquad (9-8)$$

式中 d_e、l——砂井等效影响直径和布置间距，m。

（3）砂井的布置间距 l。

l 根据地基土的固结特性和预定时间内所要求达到的固结度确定。通常按井径比 $n = \dfrac{d_e}{d_w}$ 确定。

① 普通砂井的布置间距，可按 $n = 6 \sim 8$ 选用。

② 袋装砂井或塑料排水板的间距，可按 $n = 15 \sim 20$ 选用。

（4）砂井的深度，应根据建筑物对地基的稳定性和变形的要求确定。

① 以地基抗滑稳定性控制的工程，砂井深度至少应超过最危险滑动面 2m。

② 以沉降控制的建筑物，如压缩土层厚度不大，砂井宜贯穿压缩土层；对深厚的压缩土层，砂井深度应根据限定的预压时间内应消除的变形量确定。

砂井的布置范围，一般比建筑物基础大。

（5）砂井的砂料宜用中粗砂，含泥量应小于 3%。

（6）排水砂垫层和砂沟。在砂井顶面应铺设排水砂垫层或砂沟，以连通砂井，引出从软土层排入砂井的渗流水，砂垫层的厚度宜大于 40cm（水下砂垫层厚为 100cm 左右）。平面上每边伸出砂井区外边线的宽度一般应不小于 $2d_w$，如砂料缺乏，可采用砂沟，一般在一纵向或横向每排砂井设置一条砂沟，在另一方向按中间密两侧疏的原则设置砂沟，并使之连通。砂沟的高度可参照砂垫层厚度确定，其宽度应大于砂井直径。

2. 堆载预压基本要求

（1）堆载预压分类。

根据土质情况可分为单级加载和多级加载；根据堆载材料，可分为自重预压、加荷预压和加水预压；根据是否超载，可分为正常加载预压和超载预压。

（2）预压荷载的大小。

① 通常预压荷载与建筑物的基底压力大小相同。

② 对于沉降有严格限制的建筑物，应采用超载预压法。超载的数值根据预定时间内要求消除的沉降量确定，并使超载在地基中的有效应力大于或等于建筑物的附加应力。

③ 预压荷载应小于极限荷载 p_u，以免地基发生滑动破坏。

（3）堆载的平面面积略大于建筑物基础外缘所包围的面积。

（4）加载的速率，应分级加载，控制加载速率与地基土的强度增长相适应。尤其在预压后期更应严格控制加载速率，各阶段应进行地基稳定计算并应每天进行现场观测，要求竖向变形每天不应超过 10mm，边桩水平位移每天不应超过 4mm。

9.3.3 真空-堆载联合预压法

1. 真空-堆载联合预压法的作用机理

真空-堆载联合预压法是利用真空预压和堆载预压两种荷载同时作用，增大预压荷载，加快土中孔隙水的排除，降低土中孔隙水压力，增大有效应力，增大土体的压缩量和沉降量，加快地基强度的增长，形成两种荷载叠加作用的效果，是提高预压效果的一种新方法。它弥补了单一真空预压荷载偏小的缺陷，也改善了堆载预压荷载过大易出现剪切蠕变和剪切滑动的缺陷。其作用机理如图 9.8 所示。

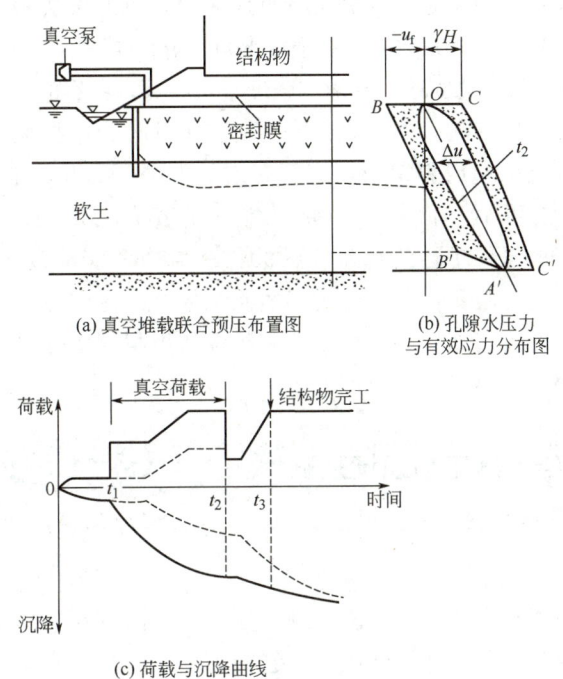

(a) 真空堆载联合预压布置图

(b) 孔隙水压力与有效应力分布图

(c) 荷载与沉降曲线

注：1. u_f -真空压力；2. Δu -时间为 t_2 时残留的孔隙水压力。

图 9.8　真空堆载联合预压地加固地基作用机理

从图 9.8（b）可以看出：OA' 线为地基中孔隙水压力线，施加真空预压后，形成负压荷载 u_f 线（BB' 线），施加堆载预压后形成正压荷载 γH（CC' 线），两者联合作用后，随时间发展，孔隙水压力消散，分别形成真空预压孔隙水压力线（左侧弧线）和堆载预压孔隙水压力线（右侧弧线）。两弧线包围的面积（中间空白部分）为真空-堆载联合预压固结后剩余的孔隙水压力面积，两荷载线（BB' 和 CC' 线）包围的面积（$BB'C'C$）为真空-堆载预压荷载的总面积，总荷载面积（$BB'C'C$）减去空白部分孔隙水压力面积则为总有效应力面积。配合预压荷载与沉降曲线[图 9.8（c）]可见，真空-堆载联合预压两种不同的预压荷载（正压和负压）是可以叠加的（两者叠加后沉降增大）。两者联合预压，增大了预压荷载、有效应力面积，加速了孔隙水压力的消散，相应增大了预压固结效果，因而也能提高地基的强度。

2. 联合预压

（1）选择联合预压合理的实施顺序。一般情况下先进行真空预压，然后进行堆载预压，在真空预压荷载作用下固结，达到沉降渐趋于减缓、地基强度有所提高后，最后进行分级堆载预压。这样地基比较稳定，不易出现剪切蠕变及塑性剪切破坏，能有效地提高预压效果。

(2) 合理布置联合预压的排水体系。真空预压的单独预压阶段，预压排水系统的布置尺寸及质量要求均可按真空预压法的要求设计；对于单独堆载预压阶段，施加荷载的大小分级、加载的速率及预压的时间等均应在真空预压的基础上，按单独进行堆载预压的方法进行预压设计，确定分级加载的大小、分级加载的速率及预压的时间等。联合预压的固结、沉降、强度增长和承载力稳定性的分析计算应采用相应的方法和参数计算。即堆载预压应采用常规的固结系数、压缩系数、抗剪强度参数计算固结度、沉降和地基的稳定性与承载力；真空预压则用负压条件的固结、压缩和强度增长参数，所有的材料也相应有所变化。

(3) 联合预压应注意的问题，主要有：①为防止堆载过程中损坏密封膜，应在膜上和膜下分别增铺一层无纺土工布或编织布，进行有效的保护；②开始堆填第一层预压填土，应在真空预压达到设计标准后，稳定 5~10d 才能开始填筑，当下卧土层比较软弱时，压实度不宜要求过高，一般只要求达到 0.88~0.90；③施加每级荷载前，均应进行固结度、强度增长和稳定性的分析与验算，并配合现场监测结果，确定满足要求后，方能施加下一级荷载；对在一些特殊地段（如桥头高填土）和特殊的堆载（水等）采用联合预压法，应根据实际情况，布置必要的监测，防止意外事故发生。

9.3.4　排水固结法施工与现场观测

1. 施工

应用排水固结法加固软土地基，其施工顺序如下：①铺设水平排水垫层；②设置竖向排水体；③埋设观测设备；④施加固结压力；⑤检查预压效果；⑥若不满足设计要求，则更改设计至满足设计要求为止。从施工角度分析，要保证排水固结法的加固效果，主要要做好三个环节，即铺设水平排水垫层、设置竖向排水体、施加固结压力。

2. 现场观测

在采用排水固结法加固地基时，应根据现场观测资料分析地基在堆载预压过程中和竣工后的固结、强度和沉降的变化，其不仅是发展理论及评价处理效果的依据，同时也可及时防止因设计和施工的不完善而引起的意外工程事故。工程上通常应进行孔隙水压力观测、沉降观测、侧向位移观测等。

施工监测内容应满足对加固范围内地基的固结度、垂向变形、侧向变形和加固效果实时监控。

9.4　水泥土搅拌法

9.4.1　概述

1. 水泥土搅拌法的概念及适用范围

水泥土搅拌法，又称为深层搅拌法，它是利用水泥（或石灰）等材料作为固化剂，通过特制的深层搅拌机械，就地将固化剂（浆体或粉体）和地基土强制搅拌（图 9.9），使软土硬结成具有整体性、水稳定性和一定强度的水泥加固土，从而提高地基土的强度和增大变形模量。

水泥土搅拌法

图 9.9　水泥土搅拌法施工现场照片

根据固化剂掺入状态的不同，水泥土搅拌法分为深层搅拌法（以下简称湿法）和粉体喷搅法（以下简称干法）两种。前者是用浆液和地基土搅拌，后者是用粉体和地基土搅拌。

水泥土搅拌法适用于处理正常固结的淤泥、淤泥质土、粉土、饱和黄土、素填土以及无流动地下水的饱和松散砂土等地基。不宜用于处理泥炭土、塑性指数大于 25 的黏土、地下水具有腐蚀性以及有机质含量较高的地基。若需采用时必须通过试验确定其适用性。当地基土的天然含水量小于 30％（黄土含水量小于 25％）、大于 70％或地下水的 pH 值小于 4 时不宜采用干法。冬季施工时，应注意负温对处理效果的影响。

水泥土搅拌法形成的水泥土加固体，可作为竖向承载的复合地基、基坑工程围护挡墙、被动区加固、防渗帷幕，大体积水泥稳定土等。美国在第二次世界大战后研制成功一种就地搅拌桩，此后日本开发、研制出加固原理、机械规格和施工效率各异的深层搅拌机械，常在港口建筑中的防波堤、码头岸边及高速公路高填方下的深厚层软土地基加固工程中应用。

2. 水泥土搅拌法的特点

水泥土搅拌法加固软土地基技术具有如下特点。

（1）将固化剂和软土就地搅拌混合的，可最大限度地利用软土。

（2）在地基加固过程中无振动、无噪声、对周围环境无污染，可在密集建筑群中进行施工，搅拌时对软土无侧向挤压，对邻近建筑物及地下沟管影响很小。

（3）可按照不同地基土的性质及工程设计要求，合理选择固化剂及其配方，设计比较灵活。

（4）土体加固后重度基本不变，软弱下卧层不致产生附加沉降。

（5）根据上部结构需要，可灵活地采用柱状、壁状、格栅状和块状等加固形式。

（6）与钢筋混凝土桩基相比，可节约钢材并降低造价。

（7）受搅拌机安装高度及土质条件影响，桩径及加固深度受到一定限制。单轴水泥土搅拌桩桩径一般在 0.5～0.6m。SJB－1 型双轴深层搅拌机加固桩的外形呈 ∞ 形，桩径 0.7～

0.8m，加固深度一般为15m以内。而SJB-2型双轴深层搅拌机加固深度可达18m。国外除用于陆地软土地基加固外，还用于海底软土地基，最大桩径超1.5m，加固深度达60m。

9.4.2 水泥土形成的机理及其性质

1. 水泥土的固化原理

（1）固化剂的种类。

固化剂是深层搅拌加固软土地基的主要材料，其性能应根据软土和土中水的化学成分进行选择，使之固化后能把软土的强度提高到设计要求的量值。通常使用的固化剂种类有水泥类、石灰类、沥青类及化学材料类等。其中，水泥类和石灰类应用最广泛。

（2）水泥加固软土地基的作用机理。

在对水泥与软土进行搅拌混合时，水泥会与土中水发生水化作用，生成水化碳酸钙、水化铁酸钙等胶体产物。反应中所生成的氢氧化钙和含水硅酸钙溶解在水中，与外围的水泥颗粒继续发生反应。随着反应的进一步进行，周围的水溶液逐渐达到饱和。饱和后溶液中的水分子继续渗入水泥颗粒内部，以分散状态的胶体析出，悬浮于溶液中形成胶体。

水泥加固土的物理化学反应过程与混凝土的硬化机理不同，后者主要是在粗填充料（比表面不大、活性很弱的介质）中进行水解和水化作用，其凝结速度很快。而在水泥加固土中，由于水泥掺量很少，一般仅为土重的7%～15%，水泥的水解和水化作用完全是在具有一定活性的介质—土的围绕下进行的，所以水泥加固土的强度增长比混凝土慢。

a. 离子交换和团粒化作用。黏土和水结合时就可表现出一种胶体特征，如土中含量最多的SiO_2遇水后，形成硅酸胶体微粒，其表面带钠离子Na^+和钾离子K^+，它们能和水泥水化生成的氢氧化钙中的钙离子Ca^{2+}，进行当量吸附交换，使较小的土颗粒形成较大的土团粒，从而使土体强度提高。

水泥水化生成的胶体粒子的比表面积约比原水泥颗粒大1000倍，因而产生很大的表面能，有强大的吸附活性，能使较大的土团粒进一步结合起来，形成水泥土的团粒结构，并封闭各土团粒的孔隙，连结坚固，因此也就使水泥土的强度大为提高。

b. 硬凝反应。随着水泥水化作用的深入，溶液中析出大量的Ca^{2+}，当其数量超过离子交换的需要量后，在碱性环境中，能使组成黏土矿物的SiO_2和Al_2O_3的一部分或大部分与Ca^{2+}进行化学反应，逐渐生成不溶于水的稳定的结晶化合物，增大了水泥土的强度。

c. 碳酸化作用。水泥水化生成的$Ca(OH)_2$能吸收水和空气中的CO_2，发生碳酸化反应，生成不溶于水的碳酸钙。这种反应也能使水泥土强度增长，但增长的速度较慢。

从施工现场情况来看，水泥土搅拌桩中均不可避免地存有原状土块和水泥团块，其团块大小与机械的搅拌功能和搅拌的程度密切相关。一般规律是：强制搅拌越充分，土块被粉碎得越小，则水泥和土体混合得越均匀，所表现出来的水泥土搅拌桩的总体强度就越高。施工过程中所发生的问题通常不是发生在是否充分搅拌这一环节上，而是由于机械结构呈水平向片状的搅拌，造成水泥土搅拌桩是片状结构，其抗剪、抗滑能力均较小。

2. 水泥土的力学性质

（1）无侧限抗压强度。

水泥土的无侧限抗压强度 q_u 为 $0.3\sim4.0$MPa，比原状土提高几十倍乃至几百倍。影响水泥土的无侧限抗压强度的因素主要有：水泥掺入比、水泥龄期和标号、原状土的含水量和有机质含量、固化剂以及养护条件等。

(2) 抗拉强度。

水泥土的抗拉强度 σ_t 随无侧限抗压强度 q_u 的增长而提高。当水泥土的无侧限抗压强度 $q_u=0.55\sim4.0$MPa 时，其抗拉强度 $\sigma_t=0.05\sim0.7$MPa，即 $\sigma_t=(0.06\sim0.30)q_u$。

(3) 抗剪强度。

水泥土的抗剪强度随无侧限抗压强度的增加而提高。当 $q_u=0.3\sim4.0$MPa 时，其黏聚力 $c=0.1\sim1.0$MPa，为 q_u 的 $20\%\sim30\%$，其内摩擦角为 $20°\sim30°$。水泥土在三轴剪切试验中受剪破坏时，试样有清楚而完整的剪切面，剪切面与最大主应力面夹角约为 $60°$。

(4) 变形模量。

当垂向应力达到 50% 无侧限抗压强度时，水泥土的应力与应变的比值称为水泥土的变形模量 E_{50}。水泥土的变形模量 $E_{50}=(80\sim150)q_u$，水泥土破坏时的轴向应变 $\xi_f=1\%\sim2\%$，呈脆性破坏。

(5) 水泥土的压缩系数和压缩模量。

水泥土的压缩系数为 $(2.0\sim3.5)\times10^{-5}$kPa^{-1}，压缩模量 $E_s=60\sim100$MPa。

(6) 水泥土的渗透系数。

水泥掺入比 $7\%\sim15\%$，水泥土的渗透系数可达到 10^{-8}cm/s 的数量级，具有明显的抗渗、隔水作用。

上述经验数值仅仅适用于一般的软黏土，不适用于高有机质土和泥炭土。

3. 影响水泥土力学性质的因素

(1) 水泥掺入比 a_w。

单位质量湿土体掺合水泥质量的百分比（$a_w=a/\rho_t$，a 为水泥的掺合质量，kg/m^3；ρ_t 为土的湿密度，kg/m^3）。水泥土的强度随着水泥掺入比的增加而增大，当 $a_w<5\%$ 时，由于水泥与土的反应过弱，水泥土固化程度低，强度离散性也较大，故在水泥土搅拌法的实际施工中，选用的水泥掺入比必须大于 5%。

(2) 水泥龄期。

水泥土的强度随着水泥龄期的增长而提高，一般在龄期超过 28d 后仍有明显增长，根据试验结果的回归分析，得到在其他条件相同时，水泥龄期与水泥土无侧限抗压强度间的关系大致呈线性关系。

(3) 水泥标号。

水泥土的强度随水泥标号的提高而增加。水泥强度等级提高 10 级，水泥土的强度 q_u 增大 $20\%\sim30\%$。如要求达到相同强度，水泥强度等级提高 10 级可降低水泥掺入比 $2\%\sim3\%$。

(4) 原状土含水量。

水泥土的无侧限抗压强度 q_u 随着原状土含水量的降低而增大。一般情况下，原状土含水量每降低 10%，则水泥土的无侧限抗压强度可增大 $10\%\sim50\%$。

(5) 原状土有机质含量。

有机质含量少的水泥土强度比有机质含量高的水泥土强度大得多。由于有机质使土体具有较大的水溶性和塑性，较大的膨胀性和低渗透性，并使土具有酸性，这些因素都阻碍水泥水化作用的进行。因此，有机质含量高的软土，单纯用水泥加固的效果较差。

（6）固化剂。

固化剂包括早强剂和减水剂。早强剂可选用三乙胺、氯化钙或水玻璃等材料，其掺入量宜分别取水泥质量的 0.05%、2%、0.5% 或 2%；减水剂可选木质素磺酸钙，掺入量取水泥质量的 2% 为宜；掺加粉煤灰的水泥土，其无侧限抗压强度可提高 10% 左右。

9.4.3　水泥土搅拌桩复合地基

1. 掺入比和固化剂的确定

水泥宜选用强度等级为 32.5 级及以上的普通硅酸盐水泥。除块状加固时水泥掺入比可为 7%～12% 外，其余宜为 12%～20%；湿法水泥浆水灰比可选用 0.45:1～0.55:1。外掺剂可根据工程需要和土质条件选用具有早强、缓凝、减水以及节省水泥等作用的材料，但应避免污染环境。

2. 桩长和桩径的确定

竖向承载搅拌桩的长度应根据上部结构对承载力和变形的要求确定，并宜穿透软弱土层到达承载力相对较高的土层；为提高抗滑稳定性而设置的搅拌桩，其桩长应超过危险滑弧以下 2m。湿法的加固深度不宜大于 20m；干法的加固深度不宜大于 15m。水泥土搅拌桩的桩径不宜小于 500mm。

3. 褥垫层

竖向承载搅拌桩复合地基应在基础和桩之间设置褥垫层。褥垫层厚度可取 200～300mm。其材料可选用中砂、粗砂、砂石等，最大粒径不宜大于 20mm。

在刚性基础和桩之间设置一定厚度褥垫层后，可以保证基础始终通过褥垫层把一部分荷载传到桩间土，调整桩和土的荷载分配，充分发挥桩间土的作用，增大桩土分担比。

4. 竖向承载搅拌桩的平面布置

布桩形式可根据上部结构特点及对地基承载力和变形的要求，采用柱状、壁状、格栅状或长短桩相结合等形式。桩只可在基础平面范围内布置，独立基础下的桩数不宜少于 3 根。

（1）柱状。每隔一定距离打设一根水泥土桩，形成柱状加固形式，可采用正方形、等边三角形等布桩形式，适用于单层工业厂房独立柱基础和多层房屋条形基础下的地基加固，它可充分发挥桩身强度与桩周侧摩阻力。

（2）壁状。将相邻桩体部分重叠搭接成为壁状加固形式，适用于深基坑开挖时的边坡加固以及建筑物长高比大、刚度小、对不均匀沉降比较敏感的多层房屋条形基础下的地基加固。

（3）格栅状。它是纵、横两个方向的相邻桩体搭接而形成的加固形式，适用于对上部结构单位面积荷载大和对不均匀沉降要求控制严格的建（构）筑物的地基加固。

（4）长短桩相结合。当地质条件复杂，同一建筑物坐落在两类不同性质的地基土上时，可用 3m 左右的短桩将相邻长桩连成壁状或格栅状，借以调整和减小不均匀沉降量。

水泥土桩的强度和刚度是介于柔性桩（砂桩、碎石桩等）和刚性桩（钢管桩、混凝土桩等）的一种半刚性桩，它所形成的桩体在无侧限情况下可保持直立，在轴向力作用下又有一定的压缩性，但其承载性能又与刚性桩相似，因此在设计时可仅在上部结构基础范围内布桩，不必像柔性桩一样需在基础外设置护桩。

9.4.4 水泥土搅拌桩的施工和质量检验

1. 施工前准备

（1）水泥土搅拌桩施工现场事先应予以平整，必须清除地上和地下的障碍物。遇有明渠、池塘及洼地时应抽水和清淤，回填黏性土料并予以压实，不得回填杂填土或生活垃圾。

（2）施工前应根据设计进行工艺性试桩，数量不得少于 3 根。当桩周为成层土时，应对相对软弱土层增加搅拌次数或增加水泥掺量。

（3）搅拌头翼片的枚数、宽度、与搅拌轴的垂直夹角，搅拌头的回转数、提升速度应相互匹配，以确保加固深度范围内土体的任何一点均能经过 20 次以上的搅拌。

2. 施工步骤

（1）搅拌机械就位、调平。
（2）预搅拌下沉至设计加固深度。
（3）边喷浆（粉）边搅拌提升直至预定的停浆（灰）面。
（4）重复搅拌下沉至设计加固深度。
（5）根据设计要求，喷浆（粉）或仅搅拌提升直至预定的停浆（灰）面。
（6）关闭搅拌机械。

深层搅拌桩施工工艺流程如图 9.10 所示。

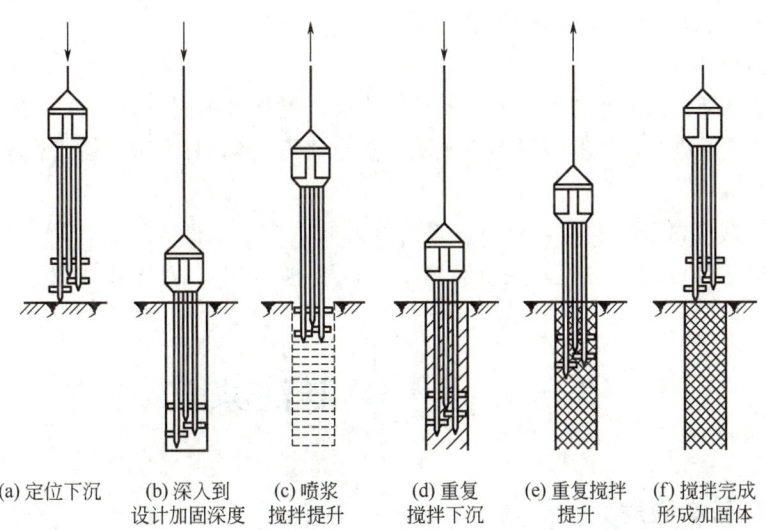

图 9.10 深层搅拌桩施工工艺流程

在预（重复）搅拌下沉时，也可采用喷浆（粉）的施工工艺，但必须确保全桩长上下再重复搅拌一次。

竖向承载搅拌桩施工时，停浆（灰）面应高于桩顶设计标高 300～500mm。在开挖基坑时，应将搅拌桩顶端施工质量较差的桩段用人工挖除。施工中应保持搅拌桩基底盘的水平架和导向架垂直，搅拌桩的垂直偏差不得超过 1%，桩位的偏差不得大于 50mm，成桩直径和桩长不得小于设计值。

3. 质量检验

水泥土搅拌桩成桩质量检验方法有浅部开挖、轻型动力触探、标准置入试验、静力触探试验、载荷试验和钻心取样等。

（1）浅部开挖。

成桩 7d 后，采用浅部开挖桩头［深度宜超过停浆（灰）面下 0.5m］，目测检查搅拌的均匀性，量测成桩直径。检查数量为施工总桩数的 5%；对相邻桩搭接要求严格的工程，应在成桩 15d 后，选取数根桩进行开挖，检查搭接情况。

（2）轻型动力触探。

成桩后 3d 内，可用轻型动力触探（N_{10}）检查每米桩身的均匀性。检验数量为施工总桩数的 1%，且不少于 3 根。

（3）标准贯入试验。

用锤击数估算桩体强度需积累足够的工程资料，Terzaghi 和 Peck 的经验公式为式(9-9)。

$$f_{cu} = N_{63.5}/80 \tag{9-9}$$

式中 f_{cu}——桩体无侧限抗压强度，MPa；

$N_{63.5}$——标准贯入试验的贯入击数。

（4）静力触探试验。

静力触探试验可连续检查桩体内的强度变化，或用式(9-10)估算桩体无侧限抗压强度。

$$f_{cu} = p_s/10 \tag{9-10}$$

式中 p_s——静力触探贯入比阻力，kPa。

（5）载荷试验。

复合地基载荷试验和单桩载荷试验是检测水泥土搅拌桩加固效果最可靠的方法之一，一般宜在龄期 28d 后进行。检验数量不少于施工总桩数的 1%，且每项单体工程不宜少于 3 根。

（6）钻芯取样。

经触探和载荷试验检验后对桩身质量有怀疑时，应在成桩 28d 后，用双管单动取样器钻取芯样做抗压强度检验，检验数量为施工总桩数的 0.5%，且不少于 6 根。钻孔直径不宜小于 108mm。

9.5 高压喷射注浆法

9.5.1 基本原理

高压喷射注浆法 20 世纪 70 年代始于日本，在化学注浆的基础上采用高压水射流切割技术发展起来的一种地基处理方法。一般用钻机成孔至预定深度后，再用高压注浆流体发生设备，使水和浆液通过装在钻杆末端的特制喷嘴喷出，以高压脉动的喷射流向土体四周喷射，把一定范围内土体的结构破坏，并强制与化学浆液混合，形成注浆体，同时钻杆按一定方向旋转和提升，待浆液凝固后在土中形成具有一定强度和防渗性能的圆柱状、板状、连续墙等的固结体，与周围土体共同加固地基。

根据高压喷射注浆试验和理论研究，喷射流对土的破坏与高压喷射时的动压力和喷射流的结构及其特性有关。喷射流的动压力愈大，对土的破坏力愈大。喷射流对土破坏的有效范围如图 9.11 所示，主要是在喷射结构的初期区和主要区内，有效破坏范围越大，所形成的加固体越大；单一浆液喷射流对土的破坏能力在土中容易衰减，对土破坏的有效射径较短，双相（浆液和气体）或多相（水、气、浆液）同轴喷射，有效喷射流衰减较缓慢，形成

化学注浆

范围较大的有效喷射区，增大了对土体切割破坏搅拌的范围，形成直径较大的喷射加固体。因此高压注浆喷射技术首先要求具备发生高压流体的设备系统（高压＞20MPa），产生较大的平均喷射流速，形成较大的喷射压力；其次是采用多相喷射直径的加固体。目前按工程需要固结体的大小，制成了四种喷管。

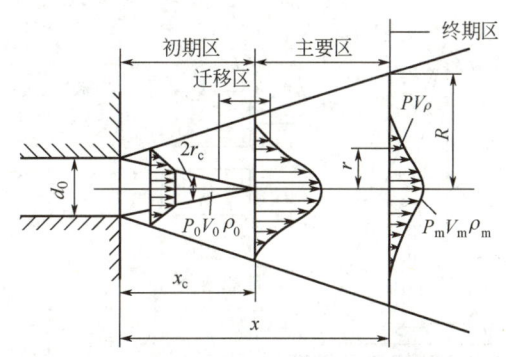

图 9.11　喷射流对土破坏的有效范围

喷射注浆

① 单喷管（图 9.12）法。单一水泥浆喷射，所形成固结体的直径为 0.3～0.8m。

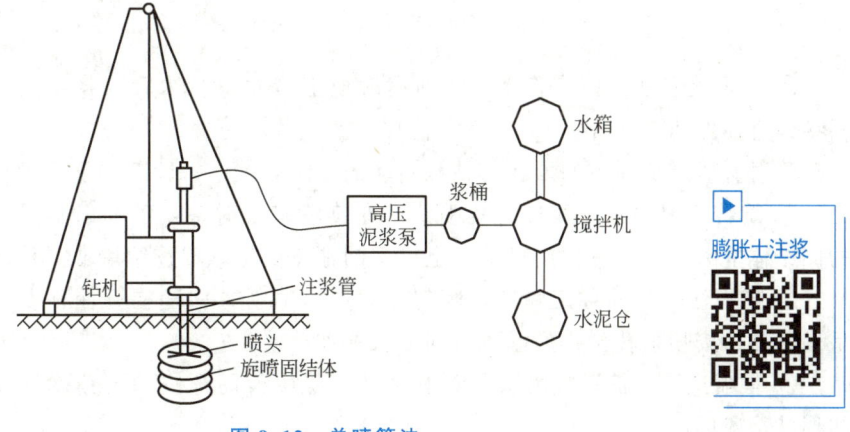

图 9.12　单喷管法

膨胀土注浆

② 二重喷管法（图 9.13）。浆液和气体同轴喷射，以浆液作为喷射核，外包一层同轴

气流形成复合喷射流，其破坏能力和范围显著增大，所形成固结体的直径为 0.8~1.2m。

水泥注浆

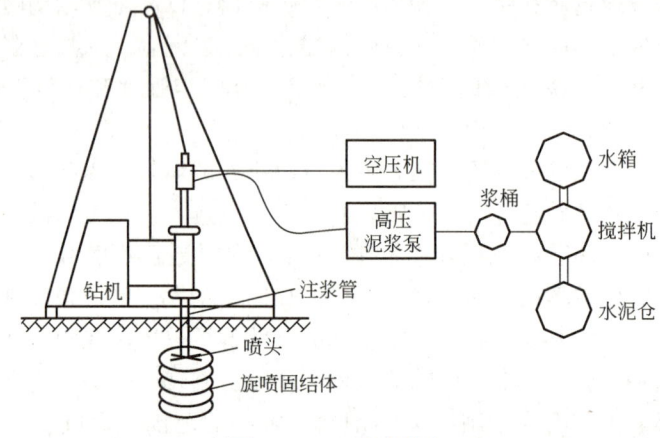

图 9.13 二重喷管法

③ 三重喷管法（图 9.14）。以水和气形成复合同轴喷射流，土体被破坏后形成中空，然后注浆形成固结体，其直径为 1~2m。

压密注浆

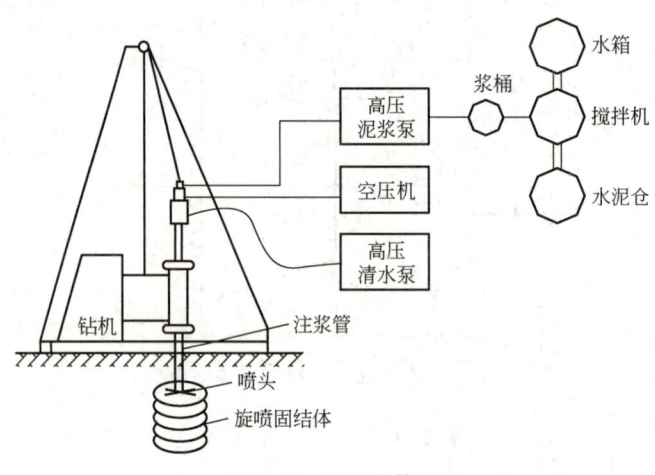

图 9.14 三重喷管法

④ 多重喷管法。以多管水气同轴喷射把土体冲空，然后以浆管注浆充填，所形成的固结体直径可达 2~4m。

喷射所形成加固体的形状与钻杆转动的方向有关，一般有如下三种形式。

① 旋转喷射注浆。简称为旋喷法，在旋喷施工时，喷嘴喷射随提升而旋转，所形成的固结体呈圆柱体，常称旋喷桩。也可把圆柱体搭接形成连续墙或其他形状。

② 定喷注浆。简称定喷法，喷射注浆时，喷射方向随提升而不变，所形成的固结体呈壁状体，按喷射孔位排列形成不同形状的连续壁。

③ 摆喷注浆。简称摆喷法，喷射注浆时随喷嘴提升按一定角度摆动，所形成固结体的形状呈扇形体。

高压喷射注浆法加固机理包括几个方面。

① 喷射流对土体的破坏作用。喷射流破土效果随土介质的物理力学性质不同而变化。

当喷射初始时，被破坏土体处于三向受压状态，在喷射流冲击点表面，土体被喷射流冲压产生凹陷变形。

喷射流作用在土体表面时，将产生两种作用力：一是在距喷嘴较近处，喷射流作用面积很小，喷射流压力远远大于土体的自重应力，喷射流渗透土体，因而在土体中产生了剪切力；二是在距喷嘴较远处，喷射流压力不能使土体发生破坏，但可压密土体并将部分喷射流挤入土体中，因而在土体中产生了挤压力。对于无黏性土，渗透作用占主导地位；对于黏性土，压密作用占主要地位。

当喷射流移动进入土颗粒之间时，土体因被切割而破坏。由于土质的不均匀性，喷射流首先进入大孔隙中产生侧向挤压力，以裂隙为边界大块土体被冲刷下来，翻滚到喷射流压力较小处而停止。因此该处喷射流压力较小土块不会再发生破坏，这就是喷射桩体内存在块状土的原因。

随着喷射流压力增加，有效喷射距离增大，但喷射流的流量对喷射流压力有较大影响。喷射流出口速度增加，所携带的能量增大，破土效果提高。空气射流的速度越大，喷射流速度的衰减越小，空气射流的流量增加，喷射流的扩散减小，喷射流有效距离增大，可取得较好的破土效果，因而成桩直径增大。

② 混合搅拌作用。由于喷射流是高能、高速、集中和连续地作用于土体，压应力和冲蚀等多种因素总是同时密集在压应力区域内发生效应。因此，喷射流具有冲击切割破坏土体并使浆液与土搅拌混合的作用。

③ 水泥与土的固化原理。单管喷射注浆使用浆液作为喷射流；二重管喷射注浆也以浆液作为喷射流，但在其外周裹着一圈空气流形成复合喷射流；三重管喷射注浆，以水、气为复合喷射流并注浆填充；多重管喷射注浆的高压喷射流把土体冲空以浆液填充。水泥的加入已从根本上改变了土体结构，水泥包裹在土颗粒表面，并把它们黏在一起形成整体。在短时间内，土颗粒周围充满了水泥凝胶体。随时间增长，水泥凝胶体结晶，并逐渐充满土体的空隙，土体与水泥形成特殊的水泥-土骨架结构，土的强度也随之得以改善。水泥凝胶体的结晶过程是较缓慢的，因此，固结体的强度会在较长时间内持续增长。

由水泥的各种成分所生成的胶质膜逐渐发展连接成凝胶体，即表现为水泥的初凝状态，随着水化过程的不断发展，凝胶体吸收水分并不断扩大，产生结晶体。结晶体与凝胶体相互包围渗透，并达到一种稳定状态，这就是硬化的开始。水泥的水化过程是一个长久的过程，水化作用不断地深入水泥的微粒中，直到水分完全被吸收，凝胶体凝固结晶充分为止。在这个过程中，固结体的强度将不断提高。

④ 升扬置换作用（三重管喷射注浆）。高速喷射流切割土体的同时，由于通过压缩气体而把一部分切割下来的土颗粒排到地面，土颗粒排出后所留孔隙由水泥浆液补充。

⑤ 压密作用。高压喷射流在切割破坏土层过程中，在破坏部位边缘还有剩余压力，对土层产生一定的压密作用，使喷射桩体边缘部分的抗压强度高于中间部分，旋喷桩固结体的横断面如图 9.15 所示。

固结体的强度、渗透性与所用浆液的配方有关。高压喷射的浆液有多种，大多数浆液因有毒性而被禁用，工程上常用的是水泥系浆液，它的配方与硬化机理和水泥搅拌法类似。

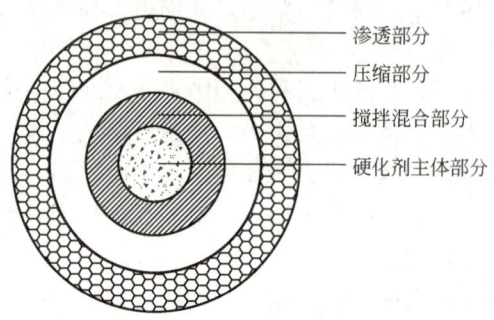

图 9.15 旋喷桩固结体的横断面

9.5.2 工程应用

高压喷射注浆法在工程上的应用主要有两方面：①利用固结体形成桩体、块体等与地基土共同作用，提高地基的承载力，改善地基的变形特性；也可用于基坑底部、深部地基、边坡，提高地基的强度和边坡的稳定性；②利用旋喷、定喷和摆喷在地基土体中形成防渗帷幕，提高地基的抗渗防渗能力等。前者主要应用于淤泥质土和黄土，后者则应用于砂土和砂砾石地基。此外，该法既可应用于拟建建筑物的地基加固，也可用于已建建筑物的地基加固和基础托换技术，施工时，可在原基础上穿孔加固基础下的软土，避免破损已建建筑物。

按其应用目的，对于以地基加固为目的的设计应包括①固结体的布置与范围；②喷射浆液的配方与固结体强度的要求，并进行分析与计算。对以抗渗或防渗为目的的设计则根据防渗抗渗要求进行布置，相应采用抗渗的浆液配方。

以旋喷或定喷固结体作为防渗帷幕时，主要的任务是合理确定布孔的形式和间距并注意相互搭接连续。一般布置二排或三排注浆孔，孔距为 $0.866R$（R 为旋喷桩有效半径），排距为 $0.75R$，喷射形成防渗帷幕。对用定喷或摆喷形成的防渗帷幕，要求前后搭接良好，可用直线和交叉对折喷射。防渗帷幕的厚度、深度和位置则根据工程的要求，通过防渗计算来确定。

高压喷射注浆法一般适用于标准贯入试验击数 $N_{63.5}<10$ 的砂土和 $N_{63.5}<5$ 的黏性土，超过上述限值，则可能影响成桩的直径，应慎重考虑。这种方法用途广泛，作为旋喷桩可以提高地基的承载力；作为连续墙可以防渗止水；还可应用于深基础的开挖，防止基坑隆起，减轻支撑基坑的侧壁压力，特别是对于已建建筑物的处理，有它独到之处。但对于拟建建筑物基础，其作用与灌注桩类似，而强度较差，造价较贵，显得逊色。如能发展无毒、廉价的化学浆液，高压喷射注浆法将会有更好的前途。

高压旋喷桩复合地基对淤泥、淤泥质土、流塑或软塑黏性土、粉土、砂土、黄土、素填土和碎石土等地基都有良好的处理效果。但对于硬塑黏性土、含有较多的块石或大量植物根茎的地基，因喷射流可能受到阻挡或削弱，冲击破碎力急剧下降，切削范围减小，影响处理效果；而对于含有过多有机质的土层，其处理效果取决于固结体的化学稳定性。鉴于上述几种土组成复杂，差异悬殊，高压喷射注浆法处理的效果差别较大，不能一概而论，故应根据现场试验结果确定其适用性。对于湿陷性黄土地基，因当前试验资料和施工实例较少,亦应预先进行现场试验。对地下水流速过大或已涌水的防水工程,由于工艺,机具和瞬时速凝材料等方面的原因,应慎重使用,必要时应通过现场试验确定。

9.5.3 施工机具与质量检验

1. 施工机具

主要的施工机具有:高压发生装置(空气压缩机和高压泵等)和注浆喷射装置(钻机、钻杆、注浆管、泥浆泵、注浆输送管等)两部分。其中关键的设备是注浆管,由导流器钻杆和喷头所组成,有单喷管、二重喷管、三重喷管和多重喷管四种,其中单管喷头和三重管喷头结构如图9.16所示。导流器的作用是将高压水泵、高压水泥浆和空压机送来的水、浆液和气分别送到钻杆内;然后通过喷头实现浆、浆气和浆水气同轴流喷射;钻杆把这两部分连接起来,三者组成注浆系统。喷嘴是由硬质合金并按一定形状制成,使之产生一定结构的高速喷射流,且在喷射过程中不易被磨损。

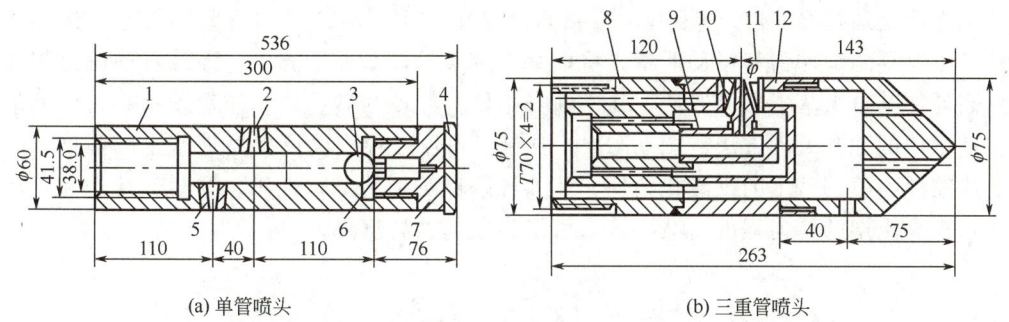

注:1—喷管;2—喷嘴;3—钢球 φ18;4—钨合金钢块;5—喷嘴;6—球座;7—钻头;8—内母接头;9—内管总成;10—内管喷嘴;11—中管喷嘴;12—外管。

图 9.16 喷头结构

2. 施工顺序

高压喷射注浆施工顺序如图9.17所示。喷射注浆分段进行,由下而上,逐渐提升,喷射速度为0.1~0.25m/min,转速为10~20rpm。当注浆管不能一次提升完毕时,可即卸管后再喷射,但需增加搭接长度(不得小于0.1m),以保持连续性。如需要加大喷射的范围和提高强度,可采用复喷。如遇到大量冒浆时,则需查明原因,及时采取措施。当喷射注浆完毕后,必须立即把注浆管拔出,防止浆液凝固而影响桩顶的高度。

3. 质量检验

质量检验的内容主要是抗压强度和渗透性,可通过钻孔取试样到室内试验,或在现场用标准贯入试验、载荷试验确定其强度和变形性质,用压水试验检验其渗透性,并结合工程测试及观测资料综合评价加固效果。检验的测点应布置在工程建筑荷载大的部位、施工中出现异常的部位以及地质条件复杂影响注浆质量的关键部位。检测的数量应为施工总桩数的2%~5%。检验的时间应在施工完毕28d后进行。

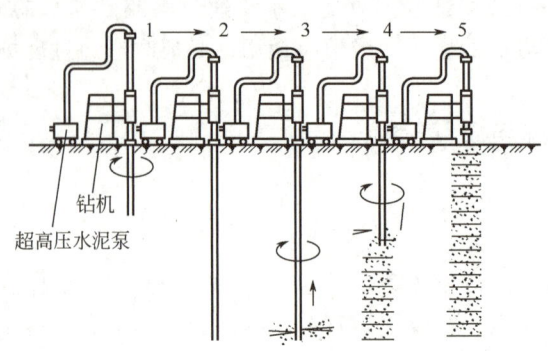

注：1—开始钻进；2—钻进结束；3—高压旋喷开始；4—喷嘴边旋转边提升；5—旋喷结束。

图 9.17　高压喷射注浆施工顺序

9.6　强夯法与强夯置换法

强夯法是通过 8～40t 的重锤（最重可达 200t）和 8～25m 的落距（最高可达 40m），对地基土反复施加冲击和振动能量，将地基土夯实的地基处理方法。强夯置换法是将重锤提到高处使其自由落下形成夯坑，并不断夯击坑内回填的砂石、矿渣等硬粒料，使其形成密实的墩体的地基处理方法（图 9.18）。强夯法和强夯置换法可提高地基土的强度、降低土的压缩性、改善砂土的抗液化条件、消除湿陷性黄土的湿陷性等。同时，冲击和振动能量还可提高土层的均匀程度，减少将来可能出现的差异沉降。

图 9.18　强夯置换法施工现场照片

强夯法适用于处理碎石土、砂土、低饱和度的粉土与黏性土、湿陷性黄土、素填土和杂填土等地基。强夯置换法适用于处理高饱和度的粉土与软塑—流塑的黏性土等对变形控制要求不严的工程地基。但是强夯法不得用于对工程周围建筑物和设备有振动影响的场地地基加固，必需时，应采取防振、隔振措施。强夯置换法在设计前必须通过现场试验确定其适用性和处理效果。

强夯法和强夯置换法具有施工简单、加固效果好、使用经济等优点，因而被世界各国工程界广泛应用于各种土的地基处理。

9.6.1　强夯法和强夯置换法的加固机理

强夯法和强夯置换法加固地基有三种不同的加固机理：动力密实、动力固结和动力置换，它取决于地基土的类别和强夯法的施工工艺。

1. 动力密实

采用强夯法和强夯置换法加固多孔隙、粗颗粒、非饱和土是基于动力密实的机理，即用冲击型动力荷载，使土体中的孔隙减小，土体变得密实，从而提高地基土强度。非饱和土的夯实过程，就是土中的气相（空气）被挤出的过程，夯实变形主要是由于土颗粒的相对位移引起的。

2. 动力固结

用强夯法和强夯置换法处理细颗粒饱和土时，则是借助于动力固结的理论，即巨大的冲击能量在土中产生很大的应力波，破坏土体原有结构，使土体局部发生液化并产生裂隙，从而增加排水通道，加速孔隙水排出，随着孔隙水压力的消散，土体逐渐固结，由于软土的触变性，强度得到提高（图9.19）。

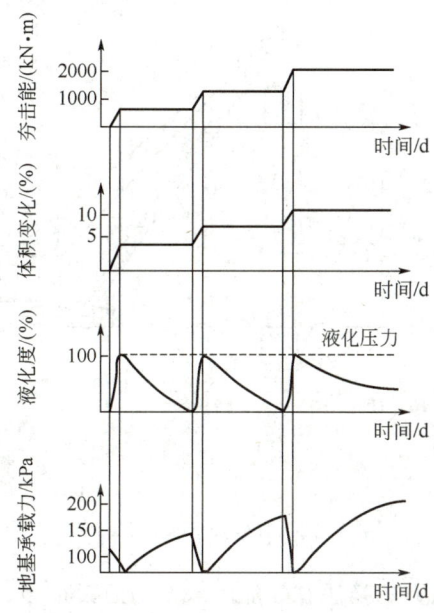

图 9.19　强夯过程中土体的体积、液化度、地基承载力、夯击能变化

3. 动力置换

动力置换是利用夯击时产生的冲击力，强行将砂、碎石等挤填到饱和软土层中，置换原饱和软土，形成密实砂石层或桩柱（图9.20）。与此同时，未被置换的下卧层饱和软土，在动力作用下排水固结，变得更加密实，从而使地基承载力提高，沉降减小。

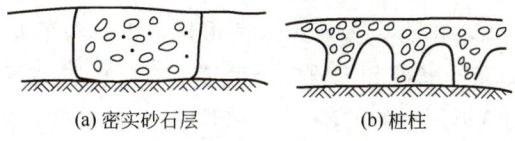

(a) 密实砂石层　　(b) 桩柱

图 9.20　动力置换

9.6.2 强夯法和强夯置换法的施工和质量检验

1. 有效加固深度

强夯法和强夯置换法的有效加固深度（D）如图 9.21 所示，指经强夯加固后，地基土强度提高、压缩模量增大，加固效果显著的土层范围。它既是选择地基处理方法的重要依据，又是反映处理效果的重要参数，一般可按式(9-11)估算。

$$D = \alpha\sqrt{\frac{WH}{10}} \qquad (9-11)$$

式中　W——夯锤重量，kN；
　　　H——落距，m；
　　　α——系数，根据所处理地基土的性质而定，对软土可取 0.5，对黄土可取 0.34～0.5。

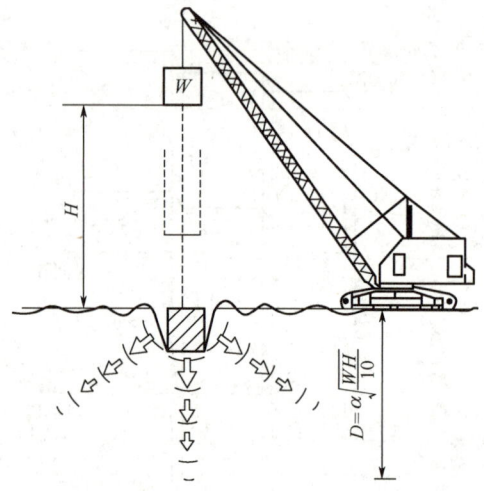

图 9.21　有效加固深度示意图

实际上影响强夯法和强夯置换法有效加固深度的因素很多，除夯锤重量和落距外，还有地基土的性质、不同土层的厚度和埋藏顺序、地下水水位以及强夯法的其他设计参数等。因此，强夯法和强夯置换法的有效加固深度应根据现场试夯或当地经验确定。

强夯置换墩的深度由土质条件决定，对淤泥、泥炭等黏性软弱土层，置换墩应穿透软土层，坐落在较好土层上；对深厚饱和粉土、粉砂，墩身可不穿透该层。强夯置换墩的深度一般不超过 7m。

2. 夯锤和落距

夯锤质量可取 10～40t，单击夯击能为夯锤重量（W）与落距（H）的乘积，一般应根据加固土层的厚度、地基土状况和土质成分确定，有时也取决于现有起重机的起重能力和臂杆的长度，一般为 1000～8000kN·m。单位夯击能为整个加固场地的总夯击能量（即夯锤重量×落距×总夯击数）除以加固面积，一般根据地基土类别、结构类型、荷载大小和需处理深度等综合考虑，并通过现场试夯确定，粗颗粒土可取 1000～3000 kN·m/m²；

细颗粒土取 1500～4000kN·m/m²。

夯锤重量确定后，根据要求的单击夯击能，就能确定夯锤的落距。国内通常采用的落距是 8～25m。

3. 夯击点布置与间距

强夯和强夯置换处理范围应大于建筑物基础范围，具体的放大范围，可根据建筑物类型和重要性等因素决定。对一般建筑物，每边超出基础外缘的宽度宜为基底下设计处理深度的 1/2～2/3，并不宜小于 3m。

夯击点布置应根据基础的形式和加固要求而定，对大面积地基一般采用等边三角形、等腰三角形或正方形布置。对条形基础夯击点可成行布置；对独立柱基础夯击点可按柱网设置采取单点或成组布置。

夯击点间距（夯距）的确定，一般根据地基土的性质和要求处理的深度而定，以保证使夯击能量传递到深处和邻近夯坑免遭破坏为基本原则。

第一遍夯击点间距可取夯锤直径的 2.5～3.5 倍，以后各遍可适当减小。对处理深度较大或单击夯击能较大的工程，第一遍夯击点间距宜适当增大。

强夯置换墩间距应根据荷载大小和原土的承载力选定，当满堂布置时可取夯锤直径的 2～3 倍。对独立基础或条形基础可取夯锤直径的 1.5～2.0 倍。强夯置换墩的计算直径可取夯锤直径的 1.1～1.2 倍。

4. 单点夯击击数与夯击遍数

单点夯击击数指单个夯点一次连续夯击的次数，强夯法夯点的单点夯击击数应按现场试夯得到的夯击击数和夯沉量关系曲线确定，且应同时满足下列条件。

① 最后两击的平均夯沉量。当单击夯击能小于 4000 kN·m 时，为 50mm；当单击夯击能为 4000～6000 kN·m 时，为 100mm；当单击夯击能大于 6000 kN·m 时，为 200mm。

② 周围地面不应发生过大的隆起。

③ 不因夯坑过深而发生起锤困难。每个夯击点的夯击击数一般为 3～10 击。

强夯置换墩夯点的夯击击数应通过现场试夯确定，且应同时满足下列条件。

① 墩底穿透软弱土层，且达到设计墩长。

② 累计夯沉量为设计墩长的 1.5～2.0 倍。

③ 最后两击的平均夯沉量不大于规定值。每夯击点的夯击击数一般为 4～10 击。

夯点布置及夯击遍数（图 9.22）应根据地基土的性质确定，一般可取 2、3 遍，对于渗透性较差的细颗粒土，必要时夯击遍数可适当增加。最后再以低能量（如前几遍能量的 1/5～1/4）满夯 2 遍，以夯实前几遍之间的松土和被振松的表层土。

5. 垫层铺设

强夯前要求拟加固的场地必须铺设一层稍硬的垫层，使其能支承起重设备，同时也可加大地下水位与地面的距离。垫层厚度随场地的土质条件、夯锤重量及其形状等条件而定。地下水位较高的饱和黏性土和易于液化流动的饱和砂土，均需铺设砂（砾）或碎石垫层才能进行强夯。对场地地下水位在 2m 深度以下的砂砾石土层，可直接强夯而无须铺设垫层。垫层厚度一般为 0.5～2.0m，铺设的垫层不能含有黏土。

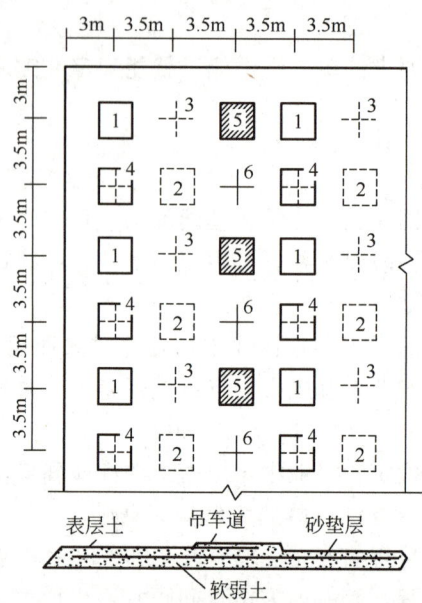

图 9.22　夯点布置及夯击遍数（夯坑中数字指遍数编号）

6. 间歇时间

两遍夯击之间应有一定的时间间隔，以利于土中孔隙水压力的消散，待地基稳定后再夯下一遍，一般两遍之间间隔 1~4 周。对渗透性较差的黏性土不少于 3~4 周；对于渗透性好的地基可连续夯击。

根据初步确定的强夯参数，提出强夯试验方案，进行现场试夯。应根据不同土质条件待试夯结束数周后，对试夯场地进行测试，并与夯前测试数据进行对比，检验强夯效果，确定工程采用的各项强夯参数。

7. 施工工序

强夯施工工序具体可按下列步骤进行。
① 清理并平整施工场地。
② 标出第一遍夯点位置，并测量场地高程。
③ 起重机就位，夯锤置于夯点位置。
④ 测量夯前锤顶高程。
⑤ 将夯锤起吊到预定高度，开启脱钩装置，待夯锤脱钩自由下落后，放下吊钩，测量锤顶高程，若发现因坑底倾斜而造成夯锤歪斜时，应及时将坑底整平。
⑥ 重复步骤⑤，按设计规定的夯击次数及控制标准，完成一个夯点的夯击。
⑦ 换夯点，重复步骤③~⑥，完成第一遍全部夯点的夯击。
⑧ 用推土机将夯坑填平，并测量场地高程。
⑨ 在规定的间隔时间后，按上述步骤逐次完成全部夯击遍数，最后用低能量满夯，将场地表层土和松土夯实，并测量夯后场地高程。

8. 质量检验

强夯加固效果的检验方法，根据不同工程其要求也不一样。强夯处理后的地基竣工验收时，承载力检验应采用原位测试和室内土工试验。承载力检验除应采用载荷试验检验外，尚应采用动力触探等有效手段查明承载力与密度随深度的变化，对饱和粉土地基允许采用复合地基载荷试验代替一般的载荷试验。原位测试方法主要有：载荷试验、标准贯入试验、静力触探、动力触探、十字板剪切试验、旁压试验、现场剪切试验、波速试验等。质量检验方法不同其作用和目的也不一样。

通过以上方法检验对强夯前后的地基土性能进行分析对比，来判断强夯的加固和改良效果，从而为建筑工程设计提供依据。以上的检测方法，在实际工程中往往是相互结合，根据具体工程的要求部分或同时采用。

9.7 振 冲 法

利用振动和水力冲切原理加固地基的方法称为振冲法。这一方法首创于德国。在混凝土振捣器的基础上制成加固地基的振冲器，如图 9.23 所示。最初利用振冲器冲切下沉并振动使砂土密实，后来发展应用于黏性土地基，利用振冲成孔把黏土冲出，置换砂砾石并振密形成碎石桩体，与地基土共同作用，提高地基的承载力和改善变形性质。显然，两种振冲法加固地基的机理是不同的。前者为振冲密实，后者为振冲置换，分别适用于砂土和黏土。

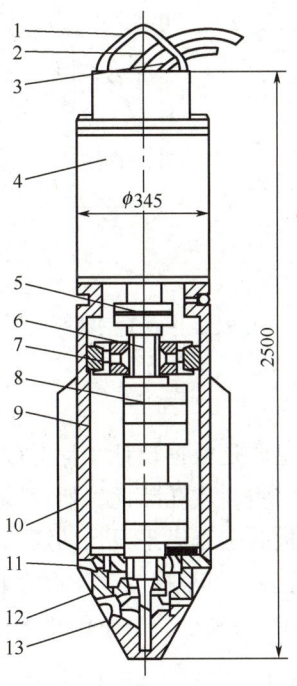

注：1—吊具；2—水管；3—电缆；4—电机；5—联轴器；6—轴；7—轴承；
8—偏心块；9—壳体；10—翅片；11—轴承；12—头部；13—水管。

图 9.23 振冲器构造

9.7.1 振冲密实

1. 作用原理

振冲器在砂土中对地基土施加水平向的振动和挤压，使土体由松散变为密实或者使孔隙水压力升高而液化，其主要作用就是振冲密实和振动液化。砂土的振动液化与振冲器在砂土中的振动加速度有关，而振动加速度又随离振冲器的距离增大而衰减。按加速度的大小划分为剪胀区、流态区和挤密区，挤密区外为弹性区，如图9.24所示。按距离的大小划分为流态区、过渡区、挤密区、弹性区。在过渡区和挤密区内的振冲起加密作用，在流态区内砂土不易密实，甚至产生液化，反而由密变松，在弹性区无加密的效果。所以在砂土中振冲应设法减少流态区和增大过渡区的范围，使之获得好的振冲挤密效果。工程实测结果表明：振冲密实、振动液化与振冲器的性能（振动频率、振动的历时）和砂土的性质（密度、颗粒大小、级配、渗透性和上覆压力）有关。在一般振冲器振动条件下，砂土的平均有效粒径在$d_{10}=0.2\sim2.0$mm时，振冲的效果较好。细粒土振冲易产生较大的流态区，不易振密。所以，在细粒土中振冲密实需要添加碎石以减少流态区的范围。若采用振冲器的动力过大，会使流态区增大，振密的效果往往不理想。

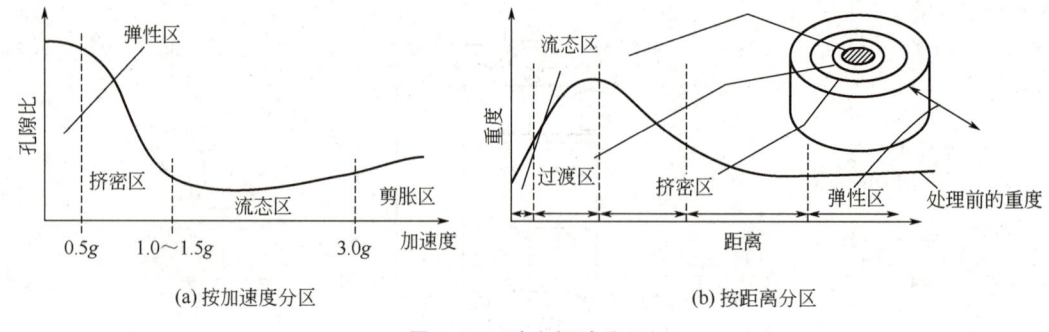

图 9.24　砂土振动分区

2. 设计原理

振冲密实设计的目的与内容主要是根据设计工程对砂土地基的承载力、沉降和抗液化的要求，确定振冲后要求达到的密实度或孔隙比。然后按此要求估算振冲布置的形式、间距、深度和范围。最后通过试验检验是否满足设计的要求。

设计要求振冲密实的密度或孔隙比可根据工程要求的地基承载力及其与砂土密实度对应关系（可参照有关规范和工程经验）来确定。振冲孔设计的间距可按式(9-12)、式(9-13)估算。

$$d = \alpha \sqrt{V_v/V} \tag{9-12}$$

$$V = \frac{(1+e_p)(e_0-e_1)}{(1+e_0)(1+e_1)} \tag{9-13}$$

式中　d——振冲孔设计的间距，m；

α——系数，正方形布置$\alpha=1$，三角形布置$\alpha=1.075$；

V_v——单位桩长的平均填料量,一般为 $0.3\sim0.5\mathrm{m}^3$;

V——砂土地基单位体积所需的填料量;

e_0——砂层的初始孔隙比;

e_1——振冲后要求达到的孔隙比;

e_p——碎石桩体的孔隙比。

根据工程经验,使用 30kW 的振冲器,间距一般为 $1.8\sim2.5\mathrm{m}$,使用 75kW 的振冲器的间距可增大至 $2.5\sim3.5\mathrm{m}$。平面布置的方式可用正三角形或正方形。打入深度,如砂土层不厚时,应尽量贯穿,但不宜太深,除特殊要求加密外,一般不超过 8m,因为砂层本身的密实度是随深度增大的。振冲加固的范围约向基础边缘放宽不得少于 5m。如用加料振冲时,所用的填料一般为粗砂、碎石和砾石等,使用 30kW 的振冲器时,可用粒径不大于 50mm 的砂砾石料,使用 75kW 的振冲器则可用不大于 100mm 粒径的砂砾石料。

振冲密实加固后地基承载力和沉降以及抗液化的性能,不易用理论公式准确计算,可通过现场标准贯入试验的锤击数(修正后的 $N_{63.5}$ 值)按《建筑地基基础设计规范》(GB 50007—2011)求得。

3. 施工与检验

施工的主要机具是振冲器,并配有吊车和水泵。振冲器系一电动机带动一组偏心铁块转动产生一定频率和振幅的器具,中轴为一高压水喷管。振动产生水平振动,配合中轴喷水管喷出高压水流形成振冲。

加料振冲密实施工一般可按如下工序进行:①清理场地,布置振冲点;②机具就位,振冲器对准护筒中心;③启动水泵振冲器,水量可用 $200\sim400\mathrm{L/min}$,水压控制在 $400\sim600\mathrm{kPa}$,下沉速度为 $1\sim2\mathrm{m/min}$;④振动水下沉至预定深度后,将水压降低至孔口高程,保持一定的水流;⑤投料振动,填料从护筒下沉至孔底,待振动密实电流值达到控制电流值(密实电流值)后,提升 $0.3\sim0.5\mathrm{m}$;⑥重复上述步骤,直至完孔,并记录各深度振冲的电流值和填料量;⑦关闭振冲器和水泵。

不加料的振冲密实施工方法与加料的大体相同,仅在振冲器下沉至预定深度后,不加料留振至砂土密实达到规定电流值后,按 $0.3\sim0.5\mathrm{m}$ 逐步提升至完孔为止。

由于振冲密实的效果和振冲的各项技术参数不易准确确定,因此,在施工之前应先进行现场试验,确定振冲孔位的间距、填料以及振冲时的控制电流值。确定振冲加固的效果可通过多个试验方案,比较确定合理的施工方案,然后进行施工。

施工完毕后要求进行效果检验,可通过现场试验或室内试验,测定土的孔隙比和密实度;也可用标准贯入试验、旁压试验,或用动力触探推算砂层的密实度,必要时用载荷试验检验地基承载力和进行抗液化试验。

4. 工程应用

在工程上主要的应用有:①处理多层建筑物的松砂地基,提高地基的承载力,减小沉降;②处理堤坝可液化的细粉砂地基;③处理其他类建筑物的可液化地基。

9.7.2 振冲置换

振冲置换主要适用于处理不排水抗剪强度大于20kPa的黏土、粉质黏土地基。对不排水抗剪强度较低（<20kPa）的淤泥、淤泥质土，一般不宜采用，因为抗剪强度太低，不能承受桩体自身的侧限压力，不易振冲密实形成良好的碎石桩体，反而因振冲破坏桩间土，严重降低其承载力，除非振冲挤淤，全部置换软弱土层，否则难以成功。然而对于不排水抗剪强度大于20kPa的粉质黏土，利用振冲置换提高地基承载力和改善地基变形却是十分显著的。

1. 作用原理

振冲置换加固地基的作用机理主要是通过振冲成孔，以碎石置换并振动密实，形成碎石桩（即复合地基），与地基土共同作用，提高地基的承载力，改善其变形性质。工程实践证明：振冲置换加固地基的作用是不容置疑的，但是，这是有条件的。这就是在振冲过程中形成的密实碎石桩体必须要求地基土具有足够的侧向土压力，抵抗振冲的侧向动压力。如果地基土的抗剪强度不足，侧向土压力太小，就难以形成密实的碎石桩体，且振冲使地基中的孔隙水压力升高，进一步降低地基土的强度和侧向土压力，使地基土被振冲破坏。同时地基土的强度过低，侧向土压力过小，常在建筑物荷载作用下产生桩体侧向膨胀而破坏，难以实现桩土共同作用，承受建筑物荷载。

振冲置换加固地基与地基土的抗剪强度有密切关系，必须具备一定的抗剪强度，才能使振冲置换形成碎石桩，与地基土共同作用加固地基，反之，地基土抗剪强度较低就不能起加固地基的作用。工程实测的结果证明，当地基土的不排水抗剪强度c_u<20kPa时，碎石桩的承载力基本上不提高，甚至有所降低；当地基土的不排水抗剪强度c_u>20kPa，碎石桩的承载力就有显著的增大。我国《建筑地基处理技术规范》（JGJ 79—2012）规定振冲置换适用于处理c_u不小于20kPa的黏性土，这是必须注意的一个应用条件。

2. 设计的内容

振冲置换设计的内容应包括：根据场地土层的性质和工程要求来确定碎石桩的合理布置范围、直径、间距、加固的深度和填料的规格等；验算或试验加固后地基的承载力、沉降与地基的稳定性等。

地基处理的范围应根据设计建筑物的特点和场地条件来确定，一般在建筑物基础外围增加1、2排桩；布置形式可用方形、正三角形。碎石桩的间距，一般为1.5~2.0m，并通过验算或试验满足设计工程荷载的要求或所需的置换率，确定间距。加固的深度则按设计建筑物的承载力与稳定性和沉降的要求来确定，当软土层的厚度不大时，应贯穿软土层。碎石桩的材料应选用坚硬的碎石、卵石或角砾等，一般粒径为20~50mm，最大不超过80mm。

地基承载力与稳定性和沉降的分析检验，常通过现场试验来确定，或者按半经验公式进行估算，下面仅介绍实用的方法。

(1) 复合地基承载力特征值的估算。

① 按现场复合地基载荷试验确定，试验方法按《建筑地基处理技术规范》（JGJ 79—

2012）载荷试验要点进行。

② 初步设计时也可用单桩和处理后桩间土承载力特征值，按式（9-14）估算。

$$f_{spk} = mf_{pk} + (1-m)f_{sk} \qquad (9-14)$$

式中　f_{spk}——振冲桩复合地基承载力的特征值，kPa；

　　　f_{pk}——桩体承载力特征值，宜通过单桩载荷试验确定，kPa；

　　　f_{sk}——处理后桩间土地基承载力特征值，宜按当地经验取值，如无经验时，可取天然地基承载力特征值，kPa；

　　　m——桩土面积置换率，$m = \dfrac{d^2}{d_e^2}$；

　　　d——桩身平均直径，m；

　　　d_e——一根桩分担的处理地基面积的等效圆的直径，等边三角形布桩：$d_e = 1.05s$，正方形布桩：$d_e = 1.13s$，矩形布桩：$d_e = 1.13\sqrt{s_1 s_2}$（s 为桩的间距；s_1 和 s_2 分别为矩形布置桩的纵向及横向间距），m。

③ 半径验公式估算。当小型工程的黏性土地基无现场载荷试验资料时，初步设计复合地基的承载力特征值可按式（9-15）估算。

$$f_{spk} = [1 + m(n-1)f_{sk}] \qquad (9-15)$$

式中　n——桩土应力比，在无实测资料时，可取 $n = 2\sim 4$，地基土抗剪强度较低的取大值，较高的取小值。

（2）复合地基沉降计算。

复合地基沉降应符合现行《建筑地基基础设计规范》（GB 50007—2011）有关规定。复合土层的压缩模量按式（9-16）计算。

$$E_{sp} = [1 + m(n-1)]E_s \qquad (9-16)$$

式中　E_{sp}——复合土层压缩模量，MPa；

　　　E_s——桩间土的压缩模量，宜按当地经验取值，如无经验时，可取天然地基压缩模量，MPa；

　　　m，n——桩土面积置换率和桩土应力比，$n = 2\sim 4$（黏性土）和 $n = 1.5\sim 3$（粉土和砂土），地基土抗剪强度高者取小值，反之则取大值。

3. 施工要点

振冲置换的施工要点已在振冲挤密施工要点中阐述了，这里仅补充说明振冲置换碎石桩施工的要点。

（1）合理安排振冲桩的顺序。为了避免振冲过程中对软土的扰动与破坏，施打碎石桩时，应采取"由里向外"，或"由一边向另一边"的顺序施工，将软土朝一个方向向外挤出，保护桩体以免被挤破坏。必要时可采取朝一个方向间隔跳打的方式。

（2）宜用"先护壁后振密，分段投料，分段振密"的振冲工艺。即先振冲成孔，清孔护壁，然后投料，投料约1m，下降振冲器振动密实后，提升振冲器出孔口，再投料约1m，再振密，直至终孔，以保证桩体密实。不宜采用边振冲边加料振密的方法。

（3）严格控制施工过程中水的流量、水压、电流值、投料量和留振的时间，水压和水流量以保证护壁的要求为原则，过小则不利于护壁，过大则投料被冲出；振冲密实时应控制电流稳定在密度电流值（10~15A）内，以保证碎石桩密实；投料以"少吃多餐"为原则，每次投料不宜超过1m。其中关键是要认真控制每次的投料量、密实电流值和留振持续的时间。具体控制值通过现场试验或根据工程经验来确定。

施工完毕后，必须及时检验制桩的质量。检验的方法主要是用载荷试验和动力触探，可按有关规范规定进行。

9.8 基础托换

基础托换又称托换技术，其内容包括：①解决原有建筑物的地基处理、基础加固或改建的问题；②由于建筑物基础下需要修建地下工程以及在其邻近建造新建筑物，使原有建筑物的安全受到影响时，需采取的地基处理或基础加固措施。基础托换的目的在于加强地基与基础的承载力，有效传递建筑物荷载，从而控制沉降与差异沉降，使建筑物恢复安全使用。

9.8.1 基础托换原理

① 通过将原基础加宽，减小作用在地基土上的接触压力。虽然地基土强度和压缩性没有改变，但单位面积上荷载减小，地基土中附加应力减小，可使地基满足建筑物对承载力和变形的要求，或者通过加深基础，虽未改变作用在地基土上的接触压力。但由于基础埋深加大，可使基础置入较深的好土层，地基承载力通过深度修正有所增加。

② 通过地基处理改良地基土或改良部分地基土，提高地基土的抗剪强度、改善压缩性，以满足建筑物对地基承载力和变形的要求，常用如高压喷射注浆、压力注浆，化学加固、排水固结以及振冲压密、振冲挤密等技术。

③ 在地基中设置墩基础或桩基等竖向增强体，通过复合地基作用来满足建筑物对地基承载力和变形的要求，常用的桩基有锚杆静压桩、树根桩或高压旋喷注浆桩等。有时也可将上述几种桩基综合应用。

基础托换主要有基础加宽、加深，桩式托换及地基改良如灌浆法等。

1. 基础加宽、加深

通过基础加宽，扩大基础底面积，有效降低基底接触压力。应注意加宽部分与原有基础的连接（图9.25）。通常通过钢筋、锚杆（植筋）将加宽部分与原有基础连接，并将原有基础表面凿毛、刷洗干净，铺一层高标号水泥浆或涂混凝土界面剂，使两部分混凝土能较好地连成一体，对刚性基础和柔性基础都要进行计算，刚性基础应满足刚性角要求，柔性基础应满足抗弯要求。钢筋锚杆应有足够的锚固长度，有条件时可将加固筋与原有基础钢筋焊牢。有时也可将柔性基础改为刚性基础，独立基础改为条形基础，条形基础扩大为片筏基础，片筏基础改为箱形基础等。

基础加宽费用低，施工方便，有条件应优先考虑。但有时基础加宽会遇到困难，如周围场地是否允许基础加宽。另外，若基础埋置较深，则对周围场地影响更大，而且需要较大土方开挖，影响加固费用。基础加宽还可能增加荷载作用影响深度，对软土地基应详细分析基础加宽对减小总沉降的效用。

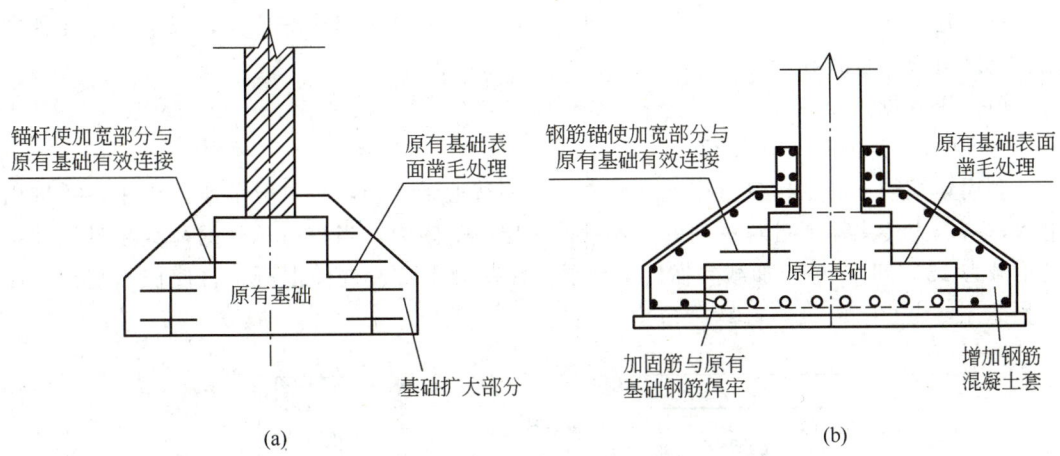

图 9.25　基础加宽部分与原有基础的连接

基础加深采用坑式托换，是直接在被托换建筑物的基础下挖坑后浇筑混凝土墩的托换加固方法，也称墩式托换，如图 9.26 所示。坑式托换的适用条件是①土层易于开挖；②地下水水位较低，否则施工时会发生邻近土的流失；③建筑物的基础最好为条形，便于在纵向对荷载进行调整，起到梁的作用。

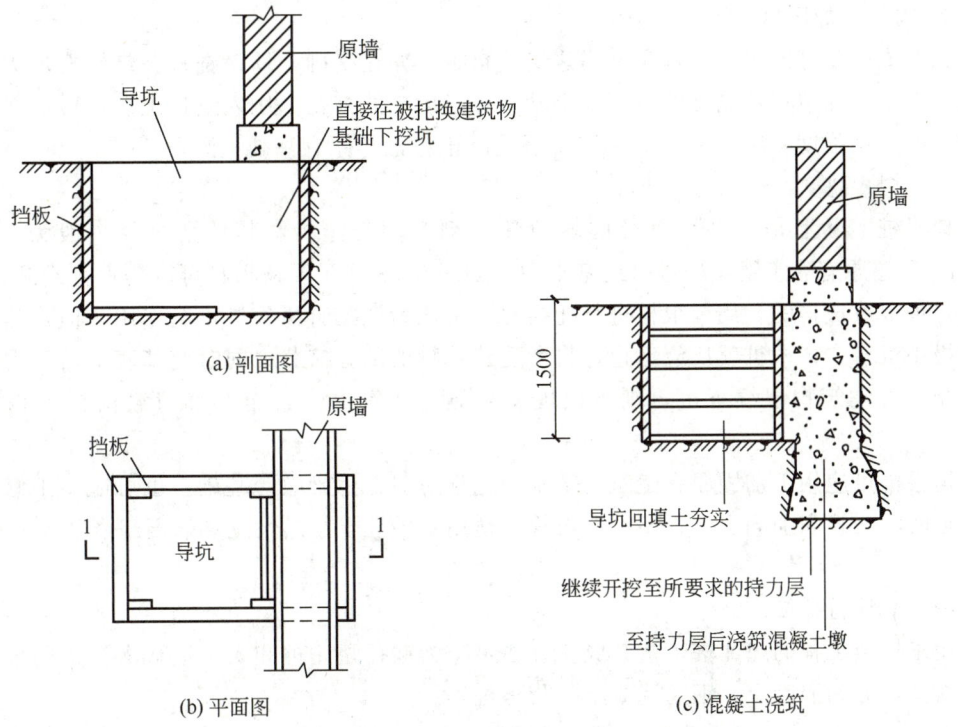

图 9.26　坑式托换

2. 桩式托换

桩式托换包括各种采用桩基的型式进行托换的方法。内容十分广泛，以下介绍几种常用且行之有效的桩式托换。

（1）压入桩。

① 顶承式静压桩（图9.27）。

利用建筑物上部结构自重作支承反力，采用普通千斤顶，将桩分节压入土中，接桩用电焊，从压力传感器上可观察到桩贯入设计土层时的阻力，当桩所承受的荷载超过设计单桩承载力150％时，停止加载并撤出千斤顶，在基础下支模浇注混凝土，使桩和基础浇注成整体。

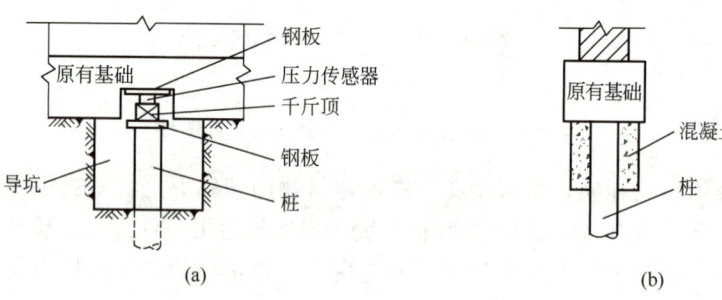

图9.27 顶承式静压桩

② 锚杆式静压桩。

锚杆式静压桩的工作原理是利用建筑物自重，先在基础上埋设锚杆，借锚杆反力，通过反力架用千斤顶将预制好的桩逐节经基础开凿出来的桩孔中压入设计土层，最后在不卸载的情况下用强度等级C30的微膨胀早强混凝土将桩与原有基础浇灌在一起。

（2）树根桩。

树根桩实际上是一种小直径的就地灌注钢筋混凝土桩，其钻孔直径一般为7.5～25cm，穿越原有建筑物基础进入地基土中，如图9.28所示。树根桩可以是垂直或倾斜的，可以是单根或成排的。用树根桩进行托换时，可认为施工时树根桩不起作用。但当建筑物产生极小沉降，树根桩就反应迅速，将承受建筑物的部分荷载，同时使基底下的反力相应地减小。若建筑物继续下沉，则树根桩将继续分担荷载，直至全部荷载由树根桩承受为止。

树根桩可应用于加固原有建筑物基础，包括房屋、桥梁墩台基础；也可应用于修建地下铁道时的托换和加固土坡、整治滑坡等。适用于砂性土、黏性土和岩石等各种类型的地基土。

（3）灌注桩托换。

用于托换工程的灌注桩，按其成孔方法可分为钻孔灌注桩和人工挖孔灌注桩两种。根据桩材又可分为混凝土、钢筋混凝土、灰土桩等。

图9.29（a）所示为某厂房原桩基础用灌注桩托换，承台支承被托换的上部结构并将荷载传至灌注桩；图9.29（b）为某灰土桩托换墙下基础，横梁支承上部结构并将荷载传至灰土桩。

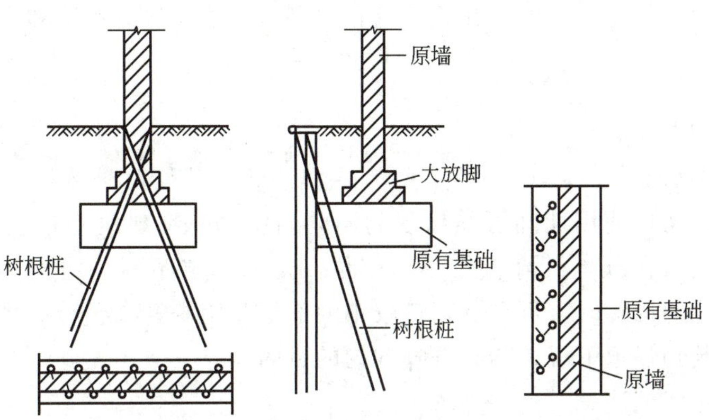

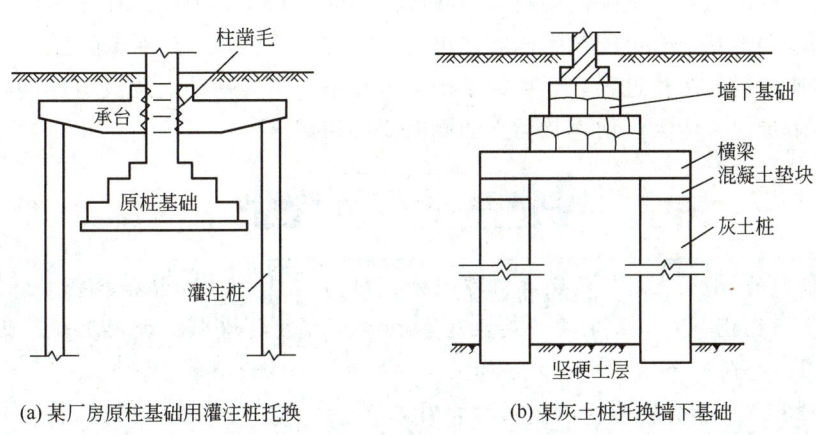

(a) 平面图　　(b) 侧面托换　　(c) 树根桩方向

图 9.28　树根桩托换条形基础

(a) 某厂房原柱基础用灌注桩托换　　(b) 某灰土桩托换墙下基础

图 9.29　灌注桩

9.8.2　建筑物纠偏

在建筑工程中，某些建筑物经常不可避免地建在承载力低、土层厚度变化大的较软弱地基上，或因地基局部浸水湿陷，或因建筑物荷载偏心等因素，往往造成建筑物过大的沉降或不均匀沉降。此外，对大面积堆料的厂房，还会引起桩基础倾斜和吊车卡轨等现象。通常的处理方法有加深、加大基础，加固地基，凿开基础矫正柱子基础加压、基础减压、增大结构刚度等方法。近年来，在建筑物纠偏工程中创造出一些新的方法，实践证明，这些方法简便、效果良好。

1. 顶桩掏土法

该法是将锚杆静压桩和水平向掏土技术相结合。其工作原理是先在建筑物基础沉降多的一侧压桩，并立即将桩与基础锚固在一起，迅速制止建筑物的下沉，然后在沉降小的一侧基底下掏土，以减少基底受力面积，增加基底压力，从而增大该处土的压力，使建筑物缓慢而又均匀地下沉，产生回倾，必要时可在掏土一侧设置少量保护桩，以提高回倾的稳定性,最后达到纠偏矫正的目的。在施工过程中必须加强建筑物沉降和裂缝的观测。

2. 排土纠偏法

排土纠偏法的形式有多种。

(1) 抽砂纠偏法。

为了纠正建筑物在使用期间可能出现的不均匀沉降,在建筑物基底预先做一层70～100cm厚的砂垫层,在预估沉降量较小的部位,每隔一定距离(约1m)预留砂孔一个。当建筑物出现不均匀沉降时,可在沉降量较小的部位,用铁管在预留孔中取出一定数量的砂体,从而使建筑物强迫下沉,达到沉降均匀的目的。

(2) 钻孔取土纠偏法。

当软土地基上的建筑物发生倾斜时,用钻孔取土法纠正能收到良好的效果。其方法是利用软土中应力变化后将产生侧向挤出这一特性来调整变形和纠正倾斜。

当基础一侧出现较大沉降而倾斜时,在沉降小的一侧基础周围钻孔,然后再在孔中掏土,使此侧软弱地基土有可能产生侧向挤出而产生较大下沉,达到纠偏的目的。

为了加速倾斜的调整过程,还可在基础下沉较小一侧的基础上逐级增加偏心荷载,使该处地基中附加应力增大,加速软黏土的侧向变形和挤出。

本章小结

地基常用的处理方法有置换法、拌入法、排水固结法、振密和挤密法、灌浆法、加筋法、基础托换等。本章主要讲述上述各种处理方法的概念、加固机理、计算理论和适用范围,并简单介绍了一些方法的施工技术和质量检测。

本章的重点是各种地基处理方法的加固机理。

课后习题

一、思考题

1. 常用地基处理方法一般分哪几类?其目的主要是解决什么工程问题的?
2. 何谓换填垫层法?其适用范围是什么?如何确定垫层的厚度和宽度?
3. 试述排水固结法的加固原理与设计要点。
4. 试述水泥土搅拌法的特点。
5. 何谓强夯法?试述其加固机理。
6. 何谓高压喷射注浆法?
7. 何谓振冲法?试述其加固地基的机理。
8. 基础托换根据加固托换的方法如何进行分类?

二、计算题

1. 某五层砖石混合结构的住宅建筑,墙下为条形基础,宽1.2m,埋深1.0m,上部建筑物作用于基础上的荷载为150kN/m。地基土表层为粉质黏土,厚1.0m,厚度$\gamma=$

17.8kN/m³；第二层为淤泥质黏土，厚 15.0m，重度 $\gamma=17.5$kN/m³，地基承载力 $f_{ak}=$ 50kPa；第三层为密实砂砾石。地下水距地表面为 1.0m。因地基土比较软弱，不能承受上部建筑物荷载，试设计砂垫层的厚度和宽度。

2. 某松散砂土地基的承载力标准值为 90kPa，拟采用高压喷射注浆法加固。现分别用单喷管法、二重喷管法和三重喷管法进行试验，桩径分别为 1.0m、1.5m 和 2.0m，单桩轴向承载力标准值分别为 200kN、350kN 和 620kN，三种方法均按正方形布桩，间距为桩径的 3 倍。试分别求出加固后碎石桩（复合地基）承载力特征值。

参 考 文 献

[1] 高向阳,2018. 土力学 [M]. 2 版. 北京:北京大学出版社.
[2] 刘起霞,2013. 地基处理 [M]. 北京:北京大学出版社.
[3] 刘起霞,2008. 特种基础工程 [M]. 北京:机械工业出版社.
[4] 唐芬,唐德兰,2004. 土力学与地基基础 [M]. 北京:人民交通出版社.
[5] 王协群,章宝华,2006. 基础工程 [M]. 北京:北京大学出版社.
[6] 叶书麟,叶观宝,2004. 地基处理 [M]. 北京:中国建筑工业出版社.
[7] 张季超,2009. 地基处理 [M]. 北京:高等教育出版社.
[8] 赵明华,2017. 基础工程 [M]. 3 版. 北京:高等教育出版社.
[9] 赵明华,2017. 土力学与基础工程 [M]. 武汉:武汉理工大学出版社.
[10] 郑俊杰,2009. 地基处理技术 [M]. 2 版. 武汉:华中科技大学出版.